中国国家标准汇编

418

GB 23471～23528

（2009 年制定）

中国标准出版社　编

中国标准出版社

北京

图书在版编目（CIP）数据

中国国家标准汇编：2009年制定．418：GB 23471～23528/中国标准出版社编．—北京：中国标准出版社，2010

ISBN 978-7-5066-6019-8

Ⅰ．①中…　Ⅱ．①中…　Ⅲ．①国家标准-汇编-中国-2009　Ⅳ．①T-652.1

中国版本图书馆CIP数据核字（2010）第166515号

中国标准出版社出版发行
北京复兴门外三里河北街16号
邮政编码：100045

网址 www.spc.net.cn
电话：68523946　68517548
中国标准出版社秦皇岛印刷厂印刷
各地新华书店经销

*

开本 880×1230　1/16　印张 39.25　字数 1 128 千字
2010年9月第一版　2010年9月第一次印刷

*

定价 220.00 元

ISBN 978-7-5066-6019-8

出　版　说　明

1.《中国国家标准汇编》是一部大型综合性国家标准全集。自1983年起，按国家标准顺序号以精装本、平装本两种装帧形式陆续分册汇编出版。它在一定程度上反映了我国建国以来标准化事业发展的基本情况和主要成就，是各级标准化管理机构，工矿企事业单位，农林牧副渔系统，科研、设计、教学等部门必不可少的工具书。

2.《中国国家标准汇编》收入我国每年正式发布的全部国家标准，分为"制定"卷和"修订"卷两种编辑版本。

"制定"卷收入上一年度我国发布的、新制定的国家标准，顺延前年度标准编号分成若干分册，封面和书脊上注明"20××年制定"字样及分册号，分册号一直连续。各分册中的标准是按照标准编号顺序连续排列的，如有标准顺序号缺号的，除特殊情况注明外，暂为空号。

"修订"卷收入上一年度我国发布的、修订的国家标准，视篇幅分设若干分册，但与"制定"卷分册号无关联，仅在封面和书脊上注明"20××年修订-1，-2，-3，……"字样。"修订"卷各分册中的标准，仍按标准编号顺序排列(但不连续)；如有遗漏的，均在当年最后一分册中补齐。需提请读者注意的是，个别非顺延前年度标准编号的新制定的国家标准没有收入在"制定"卷中，而是收入在"修订"卷中。

读者配套购买《中国国家标准汇编》"制定"卷和"修订"卷则可收齐上一年度我国制定和修订的全部国家标准。

3.由于读者需求的变化，自1996年起，《中国国家标准汇编》仅出版精装本。

4.2009年我国制修订国家标准共3158项。本分册为"2009年制定"卷第418分册，收入国家标准GB 23471～23528的最新版本。

中国标准出版社

2010年8月

目　　录

ICS 79.080
B 70

GB

中华人民共和国国家标准

GB/T 23471—2009

浸渍纸层压秸秆复合地板

Laminated impregnated paper strawboard composite floor

2009-04-01 发布　　2009-09-01 实施

中华人民共和国国家质量监督检验检疫总局
中国国家标准化管理委员会　发布

前言

本标准由国家林业局提出。

本标准由全国人造板标准化技术委员会归口。

本标准负责起草单位：江苏洛基木业有限公司。

本标准参加起草单位：南京林业大学、江苏出入境检验检疫局、江苏中鑫德赛木业有限公司、江苏鼎元科技发展有限公司、连云港市欣森木业有限公司、江苏瑞普家具有限公司、常州华东装潢有限公司、湖北巨宁森工股份有限公司 、湖北国辰竹木有限责任公司 、湖南地宝龙装饰材料有限公司 。

本标准主要起草人：沈鸣生、周定国、曾志高、黄河浪、卢志刚、阙泽利、姚中兴、何宝华、李良真、王汉新、管小平、李文国、汤大中、邵旭强。

浸渍纸层压秸秆复合地板

1 范围

本标准规定了浸渍纸层压秸秆复合地板的术语和定义、要求、检验方法和检验规则以及标志、包装、运输和贮存等。

本标准适用于浸渍纸层压秸秆复合地板。

2 规范性引用文件

下列文件中的条款通过本标准的引用而成为本标准的条款。凡是注日期的引用文件，其随后所有的修改单(不包括勘误的内容)或修订版均不适用于本标准，然而，鼓励根据本标准达成协议的各方研究是否可使用这些文件的最新版本。凡是不注日期的引用文件，其最新版本适用于本标准。

GB/T 2828.1—2003 计数抽样检验程序 第1部分：按接收质量限(AQL)检索的逐批检验抽样计划(ISO 2859-1:1999,IDT)

GB/T 15102—2006 浸渍胶膜纸饰面人造板

GB/T 17657 人造板及饰面人造板理化性能试验方法

GB/T 18102—2007 浸渍纸层压木质地板

GB 18580 室内装饰装修材料 人造板及其制品中甲醛释放限量

3 术语和定义

GB/T 18102—2007 中确立的以及下列术语和定义适用于本标准。

3.1

浸渍纸层压秸秆复合地板用基材 strawboard for laminated impregnated paper strawboard composite floor

以麦、稻等秸秆为原料，经细化加工，用异氰酸酯等胶粘剂制成的密度大于等于 0.85 g/cm^3 的板材。

3.2

浸渍纸层压秸秆复合地板 laminated impregnated paper strawboard composite floor

以热固性氨基树脂浸渍的胶膜纸，覆贴在秸秆板基材表面，其中正面为装饰层、耐磨层，背面为平衡层，经热压、加工而成的地板。

4 要求

4.1 分等

根据产品的外观质量分为优等品和合格品。

4.2 外观质量

4.2.1 各等级外观质量要求应符合表1。

表1 浸渍纸层压秸秆复合地板各等级外观质量要求

缺陷名称	正面		背面
	优等品	合格品	
干、湿花	不允许	总面积不超过板面的3%	允许
表面划痕	不允许		不允许露出基材

表 1（续）

缺陷名称	正面		背面
	优等品	合格品	
表面压痕	不允许		
透底	不允许		
分层缺陷	不允许		
榫舌缺损	不允许	允许有长度小于 5 mm 的榫舌缺损，累计不超过 2 个/块	
光泽不均	不允许	总面积不超过板面的 3%	允许
污斑	不允许	≤10 mm²，允许 1 个/块	允许
鼓泡	不允许		≤10 mm²，允许 1 个/块
鼓包	不允许		≤10 mm²，允许 1 个/块
纸张撕裂	不允许		≤100 mm，允许 1 处/块
局部缺纸	不允许		≤20 mm²，允许 1 处/块
崩边	不允许		允许
表面龟裂	不允许		不允许
边角缺损	不允许		—

4.2.2　浸渍纸层压秸秆复合地板每块地板块的缺陷不允许表 1 中所列两种以上（包括两种）缺陷同时存在。

4.3　**规格尺寸及偏差**

4.3.1　浸渍纸层压秸秆复合地板的幅面尺寸为(600 mm～2 430 mm)×(60 mm～600 mm)。

4.3.2　浸渍纸层压秸秆复合地板的厚度为 9 mm～15 mm。

4.3.3　浸渍纸层压秸秆复合地板的榫舌宽度应≥2 mm。

4.3.4　其他规格的浸渍纸层压秸秆复合地板可以供需双方协议约定。

4.3.5　浸渍纸层压秸秆复合地板的尺寸偏差应符合表 2 规定。

表 2　浸渍纸层压秸秆复合地板尺寸偏差

项　目	要　求
厚度偏差	公称厚度 t_n 与平均厚度 t_a 之差的绝对值≤0.5 mm； 厚度最大值 t_{max} 与最小值 t_{min} 之差≤0.5 mm
面层净长偏差	公称长度 l_n≤1 500 mm 时，l_n 与每个测量值 l_m 之差的绝对值≤1.0 mm 公称长度 l_n>1 500 mm 时，l_n 与每个测量值 l_m 之差的绝对值≤2.0 mm
面层净宽偏差	公称宽度 w_n 与平均宽度 w_a 之差的绝对值≤0.10 mm 宽度最大值 w_{max} 与最小值 w_{min} 之差≤0.20 mm
直角度	q_{max}≤0.2 mm
边缘直度	s_{max}≤0.3 mm/m
翘曲度	宽度方向凸翘曲度 f_{w1}≤0.20%；宽度方向凹翘曲度 f_{w2}≤0.15% 长度方向凸翘曲度 f_{l1}≤1.00%；长度方向凹翘曲度 f_{l2}≤0.50%
拼装离缝	拼装离缝平均值 o_a≤0.15 mm 拼装离缝最大值 o_{max}≤0.20 mm
拼装高度差	拼装高度差平均值 h_a≤0.10 mm 拼装高度差最大值 h_{max}≤0.15 mm
注：表中要求是指拆包检验的质量要求。	

能

渍纸层压秸秆复合地板的理化性能应符合表3规定。

表3 浸渍纸层压秸秆复合地板理化性能

检验项目	单位	基本厚度/mm	
		$9\leqslant t<12$	$12\leqslant t\leqslant15$
静曲强度	MPa	≥30.0	≥25.0
内结合强度	MPa	≥0.80	≥0.75
含水率	%	3.0～10.0	
密度	g/cm^3	≥0.85	
吸水厚度膨胀率	%	≤18.0	
表面胶合强度	MPa	≥1.0	
表面耐冷热循环	—	无龟裂、无鼓泡	
表面耐划痕	—	4.0 N表面装饰花纹未划破	
尺寸稳定性	mm	≤0.9	
表面耐磨	r	商用级：≥9 000	
		家用Ⅰ级：≥6 000	
		家用Ⅱ级：≥4 000	
表面耐香烟灼烧	—	无黑斑、裂纹和鼓泡	
表面耐干热	—	无龟裂、无鼓泡	
表面耐污染腐蚀	—	无污染、无腐蚀	
表面耐龟裂	—	用6倍放大镜观察，表面无裂纹	
抗冲击	mm	≤10	
甲醛释放量	mg/L	≤0.3	
耐光色牢度(灰度样卡)	级	≥4	

5 检验方法

5.1 规格尺寸检验方法

5.1.1 量具

5.1.1.1 钢卷尺，精度为1.0 mm。

5.1.1.2 钢板尺，精度为0.5 mm。

5.1.1.3 千分尺，精度为0.01 mm。

5.1.1.4 游标卡尺，精度为0.02 mm。

5.1.1.5 塞尺，精度为0.02 mm。

5.1.1.6 直角尺，精度为0.02 mm/300 mm。

5.1.2 检验方法和结果表示

按GB/T 18102—2007中6.1.2进行。

5.2 外观质量检验方法

按GB/T 15102—2006中6.1规定进行。

5.3 理化性能检验方法

5.3.1 试样和试件的制取及尺寸规定

试样和试件的制取及尺寸按 GB/T 18102—2007 中 6.3.1 规定进行。

5.3.2 密度检验

5.3.2.1 按 GB/T 17657 中规定进行,测试三个试件。

5.3.2.2 被测试件的密度为三个试件密度的算术平均值,精确至 0.01 g/cm^3。

5.3.3 含水率检验

5.3.3.1 按 GB/T 17657 中规定进行,测试三个试件。

5.3.3.2 被测试件的含水率为三个试件含水率的算术平均值,精确至 0.1%。

5.3.4 吸水厚度膨胀率检验

按 GB/T 18102—2007 中 6.3.4 规定进行。

5.3.5 静曲强度检验

按 GB/T 18102—2007 中 6.3.5 规定进行。

5.3.6 内结合强度检验

按 GB/T 18102—2007 中 6.3.6 规定进行。

5.3.7 表面胶合强度检验

按 GB/T 18102—2007 中 6.3.7 规定进行。

5.3.8 表面耐划痕性能检验

按 GB/T 18102—2007 中 6.3.8 规定进行。

5.3.9 表面耐冷热循环性能检验

按 GB/T 18102—2007 中 6.3.9 规定进行。

5.3.10 尺寸稳定性检验

按 GB/T 18102—2007 中 6.3.10 规定进行。

5.3.11 表面耐磨性能检验

按 GB/T 18102—2007 中 6.3.11 规定进行。

5.3.12 表面耐香烟灼烧性能检验

按 GB/T 17657 中规定进行。

5.3.13 表面干热性能检验

按 GB/T 17657 中规定进行。

5.3.14 表面耐污染腐蚀性能检验

按 GB/T 18102—2007 中 6.3.14 规定进行。

5.3.15 表面耐龟裂性能检验

按 GB/T 17657 中规定进行试验。

5.3.16 抗冲击性能检验

按 GB/T 18102—2007 中 6.3.16 规定进行。

5.3.17 甲醛释放量检验

按 GB 18580 中的规定进行,测试时将试件的四周、背面用不含甲醛的铝胶带密封。

5.3.18 耐光色牢度检验

按 GB/T 18102—2007 中 6.3.18 规定进行。

6 检验规则

6.1 检验分类

产品检验分出厂检验和型式检验。

6.1.1 出厂检验包括：

a) 外观质量检验；

b) 规格尺寸检验；

c) 理化性能检验中的内结合强度、静曲强度、密度、甲醛释放量、表面耐磨和吸水厚度膨胀率检验。

6.1.2 型式检验包括第4章表1、表2、表3所列的全部检验项目。

6.1.3 有下列情况之一时，应进行型式检验：

a) 当原辅材料及生产工艺发生较大变动时；

b) 停产三个月以上，恢复生产时；

c) 正常生产时，每年检验不少于二次；

d) 新产品投产或转产时；

e) 质量监督检验机构提出型式检验要求时。

6.2 组批原则

同一班次、同一规格、同一类产品为一批。

6.3 抽样方法和判定规则

6.3.1 总则

浸渍纸层压秸秆复合地板的产品质量检验应在同批产品中按规定抽取试样，并对所抽取试样逐一检验，试样均按块计数。

6.3.2 规格尺寸检验

6.3.2.1 厚度偏差、面层净长偏差、面层净宽偏差、直角度、边缘直度和翘曲度的抽样采用GB/T 2828.1—2003中的正常检验二次抽样，检验水平为Ⅰ、接收质量限(AQL)为6.5的抽样方案，见表4。按5.1的规定对样本 n_1 进行检验，不合格品数 $d_1 \leqslant Ac_1$ 时接收，$d_1 \geqslant Re_1$ 时拒收。若 $Ac_1 < d_1 < Re_1$，检验样本 n_2，前后两个样本中不合格品数 $d_1+d_2 \leqslant Ac_2$ 时接收，$d_1+d_2 \geqslant Re_2$ 时拒收。

表4 规格尺寸抽样方案

单位为张

批量范围 N	样本量		第一判定数组		第二判定数组	
	n_1, n_2	n_1+n_2	接收数 Ac_1	拒收数 Re_1	接收数 Ac_2	拒收数 Re_2
～150	5	10	0	2	1	2
151～280	8	16	0	3	3	4
281～500	13	26	1	3	4	5
501～1 200	20	40	2	5	6	7
1 201～3 200	32	64	3	6	9	10
3 201～10 000	50	100	5	9	12	13

6.3.2.2 拼装离缝、拼装高度差检验的样本数为10块，该10块样本从检验规格尺寸的同批产品中随机抽取。按5.1.2进行检验，检验结果符合表2要求时接收，否则拒收。

6.3.3 外观质量检验

外观质量检验采用GB/T 2828.1—2003中的正常检验二次抽样，检验水平为Ⅱ、接收质量限(AQL)为4.0的抽样方案，见表5。按5.2的规定对样本 n_1 进行检验。不合格数 $d_1 \leqslant Ac_1$ 时接收，$d_1 \geqslant Re_1$ 时拒收。若 $Ac_1 < d_1 < Re_1$，检验样本 n_2，前后两个样本中不合格品数 $d_1+d_2 \leqslant Ac_2$ 时接收，$d_1+d_2 \geqslant Re_2$ 时拒收。

表 5 外观质量抽样方案

单位为块

批量范围 N	样本量		第一判定数组		第二判定数组	
	n_1，n_2	n_1+n_2	接收数 Ac_1	拒收数 Re_1	接收数 Ac_2	拒收数 Re_2
≥150	13	26	0	3	3	4
151～280	20	40	1	3	4	5
281～500	32	64	2	5	6	7
501～1 200	50	100	3	6	9	10
1 201～3 200	80	160	5	9	12	13
3 201～10 000	125	250	7	11	18	19

6.3.4 理化性能检验

6.3.4.1 理化性能检验的抽样方案见表 6，初检样本检验结果有某项指标不合格时，允许进行复检一次，在同批产品中加倍抽取样品对不合格项进行复检，复检后全部合格，判为合格；若有一项不合格，判为不合格。

表 6 理化性能抽样方案

单位为块

提交检查批的成品板数量	初检抽样数	复检抽样数
≤1 000	3	6
≥1 001	6	12
注：如样品规格小，按以上方案抽取的样品不能满足试验要求时，可适当增加抽样数量。		

6.3.4.2 在初检和复检试样中，任意三块地板组成一组。

6.3.4.3 检验结果的判断

6.3.4.3.1 地板试样的密度、含水率、吸水厚度膨胀率、尺寸稳定性的平均值满足标准要求，该地板试样的密度、含水率、吸水厚度膨胀率、尺寸稳定性判为合格，否则判为不合格。

6.3.4.3.2 地板试样的静曲强度、内结合强度、表面胶合强度的平均值满足标准规定要求，且任一试件的最小值不小于标准规定值的 80%，该地板试样的静曲强度、内结合强度、表面胶合强度判为合格，否则判为不合格。

6.3.4.3.3 地板试样的耐光色牢度、甲醛释放量、表面耐划痕、抗冲击、表面耐磨、表面耐冷热循环、表面耐香烟灼烧、表面耐干热、表面耐污染腐蚀、表面耐龟裂的每一试件均达到标准规定要求，该地板试样的上述性能判为合格，否则判为不合格。

6.3.4.3.4 当地板试样所需进行的各项理化性能检验均合格时，该批产品理化性能判为合格，否则判为不合格。

6.4 综合判断

产品外观质量、规格尺寸和理化性能检验结果均达到相应等级要求时判为该批产品合格，否则判该批产品不合格。

6.5 检验报告

检验报告内容应包括：

a) 被检产品的等级、检验依据的标准、检验类别和检验项目等全部细节；

b) 检验结果及其结论；

c) 检验过程中出现的各种异常情况以及有必要说明的问题。

7 标志、包装、运输和贮存

7.1 标志

7.1.1 产品标记

产品入库前，应在产品适当的部位标记产品型号、商标、生产日期、甲醛释放量标志、表面耐磨等级及相应转数等。

7.1.2 **包装标记**

包装上应标记生产厂家名称、地址、产品名称、生产日期、商标、规格型号、类别、等级、甲醛释放量标志、表面耐磨等级及相应转数、数量及防潮、防晒等。

7.2 包装

产品出厂时应按产品类别、规格、等级分别包装。企业应根据自己产品的特点提供详细的中文安装和使用说明书。包装要做到产品免受磕碰、划伤和污损。包装要求亦可由供需双方商定。

7.3 运输和贮存

产品在运输和贮存过程中应平整堆放，防止污损，不得受潮、雨淋和曝晒。

贮存时应按类别、规格、等级分别堆放，每堆应有相应的标记。

ICS 79.060
B 70

中华人民共和国国家标准

GB/T 23472—2009

浸渍胶膜纸饰面秸秆板

Surface decorated strawboard with paper impregnated thermosetting resin

2009-04-01 发布　　　　2009-09-01 实施

中华人民共和国国家质量监督检验检疫总局
中国国家标准化管理委员会　发布

前言

本标准由国家林业局提出。

本标准由全国人造板标准化技术委员会归口。

本标准负责起草单位：江苏洛基木业有限公司。

本标准参加起草单位：南京林业大学、江苏出入境检验检疫局、江苏中鑫德赛木业有限公司、江苏鼎元科技发展有限公司、连云港市欣森木业有限公司、江苏瑞普家具有限公司、常州华东装潢有限公司、湖北巨宁森工股份有限公司、湖北国辰竹木有限责任公司、湖南地宝龙装饰材料有限公司。

本标准主要起草人：沈鸣生、周定国、曾志高、黄河浪、李建军、阙泽利、卢志刚、姚中兴、何宝华、李良真、王汉新、管小平、李文国、汤大中。

浸渍胶膜纸饰面秸秆板

1 范围

本标准规定了浸渍胶膜纸饰面秸秆板的术语和定义、要求、检验方法和检验规则以及标志、包装、运输和贮存。

本标准适用于以浸渍氨基树脂的胶膜纸铺装在秸秆板基材人造板表面，经热压而成的装饰板材。

2 规范性引用文件

下列文件中的条款通过本标准的引用而成为本标准的条款。凡是注日期的引用文件，其随后所有的修改单(不包括勘误的内容)或修订版均不适用于本标准，然而，鼓励根据本标准达成协议的各方研究是否可使用这些文件的最新版本。凡是不注日期的引用文件，其最新版本适用于本标准。

GB/T 2828.1—2003 计数抽样检验程序 第1部分：按接收质量限(AQL)检索的逐批检验抽样计划(ISO 2859-1:1999,IDT)

GB/T 15102—2006 浸渍胶膜纸饰面人造板

GB/T 17657 人造板及饰面人造板理化性能试验方法

GB 18580 室内装饰装修材料 人造板及其制品中甲醛释放限量

GB/T 19367—2009 人造板的尺寸测定

3 术语和定义

GB/T 15102—2006 中确立的以及下列术语和定义适用于本标准。

3.1

秸秆板 strawboard

以麦、稻等秸秆为原料，经细化加工，用异氰酸酯等胶粘剂制成的板材。

3.2

浸渍胶膜纸饰面秸秆板 surface decorated strawboard with paper impregnated thermosetting resins

浸渍胶膜纸覆在秸秆板基材表面，经热压加工制成的板材。

4 要求

4.1 分等

根据产品的外观质量分为优等品、一等品和合格品。

4.2 外观质量

浸渍胶膜纸双饰面秸秆板各等级外观质量应符合表1要求。浸渍胶膜纸单饰面秸秆板各等级外观质量应符合表1中正面要求，其背面不应有影响使用的缺陷。

表1 浸渍胶膜纸饰面秸秆板各等级外观质量要求

缺陷名称	优等品		一等品		合格品	
	正面	背面	正面	背面	正面	背面
干花	不允许		不允许	总面积不超过板面的3%，允许	距板边5 mm内，允许	总面积不超过板面的5%，允许
湿花						
污斑			任意1 m^2 板面内≤3 mm^2 允许1处	任意1 m^2 板面内3 mm^2～30 mm^2 允许1处		任意1 m^2 板面内5 mm^2～30 mm^2 允许3处

表 1（续）

<table>
<tr><th rowspan="2">缺陷名称</th><th colspan="2">优　等　品</th><th colspan="2">一　等　品</th><th colspan="2">合　格　品</th></tr>
<tr><th>正面</th><th>背面</th><th>正面</th><th>背面</th><th>正面</th><th>背面</th></tr>
<tr><td>表面划痕</td><td colspan="3">不允许</td><td colspan="2">任 1 m^2 板面内长度≤100 mm 允许 2 处；
影响装饰层的，不允许</td><td>任意 1 m^2 板内长度≤200 mm允许 4 处；
影响装饰层的，不允许</td></tr>
<tr><td>表面压痕</td><td colspan="5">不允许</td><td>任意 1 m^2 板面内 20 mm^2～50 mm^2 允许 1 处</td></tr>
<tr><td>透底</td><td colspan="3" rowspan="3">不允许</td><td colspan="3">明显的不允许</td></tr>
<tr><td>纸板错位</td><td colspan="3">宽度不得超过 10 mm，只允许一边有</td></tr>
<tr><td>表面孔隙</td><td colspan="3">表面孔隙总面积不超过板面的 3％允许</td></tr>
<tr><td>颜色不匹配</td><td colspan="6">明显的不允许</td></tr>
<tr><td>光泽不均</td><td colspan="6">明显的不允许</td></tr>
<tr><td>鼓泡</td><td colspan="5">不允许</td><td>任意 1 m^2 内≤10 mm^2 的允许 1 个</td></tr>
<tr><td>纸张撕裂</td><td colspan="3">不允许</td><td colspan="3">≤100 mm，允许 1 处/张</td></tr>
<tr><td>局部缺纸</td><td colspan="5" rowspan="2">不允许</td><td>≤10 mm^2，允许 1 处/张</td></tr>
<tr><td>崩边</td><td>≤3 mm</td></tr>
<tr><td colspan="7">表中未列入影响使用和装饰效果的严重缺陷，如表面龟裂、分层、边角缺损（在基本尺寸内）等，各等级产品均不允许。</td></tr>
</table>

4.3　**规格尺寸及偏差**

4.3.1　浸渍胶膜纸饰面秸秆板的幅面尺寸为 2 440 mm×1 220 mm。

4.3.2　浸渍胶膜纸饰面秸秆板的厚度规格为 6.0 mm～25.0 mm。

4.3.3　其他规格的浸渍胶膜纸饰面秸秆板可以供需双方协议约定。

4.3.4　浸渍胶膜纸饰面秸秆板的尺寸偏差应符合表 2 规定。

表 2　浸渍胶膜纸饰面秸秆板尺寸偏差

项　　目	要　求
厚度	±0.3 mm
长度	±2 mm/m
宽度	±2 mm/m
垂直度	≤1 mm/m
板边直度	≤1 mm/m
平整度	≤0.5％

4.4　**理化性能**

浸渍胶膜纸饰面秸秆板的理化性能应符合表 3 规定。

表 3 浸渍胶膜纸饰面秸秆板理化性能表

检验项目			单 位	基本厚度/mm		
				≤13.0	>13.0～20.0	>20.0～25.0
静曲强度			MPa	≥16.0	≥15.0	≥14.0
内结合强度			MPa	≥0.45	≥0.40	≥0.35
24 h 吸水厚度膨胀率			%	≤14.0	≤12.0	≤10.0
含水率			%	3.0～13.0		
密度			g/cm³	0.60～0.90		
握螺钉力	板面		N	≥1 100		
	板边		N	≥700		
表面胶合强度			MPa	≥0.60		
表面耐冷热循环			—	无龟裂、无鼓泡		
表面耐划痕			—	≥1.5 N 表面无整圈连续划痕		
尺寸稳定性			%	≤0.60		
表面耐磨	磨耗值		mg/100 r	≤80		
	表面情况	图案纹	—	磨 100 r 后应保留 50%以上花纹		
		素色	—	磨 350 r 以后应无露底现象		
表面耐香烟灼烧			—	黑斑、裂纹和鼓泡不允许		
表面耐干热			—	无龟裂、无鼓泡		
表面耐污染腐蚀			—	无污染、无腐蚀		
表面耐龟裂			—	0～1 级		
表面耐水蒸气			—	不允许有突起、变色和龟裂		
甲醛释放量			mg/L	≤0.3		
耐光色牢度(灰度样卡)			级	≥4		

注 1：浸渍胶膜纸双饰面秸秆板的表面性能两面均应符合指标要求。

注 2：经供需双方协议，可生产其他耐光色牢度级别的产品。

5 检验方法

5.1 外观质量检验方法

5.1.1 检验台高度为 700 mm 左右。

5.1.2 照明光源为 40 W 日光灯管三支，灯管间距约 400 mm，灯管长度方向与板长方向平行，灯管距检验台高度约为 2 m，自然光应不影响检验。

5.1.3 检验人员应有正常视力(或矫正视力)，并在板长两端逐张检验，视距为 0.5 m～1.5 m，视角为 30°～90°。

5.2 规格尺寸检验方法

5.2.1 仪器和工具

5.2.1.1 钢卷尺，精度为 1 mm。

5.2.1.2 钢板尺，精度为 0.5 mm。

5.2.1.3　千分尺，精度为0.01 mm。

5.2.1.4　细钢丝。

5.2.2　长度、宽度测量

按GB/T 19367—2009测量。

5.2.3　厚度尺寸测量

按GB/T 19367—2009测量。

5.2.4　垂直度检验

按GB/T 19367—2009测量。

5.2.5　边缘直度测量

按GB/T 19367—2009测量。

5.2.6　平整度测量

按GB/T 19367—2009测量。

5.3　理化性能试验方法

5.3.1　试样和试件的制取及尺寸规定

5.3.1.1　样本及试样应在生产后存放24 h以上的产品中抽取。

5.3.1.2　浸渍胶膜纸饰面秸秆板样本按图1所示切割成五块试样，各试样要标记号码，并在右上角作好标记“△”。其中1、3、5试样用于制取“编号”试件，2、4试样用于制取“任意”试件。试件的尺寸、数量和编号见表4。制取的试件应边棱平直，相邻两边为直角。从1、3、5试样中制取的编号试件规格按图2规定执行。在规定的取试件处遇到缺陷时，可适当移动试件的制取位置。

单位为毫米

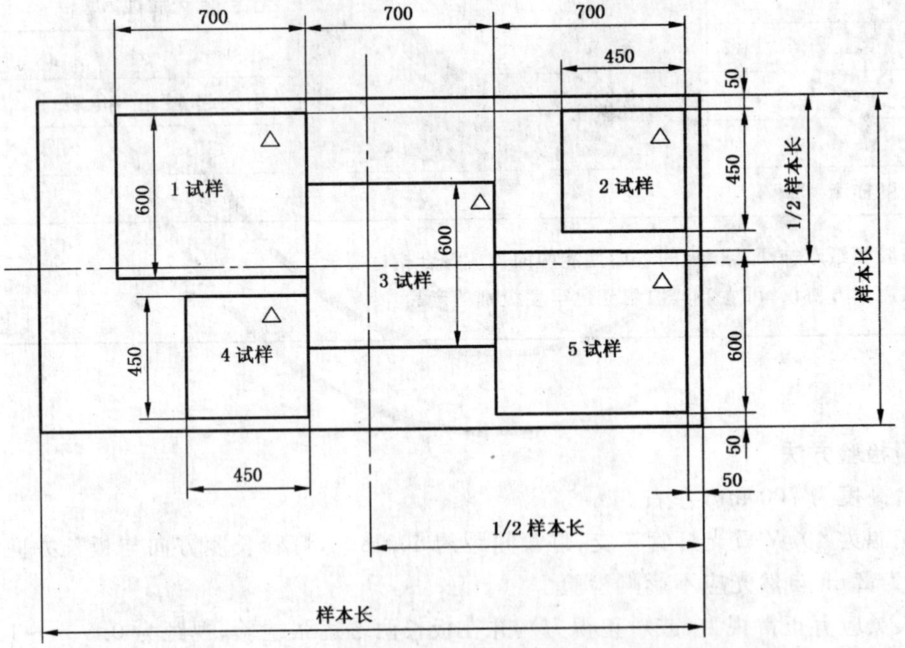

图1　试样制取示意图

单位为毫米

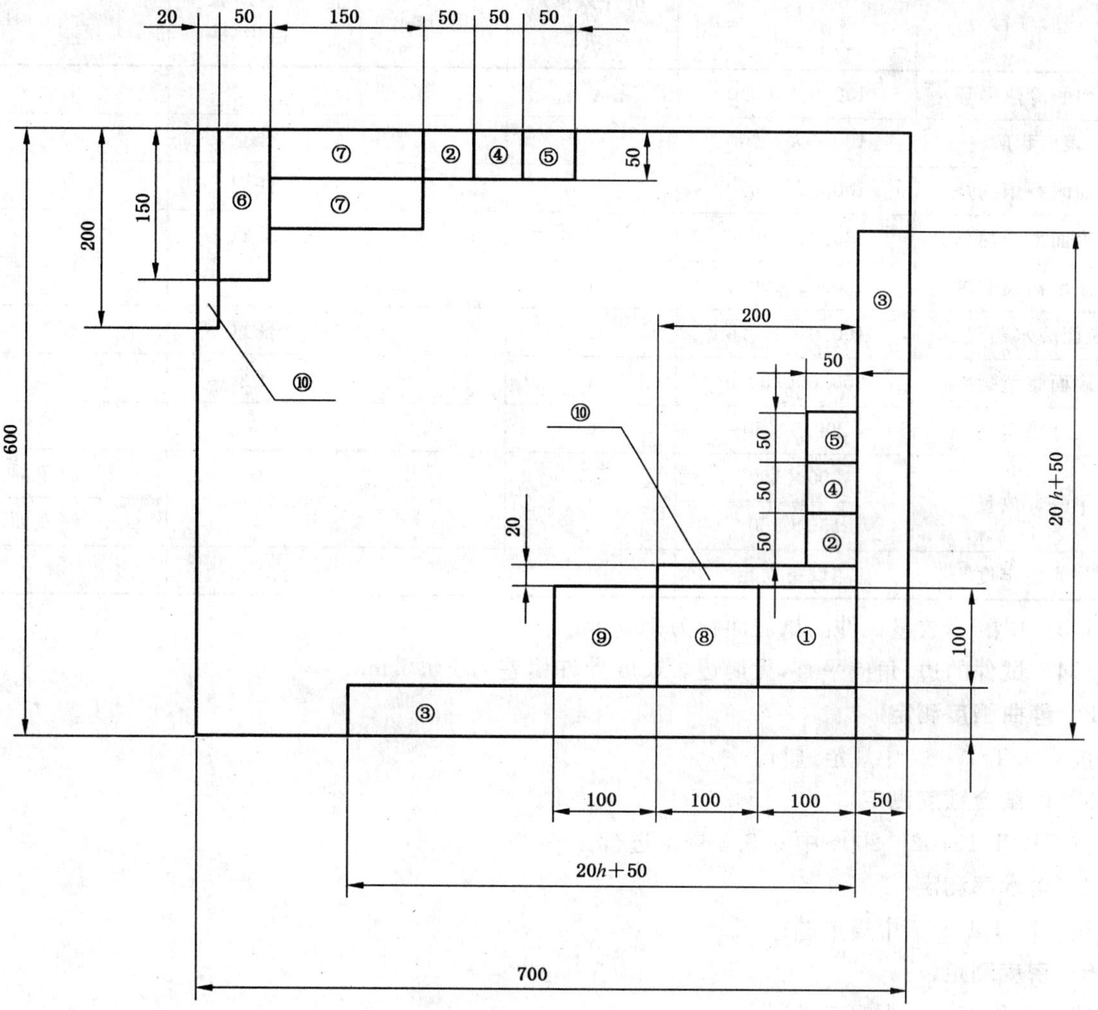

图 2 在 1、3、5 号试样上制取部分物理力学性能试件示意图

表 4 浸渍胶膜纸饰面秸秆板理化性能试件

检验项目		试件尺寸/mm	试件数量/块	试件编号	试件所在试样号	备注
密度、含水率		100.0×100.0	3	①	1、3、5	在同一块试件上测定密度和含水率
吸水厚度膨胀率		50.0×50.0	6	②	1、3、5	
静曲强度		(20h+50.0)×50.0	6	③	1、3、5	h 为基本厚度
内结合强度		50.0×50.0	6	④	1、3、5	
表面胶合强度		50.0×50.0	6	⑤	1、3、5	
握螺钉力	板面	150.0×50.0	3	⑥	1、3、5	$h\leqslant$15 mm 时不要求
	板边		6	⑦		
表面耐划痕		100.0×100.0	3	⑧	1、3、5	

表 4（续）

检验项目	试件尺寸/mm	试件数量/块	试件编号	试件所在试样号	备注
表面耐冷热循环	100.0×100.0	3	⑨	1、3、5	
表面耐磨	100.0×100.0	1		任意	
表面耐香烟灼烧	100.0×100.0	1		任意	
表面耐干热	230.0×230.0	1		任意	
表面耐污染腐蚀	100.0×100.0	1		任意	
表面耐水蒸气	100.0×100.0	1		任意	
表面耐龟裂	250.0×250.0	1		任意	
尺寸稳定性	200.0×50	6	⑩	1、3、5	
甲醛释放量	300×150	1		任意	测单面
	150×150				测双面
耐光色牢度	随设备而定	1		任意	

5.3.1.3　甲醛释放量试件测试表面积为 450 cm^2。

5.3.1.4　试件的边、角应平直，无崩边。长度允许偏差为±0.5 mm。

5.3.2　静曲强度测定

按 GB/T 17657 中规定进行。

5.3.3　内结合强度测定

按 GB/T 15102—2006 中 6.3.3 规定进行。

5.3.4　含水率测定

按 GB/T 17657 中规定进行。

5.3.5　密度测定

按 GB/T 17657 中规定进行。

5.3.6　吸水厚度膨胀率测定

按 GB/T 17657 中规定进行，浸泡时间为 24 h。

5.3.7　握螺钉力测定

按 GB/T 17657 中规定进行。

5.3.8　表面胶合强度测定

按 GB/T 15102—2006 中 6.3.8 规定进行。

5.3.9　表面耐冷热循环性能测定

按 GB/T 15102—2006 中 6.3.9 规定进行。

5.3.10　表面耐划痕性能测定

按 GB/T 15102—2006 中 6.3.10 规定进行。

5.3.11　尺寸稳定性测定

按 GB/T 15102—2006 中 6.3.11 规定进行。

5.3.12　表面耐磨性能测定

按 GB/T 15102—2006 中 6.3.12 的规定进行。

5.3.13　表面耐香烟灼烧性能测定

按 GB/T 17657 中规定进行。

5.3.14 **表面耐干热性能测定**

按 GB/T 17657 中规定进行。

5.3.15 **表面耐污染腐蚀性能测定**

按 GB/T 15102—2006 中 6.3.15 规定进行。

5.3.16 **表面耐龟裂性能测定**

按 GB/T 17657 中规定进行。

5.3.17 **表面耐水蒸气性能测定**

按 GB/T 17657 中规定进行。

5.3.18 **甲醛释放量测定**

甲醛释放量试验方法按 GB 18580 规定的饰面人造板甲醛释放量测试方法进行。

5.3.19 **耐光色牢度测定**

按 GB/T 15102—2006 中 6.3.19 的规定进行。

6 检验规则

6.1 检验分类

检验分出厂检验和型式检验。

6.1.1 出厂检验

出厂检验应包括：

a) 外观质量检验；

b) 规格尺寸检验；

c) 理化性能检验中的表面耐磨、表面耐污染、表面耐龟裂、表面耐水蒸气和甲醛释放量。

6.1.2 型式检验

型式检验应包括外观质量检验、规格尺寸检验和理化性能检验中的全部项目。

6.1.3 有下列情况之一时，应进行型式检验：

a) 当原辅材料及生产工艺发生较大变动时；

b) 停产三个月以上，恢复生产时；

c) 正常生产时，每年检验不少于两次；

d) 新产品投产或转产时；

e) 质量监督机构提出型式检验要求时。

6.2 外观质量检验

外观质量检验采用 GB/T 2828.1—2003 中的正常检验二次抽样，检验水平为Ⅱ、接收质量限(AQL)为 4.0 的抽样方案见表 5。按 4.2 的表 1 规定对样本 n_1 进行检验，不合格数 $d_1 \leqslant Ac_1$ 时接收，$d_1 \geqslant Re_1$ 时拒收。若 $Ac_1 < d_1 < Re_1$，检验样本 n_2，前后两个样本中不合格品数 $d_1 + d_2 \leqslant Ac_2$ 时接收，$d_1 + d_2 \geqslant Re_2$ 时拒收。

表 5 外观质量检验抽样方案 单位为张

批量范围 N	样本量		第一判定数组		第二判定数组	
	n_1, n_2	$n_1 + n_2$	接收数 Ac_1	拒收数 Re_1	接收数 Ac_2	拒收数 Re_2
≤150	13	26	0	3	3	4
151～280	20	40	1	3	4	5
281～500	32	64	2	5	6	7
501～1 200	50	100	3	6	9	10

6.3 规格尺寸检验

规格尺寸检验采用 GB/T 2828.1—2003 中的正常检验二次抽样方案，检验水平为Ⅰ、接收质量限(AQL)为 6.5 的抽样方案见表 6。按 4.3 对样品 n_1 进行检验，不合格品数 $d_1 \leqslant Ac_1$ 时接收，$d_1 \geqslant Re_1$ 时拒收。若 $Ac_1 < d_1 < Re_1$，检验样本 n_2，前后两个样本中不合格品数 $d_1 + d_2 \leqslant Ac_2$ 时接收，$d_1 + d_2 \geqslant Re_2$ 时拒收。

表 6　规格尺寸检验抽样方案　　单位为张

批量范围 N	样本量		第一判定数组		第二判定数组	
	n_1, n_2	$n_1 + n_2$	接收数 Ac_1	拒收数 Re_1	接收数 Ac_2	拒收数 Re_2
≤150	5	10	0	2	1	2
151～280	8	16	0	3	3	4
281～500	13	26	1	3	4	5
501～1 200	20	40	2	5	6	7

6.4 理化性能检验

理化性能检验按表 7 采用复检抽样方案。第一次抽取 n_1 张板，如检验结果中某项指标不合格，则第二次抽取 n_2 张板重新检验不合格项目，第二次样本 n_2 的性能值(n_1 中不合格项目)应全部符合标准要求，否则该批产品判为不合格。

表 7　理化性能检验抽样方案　　单位为张

批量范围 N	初检抽样数 n_1	复检抽样数 n_2
≤1 200	2	4
1 201～3 200	3	6
3 201～10 000	4	8
＞10 000	5	10

6.5 检验结果的判断

6.5.1　浸渍胶膜纸饰面秸秆板试样的密度、含水率、尺寸稳定性的平均值满足标准要求，该试样的密度、含水率、尺寸稳定性判为合格，否则判为不合格。

6.5.2　浸渍胶膜纸饰面秸秆板试样的静曲强度、内结合强度、表面胶合强度、握螺钉力的平均值满足标准规定要求，且任一试件的最小值不小于标准规定值的 80%，该试样的静曲强度、内结合强度、表面胶合强度判为合格，否则判为不合格。

6.5.3　浸渍胶膜纸饰面秸秆板试样的吸水厚度膨胀率的平均值满足标准规定要求，且任一试件的最大值不大于标准规定值的 120%，该试样的吸水厚度膨胀率判为合格，否则判为不合格。

6.5.4　浸渍胶膜纸饰面秸秆板试样的耐光色牢度、甲醛释放量、表面耐划痕、表面耐水蒸气、表面耐磨、表面耐冷热循环、表面耐香烟灼烧、表面耐干热、表面耐污染腐蚀、表面耐龟裂的每一试件均达到标准规定要求，该试样的上述性能判为合格，否则判为不合格。

6.5.5　当浸渍胶膜纸饰面秸秆板试样所需进行的各项理化性能检验均合格时，该批产品理化性能判为合格，否则判为不合格。

6.6 综合判断

产品外观质量、规格尺寸和理化性能检验结果均应符合相应等级要求，否则应降等或为不合格品。

6.7 检验报告

检验报告应包括如下内容：

a)　检测所依据的标准；

b) 检验结果；

c) 检测过程中出现的各种异常情况。

7 标志、包装、运输和贮存

7.1 标志

产品应加盖表明产品名称、生产日期和检验员代号的标志。

7.2 包装

产品包装应按不同类别、规格、等级分别包装。每个包装应挂有注明生产厂名、厂址、产品名称、执行标准、商标、规格、等级、甲醛释放量、张数、防潮、防晒以及盖有合格的标签。

7.3 运输

产品运输方式由供需双方商定。运输中应避免表面划伤和磕碰，且防雨、防潮和防晒。

7.4 贮存

产品的存放基础应平整，码放应整齐，板面不得与地面接触，并按不同类别、规格、等级堆放，每垛应有相应的标记。贮存地点应防雨、防潮、防晒且远离火源。

ICS 65.020
B 16

中华人民共和国国家标准

GB/T 23473—2009

林业植物及其产品调运检疫规程

Quarantine rules for the transport of forest plants and their products

2009-04-01 发布 2009-09-01 实施

中华人民共和国国家质量监督检验检疫总局
中国国家标准化管理委员会 发布

前　言

本标准中附录 A、附录 B、附录 C、附录 D、附录 E 为规范性附录，附录 F 为资料性附录。

本标准由国家林业局提出。

本标准由全国植物检疫标准化技术委员会归口。

本标准负责起草单位：国家林业局造林司、国家林业局森林病虫害防治总站、安徽省林业有害生物防治检疫局、湖南省森林病虫防治检疫站。

本标准主要起草人：王晓华、胡学兵、郑华、赵宇翔、石进、王明旭、覃庆锋、谭宏利、郭斌。

林业植物及其产品调运检疫规程

1 范围

本标准规定了在国内调运林业植物及其产品检疫的程序。

本标准适用于国内林业植物及其产品的调运检疫。

2 规范性引用文件

下列文件中的条款通过本标准的引用而成为本标准的条款。凡是注日期的引用文件，其随后所有的修改单(不包括勘误的内容)或修订版均不适用于本标准，然而，鼓励根据本标准达成协议的各方研究是否可使用这些文件的最新版本。凡是不注日期的引用文件，其最新版本适用于本标准。

森林植物检疫技术规程(国家林业局)

3 术语和定义

下列术语和定义适用于本标准。

3.1

林业植物　forest plant

官方确定由林业部门管理的栽培植物、野生植物及其种子、种苗及其他繁殖材料等。

3.2

林业植物产品　forest plant product

来源于林业植物的未经加工或者虽经加工但仍有可能传播有害生物的产品。

3.3

植物检疫　plant quarantine

防止植物检疫性有害生物传播和(或)扩散或确保其官方防治的一切活动。

3.4

调运检疫　transport quarantine

在植物及其产品流通(包括托运、邮寄、自运、携带、销售等)过程中进行的防止植物检疫性有害生物传播和(或)扩散的一切官方活动。

3.5

有害生物　pest

任何对植物或植物产品有害的植物、动物或微生物的种、株(品)系或生物型。

3.6

检验　inspection

对植物、植物产品或其他限定物进行官方的直观检查以确定是否存在有害生物和(或)是否符合植物检疫法规。

3.7

检疫性有害生物　quarantine pest

对受其威胁的地区具有潜在的经济重要性，但尚未在该地区发生，或虽已发生但分布不广，并得到官方防治的有害生物。本标准中的检疫性有害生物是指国务院林业主管部门发布的《林业检疫性有害生物名单》，省(自治区、直辖市)林业主管部门发布的《林业检疫性有害生物补充名单》，国务院林业主管部门或授权职能部门公布的林业危险性有害生物名单。

3.8

林业植物检疫机构　organization of forest plant quarantine

由官方设立负责执行国家的林业植物检疫任务的机构。

3.9

植物检疫证书　phytosanitary certificate

在经贸活动中，含有可确保货物不携带或基本不携带有害生物的必不可少的全部信息的文件。

3.10

植物检疫法规　phytosanitary regulation

为防止检疫性有害生物的传入和(或)扩散或者限制非检疫性限定有害生物经济影响而作出的官方规定，包括建立植物检疫出证体系。

4　林业植物及其产品调运检疫程序

4.1　调出检疫

4.1.1　受理报检

4.1.1.1　调运应施检疫的林业植物及其产品，调运单位(人)向调出地县级以上林业植物检疫机构报检，填写《林业植物检疫报检单》(见附录A)。省际间调运的，还应提供调入省(自治区、直辖市)林业植物检疫机构出具的《林业植物检疫要求书》(见附录B)。

4.1.1.2　受理报检的林业植物检疫机构根据调入省(自治区、直辖市)林业植物检疫机构出具的《林业植物检疫要求书》，对《林业植物检疫报检单》进行审核、分析，确定检疫方案。需要实施现场检验的，确定时间并通知报检单位(人)。

4.1.2　现场检验

4.1.2.1　林业植物检疫机构对照《林业植物检疫报检单》，详细核对调运林业植物及其产品的名称、数量等，查验是否与《林业植物检疫报检单》相符。不符的重新填写《林业植物检疫报检单》。

4.1.2.2　按照《森林植物检疫技术规程》的规定，抽取一定数量的样品实施现场检验。抽样数量及现场检疫方法的具体内容见附录C。

4.1.2.3　不能通过现场检验作出可靠判断的，将抽取的样品连同现场检疫时发现的可疑有害生物及其被害物一起带回室内检验，同时向报检单位(人)出具《采样凭证》(见附录D)。

4.1.3　室内检验

室内检验方法按照《森林植物检疫技术规程》规定执行，具体内容见附录C。

4.1.4　检疫处理

4.1.4.1　被检林业植物及其产品，经现场检查或室内检验发现带有检疫性有害生物的，向报检单位(人)签发《检疫处理通知单》(见附录E)。

4.1.4.2　被检林业植物及其产品，经现场检查或室内检验，未发现带有检疫性有害生物的，或经除害处理合格的，向报检单位(人)签发《植物检疫证书》(参见附录F)。

4.1.5　签发《植物检疫证书》依据

4.1.5.1　符合下列情况之一者，签发《植物检疫证书》：

——经检疫未发现国务院林业主管部门发布的《林业检疫性有害生物名单》中的种类、调出和调入省(自治区、直辖市)林业主管部门发布的《林业检疫性有害生物补充名单》中的种类、调入省(自治区、直辖市)出具的《林业植物检疫要求书》中要求检疫的危险性有害生物；

——经除害处理合格的林业植物及其产品；

——按照林业植物检疫法规有关规定换签的《植物检疫证书》。

4.1.5.2　《植物检疫证书》应使用林业植物检疫管理系统签发，《植物检疫证书》的有关信息应通过林业植物检疫管理系统传送。

4.2 **复检**

4.2.1 对调入林业植物及其产品，怀疑带有检疫性有害生物时可进行复检。

4.2.2 现场检验、室内检验参照4.1.2.2、4.1.2.3、4.1.3。

4.2.3 复检发现检疫性有害生物的，按4.1.4.1处理。

4.3 **检查站检疫查验**

4.3.1 林业植物检疫检查站或负有检疫查验职能的木(竹)检查站对调运的林业植物及其产品实施检疫查验，查核调运的林业植物及其产品是否有《植物检疫证书》、《植物检疫证书》是否在规定的有效期内、货证是否相符。

4.3.2 如调运的林业植物及其产品无《植物检疫证书》，或《植物检疫证书》有效期超过规定时间，或货证不相符，及时通知当地林业植物检疫机构实施补检。

4.4 **补检**

4.4.1 在调入地或调运途中发现无《植物检疫证书》调运应施检疫的林业植物及其产品，或调运应施检疫的林业植物及其产品与《植物检疫证书》不符的，应实施补检。

4.4.2 补检程序参照4.1。

4.4.3 在调运途中实施补检后符合4.1.5规定，补发《植物检疫证书》。

附 录 A
（规范性附录）
林业植物检疫报检单式样

表 A.1

编号：

报检章编号		调出日期			
调运单位(人)		调运单位地址			
调运(承办)人姓名		身份证件号码		联系电话	
收货单位(人)		收货单位地址			
植物或植物产品来源		运输工具			
运输起讫	自	经	至		

植物清单

植物或植物产品名称	品种(材种)	规格	单位	数量	备注	单价

货物总数量		总货值	

检疫要求：

检疫结果：

签发人(签名)：

签发日期　　　年　　月　　日

附 录 B
（规范性附录）
林业植物检疫要求书式样

表 B.1

编号：

申请单位（个人）		申请日期		年　月　日	
通讯地址		联系电话			
调入地点					
调入时间					
植物清单					
植物或植物产品名称	品种（材种）	规格	单位	数量	备注
要求检疫的林业有害生物种类：					
签发机关（林业植物检疫机构检疫专用章）			签发人（签名）：		
签发日期　年　月　日			签发日期　年　月　日		

注1：本要求书无调入地省级林业植物检疫机构专用章（或省级林业植物检疫机构委托办理本要求书的植物检疫机构检疫专用章）和检疫员签名无效。

注2：调出单位（个人）凭本要求书向调出地的省（自治区、直辖市）林业植物检疫机构或受其委托办理出省《植物检疫证书》的林业植物检疫机构报检。

附 录 C
（规范性附录）
调运检疫中的抽样与检验方法

根据国家林业局制定的《森林植物检疫技术规程》，林业植物及其产品在调运检疫过程中的抽检数量、方法及其现场检验和室内检验的方法如下。

C.1 抽样

C.1.1 抽检数量

按照林业植物及其产品的种类和数量，抽取一定数量的样品进行现场检验。

抽样以“批”为单位进行。本规程中的“批”是指来自同一地区、同一日期、使用同一运输工具、同一品名的林业植物及其产品。

C.1.1.1 种子、果实（干、鲜果）：按一批货物总数或总件数抽取，抽样数量为0.5%～5%。

C.1.1.2 苗木（含试管苗）、块根、块茎、鳞茎、球茎、砧木、插条、接穗、花卉等繁殖材料：按一批货物总件数抽取，抽样数量为1%～5%。

C.1.1.3 生药材：按一批货物总件数抽取，抽样数量为0.5%～5%。

C.1.1.4 原木、锯材、竹材、藤及其制品（含半成品）和进境的林业植物及其产品的再调运，按一批货物总数或总体数抽取，抽样数量为0.5%～10%。

C.1.1.5 散装种子、果实、苗木（含试管苗）、块根、块茎鳞茎、球茎、生运材等：按货物总量的0.5%～5%抽查。种子、果实、生药材少于1 kg，苗木（含试管苗）、块根、块茎、鳞茎、球茎、砧木、插条、接穗少于20株，应全部检查。

C.1.1.6 其他林业植物及其产品可参照上述各类办理，按照上述比例抽样检查的最低数量不得少于5件；不足5件的，件件检查。

C.1.1.7 现场检验的样品是确定一批货物是否带有检疫对象和其他危险性病、虫的重要依据，怀疑带有检疫对象或其他危险性病、虫时要扩大抽样数量，抽样数量应不得低于上述规定的上限。

C.1.2 抽样方法

C.1.2.1 现场检查散装的种子、果实、苗木（含试管苗）、块根、块茎、鳞茎、球茎、花卉、中药材等时，按照抽样比例，从报检的林业植物及其产品中分层取样，直到取完规定的样品数量为止。

C.1.2.2 现场检查原木、锯材、竹材、藤等时，按抽样比例，视疫情发生情况从楞垛表层或分层抽样检查。

C.2 检验

C.2.1 现场检验

C.2.1.1 种子、果实外部检验：将抽取的种实样品倒入事先准备好的容器内，用肉眼或借助扩大镜直接观察种实外部有无伤害情况，把异常的种子、果实拣出，放在白纸上剖粒检查果肉、果核或经过不同规格筛，选出的虫体、虫卵、病粒、菌核等，作初步鉴定。

C.2.1.2 苗木检验：将抽取的苗木（含试管苗）、砧木、插条、接穗、块根、块茎、鳞茎、球茎等检验样品，放在一块100 cm×100 cm的白布（或塑料布）上，逐株（根）进行检查，详细观察根、茎、叶、芽、花等各个部位，有无变形、变色、溃疡、枯死、虫瘿、虫孔、蛀屑、虫粪等，作初步鉴定。

C.2.1.3 枝干、原木、锯材、竹材、藤及其制品（含半成品）检验：现场仔细检查枝干、原木、锯材、竹材、藤等外表及裂缝处有无溃疡、肿瘤、流脂、变色、虫体、卵囊、虫孔、虫粪、蛀屑等，作初步鉴定。

C.2.1.4 中药材、果品、野生及栽培菌类检验：用肉眼或借助扩大镜直接观察表面有无危害症状（斑点、虫孔、虫粪等），并剖开检查内部，确定病虫种类、数量，作初步鉴定。

C.2.2 室内检验

C.2.2.1 对现场检查不能作出可靠鉴定的，需再抽取一定数量的样品作为室内检验样品，连同现场检疫时发现的可疑病、虫一起做室内检验。

C.2.2.2 害虫检验

C.2.2.2.1 对混杂在种子间的害虫，用回旋筛检验。对隐藏在种子内的害虫，可采用剖粒、比重、染色或X射线透视、药物染色等进行检查。

C.2.2.2.2 对隐蔽在叶部或干、茎部的害虫，用刀、锯或其他工具剖开被害部位或可疑部位进行检查。剖开时应注意保持虫体完整。

C.2.2.2.3 借助于解剖镜、显微镜等仪器设备，参照已定名的昆虫标本、有关图谱、资料等进行识别鉴定。

C.2.2.2.4 对一时鉴定不出的害虫，采取人工饲养方法，养至成虫期鉴定，或结合观察各虫态特征及其生物学特性，作出准确鉴定。必要时送请有关专家鉴定。

C.2.2.3 病害检验

C.2.2.3.1 病原真菌检验

a) 采集一定数量症状典型的病害和寄主标本。
b) 观察病害的危害病状、病症特点及对寄主影响。
c) 用徒手切片或石蜡切片等方法，借助显微镜观察原真菌形态特征。
d) 用组织分离法或孢子稀释法分离致病真菌。必要时，进行生理生化测定及病原接种，进行识别鉴定。
e) 记载病原真菌特点、培养性状。

C.2.2.3.2 病原细菌检验

a) 观察寄主症状是否具典型细菌性病害的溢菌现象、是否有菌浓，并用显微镜检查病组织，观察病健交界交否有大量细菌游出，初步确定是否为细菌病害。
b) 采用稀释分离法从病组织中分离培养病原细菌，并通过稀释或划线法获得纯培养菌株。
c) 用柯克氏法则进一步鉴定病原细菌的致病性，利用植物过敏反应快速筛选致病性细菌。
d) 从接种植物病组织中再分离获得细菌，并与原来病株上分离获得的细菌比较。
e) 根据细菌形态、大小特征、菌株生理生化特点、致病性等确定其种类。

C.2.2.3.3 寄生线虫检验

a) 直接采取新鲜病变的组织、器官或根围土壤。
b) 采用贝尔曼法、浅盘法等方法分离线虫；如果是非转移型线虫，可直接用手剥离。
c) 分离后利用形态或分子检测等方法检查。需保存或用显微镜观察的线虫用固定液固定。

C.2.2.3.4 病毒检验

a) 通过田间调查、症状观察，初步确定是否为病毒病害。
b) 采集病毒样品，并用摩擦接种观察接种后症状表现及变化是否与感病植物一致。
c) 用电镜观察病毒形态和进行细胞病理解剖，或用血清学、聚合酶链式反应等技术鉴定。

附 录 D
（规范性附录）
采样凭证单式样

表 D.1

编号：

报检人(单位)		报检单编号	
植物或植物产品名称		产地	
数量		重量	
采样量			
怀疑带有：			
检查结果：			
检疫员(签字) 年 月 日		报检人(签字) 年 月 日	

注：本凭证一式两份，第一联交托运人，第二联林业植物检疫机构留存。

附 录 E
（规范性附录）
检疫处理通知单

表 E.1

________________省（自治区、直辖市）________________县（市、旗）林检字[　]号

受检单位（个人）			
通讯地址			
植物或植物产品名称			
数量（重量）			
产地或存放地			
运输工具		包装材料	

经检疫检验，上列植物及其产品中发现有下列林业有害生物：

根据《植物检疫条例》第　　条、

的规定必须按如下要求进行除害处理：

签发机关（盖林业植物检疫专用章）

签发日期：　　　年　　月　　日　　　　　　林业植物检疫员：

（签名或盖章）

注 1：本通知一式两份，一份交受检单位或个人，一份存签证机关。

注 2：数量单位：千克、立方米、株、件、公顷。

附 录 F
（资料性附录）
植物检疫证书式样

F.1 植物检疫证书(出省)

见图F.1。

植 物 检 疫 证 书（出省）

国家林业局
监 制

林（ ）检字

调运单位(人)及地址					
调运(承办)人姓名		身份证件号码		联系电话	
收货单位(人)及地址					
植物或植物产品来源				运输工具	
运输起讫	自	经		至	
有效期限	自 年	月	日至	年 月	日
植物或植物产品名称	品名(或材种)	规格	单位	数量	备注

签发意见：上列调运的植物或植物产品，经（ ），未发现林业检疫性有害生物、本省(区、市)和调入省(区、市)补充林业检疫性有害生物、调入省(区、市)林业检疫机构提出的检疫要求列出的其他林业危险性有害生物，同意调运。

委托机关(省级林业植物检疫机构检疫专用章)

签发机关(植物检疫专用章)

检疫员(签名)

签证日期 年 月 日

第一联存签证机关

注：1. 本证无调出地省级林业植物检疫机构检疫专用章(受委托办理本证的须加盖本机构植物检疫专用章)和检疫员签名无效；
2. 本证转让、涂改或重复使用无效；
3. 一车(船)一证，全程有效。

第二联随货同行

图 F.1

F.2 植物检疫证书(省内)

见图F.2。

植 物 检 疫 证 书(省内)

国家林业局
监 制

林(　　)检字

调运单位(人)及地址					
调运(承办)人姓名		身份证件号码		联系电话	
收货单位(人)及地址					
植物或植物产品来源				运输工具	
运输起讫	自　　经　　至				
有效期限	自　　年　　月　　日至　　年　　月　　日				
植物或植物产品名称	品名(或材种)	规格	单位	数量	备注

签发意见:上列调运的植物或植物产品,经(　　　　　　　　　　　　　　　　　　　　),

未发现林业检疫性有害生物和本省(区、市)补充林业检疫性有害生物,同意调运。

签发机关(植物检疫专用章)　　　　　　　　　　检疫员(签名)

签证日期　　年　　月　　日

第一联存签证机关

注:1. 本证无调出地林业植物检疫机构检疫专用章和检疫员签名无效;

2. 本证转让、涂改和重复使用无效;

3. 一车(船)一证,全程有效。

第二联随货同行

图F.2

ICS 65.020
B 16

中华人民共和国国家标准

GB/T 23474—2009

美国白蛾检疫技术规程

Technical standard for quarantine *Hyphantria cunea*（Drury）

2009-04-01 发布　　　　2009-09-01 实施

中华人民共和国国家质量监督检验检疫总局
中国国家标准化管理委员会
发布

前　言

本标准的附录 A、附录 B、附录 C、附录 D、附录 E 为资料性附录。

本标准由国家林业局提出。

本标准由全国植物检疫标准化技术委员会归口。

本标准负责起草单位:国家林业局森林病虫害防治总站。

本标准主要起草人:郑华、初冬、曲涛、赵宇翔、董振辉、沈艳霞、李庆丰、高薇、邵希奎、郑洪军、王奇、王日欣。

美国白蛾检疫技术规程

1 范围

本标准规定了美国白蛾检疫检验和处理方法。

本标准适用于对携带美国白蛾的林木、果树、灌木等植物及其产品、植物性包装材料(含铺垫物、遮荫物、新鲜枝条)及装载上述物品的容器、运载工具的检疫检验和除害处理。

2 术语和定义

下列术语和定义适用于本标准。

2.1

美国白蛾 ***Hyphantria cunea*** **(Drury)**

一种食性杂、繁殖量大、适应性强、传播途径广、危害严重的检疫害虫。属于鳞翅目(Lepidoptera),灯蛾科(Arctiidae)。

2.2

植物检疫 plant quarantine

旨在防止检疫性有害生物传入、扩散或确保其官方防治的一切活动。

2.3

检疫措施 quarantine measures

旨在防止检疫性有害生物传入、扩散或限制非检疫性限定有害生物的经济影响的任何法律、法规或官方程序。

2.4

产地检疫 quarantine of damaged areas

在单一生产或耕作单位的设施或大田上实施,旨在防止检疫性有害生物传入、扩散或确保其官方防治的一切活动。

2.5

调运检疫 transport quarantine

在森林植物及其产品进入流通领域前进行的防止检疫性有害生物传入、扩散或确保其官方防治的一切活动。

2.6

复检 secondary quarantine

对调入的应施检疫的森林植物及其产品实施的防止检疫性有害生物传入、扩散或确保其官方防治的一切活动。

3 疫情监测

3.1 踏查

3.1.1 踏查地点

采取踏查的方式确定被检地是否发生美国白蛾。踏查时,应重点对疫情发生区及毗邻地区有寄主栽植地的林地、防护林、果园、公园及四旁树或有货物运输往来的交通要道、货物集散地周围的树木进行调查。

3.1.2 **踏查方法与时间**

踏查时要选择有代表性的路线，必要时可采用定点(定株)调查。调查前，森林植物检疫人员应询问种苗来源、栽培管理及美国白蛾发生情况，确定调查重点和调查方法，做好观察、采集、鉴定工具和记录表格等的准备工作。

每年应根据美国白蛾生活史进行踏查，对美国白蛾疫情发生区要在危害高峰期或某一虫态发生高峰期进行，每年不得少于三次。美国白蛾生活史参见附录A。

——成虫期危害情况调查。查看树冠周缘枝条端部或近端部叶片背面是否有卵块。树干、墙壁、电杆、草本植物及附近物体上是否有成虫。

——幼虫期危害情况调查。看寄主树冠是否有网幕，网幕一般50 cm～60 cm，最长可达100 cm；叶片呈缺刻孔洞状，叶脉呈白膜状枯黄或树冠全部受害。

——越冬(越夏)蛹调查。检查树干老树皮下、乱石堆中、墙缝、屋檐下，调查是否有越冬(越夏)蛹。

——沿防护林、四旁绿化树走向调查3点～5点，每点调查100株～300株植物，少于100株时，向外扩查到100株。

对在踏查过程中发现美国白蛾疫情的地段，应设立标准地做详细调查。

3.1.3 **疫情分级标准**

——轻度发生为有虫株率在0.1%～2.0%之间；

——中度发生为有虫株率在2.1%～5.0%之间；

——重度发生为有虫株率在5.0%以上。

3.1.4 **疫情发生面积统计标准**

水渠、公路、铁路沿线树木每1 500株为1 hm^2；其他均以行政区划村(街道、四旁面积)为最小统计单位。

3.1.5 **标准地设置**

3.1.5.1 标准地应选设在美国白蛾疫情发生区域有代表性的地段。网幕盛发期，在喜食树种多、疫情发生重的地段设标准地。

3.1.5.2 标准地的累积总面积应不少于调查总面积的1%～5%。

3.1.5.3 防护林、四旁绿化树采取等距隔行方式，选取样树50株～100株，也可根据需要临时增补样树，进行每株幼虫网幕数的调查。对抽取的样株进行逐株检查。在美国白蛾2～4龄幼虫随机抽取网幕20个，统计每个网幕内的美国白蛾幼虫数量，求出平均数；再调查每株树的网幕数，求出株平均网幕数，根据每个网幕中美国白蛾幼虫数量求出株虫口密度，然后根据该地区树木数量统计该地区美国白蛾幼虫总数量。

3.2 **监测**

3.2.1 **监测寄主与范围**

以调查美国白蛾嗜食树种为重点。

美国白蛾是杂食性害虫，在我国危害多种阔叶树、灌木、果树、花卉、农作物、蔬菜、杂草等，其主要寄主为复叶槭 *Acer negundo* L.、元宝槭 *A. truncatum* Bunge、三球悬铃木 *Platanus orientalis* L.、桑树 *Morus alba* L.、白桦 *Betula platyphylla* Suk.、榆树 *Ulmus pumila* L.、柿 *Diospyros kaki* L. f.、梧桐 *Firmiana simplex* (L.) W. F.、樱桃 *Cerasus pseudocerasus* (Lindl.)、连翘 *Forsytia suspensa* (Thunb.)Vahl.、刺槐 *Robinia pseudoacacia* Linn.、槐树 *Sophora japonica* Linn.、紫穗槐 *Amorpha fruticosa* Linn.、臭椿 *Ailanthus altissima* (Mill.)、香椿 *Toona sinensis* (A. Juss)Roem.、板栗 *Castanea mollissima* Blume、山楂 *Crataegus pinnatifida* Bge.、水曲柳 *Fraxinus mandshurica* Rupr.、美国白蜡树 *F. americana* L.、枫杨 *Pterocarya stenoptera* C. DC.、毛泡桐 *Paulownia tomentosa* (Thunb.)、核桃楸 *Juglans mandshurica* Maxim、紫丁香 *Syringa oblata* Lind.、枣树 *Ziziphus jujuba* Mill.、葡萄 *Vitis vinifera* L.、文冠果 *Xanthoceras sorbifolia* Bunge，以及杨属 *Populus* spp.、柳属 *Salix* spp.、李属

Prunus spp.、梨属 *Pyrus* spp.、苹果属 *Malus* spp. 的植物。

19°～55°N，39°～132°E 之间，发育起始温度为 10 ℃～11 ℃，蛹至成虫羽化高峰所需的有效积温平均值为 152.7 日度的地区均为疫情监测范围（我国南起广东北至黑龙江）。

3.2.2 监测时间与重点

根据美国白蛾在该地可能发生世代数，以 1～4 龄幼虫期为宜（5～10 月），每年不得少于 3 次。

靠近疫情发生区和沿海地区的乡镇；与疫区有货物运输往来的车站、码头、机场、旅游点；公路、铁路及沿途村庄为重点监测区。

3.2.3 监测方法

观测树上网幕，第一代幼虫网幕集中在树冠下部边缘；第二代和第三代幼虫网幕集中在树冠上部外缘及树顶。

采用美国白蛾性信息素诱捕器诱集成虫，诱捕器的设置高度春季以树冠下层枝条（2.0 m～2.5 m）为宜，夏季世代以树冠中上层（5 m～6 m），诱虫距离约为 400 m。

成虫期在林间将未交尾的雌成虫装入纸杯做成的诱捕器内，纸杯开口处罩上中央有一个直径 1 cm 小洞的滤纸。诱捕器放置高度春季为 2 m～2.5 m，夏季 4 m～5 m，间隔距离春季 40 m，夏季为 16 m。

日平均温度在 15 ℃以上时，用黑光灯诱集成虫。

4 产地检疫

4.1 种苗繁育基地的疫情调查

4.1.1 种子园、母树林以标准地调查为主，苗圃地以抽取样方调查为主。标准地应设在有代表性的地段，在美国白蛾幼虫危害高峰期进行。

4.1.2 同一类型的林分，面积在 5 hm^2 以上（含 5 hm^2）时应不少于 4 块标准地，面积在 5 hm^2 以下时，选设 1 块标准地。样方面积为该树种育苗总面积（或种植行长度）0.5%～5%。每块标准地调查的林木株数应不少于 10 株～15 株，按树冠上、中、下不同部位，逐株进行检查。苗木总数不足 100 株的全部检查。

4.2 贮木场及加工、经销场（点）的疫情调查

4.2.1 贮木场及加工场（点）的检疫调查应视疫情发生情况，从楞垛表面抽样或分层抽样调查。

4.2.2 对原木、锯材、竹材、藤等，按每堆垛（捆）总数或总件数 0.5%～10%抽取，不足 5 m^3 或 3 根（条）～6 根（条）的全部检查。重点查验应检物表面、缝隙处有无虫粪、成虫、幼虫、蛹等。

4.3 集贸市场的疫情调查

对集贸市场经营可能传带美国白蛾的应检物，按应检物总量的 0.5%～15%抽样检查。小批量的应检物全部检查。

5 调运检疫

5.1 检疫范围和方法

根据不同时期，特别是来自疫情发生区的应检物，仔细检查是否带有任何虫态的美国白蛾及排泄物、蜕皮物或被害状、土壤（蛹）。

——将苗木、砧木、插条、接穗等繁殖材料，放在一块 100 cm×100 cm 白布（或塑料布）上，逐株（根）进行检查，详细观察根、茎、叶、芽等各个部位，是否有美国白蛾的不同虫态，进行检疫。

——现场仔细对枝干、木材、运载工具等外表或树皮裂缝处有无美国白蛾的不同虫态、虫粪等进行检疫。

——用肉眼或借助扩大镜直接观察中药材、果品、野生及栽培菌类表面有无危害症状（虫孔、虫粪等）进行检疫。

——应检寄主植物及其产品、植物性包装材料（含铺垫物、遮荫物、新鲜枝条）及装载植物的容器数

量巨大,应进行抽样检查。

5.2 抽样

5.2.1 抽样方法

现场检查散装的寄主植株、果实、苗木、花卉、中药材等时,按照抽样比例,从应检物中分层取样,直到取完规定的样品数量为止。

现场检查原木、锯材时,按抽样比例,视美国白蛾疫情发生情况从楞垛表层或分层抽样检查。

5.2.2 抽样比例

按照森林植物及其产品的种类和数量,采取随机抽样方法,抽取一定数量的样品进行现场检验。

——苗木、砧木、插条、接穗、花卉等繁殖材料:按一批货物总件数抽取,抽样数量为1%~5%,少于20株,应全部检查;

——生药材:按一袋货物总件数抽取,抽样数量为0.5%~5%;

——原木、锯材及其制品(含半成品)和进境的森林植物及其产品的再调运:按一批货物总数或总件数抽取,抽样数量为0.5%~10%;

——散装寄主植株、果实、生药材:按货物总量的0.5%~5%抽查,果实、生药材少于1 kg;

——其他怀疑带有美国白蛾的森林植物及其产品:可参照上述各类办理。按照上述比例抽样检查的最低数量不得少于5件;不足5件的,件件检查;

——现场检验的样品是确定一批货物是否带有美国白蛾的不同虫态的重要依据,怀疑带有美国白蛾时要扩大抽样数量,抽样数量应不得低于上述规定的上限。

5.3 室内检验

5.3.1 样品采集

对现场检查不能作出准确鉴定的,采集标本5份带回室内进行标本制作和鉴定,并连同现场检疫时发现的可疑虫体一起做室内检验。对采集到的虫体应保持完整。采集虫体的标本制作参见附录B。

5.3.2 检验鉴定

借助于解剖镜、显微镜等仪器设备,参照已定名的昆虫标本、有关图谱、资料等进行美国白蛾的识别鉴定(参见附录C、附录D)。

对一时无法鉴定的,采取人工饲养方法,养至成虫期鉴定,或结合观察各虫态特征及其生物学特性,作出准确鉴定。必要时送请有关专家鉴定,并出具书面鉴定材料。对检疫发现带有美国白蛾的植物及其产品应及时进行除害处理。

6 复检

6.1 调入地森检机构检疫来自疫情发生区及其毗邻地区或途经疫情发生区的应检物时,对怀疑带有美国白蛾时参照5.1进行检疫。

6.2 复检发现美国白蛾时,要做好详细记录,保存抽检样品和标本,并及时进行除害处理。

7 检疫处理

7.1 物理除害

在美国白蛾卵期、幼虫网幕期。每隔2 d~3 d检查一次,将带美国白蛾卵块、幼虫网幕的叶连同小枝一起剪下,用纱网罩住,待天敌羽化后再烧毁或深埋。剪网时,注意不要破网,防止网内幼虫漏出,落地上的幼虫应立即杀死。

7.2 药剂除害

药剂除害方法参见附录E。

7.3 薰蒸除害

带有美国白蛾卵、幼虫、蛹的木材及其制品,包装材料,运载工具用溴甲烷、磷化铝熏蒸处理,用药量分别为 9 g/m³～20 g/m³ 熏蒸时间 24 h～72 h。

7.4 其他方法

对携带有该虫的应检物，无法进行彻底除害处理或不具备检疫处理条件的应停止调运，作改变用途或就地销毁处理。

8 检疫技术档案

在美国白蛾检疫过程中收集到的样品以及相关资料、照片等应建立档案进行管理，主要包括：

——在检疫过程中发现美国白蛾的，应保存样品，保存期至少 3 个月。

——样品要制成标本保存。标本要注明寄主、调入(出)地和发现时间。

——不易制成标本的被害状及现场，可拍摄照片、录像等存档备查。

——样品要有专人负责管理，保存期间要注意防潮、防虫，以免受损变质。

——根据样品登记造册，列明报检单位、货物名称、样品数量、取样时间、存放起止日期、检疫结果和最后处理意见。

——建立专门档案，各种有关检疫单证属法律文书一般需保存 3 年，以备检查、查询之用。

附 录 A
（资料性附录）
美国白蛾生活史

A.1 美国白蛾生活史(辽宁)

见表 A.1。

表 A.1 美国白蛾生活史(辽宁)

世代	月旬																	
	1月			2月			3月			4月			5月			6月		
	上	中	下	上	中	下	上	中	下	上	中	下	上	中	下	上	中	下
越冬代	△	△	△	△	△	△	△	△	△	△	△	△	△	△	△	△	△	△
													+	+	+	+	+	+
第一代															●	●	●	●
																—	—	—
第二代																		

世代	月旬																	
	7月			8月			9月			10月			11月			12月		
	上	中	下	上	中	下	上	中	下	上	中	下	上	中	下	上	中	下
越冬代																		
第一代	—	—	—	—														
		△	△	△	△	△												
			+	+	+	+	+											
第二代			●	●	●	●	●											
				—	—	—	—	—	—	—	—	—	—					
							△	△	△	△	△	△	△	△	△	△	△	△

注：“●”为卵；“—”为幼虫；“△”为蛹；“+”为成虫。

A.2 美国白蛾生活史(陕西)

见表 A.2。

表 A.2 美国白蛾生活史(陕西)

世代	月旬																	
	1月			2月			3月			4月			5月			6月		
	上	中	下	上	中	下	上	中	下	上	中	下	上	中	下	上	中	下
越冬代	△	△	△	△	△	△	△	△	△	△	△	△						
										+	+	+	+	+	+			
第一代											●	●	●	●	●	●		
											—	—	—	—	—	—	—	—
																△	△	△
																	+	+
第二代																	●	●
																		—
第三代(部分)参考																		
世代	月旬																	
	7月			8月			9月			10月			11月			12月		
	上	中	下	上	中	下	上	中	下	上	中	下	上	中	下	上	中	下
越冬代																		
第一代																		
	—																	
	△	△	△															
	+	+	+	+														
第二代	●	●	●	●	●													
	—	—	—	—	—	—	—	—										
				△	△	△	△	△	△	△	△	△	△	△	△	△	△	△
第三代(部分)参考					+	+	+	+										
						●	●	●	●									
							—	—	—	—	—	—						
											△	△	△	△	△	△	△	△
注:"●"为卵;"—"为幼虫;"△"为蛹;"+"为成虫。																		

附　录　B
（资料性附录）
标本制作及鉴定

B.1　翅脉制片

取完整成虫的前、后翅，用二甲苯或乙酸乙酯除去翅上鳞片置于载玻片上镜检。

B.2　雄成虫外生殖器制片

剪开雄成虫腹部，将其置于试管中，放入少量的10%NaOH(KOH)溶液，将试管倾斜地在酒精灯上小心煮沸，直到腹部透明看到外生殖器为止。将试管里的内含物倒在盘里，用一根昆虫针钩住抱器瓣，用另一根昆虫针拉出外生殖器，取出外生殖器放在水里洗涤，并保存在80%酒精里，置于载玻片上镜检。

B.3　验证鉴定

根据叶脉特征，鉴定是否属灯蛾科 Arctiidae：前翅 M^2 靠近 M^3，远离 M^1；后翅 S_c+R_1 与 R_s 在中室基部并接且直延伸到中室中部的特征。

根据虫体特征，鉴定是否属秋幕毛虫属 *Hyphantria*：后翅有 M_3、前翅 R_2-R_5 共柄，前缘基部不成拱形，喙或多或少退化，后足胫节缺中距，前足胫节有弯端爪，头、胸被粗毛等特征。

根据种的特征、类似美国白蛾雄成虫外生殖器检索表，鉴定是否属美国白蛾。美国白蛾种的鉴定特征参见附录C，类似美国白蛾雄成虫外生殖器检索表参见附录D。

附 录 C
（资料性附录）
美国白蛾种的鉴定特征

C.1 成虫

雄虫翅展 23 mm～35 mm，雌虫翅展 33 mm～45 mm。头部密被白色长毛；雄虫触角双栉齿形，雌虫触角锯齿形；复眼大而突出，黑色，有单眼；下唇须小；喙短而弱。翅的底色为纯白，雄虫前翅由无斑到有多数的暗褐色斑，雌虫前翅白色，无斑点，后翅通常纯白色无斑点，或在近边缘处具小黑点。

前翅 R_1 脉由中室单独发出，R_2-R_5 共柄；M_2、M_3 由中室后角上方发出，Cu_1 由中室后角发出。后翅 $Sc+R_1$ 由中室前缘中部发出，Rs 和 M_1 由中室前角发出；M_2、M_3 有一短共柄，由中室后角上方发出；Cu_1 由中室后角发出；足白色有一些黄和黑色；前足基节和腿节前端黄色，胫节和跗节前端大部为黑色。胫节有两个端刺一个长而弯曲，另一个短而直。后足胫节只有 1 对端距。缺中距。

雄性外生殖器钩形突向腹方弯曲呈钩状，抱器瓣对称，具有一个发达的中央突；阳茎稍弯，顶端着生微刺突；阳茎基环呈梯形板状；基腹弧较抱握瓣短，近“U”形。

美国白蛾成虫鉴定特征见图 C.1。

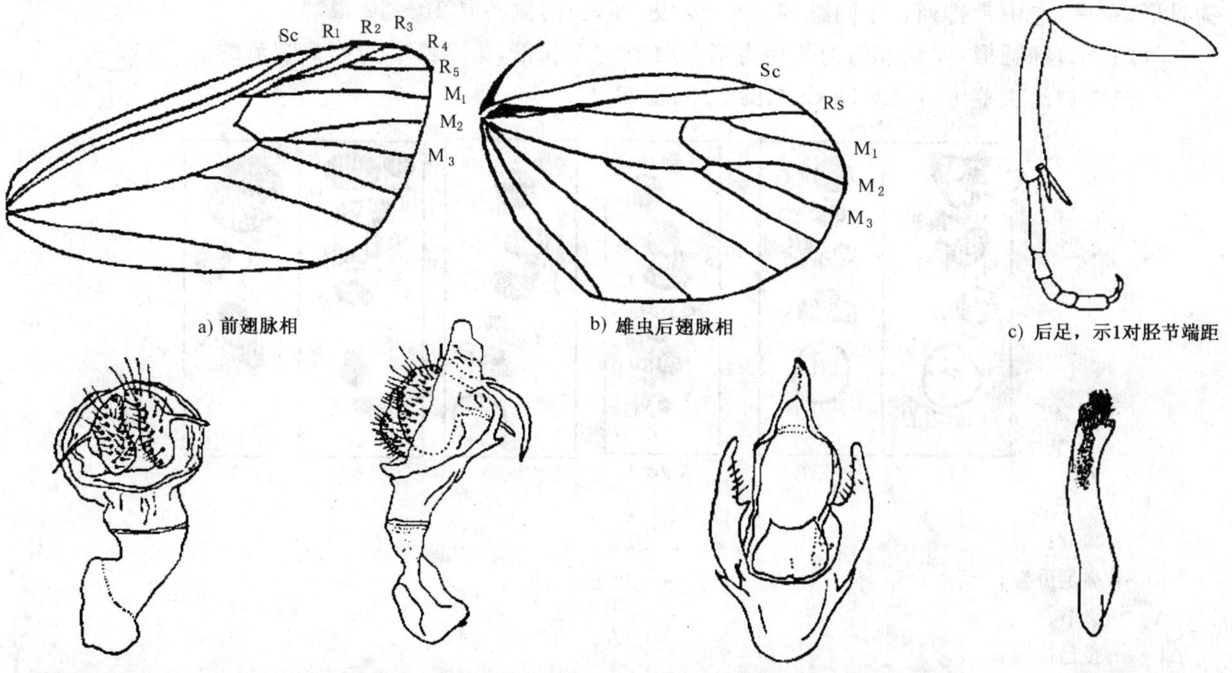

a) 前翅脉相　b) 雄虫后翅脉相　c) 后足，示1对胫节端距

d) 雌虫外生殖器，腹面观　e) 雌虫外生殖器，侧面观　f) 雄虫外生殖器，腹面观（未示阳茎端）　g) 阳茎端

图 C.1 美国白蛾成虫鉴定特征图

C.2 卵

单个卵近球形，直径约 0.4 mm～0.5 mm，具光泽，表面具有无数规则的小凹刻。初产淡绿或黄绿色，渐变灰至灰褐色，近孵化时呈黑褐色。卵呈卵块产下，每个卵块含卵多在 500 粒～800 粒，单层排列，表面覆被雌虫脱落的白色鳞毛。

C.3 幼虫

初孵幼虫体长 1 mm。老熟幼虫长 22 mm～37 mm，宽 2.4 mm～2.7 mm。头黑色，有光泽，仅后唇基白色；体呈圆筒状，背方有一条深褐色至黑色宽纵带，暗色带内分布黑色毛瘤。亚背线，侧线，气门下线黄色而模糊。前胸盾、前胸足和肛上板黑色。腹足外面呈黑色，端部淡黄。腹面黑色、侧腹满布灰色。所有背毛瘤黑色，侧毛瘤与体色同，有时杂有淡；腹毛瘤黑色或淡烟灰色；气门白色具细黑边，围以黑色影翳。

老熟幼虫头壳宽 2.5 mm～2.7 mm，头宽大于头高；每侧有单眼 6 个，其中单眼 1 远离单眼 2，其间距约为单眼 2 和 3 距离的 1.5 倍，单眼 3 靠近单眼 4。SO_1 刚毛与单眼 6 十分接近；傍额片向上延伸达顶凹距离的五分之一。傍额刻点(AFa)位于刚毛(AF_2)下方约三分之一处。刚毛 P_1 区难得具有一根次生刚毛。额刻点和额刚毛间距离作三等分。额上刚毛 F1 附近有数根小的次生刚毛。头颅上方的刚毛 P_1 与 P_2、A_1 与 A_2 间具次生刚毛，刚毛 P_1 较傍额片顶端高的得多；刚毛 L_1、A_3、A_2 近乎作直线排列。刻点 Pb 与刚毛 P_1 和 P_2 间距离作三等分。上唇缺切深度约为唇高的 1/3；上颚具端齿 4 个，缺内齿。

胸部各节的 V_1 毛瘤单刚毛；前胸的 D_2 毛瘤退化，SD_1 毛瘤小，与 SD_2 毛瘤相接；中胸及后胸的 D_1 与 D_2 毛瘤完全愈合；第 1 至第 7 腹节上 D_1 毛疣的大小约为毛疣 D_2 的 1/3；L_3 较 L_1 的一半为小；L_2 小于 L_1；L_1 部分位于气门下缘的水平之上。毛瘤分离；第 8 腹节无 L_3 毛疣；第 9 腹节的 D_1、D_2 和 SD_1 毛疣相互邻接，L_1 和 L_2 愈合，L_2、L_3 缺如。

胸足基节端部及外侧面，股节、胫节、跗节端部灰白色，其余部分黑褐色，有光泽；胫节上的泡突很不明显，爪黄褐色；4 对腹足和尾足大小几乎相等，腹足中部除内侧面外为亮黑色，基部和端部黄褐色，趾钩异形，单序，作中带排列。中间趾钩 10～14 根，等长、两侧各具 10～12 根。

气门(S_P)椭圆形；前胸气门的长径为第 7 腹节的 1.3 倍，第 8 腹节为第 7 腹节的 1.7 倍。

美国白蛾幼虫鉴定特征见图 C.2、图 C.3、图 C.4。

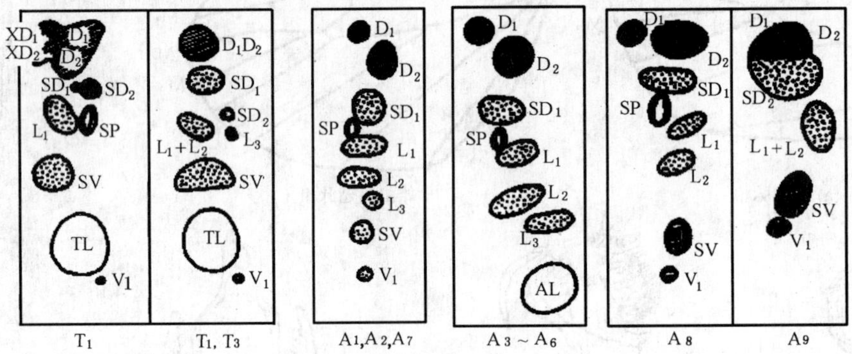

T——胸节；

TL——胸足位置；

A——腹节；

AL——腹足位置；

SP——气门；

黑色毛瘤用斜线表示，桔黄色毛瘤以点表示。

图 C.2 老熟幼虫毛位图

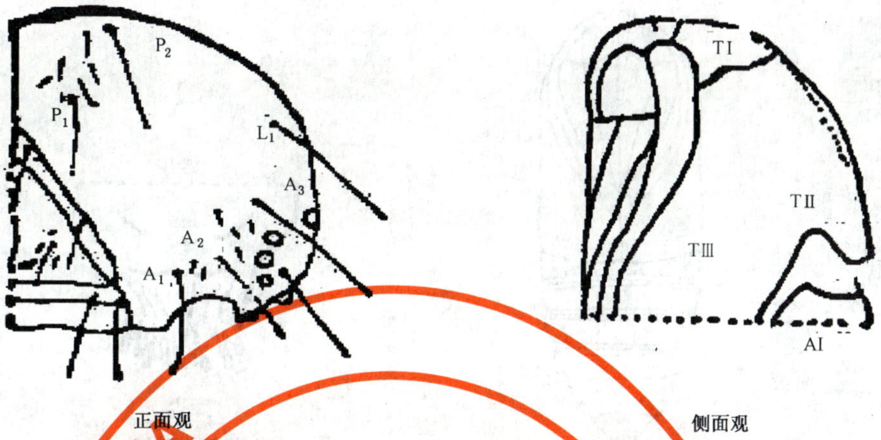

图 C.3 幼虫头部

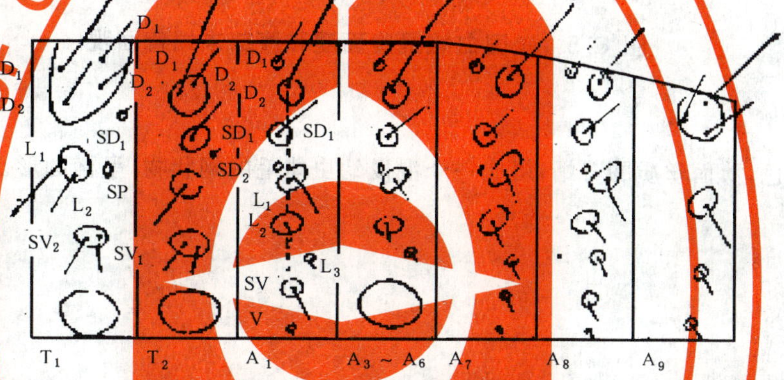

第1节、第3～6节、第7～9节毛位,侧面观

图 C.4 一龄幼虫前中胸及腹部

C.4 蛹

体长 8.0 mm～15 mm,宽 3 mm～5 mm。初淡黄色,后变橙色、褐色、暗红褐色,中胸背面稍凹,前翅侧方稍凹缢。头部、前胸节和中胸节(TⅠ和TⅡ)布满小而不规则皱纹刻斑;后胸节(TⅢ)和腹部各节除节间沟外密布浅凹刻。胸部背具中央有一纵脊,中胸退化。第5至第7腹节沿前缘具一凸缘,并具光滑和浅色的深沟。第4至第6腹节沿后缘也是同样的凸缘,前凸缘接近气门。

头圆形;额及触角基部稍膨大。上唇(lbr)小而明显。下唇须(lp)时见小三角形片位于上唇之末端,下颚(mx)大,伸过前翅(W_1)长的2/3处;下颚须和前胸足腿节不见。前胸足(l_1)向上伸及下颚顶端附近;中足(l_2)前方不达眼部,后方不达翅端而彼此在腹方中央相遇。触角(a)不达中胸足端部。前翅约伸达第4腹节的3/4处,在腹中央相遇。后翅及后足隐藏不见。气门椭圆形,稍凸出。

臀棘(C_r)由10根～15根几乎等长的细刺组成,刺的端部膨大,分叉,末端凹入。雄蛹在第9腹节中央有1个生殖孔。第10腹节腹面有呈“∧”形的肛门。雌蛹在第8至第9腹节腹面有2个生殖孔,第8腹节的生殖孔位于第8腹节腹面前缘中央,向尾部裂开,向两侧沿第7至第8腹节节间短距离内陷,形成“Y”形的生殖孔。第9腹节腹面中央的生殖孔较小,圆形。第10腹节腹面有“∧”形的肛门。

美国白蛾蛹见图C.5。

腹面观

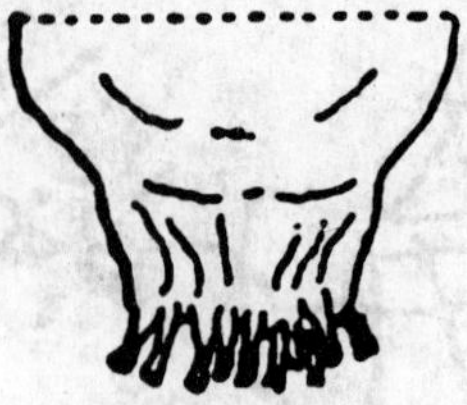

腹部末端背面观

图 C.5 美国白蛾蛹腹面观和腹部末端背面观

C.5 茧

淡褐或深灰色，薄而丝质围着蛹，缀成一个混以幼虫体毛的网状物，呈椭圆形。

附 录 D
（资料性附录）
类似美国白蛾雄成虫外生殖器检索表

D.1 类似美国白蛾雄成虫外生殖器检索表

1 抱器瓣无突起 …………………………………………………………………………… 2

抱器瓣有突起 …………………………………………………………………………… 4

2 抱器瓣呈翼状片，爪形突细长…………………………………… 黄毒蛾 *Euproctia chrysorrhoea*

抱器瓣呈长形，中部较宽，前端平切、基部尖(窄)细………………………………………… 3

3 阳茎端半部有微刺 ……………………………………………… 失斑污灯蛾 *Spilarctia nigrifrons*

阳茎端膜无刺 ……………………………………………………… 白腹污灯蛾 *Spilarctia melanosoma*

4 抱器瓣有1个突起 …………………………………………………………………………… 5

抱器瓣有2个突起；抱器瓣基部内侧有一几丁质小脊；阳茎基环长梯形，阳茎端膜有若干微刺 ……………………………………………………………………………… 稀点雪灯蛾 *Spilosoma urticae*

5 抱器瓣近圆(勺)形，背缘突起硬化；爪形突细长，基部宽 ………………… 雪毒蛾 *Stipnotia Salicis*

抱器瓣细长形、长形半月形………………………………………………………………… 6

6 抱器瓣端部较尖，有一小三角形腹内突；阳茎基环顶端弧形，中部较宽，阳茎端有一角状器 ……………………………………………………………………… 樟木污灯蛾 *Spilarctia zhangmuna*

抱器瓣半月形 …………………………………………………………………………… 7

7 抱器瓣中部有一突起，突起的端部较尖，阳茎基环梯形，阳茎端膜具微刺 ……………………………………………………………………………… 美国白蛾 *Hyphantria cunea*

抱器瓣中部突起呈三角形，中部宽，端部细，指状，阳茎基环顶端弧形，阳茎侧面有少数微刺，爪形突顶端尖 ………………………………………………………… 星白雪灯蛾 *Spilosoma menthastri*

D.2 类似美国白蛾雄成虫外生殖器图

类似美国白蛾雄成虫外生殖器图见图D.1。

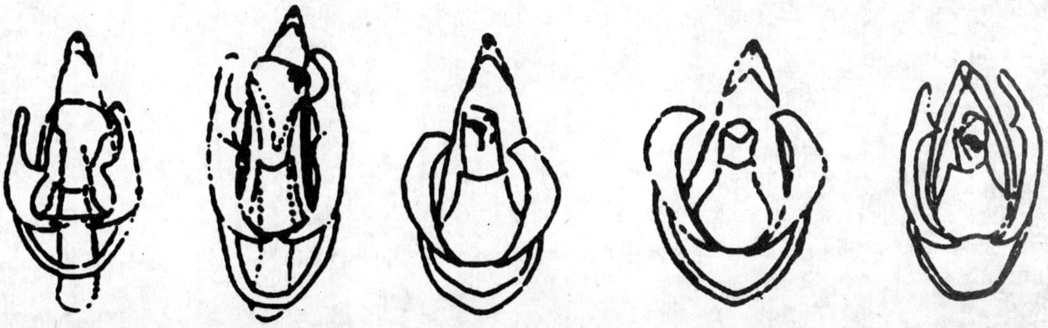

a) 星白雪灯蛾　b) 稀点雪灯蛾　c) 失斑污灯蛾　d) 白腹污灯蛾　e) 樟木污灯蛾

图 D.1 类似美国白蛾雄成虫外生殖器图

附 录 E
（资料性附录）
药剂除害方法

E.1 三龄前幼虫尽可能选择使用生物或仿生制剂均匀喷雾

BT乳剂（苏云金杆菌）施药浓度1亿孢子/mL；25%灭幼脲Ⅲ号胶悬剂3 000～6 000倍液；24%米满胶悬剂8 000～12 000倍液；5%卡死克乳油4 000倍液；20%杀铃脲8 000倍液。45%双脂灵500倍液；1.8%虫螨克星乳油2 000～3 000倍液。50%杀螟松乳油800～1 000倍液。

E.2 大于三龄幼虫（含三龄）选择使用高效、低毒农药均匀喷雾

25%灭幼脲Ⅲ号胶悬剂6 000倍液；50%杀螟松乳油800倍液；2.5%溴氰菊酯（敌杀死）5 000～6 000倍液；20%氰戊菊酯（速灭杀丁）4 000～5 000倍液；21%灭杀毙、80%敌百虫800～1 000倍液；5%卡死克乳油6 000～8 000倍液；5%百树菊酯1 000倍液；10%氯氰菊酯5 000～6 000倍液。

参 考 文 献

[1] GB 434—1995 溴甲烷原药
[2] 植物检疫术语词表.《国际植检措施标准》第5号出版物.粮农组织,罗马,2007.

ICS 65.020
B 16

中华人民共和国国家标准

GB/T 23475—2009

青杨脊虎天牛检疫技术规程

Rules for the quarantine of grey tiger longicorn

2009-04-01 发布 2009-09-01 实施

中华人民共和国国家质量监督检验检疫总局
中国国家标准化管理委员会 发布

前　言

本标准的附录D、附录E、附录F、附录G、附录H、附录I为规范性附录，附录A、附录B、附录C为资料性附录。

本标准由国家林业局提出。

本标准由全国植物检疫标准化技术委员会归口。

本标准负责起草单位：国家林业局森林病虫害防治总站。

本标准主要起草人：周茂建、聂雪冰、聂谦、胡显慧、杜文胜、赵宇翔、李永成、邱立新、李娟。

青杨脊虎天牛检疫技术规程

1 范围

本标准规定了青杨脊虎天牛检疫检验和处理方法。

本标准适用于植物检疫机构对青杨脊虎天牛寄生的森林植物及其产品的检疫检验和检疫处理。

2 规范性引用文件

下列文件中的条款通过本标准的引用而成为本标准的条款。凡是注日期的引用文件，其随后所有的修改单（不包括勘误的内容）或修订版均不适用于本标准，然而，鼓励根据本标准达成协议的各方研究是否可使用这些文件的最新版本。凡是不注日期的引用文件，其最新版本适用于本标准。

GB 434 溴甲烷原药

GB 5452 56%磷化铝片剂

GBZ 10 职业性急性溴甲烷中毒诊断标准

3 术语和定义

下列术语和定义适用于本标准。

3.1

青杨脊虎天牛 grey tiger longicorn

一种危险性的林木蛀干害虫，其拉丁语名称为 *Xylotrechus rusticus*（L.）。

3.2

检疫 quarantine

旨在防止检疫性有害生物传入和扩散，确保其官方控制的一切活动。本标准是指对青杨脊虎天牛寄生的森林植物及其产品的检疫。

3.3

疫情 the condition of the pest occurrence

青杨脊虎天牛在某个特定的地域内在其寄主或在其载体上生存和传播扩散的情况。

3.4

疫情调查 pest investigation

在规定时期为确定一个地区某种有害生物种群特性或存在品种而采取的官方程序。本标准是指对青杨脊虎天牛疫情的调查。

3.5

检疫检验 quarantine inspection

对植物、植物产品或其他限定物进行官方的检查以确定是否存在有害生物和（或）是否符合植物检疫法规。本标准是指对青杨脊虎天牛寄生的森林植物及其产品的检疫检验。

3.6

产地检疫 producing place quarantine

对青杨脊虎天牛应施检疫的森林植物及其产品，在其发生地所进行的疫情调查、检疫检验和检疫处理措施。包括对单独管理生产点的检疫。

3.7

调运检疫　conveyance quarantine

对青杨脊虎天牛应施检疫的森林植物及其产品，在调运时、调运途中及到达新的种植或使用地点之后，所采取的检疫措施。

3.8

检疫处理　quarantine treatment

包括旨在杀灭或消除有害生物或使有害生物丧失繁殖能力的官方许可的做法。本标准是指对携带有青杨脊虎天牛的林木及其产品进行除害处理的过程。

4　检疫范围

杨属(*Populus*)植物活体、木材(含原木、锯材及其他木制品)，其他文献中有记载但目前尚未证实的青杨脊虎天牛寄主植物，参见附录A。

5　产地检疫

5.1　寄主植物栽植地的疫情调查

5.1.1　踏查

5.1.1.1　在寄主植物栽植地(包括防护林、用材林、薪炭林、特种用材林及四旁树，胸径达到8 cm的林木)，采用林地对角线或其他有代表性的线路进行踏查。

5.1.1.2　调查树木枝干是否有青杨脊虎天牛的危害状，参见附录B。

5.1.1.3　采集青杨脊虎天牛危害的树木枝干，解剖检查是否有青杨脊虎天牛成虫、卵、幼虫和蛹，参见附录C。

5.1.1.4　记录调查数据，见附录D。

5.1.2　标准地调查

在踏查过程中发现疫情时，须设标准地进行详查。

5.1.2.1　根据踏查结果，在受害程度不同的林分中分设标准地，标准地的累计面积不少于调查寄主植物栽植地总面积的1%。

5.1.2.2　根据寄主植物栽植地的面积设置标准地，标准地面积为150 m^2～300 m^2，调查株数不少于30株，少于30株的应全部调查。

5.1.2.3　检查每株样树的老熟幼虫和蛹的数量。

5.1.2.4　记录调查数据，见附录D。

5.1.3　疫情级别划分

5.1.3.1　**林木受害程度分级**

林木受害程度等级划分见表1。

表1　林木受害程度等级划分标准

受害级别	健康	受害	严重受害
受害症状	无受害状	树干上有羽化孔或侵入孔	树干受害后折断或枯梢

5.1.3.2　**林分感虫程度分级**

林分感虫程度等级划分见表2。

表2　林分感虫程度等级划分标准

受害级别	健康	轻微	中度	重度
有虫株率 Y/%	$Y=0$	$0<Y\leqslant10.00$	$10.0<Y\leqslant20.00$	$Y>20.00$

5.1.4 产地检疫处理

5.1.4.1 在寄主植物栽植地发现感染该虫的林木，应及时清除并销毁。

5.1.4.2 对于疫情发生区内严重发生，有虫株率达到20%以上的林分，应采取卫生伐或皆伐的措施，清除疫源，进行林木更新。

5.2 储木场、木材加工厂的疫情调查

5.2.1 抽样

50 m^3 以上的原木、椽材、板材、方材、木质包装材按表层抽样法或分层抽样法抽取总量的3%进行检查，50 m^3 以下的按5%的比例抽检，不足5 m^3 的应全部检查。

5.2.2 检疫检验

5.2.2.1 检查木材表面是否有青杨脊虎天牛危害状，参见附录B。

5.2.2.2 发现有青杨脊虎天牛危害状，剖木检查是否有成虫、幼虫、蛹和卵，参见附录C。

5.2.2.3 将调查数据记入附录D。

5.2.3 检疫处理

在检疫检验中发现带疫木材，按下列方法之一进行处理。

5.2.3.1 熏蒸处理

处理方法见附录E。

5.2.3.2 热处理

处理方法见附录F。

5.2.3.3 解板、旋切和粉碎处理

处理方法见附录G。

5.2.3.4 处理效果验证

以分层抽样法从每处理批次中分别抽取3个样木进行检验，剖木检查害虫是否死亡，害虫死活的判别标准见表3。

表3 害虫死活判别标准

生存状态	体表色泽	虫体韧性	对外界刺激反应	幼虫体态
活	有光泽	有弹性	动	头向腹部弯曲
死	无光泽	无弹性	不动	头向前伸
注：幼虫体态以老熟幼虫为判别的对象。				

记录检疫处理结果，见附录H。

6 调运检疫

6.1 现场检疫

6.1.1 杨树幼树及其他活体林木的检疫

6.1.1.1 抽样

对胸径达到8 cm以上的幼树及其他活体林木，用分层抽样法抽取5%的样树进行检查，少于30株的应全部检查。

6.1.1.2 检疫检验

6.1.1.2.1 检查苗木、幼树及其他活体林木的枝干有无青杨脊虎天牛侵入孔、羽化孔、虫粪、蛀屑，参见附录B。

6.1.1.2.2 发现有青杨脊虎天牛危害状，应解剖树木枝干，取出成虫、幼虫、蛹进行鉴定，参见附录C。

6.1.1.2.3 记录检验结果，见附录I。

6.1.2 木材及其制品的检疫

6.1.2.1 抽样

按本标准5.2.1抽取。

6.1.2.2 检疫检验

按本标准5.2.2操作。

记录检验结果,见附录I。

6.1.2.3 检疫处理

按本标准5.2.3处理。

附　录　A
（资料性附录）
青杨脊虎天牛的其他寄主植物

青杨脊虎天牛的其他寄主植物包括以下植物：柳属 *Salix* spp.、桦属 *Betula* spp.、栎属 *Quercus* spp.、椴树属 *Tilia* spp.、榆属 *Ulmus* spp.、水青冈属（山毛榉属）*Fagus* spp.。

附 录 B
（资料性附录）
青杨脊虎天牛危害状

根据下列特征鉴别青杨脊虎天牛危害状。

B.1 初孵幼虫在树皮内群居危害，并通过蛀入孔向外排出纤细的粪屑。

B.2 2龄幼虫开始向木质部表层蛀害，并逐渐分散危害，形成各自的蛀道，但排泄物不排出树干外，而是堵塞在蛀道内。

B.3 5～6龄幼虫从木质部表层向木质部深处钻蛀，蛀道椭圆形、不规则、弯曲，纵横交错但互不相通。见图B.1。

B.4 树木被害处有红褐色液体流出。

B.5 羽化孔圆形，直径5.0 mm～7.0 mm。见图B.2。

B.6 受害树木枝干木质部与韧皮部分离，树皮开裂、成片脱落，叶片枯黄，出现枯枝，严重受害者树干折断或整株枯死。

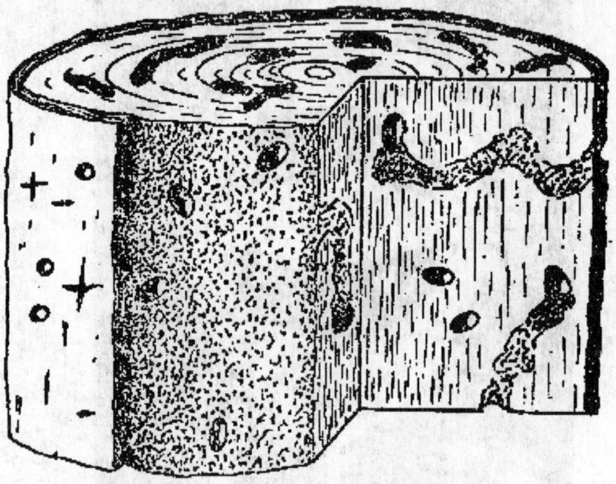

图 B.1 青杨脊虎天牛蛀道纵切面

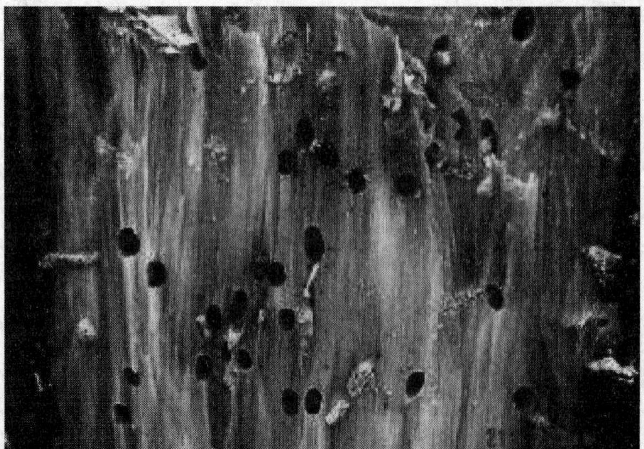

图 B.2 青杨脊虎天牛蛀道横切面

附　录　C
（资料性附录）
青杨脊虎天牛分类地位及形态特征

C.1　青杨脊虎天牛分类地位

青杨脊虎天牛（青杨虎天牛）*Xylotrechus rusticus*（L.）；英文名：grey tiger longicorn；属于鞘翅目 Coleoptera、天牛科 Cerambycidae、天牛亚科 Cerambycinae、脊虎天牛属 *Xylotrechus*。

C.2　青杨脊虎天牛形态特征

C.2.1　成虫

- 体黑色，长 11.0 mm～22.0 mm，宽 3.1 mm～6.2 mm，见图 C.1。
- 头部与前胸色较暗，头顶有倒 V 型隆起线，雄虫触角长达鞘翅基部，雌虫触角略短，达前胸背板后缘，第 1、4 节等长，短于第 3 节，末节长大于宽，基部 5 节的端部无绒毛。
- 前胸球状隆起，宽度略大于长度，密布不规则皱脊，有 4 个淡黄色纵纹，小盾片半圆形，鞘翅两侧近平行，内外缘末端钝圆，翅面密布细刻点，具淡黄色模糊细波纹 3 条或 4 条，后足腿节较粗，胫节距 2 个，第 1 跗节长于其余节之和。
- 体腹面密被淡黄色绒毛。

C.2.2　卵

- 乳白色，长卵形，长约 2 mm，宽约 0.8 mm。

C.2.3　幼虫

- 乳白色，老熟时长 30.0 mm～40.0 mm，体生短毛；
- 头淡黄褐色，缩入前胸内；
- 前胸背板上有黄褐色斑纹；
- 腹部除最末节短小外，自第 1 节向后逐渐变窄而伸长。

C.2.4　蛹

- 乳白色，长 18 mm～33 mm；
- 头部下倾于前胸之下，触角由两侧卷曲于腹下，羽化前复眼跗肢及翅芽均变为黑色。

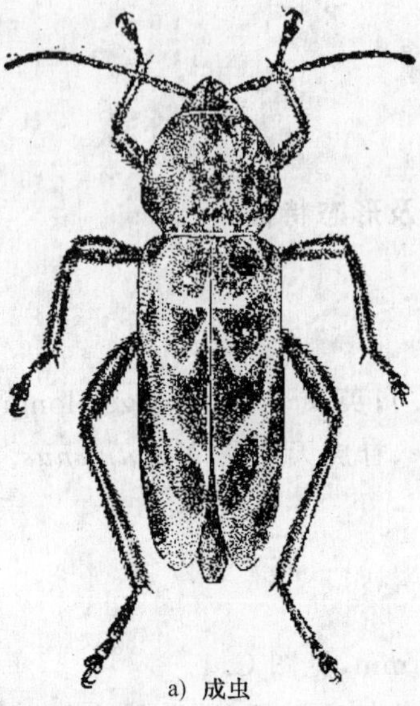

a) 成虫

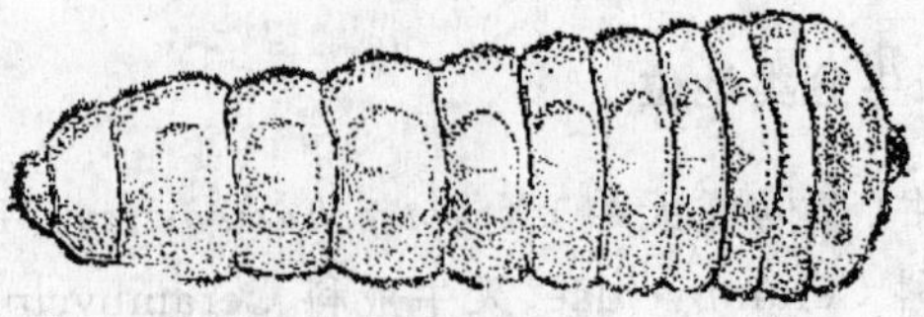

b) 幼虫

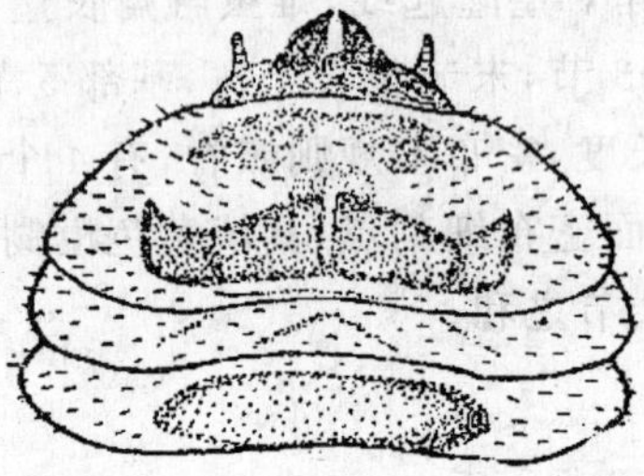

c) 幼虫头胸部背面

图 C.1 青杨脊虎天牛形态特征

附 录 D
（规范性附录）
青杨脊虎天牛产地检疫调查表

表 D.1 踏查记录表

调查日期　　　年　　月　　日

调查地点　　　省（市、区）　　　县（市、区）　　　乡（镇）　　　村（场、圃）

调查人

树种	树龄/年	林分（苗圃）面积/hm^2	调查株数	受害株数	受害株率/%	备注

表 D.2 标准地调查记录表

调查日期　　　年　　月　　日

调查地点　　　省（市、区）　　　县（市、区）　　　乡（镇）　　　村（场、圃）

调查人

标准地编号	树种	树（苗）龄/年	林分（苗圃）面积/hm^2	标准地面积/m^2	受害情况		备注
					样树号	带虫数/（头/株）	

表 D.3 储木场或木材加工厂调查记录表

调查日期　　　年　　月　　日

调查地点　　　省（市、区）　　　县（市、区）　　　乡（镇）　　　村（场、圃）　　　储木场　　　木材加工厂

调查人

树种	材种	材积/m^3	抽样数量/m^3	样木号	带虫数（幼虫、蛹、卵）	备注
注：材种指原木、椽材、板材、方材、木质包装材。						

附　录　E
（规范性附录）
青杨脊虎天牛熏蒸处理方法

青杨脊虎天牛熏蒸处理方法包括室外帐幕熏蒸和熏蒸室熏蒸两种方法。

E.1　室外帐幕密闭熏蒸

E.1.1　熏蒸剂

E.1.1.1　溴甲烷(CH_3Br)，质量符合 GB 434，有效含量不低于 98%。

E.1.1.2　磷化铝(AlP)，质量符合 GB 5452，有效含量不低于 56%。

E.1.2　熏蒸帐幕

E.1.2.1　聚乙烯薄膜，厚度 0.15 mm 以上。

E.1.2.2　聚氯乙烯薄膜，厚度 0.19 mm 以上。

E.1.2.3　双面挂胶粘布或不干胶带。

E.1.3　熏蒸器材

E.1.3.1　热导式熏蒸气体浓度检测仪，灵敏度 1 g/m^3。

E.1.3.2　磷化铝浓度检测管，灵敏度 0.13 g/m^3～0.26 g/m^3。

E.1.3.3　熏蒸剂气化器，气化器出口气体温度不低于 20 ℃。

E.1.3.4　磅秤，0～150 kg，感量 0.1 kg。

E.1.3.5　温度计，0 ℃～100 ℃。

E.1.3.6　防毒面具。

E.1.4　熏蒸场地设置

选择地势平坦，土质紧密，通风良好，远离居民区的地点作为熏蒸场地。

E.1.5　熏蒸布置

E.1.5.1　码垛及丈量堆垛体积

将应施检疫处理的木材及其制品在熏蒸场地上码垛，木材堆垛要整齐。

E.1.5.2　计算堆垛体积和投药量

堆垛体积的计算方法见式(E.1)。

$$V = \frac{(w_1 + w_2)}{2} \times L \times H \quad \cdots\cdots\cdots\cdots (\text{E.1})$$

式中：

V——堆积，单位为立方米(m^3)；

w_1——堆垛的上边宽度，单位为米(m)；

w_2——堆垛的下边宽度，单位为米(m)；

L——堆垛的长度，单位为米(m)；

H——堆垛的高度，单位为米(m)。

投药量的计算方法见式(E.2)。

$$W = V \times C \quad \cdots\cdots\cdots\cdots (\text{E.2})$$

式中：

W——投药量，单位为克(g)；

V——堆积，单位为立方米(m^3)；

C——浓度，单位为克每立方米(g/m^3)。

E.1.5.3 设置警戒标志

堆垛周围应设置警戒标志和警戒线。

E.1.5.4 覆盖帐幕

土质地面应压实，在堆垛四周挖一圈宽 20 cm 以上，深 20 cm 以上的沟，挖出的土堆放在沟外侧，用作覆盖帐幕时回填。

水泥或沥青地面，可用沙子将帐幕边缘压实。

E.1.5.5 防风雨设施

选择无雨、风力小于 5 级的天气覆盖帐幕，帐幕上要加盖防风网和防风绳。

E.1.6 投药

E.1.6.1 设置投药点

根据堆垛的大小设置不同数量的投药点。堆垛体积小于 50 m^3 时，可设置 1～2 个投药点，堆垛体积大于 50 m^3 时，可设置 2 至多个投药点。

用溴甲烷熏蒸时，投药点应设置在堆垛的上部，用磷化铝熏蒸时，投药点应设置在堆垛的下部或中部。

E.1.6.2 投药量和熏蒸时间

溴甲烷常压熏蒸见表 E.1。

表 E.1 溴甲烷常压熏蒸

温度/℃	剂量/(g/m^3)	密闭时间/h	帐幕内最低浓度/(g/m^3)		
			施药后 2 h	施药后 16 h	施药后 48 h
10～20	80	48	51	46	40
≥21	64	48	30	27	24
注：温度为熏蒸当日气温。					

磷化铝常压熏蒸见表 E.2。

表 E.2 磷化铝常压熏蒸

温度/℃	剂量/(g/m^3)	密闭时间/h	散气前最低浓度/(g/m^3)
4.5～20	15	72	0.29
≥21	10	72	0.29
注：温度为熏蒸当日气温。			

E.1.6.3 防漏

投药前要检查帐幕是否有破损，帐幕周边、进药口外缘是否封好，帐幕破损处需用不干胶带粘合，确认封闭严密才可投药。

E.1.6.4 施药

溴甲烷熏蒸时打开钢瓶阀门，使溴甲烷气体通过投药管进入帐幕内；磷化铝片剂直接从投药孔投入浅盘中，投药完毕，封闭投药口。

E.1.6.5 保护措施

施药操作人员要戴防毒面具，意外中毒按 GBZ 10 处理。

E.1.6.6 检测药剂浓度

在投药后分别在 2 h、16 h、48 h 进行浓度检测。

E.1.7 散毒

熏蒸时间达到预定时间后，根据测得的帐幕熏蒸剂最终浓度，达到要求的，先将帐幕下风方向打开，半小时后完全揭开帐幕。

E.2 熏蒸室熏蒸

E.2.1 熏蒸剂

见E.1.1。

E.2.2 熏蒸室条件

熏蒸室需封闭严密。

熏蒸室应远离居民区。

E.2.3 熏蒸器材

见E.1.3。

E.2.4 熏蒸布置

见E.1.5。

E.2.5 投药

见E.1.6。

E.2.6 散毒

见E.1.7。

附　录　F
（规范性附录）
青杨脊虎天牛热处理方法

F.1　热处理设施条件（包括蒸汽房或烘干窑）

F.1.1　热处理室（蒸汽房或烘干窑）应具备良好的密闭、保温条件。

F.1.2　应具备有效的加热、加湿设备。

F.1.3　应具备有效的气体循环和排放装置。

F.1.4　应具备有效的温度检测记录装置。

F.1.5　应具备有效的湿度检测记录装置。

F.2　热处理设置

F.2.1　堆积木材

热处理室内木材堆放时应留有通风道，木材应垫离地面 10 cm 以上。

F.2.2　计算热处理时间

根据木材的厚度或直径，计算热处理的时间。当介质温度达到高于预定干球温度 5 ℃时，木材的中心温度达到干球温度的时间的计算方法见式（F.1）。

$$T = S \times D \qquad \text{(F.1)}$$

式中：

T——木材的中心温度达到要求温度的时间，单位为小时（h）；

S——木材的导热率（S=0.5 h/cm）；

D——木材的厚度或直径，单位为厘米（cm）。

F.2.3　温湿度的测定

介质温湿度的测定通过设置观测孔进行观测。

木材中心温度的测定采用热电偶埋植法，热电偶应埋植距离木材端头不小于 30 cm 的木材中心处，并用木屑塞紧，热电偶通过导线与外部的测量仪器相连。

F.3　加热处理

F.3.1　加温加湿

关闭热处理室门，确保密封严密，开启加热加湿设备。

开启通风设备，保证处理室内温、湿度分布均匀。

F.3.2　保温保湿

当处理室内木材中心达到处理要求温度时，即为热处理除害起始时间，从此时开始，通过不断地加热加湿，持续保持达到热处理要求的处理温度和时间，见表 F.1。

表 F.1　热处理温湿度和处理时间

热处理类型	干球温度/℃	相对湿度/%	木材含水率/%	处理时间/h
蒸汽房或烘干窑	≥60	≥60	>10	36
	≥60	≥60	≤10	48

注 1：干球温度指木材中心的温度。

注 2：相对湿度指处理室内空气相对湿度。

注 3：处理时间指木材中心温度达到干球温度规定值后的持续除害处理时间。

F.4 散热

当热处理时间达规定时间后，应打开排气孔，使热处理室逐渐降温，当室内外温差小于 30 ℃时，即可开启处理室。

附　录　G
（规范性附录）
青杨脊虎天牛解板、旋切和粉碎处理方法

G.1　解板处理方法

将携带有青杨脊虎天牛原木木质部以外的表皮全部剥掉。

将剥皮后的原木锯成厚度 2.0 cm 以下的薄板。

G.2　旋切处理方法

将携带有青杨脊虎天牛原木木质部以外的树皮全部剥掉。

用木材旋切单板机将原木旋切成 1.5 mm～2.0 mm 的木片。

将旋切后的木轴销毁或做熏蒸除害处理。

G.3　粉碎或打浆处理方法

将携带有青杨脊虎天牛原木木质部以外的表皮全部剥掉。

将剥皮后的原木粉碎或送胶合板厂粉碎后制成木浆。

附　录　H
（规范性附录）
青杨脊虎天牛检疫处理效果记录表

表 H.1　青杨脊虎天牛熏蒸处理效果记录表

检验日期　　　年　　月　　日

货物来源　　　省（市、区）　　　县（市、区）　　　乡（镇）　　　村（场、圃）　　　储木场　　　木材加工厂

检疫机构

检验人

熏蒸类型	树种	材种	材积/m^3	投药量/(g/m^3)	总投药量/g	处理结果				备注
						样木号	活虫数/头	死虫数/头	死亡率/%	

注 1：熏蒸类型指帐幕熏蒸或熏蒸室熏蒸。

注 2：材种指原木、椽材、板材、方材、木质包装材。

表 H.2　青杨脊虎天牛热处理效果记录表

检验日期　　　年　　月　　日

货物来源　　　省（市、区）　　　县（市、区）　　　乡（镇）　　　村（场、圃）　　　储木场　　　木材加工厂

检疫机构

检验人

热处理类型	树种	材种	材积/m^3	处理结果				备注
				样木号	活虫数/头	死虫数/头	死亡率/%	

注：热处理类型指蒸汽房或烘干窑处理。

表 H.3　青杨脊虎天牛解板、旋切和粉碎处理效果记录表

检验日期　　　年　　月　　日

货物来源　　　省（市、区）　　　县（市、区）　　　乡（镇）　　　村（场、圃）　　　储木场　　　木材加工厂

检疫机构

检验人

树种	材种	材积/m^3	解板厚度/cm	处理结果				备注
				样木号	活虫数/头	死虫数/头	死亡率/%	

附 录 I
（规范性附录）
青杨脊虎天牛调运检疫记录表

表 I.1 幼树及其他林木活体调运检疫记录表

检验日期　　　年　　月　　日

货物来源　　省(市、区)　　县(市、区)　　乡(镇)　　村(场、圃)

调运单位　　省(市、区)　　县(市、区)　　乡(镇)　　村(场、圃)

检疫机构

检验人

繁殖材料种类	树龄/年	调运总数/株	抽样数/株	带虫情况		备注
				样株号	带虫数/头	
注：繁殖材料种类包括苗木、幼树及其他林木活体。						

表 I.2 木材调运检疫记录表

检验日期　　　年　　月　　日

货物来源　　省(市、区)　　县(市、区)　　乡(镇)　　村(场、圃)　　储木场　　木材加工厂

调运单位　　省(市、区)　　县(市、区)　　乡(镇)　　村(场、圃)　　储木场　　木材加工厂

检疫机构

检验人

树种	材种	调运数量/m^3	抽样数量/m^3	带虫情况		备注
				样木号	带虫数/头	
注：材种指原木、椽材、板材、方材、木质包装材。						

ICS 65.020
B 16

中华人民共和国国家标准

GB/T 23476—2009

松材线虫病检疫技术规程

Technical regulation on quarantine for the pine wilt disease

2009-04-01 发布

2009-09-01 实施

中华人民共和国国家质量监督检验检疫总局
中国国家标准化管理委员会 发布

前　言

本标准的附录 F 为规范性附录，附录 A、附录 B、附录 C、附录 D、附录 E、附录 G 为资料性附录。

本标准由国家林业局提出。

本标准由全国植物检疫标准化技术委员会归口。

本标准负责起草单位：国家林业局森林病虫害防治总站、江苏省森防站。

本标准主要起草人：熊惠龙、李海燕、徐克勤、赵宇翔。

松材线虫病检疫技术规程

1 范围

本标准规定了松材线虫病的检疫技术规程。

本标准适用于松材线虫寄主植物及其加工制品等检疫工作。

2 规范性引用文件

下列文件中的条款通过本标准的引用而成为本标准的条款。凡是注日期的引用文件，其随后所有的修改单(不包括勘误的内容)或修订版均不适用于本标准，然而，鼓励根据本标准达成协议的各方研究是否可使用这些文件的最新版本。凡是不注日期的引用文件，其最新版本适用于本标准。

GB/T 23478—2009 松材线虫普查监测技术规程

3 术语和定义

下列术语和定义适用于本标准。

3.1

松材线虫病 pine wilt disease caused by pine wood nematode

由松材线虫寄生在松树体内引起松树迅速死亡的一种毁灭性林木病害。又称松树萎蔫病、松材线虫萎蔫病、松树枯萎病。

3.2

松材线虫 *Bursaphelenchus xylophilus* (Steiner et Buhrer) Nickle

一种无脊椎动物，属于线虫门(Nematoda)，侧尾腺纲(Secernentea)，滑刃目(Aphelenchida)，滑刃总科(Aphelenchoidoidea)、滑刃科(Aphelenchoididae)、伞滑刃亚科(Bursaphelenchinae)、伞滑刃属(*Bursaphelenchus*)。

3.3

检疫 quarantine

为了保护一个国家或一个地区人民的身体健康和农林牧业的生产安全，根据国家和地方政府颁布的检疫法规，由法定的专门机构，对那些主要通过人为活动而远距离传播的流行性疫病所采取的检疫检验和严格的检疫处理措施。

3.4

疫木 the diseased wood

感染松材线虫病的寄主植物及其制品。主要为松属(*Pinus*)植物及其制品，包括松木包装材料、电缆盘等。

3.5

检疫检验 quarantine inspection

对检疫法规所规定应施检疫的森林植物及其产品，通过一定的技术手段检查、检验是否带有害生物。

3.6

媒介昆虫 intermediary insect

将松材线虫由罹病树中携带而出，通过补充营养或产卵时造成的创口又将其传染到其他寄主松树上的昆虫，是松材线虫病发生不可缺少的条件，是松材线虫病侵染循环的组成部分之一。松材线虫病媒介昆虫必须具备以下三个条件：一是生活史与松材线虫的生活史相吻合；二是具有一定的种群密度；三是能够携带一定数量的松材线虫。

3.7

松木及制品　pine wood and woodenware

松属原木、锯材和用于承载、包装、铺垫、支撑、加固货物的木质材料，如木板箱、木条箱、木托盘、木框、木桶、木轴、木楔、垫木、枕木、衬木等。经人工合成或经加热、加压等深度加工的包装木质材料，如胶合板、纤维板等除外。

3.8

松墨天牛　*Monochamus alternatus* Hope

属节肢动物门（Arthropoda），昆虫纲（Hexapoda），鞘翅目（Coleoptera），天牛科（Cerambycidae），墨天牛属（*Monochamus*），是松材线虫病的主要媒介昆虫。又名松褐天牛、松天牛。

3.9

木材蓝变　wood blue-stain

由于蓝变菌（或称青变菌）的存在而导致木材变为蓝灰色。它是松材线虫病木取样的一个辅助而非必要依据。

3.10

分散型3龄幼虫（$L_{Ⅲ}$）　dispersal third-stage larvae

夏末初秋，松材线虫病枯死木中出现与增殖期3龄幼虫不同的另一类型3龄幼虫，从形态上表现出内含物显著增加，它可以抵抗不良环境条件如冬季寒冷和木材失水，被称为分散型3龄幼虫。

3.11

持久型4龄幼虫（$L_{Ⅳ}$）　dauer larvae

由分散型3龄幼虫蜕变而来，除虫体角质膜较厚外，它没有口针，食道退化，头圆丘形，尾端明显指状，体表覆盖保护性的胶粘物。易于附着在媒介昆虫的体上，以利于媒介昆虫的携带和传播。

3.12

批　batch

应检验对象的抽样单位。“批”是指同一地点、同一日期、同一品名和同一运输工具运载的应检验物品。

3.13

抽样　sampling

为确定应检验对象是否感染松材线虫，根据检疫技术规程要求而抽取一定数量样本的过程。

4　应施检疫的植物及其产品

来自国内外疫情发生区的松属、雪松属、冷杉属、云杉属和落叶松属等植物的苗木、接穗、插条、盆景等生长繁殖材料；来自国内外疫情发生区的上述植物的木材、枝桠、根桩、木片以及它们的制品；来自非发生区违规调运或不具备合法手续的松木及制品等；带有松材线虫及其传播媒介昆虫活体的货物、包装材料、铺垫材料及运输工具。自然界感染松材线虫病的寄主植物和通过人工接种感染此病的植物名录见附录A。

5　现场检疫

5.1　产地检疫

5.1.1　直观检验

产地检疫的直观检验主要通过现场踏查的方法进行。用目测方法查找有无死树或针叶褪色和黄化、枯萎变成红褐色并整齐地挂在松枝上，树脂分泌减少直至停止，近期死亡等典型症状的松树，选择抽样对象。

5.1.2 抽样

5.1.2.1 抽样的对象

按照 GB/T 23478—2009 中 4.5.1.3 执行(参见附录 B)。

5.1.2.2 抽样时考虑的因素

按照 GB/T 23478—2009 中 4.5.1.4 执行(参见附录 B)。

5.1.2.3 抽样的数量

按照 GB/T 23478—2009 中 4.6.1 执行(参见附录 B)。

5.2 调运检疫

5.2.1 现场直观检验

5.2.1.1 直接观察和借助锯、斧等工具检查应施检疫的松木或其加工制品等是否干枯;重量是否明显减轻;木质部是否有蓝变;松脂味是否消失;有无媒介昆虫栖居的痕迹,如侵入孔、蛀道、蛹室等。

5.2.1.2 检查松树及其枝条是否有天牛危害、补充营养取食痕迹。

5.2.2 抽样

5.2.2.1 抽样比例

按照 GB/T 23478—2009 中 4.8.1 执行(参见附录 B)。

5.2.2.2 抽样方法

按照 GB/T 23478—2009 中 4.8.2 执行(参见附录 B)。

5.3 复检

按照 5.2 调运检疫执行。

6 取样方法

按照 GB/T 23478—2009 中 4.7 执行(参见附录 B)。

7 松材线虫的室内鉴定

7.1 松材线虫的分离

一般采取贝尔曼漏斗法、浅盘分离法、改进型线虫分离器分离(参见附录 C)。

7.2 松材线虫的镜检

7.2.1 当在解剖镜下观察培养皿中的线虫分离液,发现线虫时,挑出(挑取时可选用 500 μL 移液枪挑取)做成临时水玻片(参见附录 D);或用尖头吸管吸取沉淀管底部分离液 1～3 滴,滴于载玻片上,在解剖镜下观察,发现有线虫时制成临时水玻片。

7.2.2 将临时水玻片置于显微镜下观察、测量。

7.3 松材线虫的培养

当只分离到幼虫或雌、雄成虫数量极少时,可以采用疫木保温保湿或真菌单异活体培养方法快速培养松材线虫(参见附录 D)。不具备松材线虫真菌培养基质制作的检疫单位可以委托有无菌培养条件的单位制作。真菌培养基质 4 ℃冰箱冷藏备用。

7.4 松材线虫的形态学鉴定

7.4.1 形态鉴定

根据松材线虫成虫的形态特征为鉴定依据对松材线虫进行鉴定。松材线虫成虫形态特征参见附录 E。松材线虫的繁殖型幼虫、分散型幼虫和持久型幼虫作为鉴定的辅助特征。

7.4.2 检验记录

有关检验情况和鉴定结果填入《松材线虫病检验记录表》(见附录 F)。

7.5 松材线虫的分子生物学鉴定

分子生物学鉴定不受松材线虫龄期的影响，无须培养即可对松材线虫幼虫进行鉴定。PCR 技术作为形态学鉴定的辅助手段，对于鉴定那些形态特征不够典型的松材线虫或拟松材线虫以及幼虫有很大的帮助。具体方法参见附录 G。

8 检疫结果

——被检样品中未发现松材线虫的，作为签发“植物检疫证书”的依据。

——被检样品中发现松材线虫的，作为签发“检疫处理通知单”的依据。

附 录 A
（资料性附录）
松材线虫的寄主范围

A.1 自然发病的寄主植物

奄美岛松 *Pinus amamiana* Kcidzumi、华山松 *P. armandii* Franch、台湾果松 *P. armandii* var. *mastersiana*（Hayata）Hayata、美国短针松 *P. banksiana* Lamb.、白皮松 *P. bungeana* Zucc. ex Endl.、加勒比松 *P. caribaea* Morelet、瑞士五针松 *P. cembra* Linn、沙松 *P. clausa* Aarg.、小干松 *P. contorta* Loud、赤松 *P. densiflora* Sieb. et Zucc.、千头赤松 *P. densiflora* var. *umberaclifora*、短针松 *P. echinata* Mill.、湿地松 *P. elliottii* Engelm.、恩氏松 *P. engelmannii* Carr.、硬枝展松 *P. greggii* Engelm.、地中海松 *P. halepensis* Mill.、卡西亚松 *P. kesiya* Royle ex Gordn、华南五针松 *P. kwangtungensis* Chun ex Tsiang、光叶松 *P. leiophylle* Schkecht & Cham、硫球松 *P. luchuensis* Mayr、马尾松 *P. massoniana* Lamb.、米却肯松 *P. michoacana* Martinez、欧洲山松 *P. mugo* Turra、粗糙松 *P. muricata* D. Don、小干松变种 *P. murrayana* (Greville &JH Balfour) Critchfield、欧洲黑松 *P. nigra* Arnold、卵果松 *P. oocarpa* Schiede、日本五针松 *P. parviflora* Sieb. & Zucc.、长叶松 *P. palustris* Mill.、展叶松 *P. patula* Schlecht. et Cham.、海岸松 *P. pinaster* Ait.、西黄松 *P. ponderosa* Dougl. et Laws.、拟北美乔松 *P. pseudostrobus* Lindl.、辐射松 *P. radiata* D. Don、美加红松 *P. resinosa* Ait.、刚松 *P. rigida* Mill.、野松 *P. rudis* Endl.、北美乔松 *P. strobus* Linn.、墨西哥白松 *P. strobus* var. *chiapensis* Martinez、欧洲赤松 *P. sylvestris* Linn.、火炬松 *P. taeda* Linn.、黄山松 *P. taiwanensis* Hayata、黑松 *P. thunbergii* Parl.、黄松 *P. thunbergii*×*P. massoniana*、北美二针松 *P. virginiana* Mill.、胶枞 *Abies balsamea* (L.) Mill.、北非雪松 *Cedrus atlantica* Manetti、雪松 *C. deodara* (Roxb.) Loud.、欧洲落叶松 *Larix decidua* Mill.、美洲落叶松 *L. laricina* K. Koch、挪威云杉 *Picea abies* (L.) Karst.、加拿大云杉 *P. canadensis* (Mill) Britton, Sterns & Poggenb.、欧洲云杉 *P. excelsa* (Lam.) Link、白云杉 *P. glauca* (Moench) Voss.、黑云杉 *P. mariana* B. S. P.、锐尖北美云杉 *P. pungens* Engelm.、红云杉 *P. rubens* Sarg.、花旗松 *Pseudotsuga menziesii* (Mirbel) Franco。

A.2 人工接种感病的植物

海南五针松 *Pinus fenzeliana* Hand.-Mzt、柔松 *P. flexilis* James、光松 *P. glabra* Walt、乔松 *P. griffithii* McClelland、约弗松 *P. jeffreyi* A. Murr.、红松 *P. koraiensis* Sieb. et Zucc.、华南五针松 *P. kwangtungensis* Chun et Tsiang、糖松 *P. lambertiana* Dougl.、山白松 *P. monticola* Lamb.、台湾五针松 *P. morrisonicola* Hayata、日本五须松 *P. pentaphylla* Mayr.、刺针松 *P. pungens* Lamb.、晚松 *P. serotina* Michx.、类球松 *P. strobiformis* Engelm.、章子松 *P. sylvestris* var. mongolica Litvin.、油松 *P. tabulaeformis* Carr.、云南松 *P. yunnaensis* Franch、平泽银枞 *Abies amabilis* (Dougl.) Forb.、日本冷杉 *A. firma Sieb.* et Zucc.、巨冷杉 *A. grandis* Lindl.、日光冷杉 *A. homolepis Sieb.* et Zucc.、库叶冷杉 *A. sachalinensis* Mast.、日本落叶松 *Larix kaempferi* (Lamb.) Carr.、西方落叶松 *L. occidentalis* Nuttall、恩格曼氏云杉 *Picea engelmannii* (Parry) Engellm.、北美云杉 *P. sitchensis* (Bong.) Carr、西美山铁杉 *Tsuga mertensiana* (Bong.) Carr.、黄杉 *Pseudotsuga douglasii*。

附 录 B
（资料性附录）
引用《松材线虫普查监测技术规程》的条款

B.1 松林抽样的对象（见 GB/T 23478—2009，4.5.1.3）

抽样对象为能够排除非疫病死亡因素（如人畜破坏、森林火灾、其他病虫害），并表现出松材线虫病典型外部症状的可疑松树。

B.2 松林抽样应考虑的因素（见 GB/T 23478—2009，4.5.1.4）

B.2.1 松材线虫病发病高峰期一般在 9～10 月，从表现出针叶变黄、树脂分泌减少甚至停止至死亡约 1 个月至 1 个半月。
B.2.2 在松林中一般是优势木先发病。
B.2.3 由于松材线虫具有潜伏侵染以及不同松树的抗性差异等原因，一些松树仅部分枝条表现感病外部症状。这种症状在混交林中表现尤其明显。
B.2.4 抽取样品要及时并重点抽取尚未完全枯死或刚枯死的优势木（针叶呈黄绿或黄褐色，尚未完全枯萎，树皮尚未脱落，材质尚未腐朽）。
B.2.5 死树的针叶在小枝上下垂倒挂，当年不脱落。

B.3 松林抽样数量（见 GB/T 23478—2009，4.6.1）

以林业小班为单位，表现典型症状的松树在 10 株以下全部取样；10 株以上先抽取 10 株，再选取其余数量的 1%～5%。

B.4 调运检疫的抽样比例（见 GB/T 23478—2009，4.8.1）

B.4.1 木材（含原木、锯材）及其制品按货物总量的 1%～20%抽样，样本数低于 10 个全检。
B.4.2 松树、枝条、伐桩按货物的 1%～5%抽样，样本数低于 50 个全检。

B.5 调运检疫的抽样方法（见 GB/T 23478—2009，4.8.2）

B.5.1 木材（含原木、锯材）及其制品、枝条、伐桩，采取表层或分层方式设点抽样检查。
B.5.2 抽取密度明显减轻和（或）有蓝变特征或有天牛危害症状的树木、枝条、木材（含原木、锯材）及其制品。

B.6 取样方法（见 GB/T 23478—2009，4.7）

B.6.1 松林取样
B.6.1.1 一般情况下在树干下部（胸高处）、上部（主干与主侧枝交界处）、中部（上、下部之间）3 个部位取样。如仅部分枝条表现症状的，要在树干上部和死亡的枝条上取样。如外部表现症状明显的可在胸高处取样。在春季松褐天牛化蛹期，可在蛹室周围取样。
B.6.1.2 取样时在取样部位剥净树皮，直接砍取 100 g～200 g 木片；或剥净树皮，用手摇钻从木质部至髓心钻取 100 g～200 g 木屑；或在取样部位分别截取 2 cm 厚的圆盘。
B.6.1.3 所取的样品要及时贴上标签（记录样品号、采集地点、树种、树龄、取样时间和取样人等）。
B.6.2 松木及制品取样
B.6.2.1 选择截面无松脂痕迹、密度明显减轻和（或）木质部有蓝变现象及有天牛危害的蛀道、蛹室的松木及制品进行取样。

B.6.2.2 原木取样时在取样部位剥净树皮，直接砍取 100 g～200 g 木片；或剥净树皮，用手摇钻从木质部至髓心钻取 100 g～200 g 木屑；或在取样部位分别截取 2 cm 厚的圆盘。

B.6.2.3 锯材和松木制品取样时直接砍取 100 g～200 g 木片；或用手摇钻从木质部取 100 g～200 g 木屑。

B.6.2.4 所取的样品要及时贴上标签（记录样品号、采集地点、材种、制品类型、取样时间和取样人等）。

附　录　C
（资料性附录）
松材线虫的分离

C.1　贝尔曼漏斗法分离线虫

在直径 10 cm～15 cm 的漏斗末端接一段长约 10 cm 的乳胶管后置于漏斗架上，并在乳胶管上装一止水夹，然后在漏斗上铺大小适当的两层纱布；分离木屑时，两层纱布之间放 1 张纸巾。

将带回实验室的样木去皮后劈成长约 3 cm～4 cm，直径 2 mm～3 mm 的细条，约取 10 g(或木屑)置于漏斗中的纱布上，将纱布四角向中间盖上分离材料，然后向漏斗内注入清水至浸没，并挤捏。注入清水后要注意使水充满漏斗和下面的乳胶管，乳胶管内不得有气泡。见图 C.1。

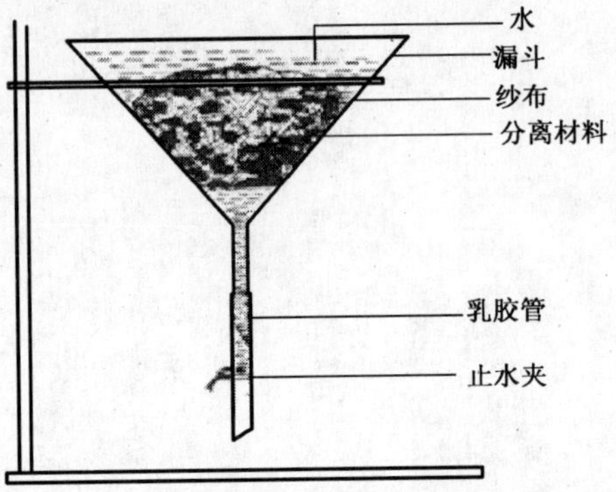

C.1　贝尔曼漏斗法分离线虫装置图

分离时室温不低于 20 ℃，先将分离用水的温度调至 20 ℃～30 ℃，具体水温可视分离时室温的高低而定，即室温较低时可将水温调得较高些，但不超过 30 ℃。3 h～4 h 线虫游离出一定数量后即可镜检。一般需经 12 h 后镜检。轻轻打开止水夹，用直径 60 mm～70 mm 培养皿在乳胶管下接取分离液约 10 mL，于解剖镜下观察；或用 5 mL 离心沉淀管接取分离液 5 mL，自然沉淀 30 min 或 1 500 r/min 离心 2 min，收集线虫供镜检。

C.2　浅盘法

浅盘法分离装置包括两个盘子，可由铝合金、不锈钢、塑料等材料制成。上面盘子底部是筛网，比下面的盘子稍小、稍浅。分离线虫时，在筛网上放两层纱布，再将木屑或劈好的小木条放上面。下面的盘子加水，筛网盘放入水中，水要没过样品。在 20 ℃～30 ℃条件下放置 12 h～24 h，将下面盘子的水收集到烧杯中，通过沉淀或离心收集线虫，供镜检。见图 C.2。

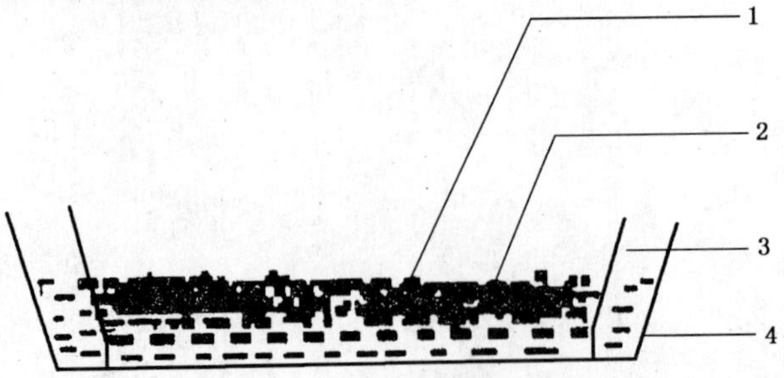

1——样品；　　3——筛盘；
2——线虫滤纸；　　4——底盘。

图 C.2　贝尔曼浅盘法分离线虫装置图

C.3 改进型线虫分离器法

改进型线虫分离器分离线虫，兼顾漏斗法和浅盘法各自的优点。分离器由一只网筛、乳胶管、止水夹和一次压模成型的主体构成(图 C.3)。在筛网上放两层纱布，再将木屑或劈好的小木条放在上面。从网筛外缘加水至样品水平的位置。在 20 ℃～30 ℃下放置 12 h 后，打开止水夹，用离心管接取约 5 mL分离液；静止自然沉淀 30 min 或 1 500 r/min 离心 2 min，吸去离心管内上清液，获得浓度较高的线虫悬浮液供镜检。

1——样品；
2——线虫滤纸；
3——筛盘；
4——基座；
5——橡胶管；
6——止水夹。

图 C.3 改进型漏斗分离松材线虫装置示意图

附 录 D
（资料性附录）
松材线虫的快速培养和临时玻片的制作

D.1 疫木保温保湿培养

将样品锯成小段，置于烧杯中加少量清水，木段下端浸在水中，木段上端用湿纱布覆盖，在 30 ℃条件下保温保湿培养 3 d，倒取杯中水液，可获得较多雌雄成虫；或将样品木段适当浸湿，放于塑料袋里，扎紧袋口，置于 30 ℃培养箱中 3 d 取出重新分离，可获得较多雌雄成虫。或从干净的松木板材锯出一些木屑，装进盘尼西林瓶里，然后将幼虫移至木屑里，放在培养箱 30 ℃培养 3 d～5 d，将木屑中的线虫分离出来。

D.2 单异活体培养

制备马铃薯-葡萄糖-琼脂（PDA）培养基平板。用盘多毛孢（*Pestalotia* spp.）或廉刀孢（*Fusarium* spp.）或灰葡萄孢（*Botrytis cinerea*）培养线虫。无菌条件下将多毛孢或镰刀孢或灰葡萄孢接种在 PDA 平板上。多毛孢或镰刀孢 28 ℃恒温培养 4 d～5 d，待培养完成后可长期置 4 ℃冰箱冷藏备用；而灰葡萄孢 25 ℃恒温培养 4 d～5 d，菌丝长满平板备用。发现可疑幼虫时，取适量菌丝块放小培养皿中，恢复至室温接种线虫。多毛孢或镰刀孢在 30 ℃恒温条件下保湿培养线虫；接种 20 条幼虫，48 h 即可分离鉴定；线虫量少时可相应延长培养时间。而灰葡萄孢在 25 ℃恒温培养线虫，培养时间要加长 1 d～3 d。

D.3 临时水玻片的制作

D.3.1 在洁净的载玻片中央滴一水滴，水滴的量以加盖玻片后恰好充满盖玻片下的空间为好。

D.3.2 用细针挑取或用毛细滴管吸取线虫，置于载玻片的水滴中，并使之沉底。

D.3.3 将有线虫的载玻片在酒精灯的火焰上往返通过 5 s～6 s，杀死线虫。

D.3.4 用细针摆好水滴中的死线虫，然后用镊子夹盖玻片从一侧轻轻盖下。

D.4 半永久玻片的制作

将分离所得的线虫液，转移至离心管中，2 000 r/min 离心 3 min。吸去上部清水并保留底部 3 mL～4 mL 线虫液，置于 53 ℃热水中 15 min 杀死线虫，待冷却后，加入等体积的 TAF 液固定 48 h 以上。再用上述方法再离心，用 5 μL 微量移液器吸取离心管底部线虫液，滴加进装有 2 mL 棉蓝-乳酚油的钟面皿中，置恒温烘箱中 45 ℃脱水 24 h。

在载玻片上加上封片蜡圈，用挑针加一小滴甘油于蜡圈中心位置。解剖镜下挑取脱水后的目标线虫于甘油中，使其沉底并位于甘油滴中心位置。在封片蜡圈上放置盖玻片后，转移至控温电热平板上，保持 75 ℃使蜡完全融化，取下并自然冷却后用透明指甲油加封一次。在显微镜下鉴定并确认为松材线虫后贴上标签，注明松材线虫的虫龄、数量、寄主、寄主产地、截获口岸及鉴定人。

附 录 E
（资料性附录）
松材线虫的形态特征

E.1 成虫特征

雌雄成虫均呈蠕虫形，虫体细长，约 1 mm。头部唇区高，缢缩明显，口针细长，基部略微增厚。中食道球卵圆形，占体宽的 2/3 以上，食道腺细长叶状，覆盖于肠背面。排泄孔的开口大致与食道和肠交接处平行，半月体在排泄孔后约 2/3 体宽处。雌虫尾部亚圆锥形，末端钝圆，少数有微小的尾尖突。卵巢前伸，卵呈单行排列，阴门开口于虫体的中后部 73%处，上覆以宽的阴门盖。雄虫交合刺大，弓状，喙突显著，远端膨大如盘状。雄虫尾部似鸟爪，向腹面弯曲，尾端为小的卵形交合伞所包裹。

松材线虫成虫形态特征图见图 E.1。

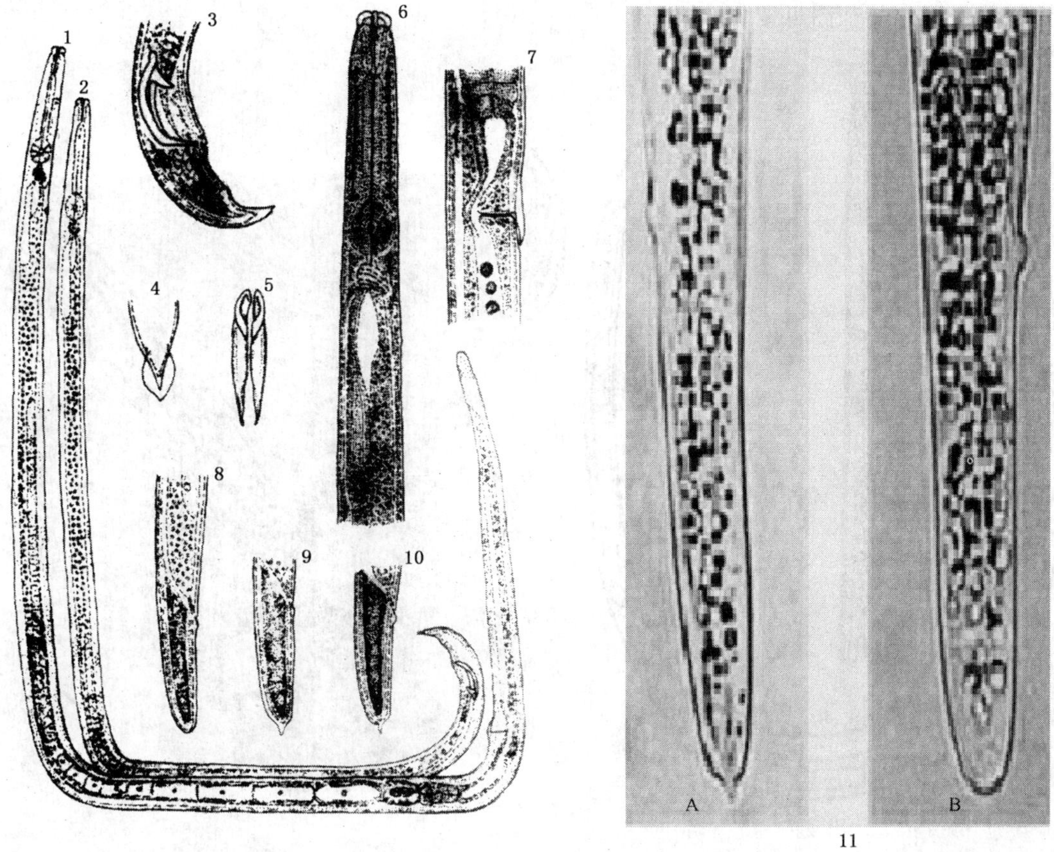

1——雌虫；

2——雄虫；

3——雄虫尾部；

4——雄虫尾部腹面观（尾端有交合伞）；

5——交合刺腹面观；

6——雌虫前部；

7——雌虫阴门；

8～10——雌虫尾部；

11——松材线虫尾部两种形状（A——微小尾尖突，B——尾钝圆）。

图 E.1 松材线虫 *Bursaphelenchus xylophilus*(Steiner et Buhrer)Nickle

E.2 幼虫特征

分散型 3 龄幼虫（L_{III}）体内内含物增加导致体色较深。尾部呈半圆形，与其他龄期幼虫相比更宽、钝。

2 龄至 4 龄幼虫在形态上以体长和生殖腺长度进行区别。

E.3 松材线虫与近缘种拟松材线虫形态特征的主要区别

拟松材线虫 *B. mucronatus*（Mamiya et Enda）在形态学和生物学方面均与松材线虫相似，但分布较松材线虫广泛，在松材线虫病的检验中常常可见，二者在形态上的主要区别在于：

a） 雌虫尾部，松材线虫为亚圆锥形，末端钝圆，少数可见微小的尾尖突，不超过 2 μm，一般为 1 μm；拟松材线虫为圆锥形，末端有明显的尾尖突，长度在 3.5 μm 以上，一般为 5 μm。

b） 雄虫尾部，松材线虫交合刺远端有盘状突，交合伞为卵形；拟松材线虫交合刺远端无盘状突，交合伞为近方形。

拟松材线虫形态特征图见图 E.2。

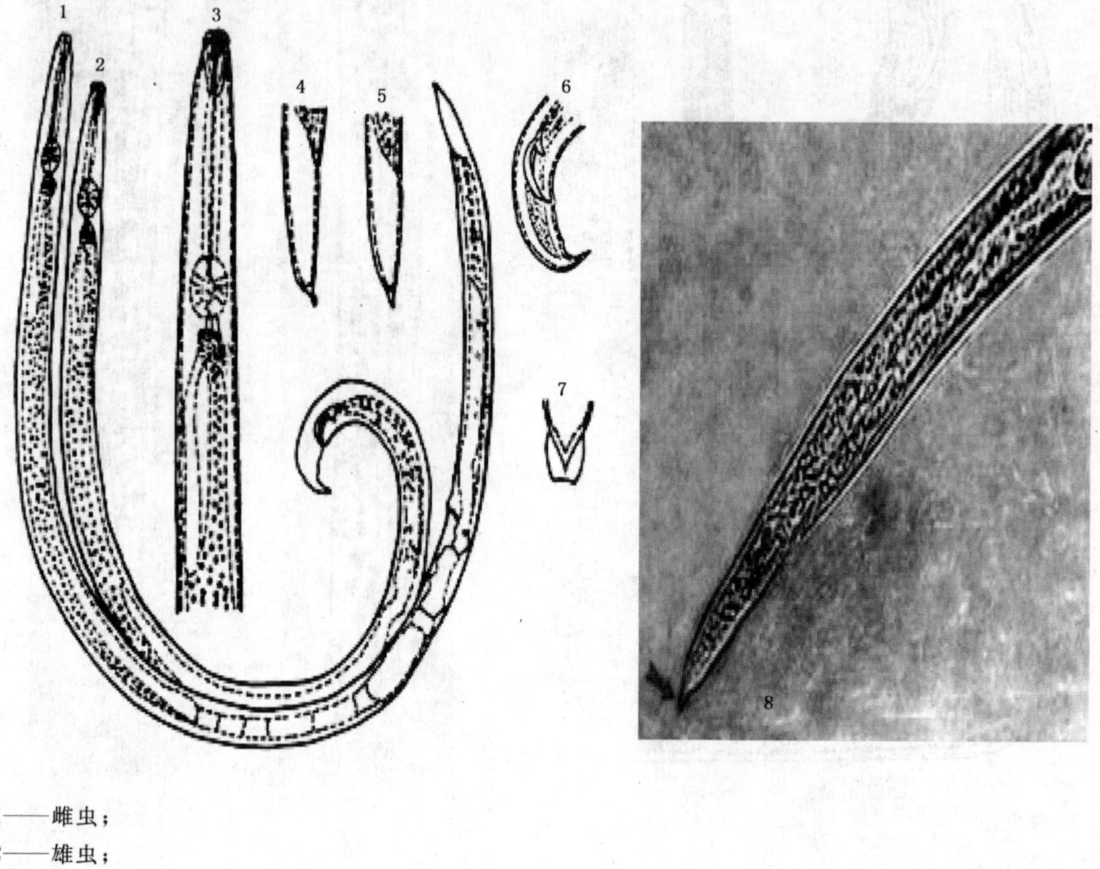

1——雌虫；
2——雄虫；
3——雄虫头部；
4～5——雌虫尾部；
6——雄虫尾部；
7——交合伞；
8——尾尖突。

图 E.2 拟松材线虫 *B. mucronatus*（Mamiya et Enda）

附　录　F

（规范性附录）

松材线虫病检验记录表

表 F.1　松材线虫病检验记录表

批号	样号	样品来源	检验日期（年、月、日）	干枯	蓝变	松脂味消失	松褐天牛栖居痕迹	镜检有无松材线虫（+、-）	备注	检验人

附 录 G
（资料性附录）
松材线虫 PCR 检测

G.1 线虫基因组 DNA 的提取

G.1.1 少量线虫(含单条线虫)DNA 提取

按照每条线虫，加入 10 μL 预冷的线虫裂解液比例，将线虫与裂解液置于 Eppenddorf 管中。在 PCR 仪上，于 70 ℃条件下保温处理 35 min。在 95 ℃条件下保温处理 10 min。12 000 r/min 离心 2 min，上清液用于扩增。

G.1.2 大量线虫 DNA 提取

取线虫群体 200 μL 于 Eppendorf 管中，加入 300 μL 线虫裂解液（200 mmol/L Tris-HCl、200 mmol/LNaCl、100 mmol/L EDTA、2% SDS、2%β-mercaptoethanol、200 μg/mL 蛋白酶 K），混匀；在 65 ℃水浴中处理 1 h，每隔 10 min 摇荡一次；用等体积(500 μL)的酚、酚-三氯甲烷-异戊醇(25＋24＋1)、三氯甲烷-异戊醇(24＋1)抽提，4 ℃条件下，12 000 r/min 离心 20 min，取上清液；在上清液中加入 1/10 体积的 3 mol/L 的乙酸钠(pH＝4.6)和两倍体积的无水乙醇(－20 ℃)，在－70 ℃条件下 30 min；12 000 r/min 离心 20 min，沉淀用 70%的乙醇(－20 ℃预冷)洗涤两次，沉淀气干 1.5 h，加入 100 μL TE 重新悬浮沉淀；取 10 μL 稀释 250 倍，用紫外分光光度计测定 DNA 的浓度([DsDNA]＝50×(OD_{260}－OD_{310})×稀释倍数(μg/mL))；用灭菌蒸馏水将各 DNA 提取液稀释到 20 ng/μL，作为 PCR 扩增的模板 DNA，－20 ℃备用。

G.2 PCR 扩增

G.2.1 PCR 引物

松材线虫特异引物组合 B。

G.2.2 反应体系

G.2.2.1 普通 Taq 酶

每反应的混合液总体积为 20 μL，其中：

a) 2.0 μL 10×PCR 缓冲液：0.5 mol/L 的 KCl；100 mmol/L Tris-HCl，pH＝9.0；1% Triton X-100；
b) 2 μL 2.5 mmol/L 的 dNTP；
c) 1.8 μL 25 mmol/L 的 $MgCl_2$；
d) 0.2 μL 5 U/μLTaq 酶；
e) 1.5 μL 10 mmol 的引物组合 B；
f) 2.0 μL 20 ng/mL 的模板 DNA；
g) 补充高压灭菌重蒸水至 20 μL。

G.2.2.2 快速扩增 Taq 酶

每反应的混合液总体积为 20 μL，其中：

a) 2.0 μL 10×快速 Taq PCR 缓冲液；
b) 2 μL 2.5 mmol/L 的 dNTP；
c) 0.3 μL 快速扩增 Taq 酶；
d) 1.5 μL 10 mmol/L 的引物组合 B；
e) 2.0 μL 的模板 DNA；

f) 补充高压灭菌重蒸水至 20 μL。

G.2.3 反应程序

G.2.3.1 普通 Taq 酶

反应混合液在 95 ℃预变性 3 min，进入循环 95 ℃变性 15 s，52 ℃退火 30 s，72 ℃延伸 50 s，共 40 个循环，最后 72 ℃延伸 7 min。

G.2.3.2 快速扩增 Taq 酶

反应混合液在 98 ℃预变性 5 s，进入循环 98 ℃变性 3 s，52 ℃退火 3 s，72 ℃延伸 40 s，共 30 个循环，最后 72 ℃延伸 2 min。

G.3 结果检测

PCR 扩增产物在 1.5% 的琼脂糖凝胶上电泳，电泳缓冲液为 1×TAE 或 1×TBE，电压为 5 V/cm，电泳时间为 30 min。置凝胶于 302 nm 透射紫外灯上观察、拍照。结果参见图 G.1、图 G.2。

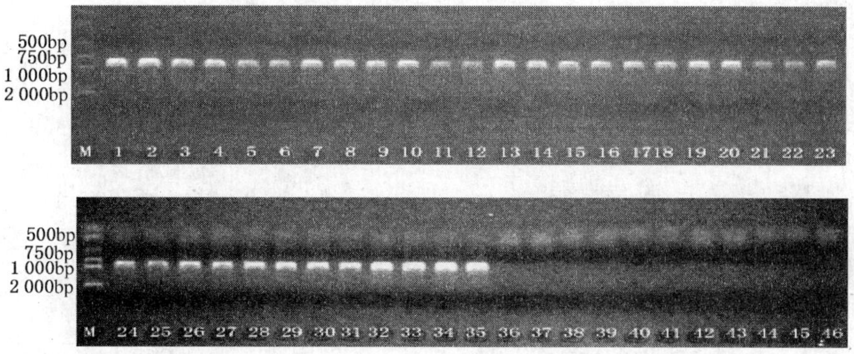

泳道 M——标准 DNA；
1～35——松材线虫；
36～43——拟松材线虫；
44～46——线虫未定种。

图 G.1 松材线虫特异引物组合 B 对大量线虫检测图谱

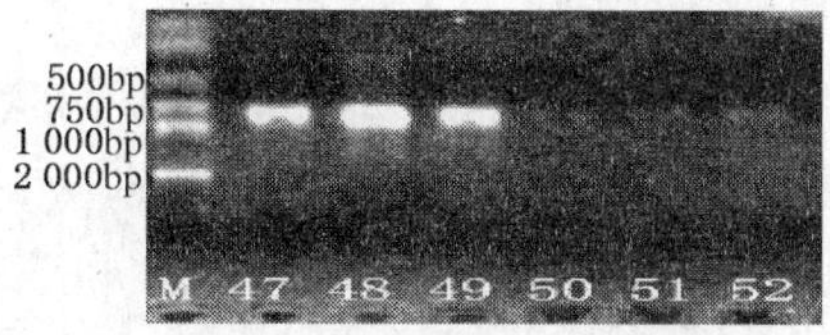

泳道 M——标准 DNA；
47～49——松材线虫；
50～52——拟松材线虫。

图 G.2 松材线虫特异引物组合 B 对少量线虫检测图谱

ICS 65.020
B 16

GB

中华人民共和国国家标准

GB/T 23477—2009

松材线虫病疫木处理技术规范

Technical treatment standard for wood infected by pine wood nematode

2009-04-01 发布　　　　2009-09-01 实施

中华人民共和国国家质量监督检验检疫总局
中国国家标准化管理委员会　发布

前　言

本标准的附录 A、附录 B、附录 C、附录 D 为规范性附录。

本标准由国家林业局提出。

本标准由全国植物检疫标准化技术委员会归口。

本标准负责起草单位：国家林业局森林病虫害防治总站、安徽省林业有害植物防治检疫局、浙江省林业有害植物防治检疫局。

本标准主要起草人：胡学兵、李娟、石进、赵宇翔、吾中良、曲年华。

松材线虫病疫木处理技术规范

1 范围

本标准规定了松材线虫病疫木除害处理的方法和技术。

本标准适用于松材线虫病疫木检疫除害处理。

2 规范性引用文件

下列文件中的条款通过本标准的引用而成为本标准的条款。凡是注日期的引用文件，其随后所有的修改单(不包括勘误的内容)或修订版均不适用于本标准，然而，鼓励根据本标准达成协议的各方研究是否可使用这些文件的最新版本。凡是不注日期的引用文件，其最新版本适用于本标准。

GB 434　溴甲烷原药

GB 5452　56%磷化铝片剂

GB/T 4897(所有部分)　刨花板

GB/T 7909　造纸木片

GB/T 9846(所有部分)　胶合板

GB/T 11718　中密度纤维板

3 术语和定义

下列术语和定义适用于本标准。

3.1

松材线虫　*Bursaphelenchus xylophilus*(Steiner et Buhrer)Nickle

一种无脊椎动物，属线虫门(Nemata)、侧尾腺口纲(Secernentea)、滑刃目(Aphelenchida)、滑刃总科(Aphelenchoidoidea)、滑刃科(Aphelenchoididae)、伞滑刃亚科(Bursaphelenchinae)、伞滑刃属(*Bursaphelenchus*)。

3.2

松材线虫病　pine wilt disease caused by pine wood nematode

由松材线虫寄生在松树体内引起松树迅速死亡的一种毁灭性林木病害。又称松树萎蔫病、松材线虫萎蔫病、松树枯萎病。

3.3

松褐天牛　*Monochamus altermatus* Hope

松树的一种蛀干害虫，为我国松材线虫病的主要传播媒介昆虫。又名松墨天牛、松天牛。

3.4

疫木　wood infected by pine wood nematode

感染松材线虫的松木及其制品(含松木包装材料、带松木电缆盘等)。

3.5

除害处理　phytosanitary treatment

为杀灭、去除有害生物，或使其丧失繁育能力而采用的官方认可的措施。本标准指的是杀灭疫木中松材线虫及其传播媒介昆虫。

3.6

熏蒸处理　fumigation treatment

用一种以完全或主要呈气态的化学药剂，在密闭空间内对商品进行除害处理的过程。本标准的商品指疫木(下同)。

3.7

热处理　heat treatment

利用热蒸气或热能对商品进行除害处理的过程。

3.8

微波处理　microwave treatment

利用微波能量对商品进行除害处理的过程。

3.9

制板处理　artificial board manufacturing treatment

按照人造板的制作工艺，将疫木加工制作成人造板，达到疫木除害处理要求的过程。本标准中人造板主要包括胶合板、刨花板、中(高)密度纤维板三大类。

3.10

炭化处理　wood carbonization treatment

对疫木进行炭化处理，并达到疫木除害处理要求的过程。

3.11

造纸处理　paper making treatment

利用疫木进行造纸，并在造纸工序达到除害处理要求的过程。

4　疫木除害处理方法

根据当地的疫木数量、疫木处理能力等实际情况，在保证疫木不流失和处理质量的前提下，选择以下1种或1种以上的方法进行除害处理。

4.1　烧毁处理

选取远离居民区、建筑物且交通方便的地点进行烧毁。可使用易燃物引火焚烧疫木。焚烧后要进行检查，若发现未能达到全部炭化要求的，应继续引火焚烧，直至达到处理要求。

4.2　熏蒸处理

疫木熏蒸常用熏蒸剂有溴甲烷(CH_3Br)、硫酰氟(SO_2F_2)、磷化铝(AlP)。在远离居民区、公共场所、人口稠密的地方，选取地势平坦、土壤紧密、向阳、通风良好、交通方便的地方作为熏蒸场所，对疫木进行熏蒸处理，直至达到处理要求。具体方法见附录A。

4.3　热处理

将疫木置于热风型干燥窑，或木材专用热风(蒸汽)烘干箱内，对其进行加热处理时，在木材中心温度达到65 ℃以上后，再持续处理4 h。具体方法见附录B。

4.4　微波处理

将疫木制成7 cm厚度以下的板材或方料，利用特定的疫木微波除害处理设施设备，根据疫木的含水率、厚度和温度安排微波处理时间，直至达到处理要求。具体方法见附录C。

4.5　制板处理

在松褐天牛非羽化期，将疫木按照胶合板、刨花板、中密度纤维板生产工序，加工制作成胶合板、刨花板、中密度纤维板，并在加工制作过程中，将松材线虫及其媒介昆虫杀死，达到除害处理的目的。疫木制板可按照当前胶合板、刨花板、中密度纤维板的生产工序和工艺要求进行，相关内容见GB/T 4897、GB/T 9846、GB/T 11718。疫木处理过程中枝桠和废料应在同期全部烧毁。

4.6 炭化处理

将疫木置于炭化窑中，点火燃燃窑内木段，燃烧 2 h～5 h 后，封闭点火孔，以达到杀死疫木中的松材线虫和松墨褐天牛的目的。具体方法见附录 D。

4.7 造纸处理

利用疫木进行造纸，并在造纸生产的制浆工序中将媒介昆虫和松材线虫杀死，达到疫木除害处理的目的。造纸疫木切片技术按照 GB/T 7909 中的规定进行，疫木造纸按照造纸生产工序要求进行。

附　录　A
（规范性附录）
松材线虫病疫木熏蒸处理技术

A.1　适用条件

应具备熏蒸处理所需的设备和通过专门培训的技术人员。

A.2　地点选取

选取远离居民区、公共场所、人口稠密的地方，且所选地要地势平坦、土壤紧密、向阳、通风良好、交通方便。库房熏蒸所使用的熏蒸库应离其他建筑物 50 m 以上。

A.3　准备工作

——制订熏蒸方案；
——确定熏蒸对象的类别、数量、大小和当地温度等基本情况，若熏蒸为疫木产品，还应确定其透气性；
——测量温度，确定熏蒸药剂种类；
——计算熏蒸剂使用剂量和熏蒸时间；
——熏蒸药剂和仪器设备的准备和安放；
——设置熏蒸警戒标志和松材线虫病疫木处理点标志。

A.4　溴甲烷或硫酰氟熏蒸

采用溴甲烷或硫酰氟对疫木进行除害处理时，溴甲烷的有效含量不低于 98%，质量要求符合 GB 434；硫酰氟有效含量不低于 95%。

A.4.1　帐幕熏蒸处理方法

A.4.1.1　仪器设备

——双面压沿防水布或厚度 0.1 mm 以上农用塑料薄膜（聚乙烯薄膜）；
——熏蒸气体浓度检测仪：最低灵敏度为 0.5 g/m^3；
——卤化物测漏仪：最低灵敏度为 0.1 g/m^3；
——其他仪器设备：磅秤、温度计、计算器、胶带、防毒面具、警戒标志等。

A.4.1.2　熏蒸步骤

A.4.1.2.1　疫木堆垛和计算熏蒸体积

在选择好的熏蒸场地上将疫木堆垛。堆垛的大小视疫木数量、种类、帐幕大小等具体情况而定，堆垛应整齐，基本成长方形，垛高一般为 1.5 m～2.0 m，垛宽为基部和顶部宽度的平均值。熏蒸体积按式（A.1）计算：

$$V = L \times W \times H \qquad \cdots\cdots(A.1)$$

式中：

V——熏蒸体积（帐幕内总体积），单位为立方米（m^3）；
L——长度，单位为米（m）；
W——宽度，单位为米（m）；
H——高度，单位为米（m）。

A.4.1.2.2 挖沟

沿垛堆四周挖一宽 20.0 cm 以上，深 30.0 cm 以上的沟，挖出的土堆放在沟外侧，用作覆盖帐幕后回填。如是水泥等硬实地面，可以不采用挖沟措施。

A.4.1.2.3 设置投药点

根据堆垛的大小设置投药点。堆垛体积在 50.0 m^3 以下时，可在堆垛上部中央处设置一个投药点；堆垛大于 50.0 m^3 时，可在堆垛上部设置两个投药点。将投药管一端固定在堆垛上方，另一端伸出沟外。

A.4.1.2.4 覆盖帐幕

将准备好的帐幕覆盖在堆垛上，帐幕四周边埋入沟内，用沟外侧的土回填，适当加水，踩紧踏实。如因硬实地面而没挖沟的，用土或沙压边踏实，防止漏气。

A.4.1.2.5 设置警戒标志

在熏蒸场所附近设置明显的警戒标志，防止他人误入。

A.4.1.2.6 投药量和熏蒸时间

溴甲烷和硫酰氟的投药量和熏蒸时间参照表 A.1。

表 A.1 投药量和熏蒸时间表

熏蒸药剂	温度	投药量/(g/m^3)	最低熏蒸时间/h	24 h 最低浓度要求/(g/m^3)
溴甲烷或硫酰氟	≥21 ℃	48	24	24
	≥16 ℃	56	24	28
	≥11 ℃	64	24	32
熏蒸期间最低熏蒸温度不应低于 10 ℃。				

投药量计算按式(A.2)计算：

$$C_{总} = C \times V \quad \cdots\cdots\cdots\cdots (A.2)$$

式中：

$C_{总}$——总投药量，单位为克(g)；

C——每立方米的投药量，单位为克每立方米(g/m^3)；

V——熏蒸体积，单位为立方米(m^3)。

A.4.1.2.7 投药

投药前先检查帐幕有否破损，四周边、投药口外缘是否封好。帐幕若有破损，用不干胶带或其他粘合剂补好，确认封闭严密后开始投药。

操作人员佩戴防毒面具，站在上风处，缓缓打开置于磅秤上的钢瓶阀门，使熏蒸气体通过投药管进入堆垛，直至磅秤上显示已放完所需的总投药量时即关闭阀门，取出投药管，封好进药口，保持密闭至所选择的熏蒸时间。

A.4.1.2.8 检漏

熏蒸人员佩戴防毒面具，用卤化物检漏仪或熏蒸气体浓度检测仪检查帐幕边缘、投药口等容易发生泄漏的地方，一旦发现泄漏需及时封堵。

A.4.1.2.9 补救措施

投药后 24 h，用气体浓度检测仪对帐幕内熏蒸气体检测，当规定的最低浓度值减去帐幕内熏蒸气体实际浓度值≤5.0 g/m^3 时，延长熏蒸时间 8 h～12 h；≥5.0 g/m^3 时，需补充投药，并延长熏蒸时间 12 h～24 h。补充投药前，应重新查补漏洞。补充投药量按式(A.3)计算。

$$M = P \times R \times V \div 1\,000 \quad \cdots\cdots\cdots\cdots (A.3)$$

式中：

M——补充投药量，单位为千克（kg）；

P——低于所要求的最低浓度值，单位为克每立方米（g/m^3）；

R——系数，其数值为 1.6（疫木包装产品时为 2.0）；

V——熏蒸体积，单位为立方米（m^3）。

A.4.1.2.10 结束操作

到达规定熏蒸时间后，熏蒸人员佩戴防毒面具，先将帐幕下风方向一边打开，0.5 h 后再揭幕充分散毒，揭幕时从打开的一边开始。

A.4.1.3 效果检查

在揭开熏蒸帐幕 1 h 后进行效果检查，检查方法如下：

a) 在堆垛上部分别取 3 段长约 50.0 cm 的样段。尽量选取材质干枯、有蓝变和有松褐天牛栖居痕迹等病害特征的疫木，若无上述特征时可随机抽样。

b) 将三个样段分别劈开，检查媒介昆虫的死活状态，其中松褐天牛幼虫死活鉴别参照表 A.2；

表 A.2 松褐天牛幼虫死活状态鉴别表

虫态	体表色泽	虫体软硬程度	对外界刺激反应	头部位置	虫体截面形状
活	有光泽	有弹性	动	向腹面弯曲	圆形
死	无光泽	无弹性	不动	前伸	扁圆形

c) 分别在劈开后的样段中取样，带到实验室内镜检松材线虫的死活（取样、分离和镜检方法参照松材线虫病检验技术规范）。

d) 经检查后确认各样均无活媒介昆虫和活线虫即为熏蒸合格。如发现有活媒介昆虫和活线虫，应再投药进行熏蒸处理，直至确认无活媒介昆虫和活线虫为止。

e) 经检验，疫木熏蒸处理合格后，撤下警戒标志，结束熏蒸。

A.4.2 库房熏蒸处理方法

A.4.2.1 设施和仪器设备

——熏蒸库：墙体为砖混结构，墙壁结实，墙体厚度应在 18.0 cm 以上，墙体内外均要用水泥批搪防止熏蒸剂渗漏。熏蒸库内地面及库顶均要用水泥灌造，批搪光滑。库房的墙壁、顶部和地面不能有裂缝，门窗的设计应达到有效密封的要求。通往库房外的管线在穿墙处应封堵严密。熏蒸库容积应不小于 68.0 m^3。

——气化器：气化器出口熏蒸药剂的温度不低于 20 ℃。

——电风扇：所有电风扇每分钟的总风量应等于熏蒸总体积，安装在熏蒸库的天花板上。

——熏蒸气体浓度检测仪：最低灵敏度为 0.5 g/m^3。

——卤化物检漏仪：最低灵敏度为 0.1 g/m^3。

——其他器材：温度计、计算器、粘胶带、浆糊、牛皮纸、剪刀、卷尺、防毒面具、手套、警戒标志等。

A.4.2.2 熏蒸步骤

A.4.2.2.1 计算熏蒸体积

熏蒸体积按熏蒸室内实际体积计算。计算方法参照 A.4.1.2.1。

A.4.2.2.2 设置警戒标志

在熏蒸室周围设置明显的警戒标志，防止他人误入。

A.4.2.2.3 投药量、熏蒸时间、投药

投药量和熏蒸时间参照 A.4.1.2.6。

投药量计算方法参照 A.4.1.2.6。

投药方法参照 A.4.1.2.7。

A.4.2.2.4 检漏和补救措施

检漏方法参照 A.4.1.2.8。检漏时重点检查熏蒸库门、通气管接口、投药管、取样管等容易发生泄漏的地方。

补救措施参照 A.4.1.2.9。

A.4.2.2.5 结束操作

熏蒸完毕后，操作人员佩戴防毒面具，打开熏蒸库门，开启电风扇或抽风机通风，散毒。熏蒸库门打开后，应有专人值守，严防人员进入熏蒸库内，并保证熏蒸库门外 50 m 内无人员停留。通风散气 12 h～24 h后，方可搬动熏蒸疫木，并作熏蒸效果检查。

A.4.2.3 效果检查

参照 A.4.1.3。

A.5 磷化铝熏蒸

磷化铝的有效含量不低于 56%，质量要求符合 GB 5452。

疫木磷化铝熏蒸处理仅适用于发生林分疫木就地除害处理。

A.5.1 仪器设备

——厚度 0.1 mm 以上农用塑料薄膜袋(聚乙烯薄膜)；

——其他仪器设备：胶带、防毒面具、剧毒标志等。

A.5.2 熏蒸处理步骤

A.5.2.1 装袋

将所需熏蒸的疫木截断后小心放入塑料袋中，注意不要将袋划破，疫木的放入量由塑料袋的大小确定，以放满为准。

A.5.2.2 检漏

疫木装好后检查塑料袋有否破损，若有破损，用不干胶带或其他粘合剂补好，确认封闭严密后开始投药。

A.5.2.3 投药

计算熏蒸袋实际体积，按表 A.3 的投药量放入磷化铝，封好袋口，贴上剧毒标志，就地放置即可。

表 A.3 药剂、投药量和熏蒸时间表

药剂	温度/℃	投药量/(g/m³)	熏蒸时间/d
磷化铝	≥11	20	≥7
最低熏蒸温度不应低于 10 ℃。			

A.5.3 效果检查

到达熏蒸时间后进行抽样检查，抽样数量为总袋数的 5.0%左右，但最少不得低于 3 袋。每袋熏蒸效果的检查方法参照 A.4.1.3。

如发现有活媒介昆虫，应重新投药进行熏蒸处理，直至确认无活媒介昆虫为止。

附 录 B
（规范性附录）
松材线虫病疫木热处理技术

B.1 适用条件

具备热处理的设施设备和技术。

B.2 设施设备

——热风型干燥窑：一般由窑体、通风装置、燃烧炉、换热器、喷蒸装置、进排气装置、窑门、检查门和控制柜等组成。或木材专用热风（蒸汽）烘干箱。

——其他设备：热风处理自动控制系统。

B.3 准备工作

——制订热风处理方案；

——确定热风处理对象的类别、数量、厚度（直径）以及是否适合热处理等基本情况；

——确定热风处理的温度、时间。

——热风型干燥窑的清扫和密封性检查；

——热风处理设备的安放和性能的检测、调试；

——设置松材线虫病疫木处理点标志。

B.4 处理步骤

B.4.1 装窑（箱）

将长松材堆放在材堆两侧，短枝应放在材堆中间，两层板材之间放置隔条；材堆的四周与墙壁之间留约 15 cm 的空隙以便热气流通；在材堆的前方，即靠近窑（箱）门的一方下部放置同一批处理疫木中的 3 块窑（箱）中最厚的疫木（可确定木段中有媒介昆虫和松材线虫），以备处理效果检查。

B.4.2 设置木芯探头

选取厚度最大的待处理疫木，在其中部凿孔后将木芯温度探头放入中部，并用玻璃胶封口后置于窑（箱）体中心、距底部 30 cm 处。

B.4.3 关闭窑（箱）门

将窑（箱）门紧密，并检查窑（箱）门的密封性。

B.4.4 加热处理

准备完毕后，点火加温。在点火的同时，启动热处理自动控制系统，记录和控制处理过程。当木心温度到达 65 ℃以上时，持续处理 4 h。

B.4.5 结束操作

在达到热处理温度和时间要求后停火，并打开窑（箱）门进行散热排烟。

B.4.6 效果检查

效果检查参照 A.4.1.3。

疫木热处理检查合格后即可出窑（箱），若不合格应查找原因，重新处理。

附 录 C
（规范性附录）
松材线虫病疫木微波处理技术

C.1 适用条件和范围

——具备微波处理的设施设备和技术。
——厚度为 7 cm 以下的疫木板、方材。

C.2 设施设备

——微波除害房：长 15 m 以上，宽 5 m 以上，房中间设一墙隔开，分成工作间和处理库。微波除害主机输入段及炉腔设在工作间里，输出段设在被墙隔开的处理库里。
——主机：包括炉腔、输送轴辊系统，微波源。
——控制柜：由电源控制和微波控制组成。电源控制系统装有控制开关和保护装置。
——计算机：根据每批接受微波除害松材的厚度、湿度、板材中心温度设定输送系统的速度，并将数据传达给控制柜。

C.3 主要参数

——微波功率：24 kW 以上；
——微波频率：2 450 Hz±50 Hz；
——传输方式：轴辊式传送；
——传送速度：0.01 m/min～2 m/min；
——微波泄漏量 ：≤5 mW/cm^2，符合国家标准。

C.4 准备工作

——制订微波处理方案；
——确定微波处理对象的类别、数量、厚度以及是否适合微波处理等基本情况；
——确定微波处理的技术指标；
——微波处理设备的安放和性能的检测、调试；
——设置松材线虫病疫木处理点标志。

C.5 处理步骤

C.5.1 疫木加工

根据需要将疫木加工成板材或方料，以同长、宽、厚为一批，送进微波除害工作间。

C.5.2 抽样测量

在每批木材中抽取样板，每立方米抽 1 块样品，测量每一样品的体积和重量。如同批木材有若干立方米，则抽取若干块样品，求其平均体积和重量。并用专用温度计，测得板材当时中心温度。

C.5.3 数据输入

启动计算机，将板材绝对湿度、木材样板的厚度、板材中心温度等数据输入计算机，由计算机微波除害处理软件系统自动计算出该批木材在微波主机里传送的速度。

C.5.4 速度设置

计算机可将速度指令传达给控制柜，控制主机轴辊的速度。此外，也可根据计算机显示速度，在主机上人为设置传送速度。

C.5.5 微波除害

经处理人员确认设定速度后，启动微波机进行除害处理。由于微波主机内轴辊之间的距离有30 cm，因此，长60 cm以下的板方材要排在随微波除害机配给的料盒中进机除害。

C.5.6 微波处理技术指标

微波处理疫木板材和方料的各项技术指标见表C.1。

表C.1 微波处理疫木技术指标表

绝对含水率	木心自然温度	板方材厚度	处理时间
小于50%	6 ℃以上	3 cm以下	4 min 20 s
		3 cm～5 cm	7 min 40 s
		5 cm～7 cm	11 min 30 s
50%～75%	6 ℃以上	3 cm以下	5 min 25 s
		3 cm～5 cm	9 min 45 s
		5 cm～7 cm	14 min 50 s
75%～100%	6 ℃以上	3 cm以下	6 min 35 s
		3 cm～5 cm	11 min 50 s
		5 cm～7 cm	17 min 45 s
100%以上	6 ℃以上	3 cm以下	7 min 45 s
		3 cm～5 cm	13 min 55 s
		5 cm～7 cm	20 min 55 s

C.5.7 效果检测

要对每批除害处理的疫木进行抽样检测，主要是检测处理后的板方材中心温度是否能达到57 ℃以上，否则应重新处理。微波机连续工作30个工作日后，应对处理的板、方材进行松墨天牛和松材线虫抽样检查，检查方法参照A.4.1.3。若检查不合格，应查找原因并重新进行处理。

附 录 D

（规范性附录）

松材线虫病疫木炭化处理技术

D.1 适用条件

具备炭化的设备和技术。

D.2 设施

炭化窑(示意图见图 D.1)。

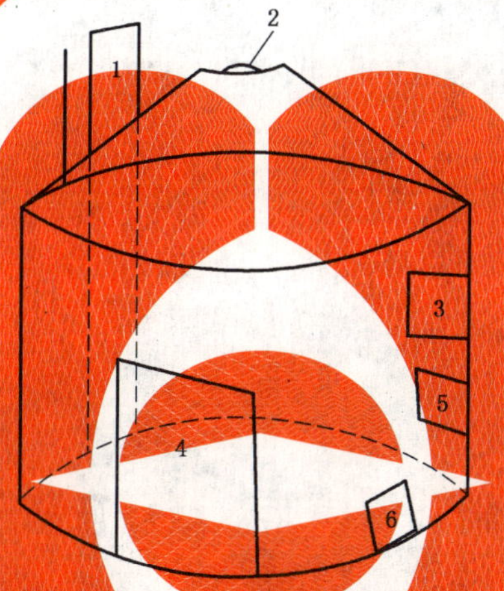

1——炭窑烟囱；
2——加水口；
3——点火口；
4——窑门；
5——进气小口；
6——检查口。

图 D.1 简易炭化窑示意图

D.3 处理步骤

D.3.1 装窑

先根据窑的高度，将疫木锯成可竖直放入炭化窑的长度，然后均匀紧密地竖状装入炭化窑内，放好后用砖砌封窑门。

D.3.2 点火

从点火孔处引燃燃窑内木段，燃烧 2 h～5 h 后，封闭点火孔，使窑内木段利用进气小孔的空气自上而下慢燃至窑底。

D.3.3 封窑

当炭化窑烟囱冒出青色烟雾时，在检查口处检查木段是否燃烧至底部，若已烧至底部，再将炭化窑密封，使窑内燃烧的树段缺氧熄火。在封窑后，还需打开加水孔加水 1～2 次；

D.3.4 处理效果检查

在出窑时，窑中木段若有未炭化的木段，应将其放入下一窑中继续进行炭化处理。

ICS 65.020
B 16

中华人民共和国国家标准

GB/T 23478—2009

松材线虫普查监测技术规程

Technical regulation on the surveying and monitoring of pine wood nematode

2009-04-01 发布

2009-09-01 实施

中华人民共和国国家质量监督检验检疫总局
中国国家标准化管理委员会 发布

前言

本标准中附录A、附录B为规范性附录。

本标准由国家林业局提出。

本标准由全国植物检疫标准化技术委员会归口。

本标准负责起草单位:国家林业局森林病虫害防治总站、安徽省林业有害植物防治检疫局、浙江省林业有害植物防治检疫局。

本标准主要起草人:初冬、李永成、汤坚、郑华、蒋平、李娟。

松材线虫普查监测技术规程

1 范围

本标准规定了松材线虫普查和监测的技术规程。

本标准适用于全国各地松材线虫病发生区和尚未发生但可适生地区内松属植物及其松木制品疫情的普查和监测工作。

松材线虫的主要寄主为松属植物。

2 规范性引用文件

下列文件中的条款通过本标准的引用而成为本标准的条款。凡是注日期的引用文件，其随后所有的修改单(不包括勘误的内容)或修订版均不适用于本标准，然而，鼓励根据本标准达成协议的各方研究是否可使用这些文件的最新版本。凡是不注日期的引用文件，其最新版本适用于本标准。

GB/T 23476—2009 松材线虫病检疫技术规程

3 术语和定义

下列术语和定义适用于本标准。

3.1

松材线虫 ***Bursaphelenchus xylophilus*** **(Steiner et Buhrer) Nickle**

一种无脊椎动物，属于线虫门(Nemata)，侧尾腺口纲(Secernentea)，滑刃目(Aphelenchida)，滑刃总科(Aphelenchoidoidea)，滑刃科(Aphelenchoididae)，伞滑刃亚科(Bursaphelenchinae)，伞滑刃属(*Bursaphelenchus*)。

3.2

松材线虫病 pine wilt disease caused by pine wood nematode

由松材线虫寄生在松树体内引起松树迅速死亡的一种毁灭性林木病害。又称松树萎蔫病、松材线虫萎蔫病、松树枯萎病。

3.3

疫情 epidemic situation

被调查和监测的松林、松木及制品感染松材线虫的情况。

3.4

普查 survey

在一个地区内为确定松材线虫是否存在以及发生情况而有计划进行的全面调查。

3.5

监测 monitoring

为及时发现松林、松木及制品中松材线虫是否存在以及掌握其发生动态而持续进行的调查。

3.6

媒介昆虫 intermediary insect

将松材线虫由罹病树中携带而出，通过补充营养或产卵时造成的创口又将其侵染到其他寄主松树上的昆虫，是松材线虫病发生不可缺少的条件，是松材线虫病侵染循环的组成部分之一。松材线虫病媒介昆虫必须具备以下三个条件：一是其生活史与松材线虫的生活史相吻合；二是具有一定的种群密度；三是能够携带一定量的松材线虫。目前，在我国松材线虫病的媒介昆虫为松褐天牛(*Monochamus alternatus* Hope)。

3.7

松木及其制品 pine wood and woodenware

松属原木、锯材和用于承载、包装、铺垫、支撑、加固货物的木质材料，如木板箱、木条箱、木托盘、木框、木桶、木轴、木楔、垫木、枕木、衬木等。经人工合成或经加热、加压等深度加工的包装用木质材料，如胶合板、纤维板等除外。

3.8

诱捕器监测 trap monitoring

利用人工合成引诱剂来捕获松褐天牛，并检查其体内、体表是否携带松材线虫的一种监测方法。

3.9

抽样 sampling

为确定是否感染松材线虫，根据检疫技术规程要求而对被调查松林或松木制品抽取一定数量样本的过程。

4 疫情普查监测

4.1 普查监测范围

本辖行政区内的所有松林和流通、贮存的松木及其制品。重点是交通沿线、风景区、木制品生产和使用企业、建筑工地、仓库、驻军营房、城镇、木材集散地、移动通讯站和电视发射台等人为活动频繁地区附近的松林，特别是与疫区毗邻地带、曾有从疫情分布的国家或地区调入罹病松材及制品的地方。

4.2 普查时间

每年不得少于1次。在松褐天牛一年两代的地区普查时间为秋季9～10月份；在松褐天牛一年一代的地区普查时间秋季8～10月份。如增加普查次数，松褐天牛一年两代的地区可在春季4～5月份进行；松褐天牛一年一代的地区可在春季3～4月份进行。

4.3 普查监测内容

查清松材线虫分布地点、树种、松木及制品类型、发生面积、病死树数量、带疫数量等，并绘制疫情发生分布图。

4.4 统计标准

4.4.1 发生面积：以小班为单位进行统计（孤立松林以实际面积统计；混交林按混交比例折合成纯松林面积，并注明发生范围）。

4.4.2 罹病株率(%)：在发病松林内，按表现出松材线虫病典型症状的罹病株数除以松树总株数乘以100计算（罹病株率＝罹病株数/松树总株数×100）。

4.4.3 松木及制品带疫率(%)：在所检查的松木及制品中，按松木及制品检测出带疫的数量除以检查的松木及制品的总数乘以100计算（带疫率＝罹病数/松木及制品总数×100）。

4.4.4 疫情发生区：指疫情发生点所在的县级行政区划单位。

4.4.5 疫情发生点：指有松材线虫病发生的乡（镇）、国有林场。

4.5 普查监测方法

4.5.1 踏查

4.5.1.1 根据当地松林分布的特点，设计出便于观察全部林分的具体踏查路线。

4.5.1.2 沿设计的踏查路线用目测方法查找有无死树或针叶褪色和黄化、枯萎变成红褐色并整齐地挂在松枝上，树脂分泌减少直至停止，近期死亡等典型症状的松树，选择抽样对象。

4.5.1.3 抽样对象为能够排除非疫病死亡因素（如人畜破坏、森林火灾、其他病虫害），并表现出松材线虫病典型外部症状的可疑松树。

4.5.1.4 抽样时应考虑以下因素：

——松材线虫病发病高峰期一般在9～10月，从表现出针叶变黄、树脂分泌减少甚至停止至死亡约1个月至1个半月。

——在松林中一般是优势木先发病。

——由于松材线虫具有潜伏侵染以及不同松树的抗性差异等原因，一些松树仅部分枝条表现感病外部症状。这种症状在混交林中表现尤其明显。

——抽取样品要及时并重点抽取尚未完全枯死或刚枯死的优势木（针叶呈黄绿或黄褐色，尚未完全枯萎，树皮尚未脱落，材质尚未腐朽）。

——死树的针叶在小枝上下垂倒挂，当年不脱落。

4.5.2 详查

根据踏查结果，进行详细调查。对可疑发病林分抽取一定数量的样品，进行分离鉴定，确定是否发生疫情。

4.5.3 定期巡查监测

已发生松材线虫病的省（区、市）对其尚未发生松材线虫病地区，要以县（市、区）为单位，组织专业技术人员每季度定期对交通沿线、风景区、大型企业、仓库、码头、车站、驻军营房、城镇周围、木材加工厂、木材集散地、大型建筑工地、移动通讯站和电视发射台等人为活动频繁地区的附近松林进行巡查，凡发现松树有感病症状，立即取样分离鉴定，确定是否有松材线虫。

4.5.4 定点监测

在发生区边缘地带、交通沿线、风景区、城镇周围等易感林分设置7～10个固定监测点，风景生态林和重要经济林地区每村（或林场分场）至少设置1个，其他地区每乡（镇或林场）设置3～5个固定监测点。派专人定期调查，发现松树枯死立即取样分离鉴定，确定是否有松材线虫。

4.6 抽样数量

4.6.1 以林业小班为单位，表现典型症状的松树在10株以下全部取样；10株以上先抽取10株，再选取其余数量的1%～5%。

4.6.2 抽样时现场填写《松材线虫病林业小班调查抽样记录表》（见附录A）。

4.7 取样方法

4.7.1 松林取样

4.7.1.1 一般情况下在树干下部（胸高处）、上部（主干与主侧枝交界处）、中部（上、下部之间）3个部位取样。如仅部分枝条表现症状的，要在树干上部和死亡的枝条上取样。如外部表现症状明显的可在胸高处取样。在春季松褐天牛化蛹期，可在蛹室周围取样。

4.7.1.2 取样时在取样部位剥净树皮，直接砍取100 g～200 g木片；或剥净树皮，用手摇钻从木质部至髓心钻取100 g～200 g木屑；或在取样部位分别截取2 cm厚的圆盘。

4.7.1.3 所取的样品要及时贴上标签（记录样品号、采集地点、树种、树龄、取样时间和取样人等）。

4.7.2 松木及制品取样

4.7.2.1 选择截面无松脂痕迹、密度明显减轻和（或）木质部有蓝变现象及有天牛危害的蛀道、蛹室的松木及制品进行取样。

4.7.2.2 原木取样时在取样部位剥净树皮，直接砍取100 g～200 g木片；或剥净树皮，用手摇钻从木质部至髓心钻取100 g～200 g木屑；或在取样部位分别截取2 cm厚的圆盘。

4.7.2.3 锯材和松木制品取样时直接砍取100 g～200 g木片；或用手摇钻从木质部钻取100 g～200 g木屑。

4.7.2.4 所取的样品要及时贴上标签（记录样品号、采集地点、材种、制品类型、取样时间和取样人等）。

4.7.2.5 抽样时现场填写《松材、松木及其制品检查抽样记录表》（见附录B）。

4.8 松树、松木及制品的疫情监测

4.8.1 抽样比例

4.8.1.1 木材（含原木、锯材）及其制品按货物总量的1%～20%抽样，样本数低于10个全检。

4.8.1.2 松树、枝条、伐桩按货物的1%～5%抽样，样本数低于50个全检。

4.8.2 抽样方法

4.8.2.1 木材(含原木、锯材)及其制品、枝条、伐桩，采取表层或分层方式设点抽样检查。

4.8.2.2 抽取密度明显减轻和(或)有蓝变特征或有天牛危害症状的树木、枝条、木材(含原木、锯材)及其制品。

4.8.3 现场检验

4.8.3.1 检查木材(含原木、锯材)、伐桩及其制品的截面是否有松脂痕迹、密度明显减轻、木质部有蓝变现象及是否有天牛危害的蛀道、蛹室。

4.8.3.2 检查松树及枝条是否有天牛危害、补充营养取食痕迹。

4.8.3.3 对有蓝变、天牛蛀道、蛹室的样本，每个样本取2份样品带回室内作进一步鉴定。取样品时注意选取靠近蛀道、蛹室的部位，所取样品不得带有树皮。

4.9 辅助监测方法

4.9.1 打孔流胶诊断监测法

4.9.1.1 工具

锤子和打孔器或皮带铳子(直径10 mm～15 mm)。

4.9.1.2 方法

在松材线虫病发生区或其边缘，选择外观正常、针叶无明显变色的松树，用打孔器或铳子在松树主干上打一可见木质部的圆孔即可，位置和方向不受限制。

4.9.1.3 观察

在春、夏、秋季，打孔后24 h即可进行观察，在冬季在打孔后48 h～72 h进行观察。

4.9.1.4 判断

观察打孔后松树流出松脂情况，初步判别健康树和疑似罹病树。但要注意松树树种之间的差异，马尾松要较黑松表现迟缓。

- 一级流胶(健康树)：树脂从孔口流下，超过孔口边缘；
- 二级流胶(疑似罹病树)：树脂沉积在孔口下缘；
- 三级流胶(疑似罹病树)：树脂渗出到圆孔壁上，呈粒状；
- 四级流胶(疑似罹病树)：孔壁上无树脂流出。

4.9.1.5 疑似罹病树按4.7.1取样。

4.9.2 诱捕器监测法

4.9.2.1 诱捕时间

在松褐天牛羽化期(4～10月)，在林间悬挂诱捕器进行诱捕监测。

4.9.2.2 诱捕器的设置

每个诱捕器之间距离为50 m～100 m，诱捕器下端距地面1.5 m左右，诱捕器下端要固定，以防随风摆动，影响诱捕效果。

4.9.2.3 线虫分离

将诱捕到的松褐天牛成虫取出，虫体经表面冲洗、剪碎后用贝尔曼漏斗法进行分离，分离所得的线虫幼虫进行人工培养后，再鉴定是否为松材线虫。

4.9.3 线虫检测管法

4.9.3.1 在树干上用电钻(木工钻)钻一可见木质部且与线虫检测管直径相同的圆孔，插入线虫检测管。

4.9.3.2 1～4天后拔出检测管，通过检视管壁凝结水内有无蠕动线虫，再鉴定是否为松材线虫。

5 样品的保存与处理

取回的样品应及时分离鉴定，若需要保存可采取以下方法：将木片装入塑料袋内，扎紧袋口，在袋上扎几个小孔(也可直接保存木段、圆盘),放入4℃冰箱。若需长期保存,要经常在样品上喷水(一般在半个月至1个月内完成分离鉴定)。

样品分离鉴定结束后应及时对样品进行销毁。

6 样品检验

样品分离检测技术按照GB/T 23476—2009执行。

附 录 A
（规范性附录）
松材线虫病林业小班调查抽样记录表

表 A.1

________市________县________乡（镇、林场）________小地名________小班号

面积(hm^2)________权属________树种组成________每公顷株数________

松树平均树龄________可疑松树数量（株）________其他死树（株）________

样品编号	取样日期	外部症状	有无松褐天牛危害	木材有无蓝变	是否为优势木	整株或枝条表现症状	取样部位	备注

填表人________ 抽样时间________

附 录 B
（规范性附录）
松树、松木及其制品检查抽样记录表

表 B.1

______市______县______检查站（检查地点）

货物种类______数量______取样日期______

外部症状	有无松褐天牛危害	木材有无蓝变	有无天牛蛹室	取样部位	取样数量	样品编号	采取的措施	备注

填表人______　　　　抽样时间______

参 考 文 献

［1］ 国际植物检疫措施标准第6号出版物:监测准则(FAO/IPPC/ISPMs NO.6)
［2］ 国际植物检疫措施标准第8号出版物:某一地区有害生物状况的确定(FAO/IPPC/ISPMs NO.8)

ICS 27.180
F 11

中华人民共和国国家标准

GB/T 23479.1—2009

风力发电机组　双馈异步发电机
第1部分：技术条件

Wind turbine—Double-fed asynchronous generator—
Part 1: Technical specification

2009-04-02 发布　　　　2009-11-01 实施

中华人民共和国国家质量监督检验检疫总局
中国国家标准化管理委员会　发布

前　言

GB/T 23479《风力发电机组　双馈异步发电机》分为两个部分：

——第 1 部分：技术条件；

——第 2 部分：试验方法。

本部分为 GB/T 23479 的第 1 部分。

本部分由中国机械工业联合会提出。

本部分由全国风力机械标准化技术委员会归口。

本部分起草单位：永济新时速电机电器有限责任公司、湘潭电机股份有限公司、清华大学、沈阳工业大学。

本部分主要起草人：贺志学、黄国杰、邱守信、贾健、余冰、柴建云、邓英、李素平。

风力发电机组　双馈异步发电机
第1部分:技术条件

1　范围

GB/T 23479 的本部分规定了并网型风力发电机组用低压双馈异步发电机的型式、规格、技术要求、试验方法、检验规则、安全与警示标志、产品信息、包装、运输与贮存。

GB/T 23479 的本部分适用于并网型风力发电机组用低压双馈异步发电机(以下简称发电机)。

2　规范性引用文件

下列文件中的条款通过 GB/T 23479 的本部分的引用而成为本部分的条款。凡是注日期的引用文件,其随后所有的修改单(不包括勘误的内容)或修订版均不适用于本部分,然而,鼓励根据本部分达成协议的各方研究是否可使用这些文件的最新版本。凡是不注日期的引用文件,其最新版本适用于本部分。

GB 755　旋转电机　定额和性能(GB 755—2000,idt IEC 60034-1:1996)

GB/T 997　旋转电机结构型式、安装型式及接线盒位置的分类(IM 代码)(GB/T 997—2008,IEC 60034-7:2001,IDT)

GB/T 1032　三相异步电动机试验方法

GB 1971　旋转电机　线端标志与旋转方向(GB 1971—2006,IEC 60034-8:2002, IDT)

GB/T 1993　旋转电机冷却方法(GB/T 1993—1993,idt IEC 60034-6:1991)

GB/T 2900.25　电工术语　旋转电机(GB/T 2900.25—2008,IEC 60050-411:1996,IDT)

GB/T 4942.1—2006　旋转电机整体结构的防护等级(IP 代码)　分级(IEC 60034-5:2000,IDT)

GB 10068　轴中心高为 56 mm 及以上电机的机械振动　振动的测量、评定及限值(GB 10068—2008,IEC 60034-14:2007,IDT)

GB 10069.3　旋转电机噪声测定方法及限值　第 3 部分:噪声限值(GB 10069.3—2008,IEC 60034-9:2007,IDT)

GB/T 23479.2　风力发电机组　双馈异步发电机　第 2 部分:试验方法

JB/T 5811　交流低压电机成型绕组匝间绝缘试验限值

JB/T 9615.2　交流低压电机散嵌绕组匝间绝缘试验限值

3　术语和定义

GB/T 2900.25 确立的以及下列术语和定义适用于本部分。

3.1

双馈异步发电机　doubly-fed asynchronous generator

变速恒频发电机的一种,发电机的定子和转子直接或间接与电网相连,并进行能量交换。

3.2

工作转速范围　operating speed range

以发电机同步转速作为转速基值 n_0,发电机应能在 $n_{min} \sim n_{max}$ 转速范围内可靠工作,其中 n_{min} 为与风电机组的切入风速对应的转速($n_{min} < n_0$),n_{max} 为与风电机组切出风速对应的转速($n_{max} > n_0$)。

3.3

额定转速 rated speed

发电机的输出达到额定功率时的最低转速为发电机的额定转速 n_N。在 $n_N \sim n_{max}$ 转速范围内，发电机应能输出额定功率。

3.4

额定工况 rating condition

额定工况是指额定功率、额定电压、额定频率、额定转速、功率因数为 1 的工况。

4 符号和单位

V_{PEAK}——变频器尖峰电压(V)；

U_N——发电机额定电压(V)；

dv/dt——电压变化率(V/μs)；

P_e——发电机输出总有功功率(kW)；

P_{mech}——发电机输入机械功率(kW)；

P_s——定子输出有功功率(kW)；

P_r——转子有功电功率(kW)；

Q_r——转子无功功率(kVar)；

U_T——电机绕组匝间绝缘冲击试验电压峰值(V)；

U_G——定子或转子绕组对地绝缘工频耐电压试验值(有效值)(V)；

I_s——定子电流(A)；

U_r——转子电压(V)；

I_r——转子电流(A)；

n——转速(r/min)。

5 型号、结构型式、主要参数系列和定额

5.1 型号

发电机型号由产品代号和规格代号两部分组成。产品代号用“SKYF”表示，代表双馈异步发电机；规格代号由发电机的总功率等级和极数以数字的型式表示。总功率等级以千瓦为单位。

具体型式如下：

示例：1.5MW 双馈异步风力发电机，4 极，型号为 SKYF1500-4。

5.2 结构型式

5.2.1 发电机的外壳防护等级一般应不低于 GB/T 4942.1—2006 中 IP54 的规定，特殊情况可与用户协商。

5.2.2 发电机的冷却方式应符合 GB/T 1993 的规定。超出标准规定范围的冷却方式应与用户协商确定，初级或次级冷却介质不应对产品或周围环境造成危害，如果采用液体冷却应无渗漏、腐蚀等问题。

5.2.3 接线盒防护等级应不低于 GB/T 4942.1—2006 中 IP54 的规定要求，辅助接线盒内应设接地端子。滑环室防护等级应不低于 IP23 的规定要求。

5.2.4 发电机的定、转子绕组出线端及其接线盒内的接线端子均应有相应的标志，并应保障其字迹在发电机整个使用期内不易磨灭。发电机线端标志与旋转方向应符合 GB/T 1971 的规定。

5.2.5 发电机的结构及安装型式应符合 GB/T 997 的规定。超出标准规定范围的结构及安装型式应与用户协商确定。

5.2.6 发电机内部应设置电加热装置。电加热装置应使发电机被加热到机壳内的温度比发电机所处周围温度约高 5 ℃，但不致使加热装置附近的绝缘超过规定的温升限值。

5.2.7 发电机定子绕组、轴承及碳刷等部位应装设用于监测发电机工作状态的传感器。

5.2.8 对发电机轴承的润滑应设置自动和手动注油两种型式结构，或与用户协商确定。

5.2.9 接口尺寸由制造商和用户协商确定。

5.3 主要参数系列

发电机的电压等级、功率等级和中心高参数系列值见表 1。

表 1 电压等级、功率等级和中心高参数系列

电压等级 V	输出总功率等级 kW	中心高 mm
690	850、1 250、1 500、2 000、2 500、3 000、3 500、4 000、4 500、5 000	450、500、560、600、630、710、800、850
注：超出本表以外的中心高尺寸及电压、功率等级，由电机制造商与用户协商确定。		

5.4 定额

发电机的定额是以连续工作制(S1)为基准的连续定额。

5.5 额定功率因数

双馈异步发电机的额定功率因数 $\cos\Phi=1$。对于运行中需要进行无功调节的双馈发电机，其超前和滞后功率因数范围及相应的工作制由制造商与用户协商。

6 技术要求

6.1 运行条件

如果用户没有特别要求，发电机应能在下列条件下正常运行。

6.1.1 环境运行条件

6.1.1.1 海拔高度不超过 1 000 m。

6.1.1.2 最高环境空气温度不超过 40 ℃，最低环境温度不低于 −10 ℃。

6.1.1.3 空气相对湿度：最湿月的月平均最大相对湿度为 90%(该月月平均最低温度不高于 25 ℃)。

6.1.2 电气运行条件

6.1.2.1 在额定电压允差为 ±10%、额定频率允差为 ±2% 的电网供电条件下，发电机应能正常工作。

6.1.2.2 变频器供电时尖峰电压 V_{PEAK} 及电压变化率 dv/dt 如下：

——$V_{PEAK}\leqslant 3U_N$；

——$dv/dt\leqslant 1\,500\ V/\mu s$。

注：当发电机需要在超出上述一个或多个限值条件下运行时，其特殊要求可以由用户和制造厂协商。

6.2 一般性能

6.2.1 发电机应符合本部分的要求，并按照经规定程序批准的图样及技术文件制造。

6.2.2 发电机外形及安装尺寸应符合与用户协商约定的产品外形图的要求。

6.2.3 发电机空转运行时，应平稳、轻快、无停滞现象。

6.2.4 发电机在 −45 ℃存放时应不损坏。

6.3 温升限值

6.3.1 GB 755 对不同功率等级的发电机绕组及部件所采用的绝缘材料等级和所对应的温升限值做出了规定，由于风力发电机组的特殊运行环境，发电机出厂时的温升限值按所采用的绝缘材料在额定工况下对照 GB 755 的规定降低一个温升等级考核，即 H 级绝缘按 F 级绝缘所对应的温升等级考核，依次类推。

6.3.2 如果发电机在实际运行中，超出本部分规定的运行条件，温升限值应按 GB 755 的规定进行修正。

6.4 特性

6.4.1 系统信息交换

发电机和变频器设计者应相互提供相关信息，例如，发电机的额定参数、等效电路及特性曲线，变频器线间输出电压、电流、基波频率、谐波以及功率等，这些信息是保障发电机符合用户要求以及全面评估发电机和变频器之间的相互影响所必须的。

6.4.2 基准温度

当发电机采用 F 级和 H 级绝缘等级时，其所有特性均按绕组基准温度为 150 ℃时绘制，该温度应在特性曲线上注明。

6.4.3 发电机的特性

发电机的规定特性是指电机转子绕组在变频器供电、保持额定电压、额定频率和额定功率因数为 1 的状态下，总有功功率 P_e、定子有功功率 P_s、转子有功功率 P_r、转子无功功率 Q_r、定子电流 I_s、转子电压 U_r、转子电流 I_r 以及效率 η 与转速 n 的关系曲线。特性曲线应在发电机的温升试验后，发电机处于热状态时在整个工作转速范围 $n_{min}\sim n_{max}$ 内测取。

用于测量发电机输入功率和转矩的复合型仪器，应在指示转矩和功率的量值方面有足够的准确度，使之和所要验证的规定容差相称。

6.5 容差与效率

6.5.1 空载额定频率、额定电压点和电流偏差容差

发电机作空载电动机运行，对应发电机额定频率、额定电压、电流偏差应不超过典型值的±10%。

注：典型值应以最初四台发电机试验的平均值为依据。

6.5.2 堵转电流容差

发电机作电动机运行，测量电压为能产生额定电流的对应值(此电压值应在经型式试验合格的被试电机上确定)，转子堵转时的电流偏差应不超过典型值的±5%。

注：典型值应以最初四台发电机试验的平均值为依据。

6.5.3 效率

发电机在额定工况时的效率应不低于 96%。

6.6 超速

发电机处于热态，应能承受 1.2 倍的最大工作转速，历时 2 min。超速试验后发电机各部件应无永久性变形和不产生妨碍发电机正常运行的其他缺陷。

6.7 轴电压

发电机在空载电动机状态下运行时，轴电压应不大于 0.5 V。

6.8 短时过载

发电机在温升试验后，保持额定电压不变，应能承受 1.15 倍额定负载运行 1 h，此时温升不作考核，发电机应不发生损坏及有害变形。

6.9 绝缘电阻

发电机在热态下，定、转子绕组对机座的绝缘电阻值及绕组间的热态绝缘电阻值应不低于

U_N/1 000 MΩ,冷态绝缘电阻应符合产品技术条件的规定。测量电阻时,兆欧表的选用应符合GB/T 1032的规定。

6.10 耐电压性能

6.10.1 对地耐电压

对地耐电压试验通常使用近似正弦波,50 Hz交流电,历时1 min,无击穿和闪络。试验应在出厂试验完成后,且发电机处于热态下立即进行。定子试验电压有效值为$2U_N$+1 000 V,最低为1 500 V,转子试验电压有效值为$3.5U_N$+1 000 V。

6.10.2 匝间耐电压

6.10.2.1 散嵌绕组应能承受匝间绝缘冲击电压试验,历时3 s而不击穿,冲击试验电压峰值应符合JB/T 9615.2的规定。

6.10.2.2 成型绕组应能承受匝间绝缘冲击电压试验,历时3 s而不击穿,冲击试验电压峰值应符合JB/T 5811的规定。

6.11 短时升高电压

发电机应能承受短时升高电压试验而不发生故障。试验时发电机以空载电动机运行。外施电压为额定电压的130%,历时3 min,匝间绝缘应无损伤。

6.12 谐波

发电机输出电流谐波畸变率不大于5%。

6.13 噪声

发电机以空载电动机方式运行,在规定旋转方向下测量噪声。电机噪声限值应满足GB 10069.3的规定。

6.14 振动

发电机安装在试验台上作空载电动机方式运行,振动速度的限值应满足GB 10068的规定。

7 试验方法

试验方法应符合GB/T 23479.2的规定。

8 检验规则

发电机的检验分为出厂检验和型式检验。

8.1 出厂检验

8.1.1 每台发电机都应进行出厂检验,检验合格后附产品合格证方可出厂。

8.1.2 出厂检验项目应符合表2的规定。

8.2 型式检验

8.2.1 型式检验主要用于确定发电机的定额、特性和性能。凡遇到下列情况之一时,应进行型式检验:

a) 产品试制完成时;

b) 设计、工艺或材料的变更足以引起某些特性或参数发生明显变化时;

c) 出厂试验结果与以前进行的型式试验结果发生不可允许的偏差时;

d) 批量生产时,定期抽试,每两年抽试一次;

e) 转厂生产或长期停产后重新投产时;

f) 国家质量监督机构要求型式检验时。

8.2.2 型式检验项目应符合表2的规定。

表 2 出厂检验和型式检验项目

序号	检验项目	检验类别	
		出厂检验	型式检验
1	机械和电气检查	√	√
2	绝缘电阻的测定	√	√
3	绕组在实际冷却状态下直流电阻的测定	√	√
4	小时温升试验	√	
5	空载试验	√	√
6	轴电压测试	√	√
7	堵转试验	√	√
8	转子开路电压的测定	√	√
9	超速试验	√	√
10	对地耐电压试验	√	√
11	匝间耐电压试验	√	√
12	振动试验	√	√
13	温升试验		√
14	工作特性曲线的测定及绘制		√
15	短时升高电压试验		√
16	谐波电流测定		√
17	噪声测定		√
18	称重		√

9 抽样方法和判定规则

9.1 抽样方法

每次型式检验的电机数量为两台。

9.2 判定规则

型式检验的电机有一项不合格者应加倍台数进行检验，如仍有不合格，则判定该批电机不合格；出厂时应对每台电机进行检验，若有一项不合格则判定该台电机不合格。

10 安全和警示标志

如果产品在运行期间，必须向用户提醒有关安全和警示的内容，制造商应在产品的明显位置设置安全和警示标志，并应保障其在发电机整个使用期内不易磨灭。安全和警示的全部内容应在用户手册中加以复述。

11 产品信息

11.1 标志

11.1.1 产品铭牌上应标有以下内容：

a) 制造厂名称；

b) 制造厂所规定的产品名称、型号、产品主要参数；

c) 外壳防护等级；

d) 质量；

e) 产品编号及出厂日期。

11.1.2 产品主要参数包括：额定电压、定子额定电流、转速范围、额定转速、额定功率因数、转子开路电压。

11.1.3 铭牌应固定在发电机机座的显著位置。

11.2 文件配备

发电机出厂应为用户提供下列文件：

a) 产品用户手册(使用维护说明书)。至少应包括下列内容：

1) 产品设计所依据的规范；

2) 产品性能参数；

3) 操作、检查、维护程序；

4) 推荐的现场检查维护次数、方法和验收规则；

5) 使用注意事项；

6) 常见问题的处理方法；

7) 易损件、备件、附件、专用工具清单；

8) 其他需要告知的事项。

b) 产品合格证。

c) 电机包装发运清单。

11.3 文件要求

11.3.1 总则

本部分所述的文件是发电机出厂验收的组成部分，一般应为文本文件。

11.3.2 内容

文件的内容应符合国家、行业的有关法律、法规、相关标准和产品技术要求的规定，简明、准确、真实、完整，易于阅读和理解。

11.3.3 材料

文件的介质材料应结实耐用，保证文件在产品寿命期限内的可用性。

11.3.4 格式

文件应采用制造商统一规定的文本文件或格式文件，全部文件应采用国家正式公布、实施的简化汉字，当用户有要求时，应提供销售地区官方语言文本。

12 包装、运输与贮存

12.1 在装箱时，每台发电机应附有产品合格证，根据需要可提供发电机外形图和用户手册。

12.2 产品包装时，轴伸等部件应加防锈与保护措施，不应因包装不善而受潮、污损或损坏。

12.3 在正常运输时，转子与定子应相对固定，应防止转子窜动。

12.4 产品贮存时，应平稳放置在干燥、清洁、无酸碱及腐蚀性气体的场合，产品上不得放置其他物品。

ICS 27.180
F 11

中华人民共和国国家标准

GB/T 23479.2—2009

风力发电机组　双馈异步发电机
第2部分：试验方法

Wind turbine—Double-fed asynchronous generator—
Part 2：Testing methods

2009-04-02 发布　　2009-11-01 实施

中华人民共和国国家质量监督检验检疫总局
中国国家标准化管理委员会　发布

前　言

GB/T 23479《风力发电机组　双馈异步发电机》分为两个部分：

——第1部分：技术条件；

——第2部分：试验方法。

本部分为GB/T 23479的第2部分。

本部分由中国机械工业联合会提出。

本部分由全国风力机械标准化技术委员会归口。

本部分起草单位：永济新时速电机电器有限责任公司、湘潭电机股份有限公司、清华大学、沈阳工业大学。

本部分主要起草人：贺志学、黄国杰、邱守信、贾健、余冰、柴建云、邓英、李素平。

风力发电机组 双馈异步发电机 第2部分:试验方法

1 范围

GB/T 23479 的本部分规定了并网型风力发电机组用低压双馈异步发电机的试验方法。

GB/T 23479 的本部分适用于并网型风力发电机组用低压双馈异步发电机(以下简称发电机)性能试验。

2 规范性引用文件

下列文件中的条款通过 GB/T 23479 的本部分的引用而成为本部分的条款。凡是注日期的引用文件,其随后所有的修改单(不包括勘误的内容)或修订版均不适用于本部分,然而,鼓励根据本部分达成协议的各方研究是否可使用这些文件的最新版本。凡是不注日期的引用文件,其最新版本适用于本部分。

GB/T 1029 三相同步电机试验方法

GB/T 1032 三相异步电动机试验方法

GB 10068 轴中心高为 56 mm 及以上电机的机械振动 振动的测量、评定及限值(GB 10068—2008,IEC 60034-14:2007,IDT)

GB/T 10069.1 旋转电机噪声测定方法及限值 第1部分:旋转电机噪声测定方法(GB/T 10069.1—2006,ISO 1680:1999,MOD)

GB/T 14549 电能质量 共用电网谐波

JB/T 5811 交流低压电机成型绕组匝间绝缘试验方法及限值

JB/T 7836.1 电机用电加热器 第1部分:通用技术条件

JB/T 9615.1 交流低压电机散嵌绕组匝间绝缘 试验方法

JB/T 10500.1 电机用埋置式热电阻 第1部分:一般规定、测量方法和检验规则

3 试验要求及准备

3.1 并网电源应符合国家相关标准要求,与转子相连接的变频器应满足发电机转子励磁的要求。

3.2 试验时采用的电气测量仪表的准确度应不低于 0.5 级(兆欧表除外),电流传感器的准确度应不低于 0.2 级,电量变送器的准确度应不低于 0.5 级,转速表的精确度应不低于 1.0 级。

3.3 试验前的准备应符合 GB/T 1032 和 GB/T 1029 的要求。

4 试验项目及方法

4.1 机械和电气检查

4.1.1 外观检查。

4.1.2 转动转子,应平稳灵活,无怠滞和异音。

4.1.3 检查电刷和集电环接触面积应不小于 80%。

4.1.4 传感器状态检测。

4.2 绝缘电阻的测定

a) 定子和转子的绝缘电阻应分别在冷态和热态下进行测量。测量方法应符合 GB/T 1032 的要求；

b) 加热器绝缘电阻的测定按 JB/T 7836.1 规定的方法进行；

c) 埋置检温元件绝缘电阻的测定按 JB/T 10500.1 进行。

4.3 绕组在实际冷却状态下直流电阻的测定

4.3.1 将发电机在室内放置一段时间用温度计测量，当机壳的温度与室温之差不超过 2 K 时，即为实际冷态。

4.3.2 绕组在实际冷态下直流电阻的测定方法按照 GB/T 1032 的规定进行。三相电阻值与三相电阻的平均值之差应不大于平均值的 2%。

4.3.3 当测量温度与设计的标定温度不同时，须进行温度换算，公式为：

$$R_2 = (K_1 + \theta_2)/(K_1 + \theta_1) \times R_1 \qquad (1)$$

式中：

R_2——换算到标定温度时的电阻值，单位为欧姆(Ω)；

K_1——为电阻温度系数，对于铜导线为 235；

θ_2——设计的标定温度，单位为摄氏度(℃)；

θ_1——实际测量温度，单位为摄氏度(℃)；

R_1——实际测量的电阻值，单位为欧姆(Ω)。

4.4 温升试验

4.4.1 温升试验在并网条件下可采用图 1 的试验线路。

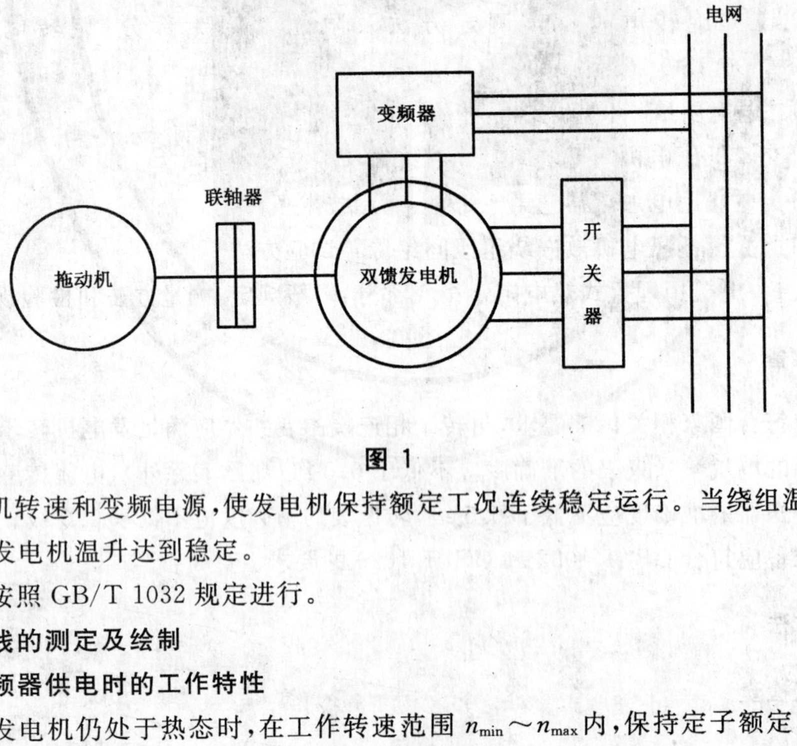

图 1

4.4.2 调节拖动机转速和变频电源，使发电机保持额定工况连续稳定运行。当绕组温度在 1 h 内变化小于 1 K 时，认为发电机温升达到稳定。

4.4.3 测定方法按照 GB/T 1032 规定进行。

4.5 工作特性曲线的测定及绘制

4.5.1 转子由变频器供电时的工作特性

温升试验后，发电机仍处于热态时，在工作转速范围 $n_{min} \sim n_{max}$ 内，保持定子额定电压、额定频率和功率因数为 1 的条件下，分别测取输出总功率 P_e、定子功率 P_s、转子有功功率 P_r、转子无功功率 Q_r、定子电流 I_s、转子电压 U_r、转子电流 I_r 以及效率 η 与转速 n 的关系曲线，见图 2。

注：若有特殊要求，与用户协商。

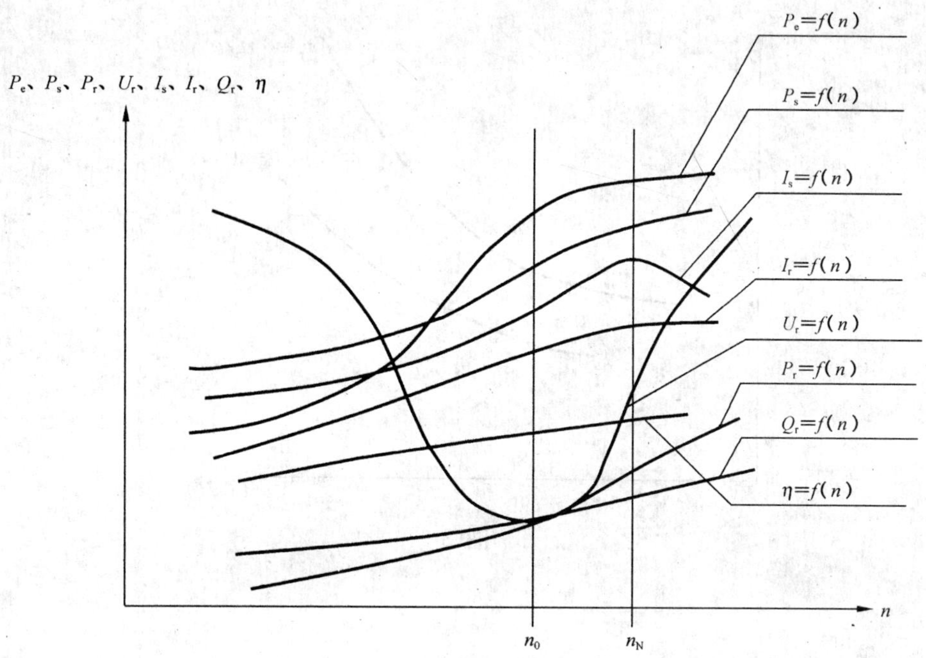

P_e——总有功功率；

P_s——定子输出有功功率；

I_s——定子电流；

P_r——转子有功功率；

U_s——转子电压；

I_r——转子电流；

Q_r——转子无功功率；

n——转速；

η——效率；

n_0——同步转速；

n_n——额定转速。

图 2

4.5.2 转子三相短路时的工作特性

将发电机转子三相短接，定子外接额定电压和额定频率三相交流电源，在发电机工况下进行试验。

在 6 个负载点处给发电机加负载，4 个负载点大致均匀分布在 25%～100%额定负载之间(包括 100%额定负载)，在大于 100%但不超过 130%额定负载之间适当选取 2 个负载点，发电机加负载的过程是从最大负载开始，逐步按顺序降低到最小负载。

在每个负载点处测取定子电压、定子电流、功率因数、输出功率、输入功率、转矩、转速。

4.6 空载试验

空载特性曲线是测定电机空载电流 I_0 和空载输入功率 P_0 与外施电压 U_0 的标幺值(U_0/U_N)的关系曲线，U_N 为额定电压。如图 3。试验时采用图 4 的试验线路，试验方法按 GB/T 1032 执行。

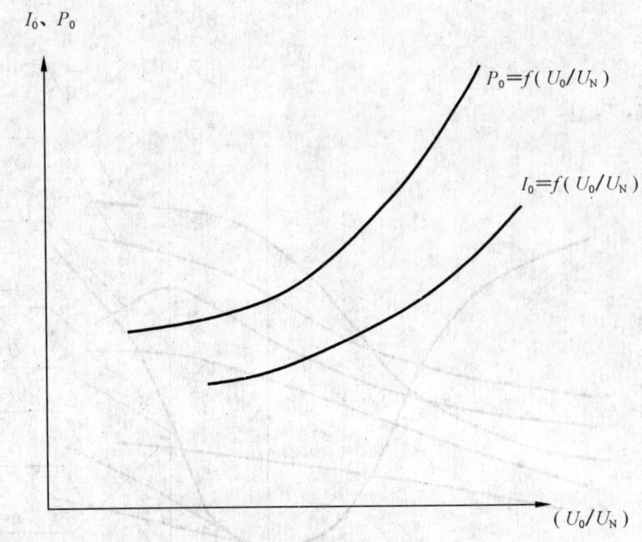

图 3

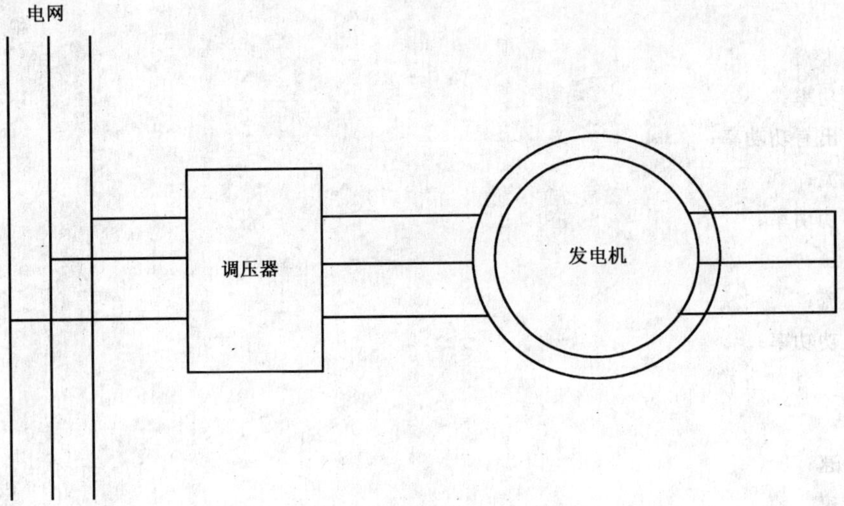

图 4

4.7 堵转试验

堵转试验在发电机接近冷态时进行，转子绕组在集电环上短接。试验时将转子堵住，施于定子绕组的电压从不低于 1.25 倍额定电流开始，然后逐步降低电压，其间共测取 5～7 点读数，每点应同时测取下列数值：三相电压、三相电流、输入功率。电流超过额定值时，测量读数的时间应不超过 1 min。型式试验时应作出电流、输入功率与堵转电压的关系曲线。

出厂试验时，可仅在额定电流附近一点测取堵转时的电压、电流和输入功率。

4.8 转子开口电压的测定

可用以下两种方法进行测定：

a) 转子静止并开路，调节定子侧调压器，使转子电压逐步升至 690 V 后，记录定子电压并进行折算。

b) 转子开路，将发电机拖动至 0.8 倍同步转速，调节调压器，使定子电压由 0 V 逐步升至额定电压后，测量转子各线间的电压值，测量完后进行折算。调节过程发现异常，应立即停止。

4.9 短时升高电压试验

将被试发电机转子短接，在热态下以空载电动机方式运行，调节调压器使电压上升至 1.3 倍额定电压，历时 3 min。

4.10 匝间耐电压试验

散嵌绕组匝间耐电压试验按 JB/T 9615.1 规定执行。

成型绕组匝间耐电压试验按 JB/T 5811 规定执行。

4.11 轴电压测定

轴电压的测定按 GB/T 1029 的规定进行。

4.12 谐波电流测定

谐波电流的测定按 GB/T 14549 的规定进行。

4.13 超速试验

按 GB/T 1032 的规定执行。

4.14 对地耐电压试验

4.14.1 对地耐电压试验应在热态下进行。

4.14.2 在被试绕组与电机机壳之间施加试验电压，铁心和非被试绕组则与机壳连接。试验时电机的所有部件均应安装就位，如同正常工况。

4.14.3 试验电压应为工频电压，并尽可能接近正弦波形。

4.14.4 试验应从不超过试验电压全值的一半开始，然后均匀地或以每步不超过全值 5% 逐步增至全值，电压从半值增至全值的时间应不少于 10 s。

4.15 振动测定

振动测定按 GB 10068 的规定进行。

4.16 噪声测定

噪声测定按 GB 10069.1 的规定执行。

ICS 25.080.99
J 59

中华人民共和国国家标准

GB/T 23480.1—2009

电火花小孔高速加工机床 第1部分：术语和精度检验

Small hole high speed drilling electro-discharge machines—Part 1：Terminology and testing of accuracy

2009-04-02 发布 2009-11-01 实施

中华人民共和国国家质量监督检验检疫总局
中国国家标准化管理委员会 发布

前　言

GB/T 23480《电火花小孔高速加工机床》分为两个部分：

——第1部分：术语和精度检验；

——第2部分：参数。

本部分为GB/T 23480的第1部分。

请注意本部分的某些内容有可能涉及专利。本部分的发布机构不应承担识别这些专利的责任。

本部分由中国机械工业联合会提出。

本部分由全国特种加工机床标准化技术委员会(SAC/TC 161)归口。

本部分起草单位：苏州电加工机床研究所、苏州三光科技股份有限公司。

本部分主要起草人：于志三、傅初森、王应。

本部分为首次发布。

电火花小孔高速加工机床
第1部分:术语和精度检验

1 范围

GB/T 23480 的本部分引用了 GB/T 17421.1—1998 和 GB/T 17421.2—2000 规定的一般用途、常规精度的电火花小孔高速加工机床的几何精度检验、数控轴定位精度和重复定位精度检验及加工检验。本部分还规定了与上述检验相对应的允差值。

本部分适用于电火花小孔高速加工机床(以下简称“机床”)。

本部分仅涉及机床精度的检验,而不适于机床运行试验(振动、异常噪声、零部件的爬行等)或其参数(如速度、进给量等)的检查,这些检查通常应在精度检验前进行。

本部分还规定了用于机床主要部件的术语并参照 GB/T 19660—2005[1]命名了坐标轴。

2 规范性引用文件

下列文件中的条款通过 GB/T 23480 的本部分的引用而成为本部分的条款。凡是注日期的引用文件,其随后所有的修改单(不包括勘误的内容)或修订版均不适用于本部分,然而,鼓励根据本部分达成协议的各方研究是否可使用这些文件的最新版本。凡是不注日期的引用文件,其最新版本适用于本部分。

GB/T 17421.1—1998 机床检验通则 第1部分:在无负荷或精加工条件下机床的几何精度(eqv ISO 230-1:1996)

GB/T 17421.2—2000 机床检验通则 第2部分:数控轴线的定位精度和重复定位精度的确定(eqv ISO 230-2:1997)

3 术语和坐标轴的命名

见图1和表1。

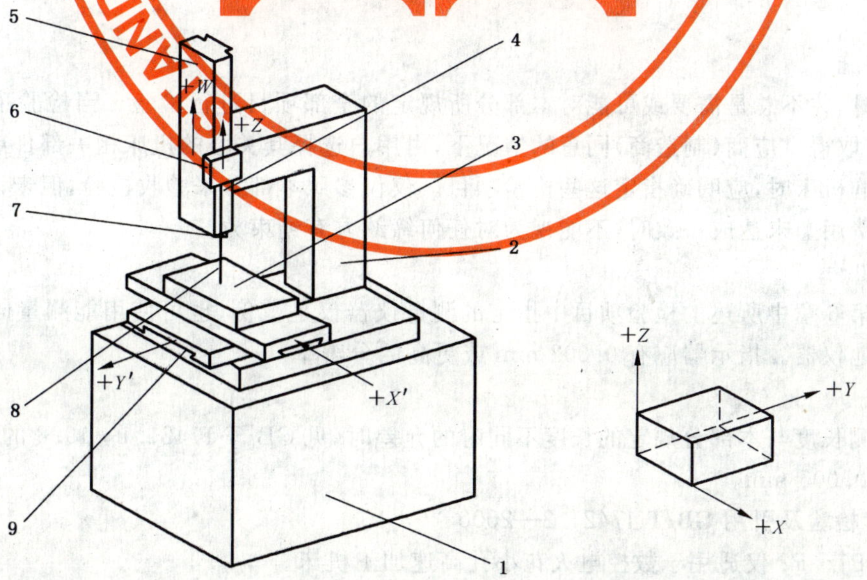

图1 电火花小孔高速加工机床

表 1 术语

序号	中 文	英 文	法 文	俄 文
1	床身	bed	banc	станина
2	立柱	column	montant	стойка
3	工作台(X'轴)	Table (X'-axis)	Table (axe X')	рабочий стол (ось X')
4	旋转轴	rotating spindle	rotatoire broche	вращательный шпиндель
5	主轴头(W 轴)	work head (W-axis)	tête de travail (axe W)	инструминтальная головка (ось W)
6	主轴(Z 轴)	quill (Z-axis)	broche (axe Z)	Шпиндель (ось Z)
7	导向器	guide	guide	направляющая
8	电极	electrode	électrode	электроды
9	滑座(Y'轴)	slider (Y'-axis)	chariot (axe Y')	салазки станины (ось Y')

4 说明

4.1 计量单位

在 GB/T 23480 的本部分中，所有线性尺寸、偏差及相应的允差均用毫米表示；角度用度表示；角度偏差及相应的允差用比率表示，但在某些情况下可用微弧度或秒表示，下列表达式是等效的：

$0.010/1\,000 = 10\times10^{-6} = 10\ \mu\text{rad} \approx 2''$

4.2 引用 GB/T 17421.1—1998

使用 GB/T 23480 的本部分，应引用 GB/T 17421.1—1998，特别是机床检验前的安装、旋转轴和其他运动件的预热、计量方法的说明和检验设备的推荐精度。

第 5 章和第 6 章中所述的“检验步骤”栏中，若有关的检验符合 GB/T 17421.1—1998 有关条文的规定，后面附有引用 GB/T 17421.1—1998 中相关条文的清单。

4.3 检验次序

本部分给出的检验项目的顺序并不限定检验的实际次序。为了简化仪器或量具的安装，检验可以任意次序进行。

4.4 检验的实施

检验机床时，并不总是需要或可能对本部分所规定的全部项目进行检验。当检验项目是用于验收目的时，应该在取得供应商(制造商)同意的情况下，由用户选择其关心的机床相关部件或性能指标的检验项目。在订购机床时，应明确指定这些检验项目。仅仅参照本部分来验收检验，但未说明如何实施检验以及在相关费用上未达成一致时，不能视为对任何缔约方有约束力。

4.5 测量仪器

第 5 章和第 6 章中所述的检验项目中指定的测量仪器仅是范例，也可使用能测量同样参数和至少同样精度的其他仪器。指示器应有 0.002 mm 或更高的分辨率。

4.6 最小公差

在确定实测长度与本部分规定的长度不同时的允差时(见 GB/T 17421.1—1998 的 2.3.1.1)，最小公差值应计到 0.005 mm。

4.7 定位精度检验及引用 GB/T 17421.2—2000

检验项目 P1～P2 仅适用于数控电火花小孔高速加工机床。

实施这些检验时，应引用 GB/T 17421.2—2000，特别是在环境条件、机床预热、测量方法及结果的计算和数据处理方面。

5 几何精度检验

项目	G1
工作台台面平面度的检查。	

简图

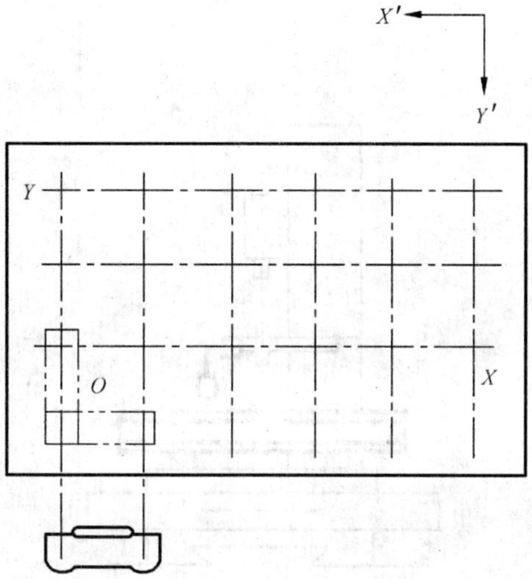

a)

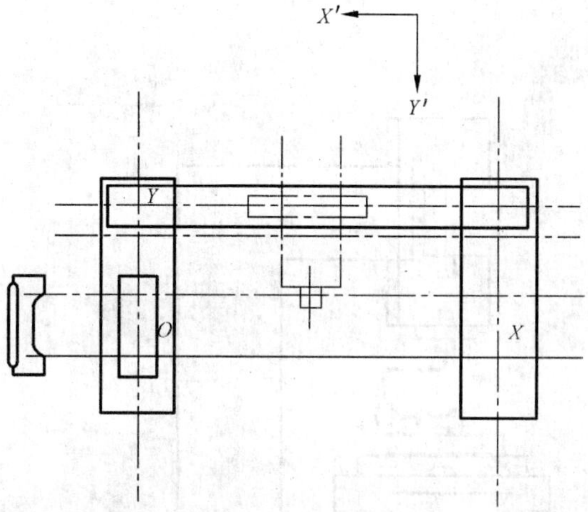

b)

允差	实测偏差
在 1 000 测量长度内为 0.060；长度每增加 1 000，允差值增加 0.015。 注：测量长度指 O-X 和 O-Y 中较长边的长度。	

测量仪器

精密水平仪或平尺、量块和指示器或光学仪器或其他仪器。

检验步骤并引用 GB/T 17421.1—1998 的 5.3.2.2、5.3.2.3 和 5.3.2.4

精密水平仪放置在工作台台面上，按有关方向及相应长度在 O-X 方向和 O-Y 方向上逐段移动精密水平仪，并记下读数。

记录并计算每个间隔所测得的值。

项目 G2

X 轴运动直线度的检查：

a) 在 *XY* 水平面内；

b) 在 *ZX* 垂直面内。

简图

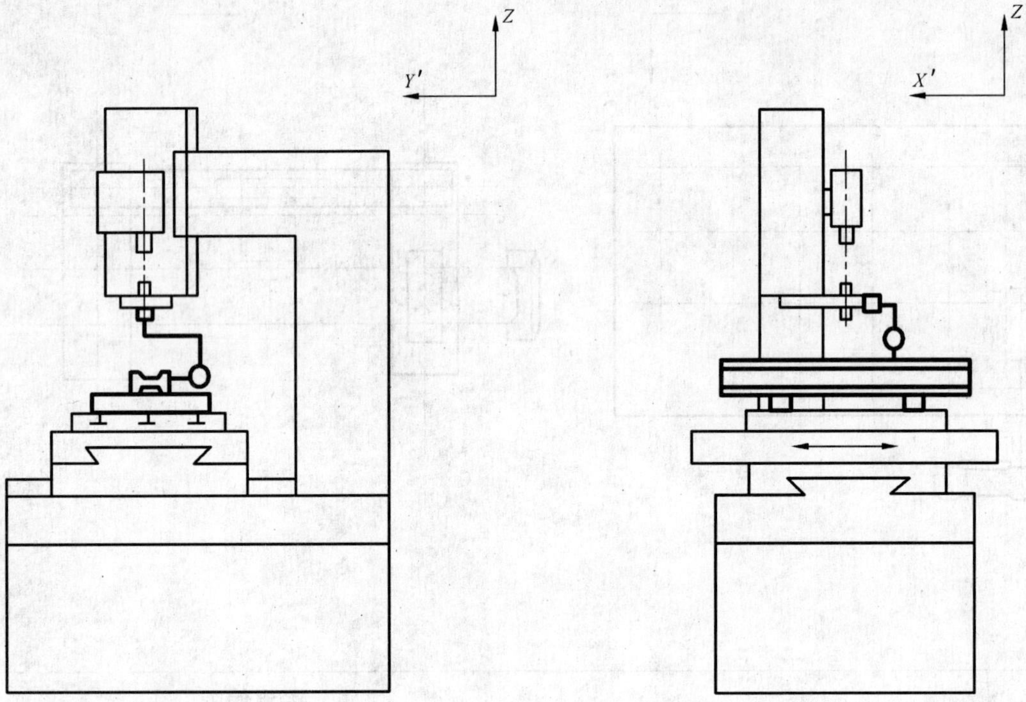

a)　　　　　　　　b)

允差

对于 a)和 b)，任意 300 测量长度上为 0.030。

实测偏差

a)

b)

测量仪器

平尺、量块和指示器，或光学方法。

检验步骤并引用 GB/T 17421.1—1998 的 5.2.3.2.1.1、5.2.3.2.1.3 和 5.2.3.2.1.4

指示器固定在主轴头上。

a) 在 *XY* 平面内放置平尺并使其与 *X* 方向平行，指示器触及平尺。在整个测量长度上移动 *X* 轴并记下指示器读数。

b) 在 *ZX* 平面内按同样方法重复检查。

项目 G3

Y 轴运动直线度的检查：

a) *XY* 水平面内；

b) *YZ* 垂直面内。

简图

a)　　　　b)

允差

对于 a)和 b)，任意 300 测量长度上为 0.030。

实测偏差

a)

b)

测量仪器

平尺、量块和指示器，或光学方法。

检验步骤并引用 GB/T 17421.1—1998 的 5.2.3.2.1.1、5.2.3.2.1.3 和 5.2.3.2.1.4

指示器固定在主轴头上。

a) 在 *XY* 平面内放置平尺并使其与 *Y* 方向平行，指示器触及平尺。在整个测量长度上移动 *Y* 轴并记下指示器读数。

b) 在 *YZ* 平面内按同样的方法重复检查。

项目	G4
X 轴运动与 Y 轴运动之间垂直度的检查。	

简图

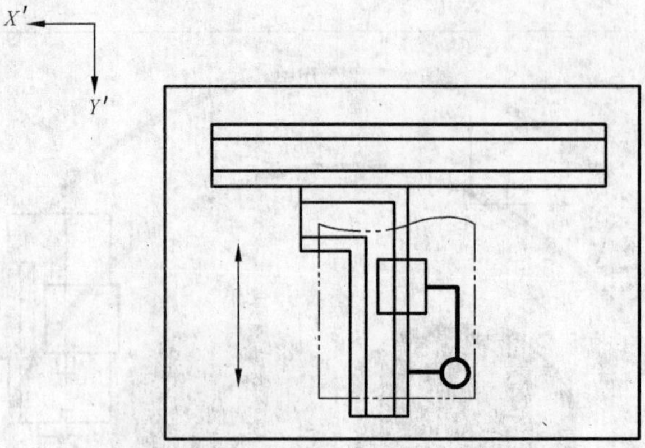

允差	实测偏差
任意 300 测量长度上为 0.035。	

测量仪器

平尺、角尺和指示器。

检验步骤并引用 GB/T 17421.1—1998 的 5.5.2.2.4

在工作台上调整平尺，使其与 X 轴运动平行。将角尺紧靠在平尺上。

指示器固定在主轴头上并使之触及角尺。在整个测量长度上移动 Y 轴并记下指示器读数。

也可以只使用角尺，此时：

a) 设置角尺使其长边与 X 轴运动平行；

b) 检查 Y 轴运动与角尺短边之间的平行度。

项目 工作台面与 a) *X* 轴运动； b) *Y* 轴运动 之间平行度的检查。	G5

简图

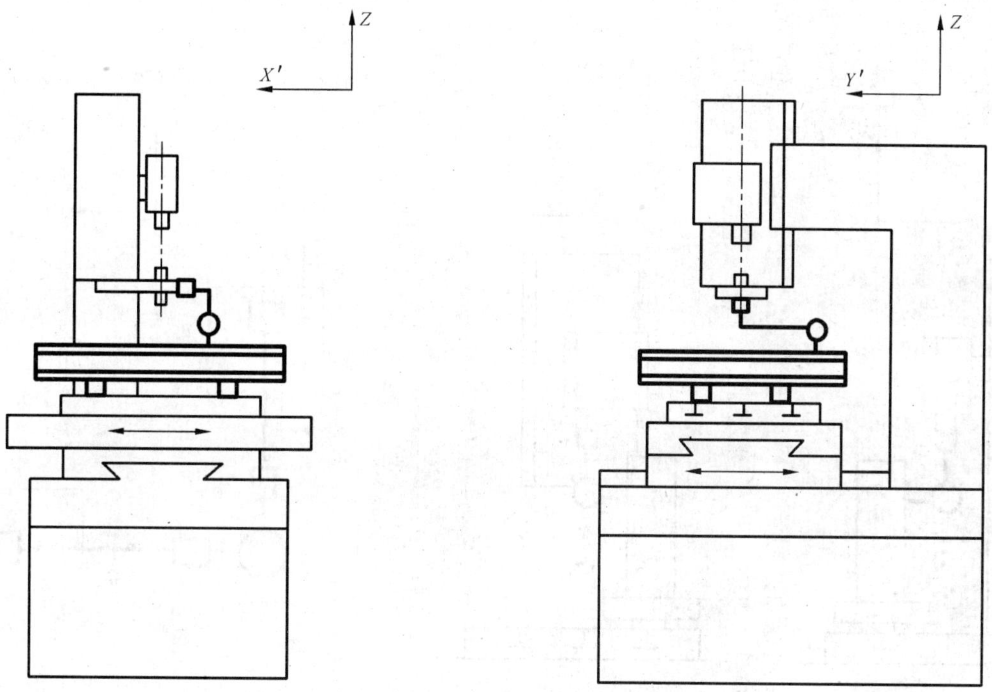

a)　　　　b)

允差 对于 a)和 b)，任意 300 测量长度上为 0.040。	**实测偏差** a) b)

测量仪器

指示器、平尺和量块。

检验步骤并引用 GB/T 17421.1—1998 的 5.4.2.2.2.1 和 5.4.2.2.2.2

指示器固定在主轴头上。

a) 平尺沿 *X* 方向放置在量块上，在整个测量长度上移动 *X* 轴并记下指示器读数。

b) 沿 *Y* 方向按同样方法重复检查。

G6

项目

主轴（Z 轴）垂直运动与

a） X 轴运动；

b） Y 轴运动

之间垂直度的检查。

简图

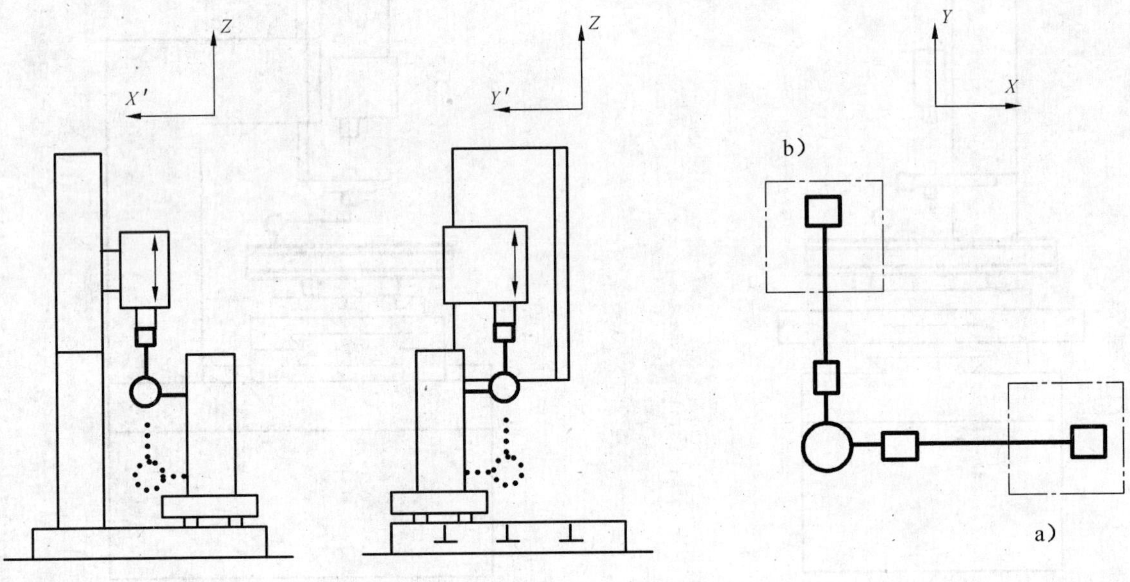

a） b）

允差

对于 a）和 b），任意 200 测量长度上为 0.060。

实测偏差

a）

b）

测量仪器

圆柱角尺、平板、调整块和指示器。

检验步骤并引用 GB/T 17421.1—1998 的 5.5.2.2.4

平板放置在工作台上，调整平板使其平面与 X 轴和 Y 轴均平行。圆柱角尺放置在平板上。指示器固定在主轴上。

a） 使指示器沿 X 方向触及圆柱角尺，在整个测量长度上沿 Z 方向移动主轴并在若干个位置记下读数。读数的最大差值不应超过允差。

b） 在 Y 方向上按同样方法重复检查。

项目 G7

主轴头(*W* 轴)垂直运动与

a) *X* 轴运动；

b) *Y* 轴运动

之间垂直度的检查。

简图

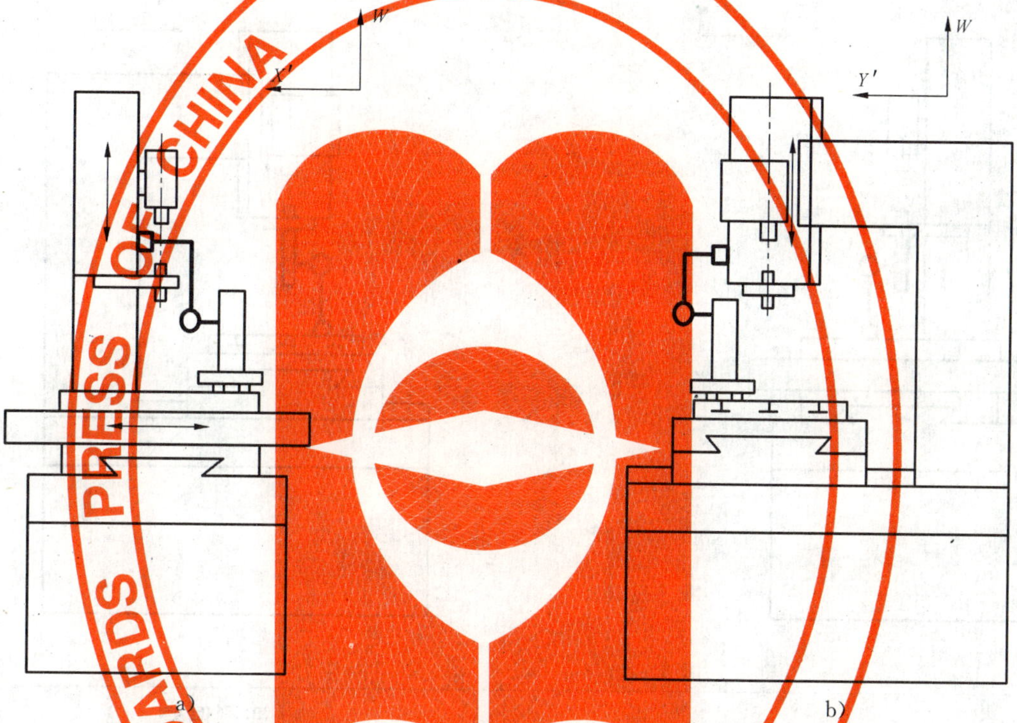

允差

对于a)和b)，任意200测量长度上为0.050。

实测偏差

a)

b)

测量仪器

圆柱角尺、平板、调整块和指示器。

检验步骤并引用 GB/T 17421.1—1998 的 5.5.2.2.4

平板放置在工作台上，调整平板使其平面与 *X* 轴和 *Y* 轴均平行。圆柱角尺放置在平板上。指示器固定在主轴头上。

a) 使指示器沿 *X* 方向触及圆柱角尺，在整个测量长度上沿 *W* 方向移动主轴头并在若干个位置记下读数。读数的最大差值不应超过允差。

b) 在 *Y* 方向上按同样方法重复检查。

项目	G8

导向器安装孔轴线与 W 轴运动之间平行度的检查：

a） 在 WX 平面内；

b） 在 YW 平面内。

简图

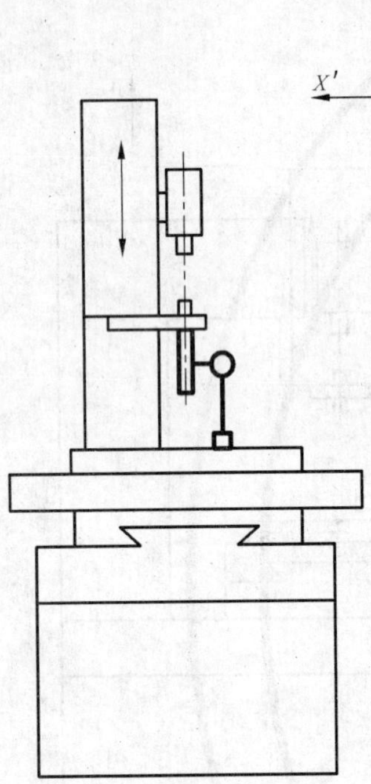

a）

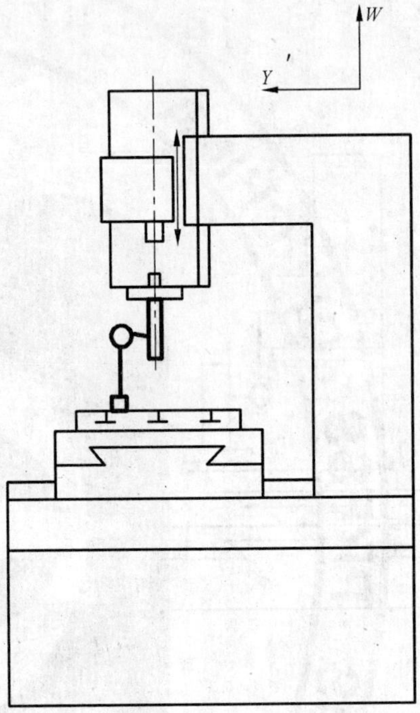

b）

允差	实测偏差
对于 a）和 b），任意 100 测量长度上为 0.030。	a） b）

测量仪器

检验棒、指示器。

检验步骤并引用 GB/T 17421.1—1998 的 5.4.1.2.1 和 5.4.2.2.3

指示器固定在工作台上，检验棒安装在导向器的安装孔内。

a） 使指示器在 WX 平面内触及检验棒，在整个测量长度上沿 W 方向移动主轴头并在若干个位置记下读数。读数的最大差值不应超过允差。

b） 在 YW 平面内按同样方法重复检查。

项目	G9
旋转轴的轴端处轴线径向跳动的检查。	

简图

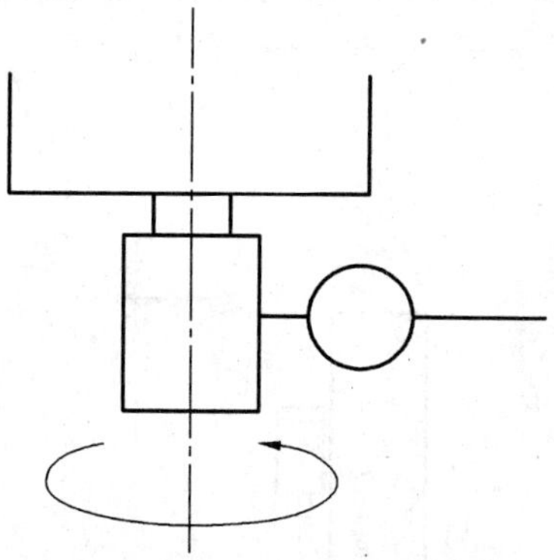

允差	实测偏差
0.050。	

测量仪器

检验棒和指示器。

检验步骤并引用 GB/T 17421.1—1998 的 5.6.1.2.3

检验棒固定在旋转轴上。
指示器固定在机床上。
在靠近旋转轴的轴端处，使指示器触及检验棒，转动旋转轴并记下读数。
也可直接测量旋转轴。

6 定位精度检验

项目	P1
数控 X 轴运动的定位精度、重复定位精度和定位反向差值的检查。	

简图

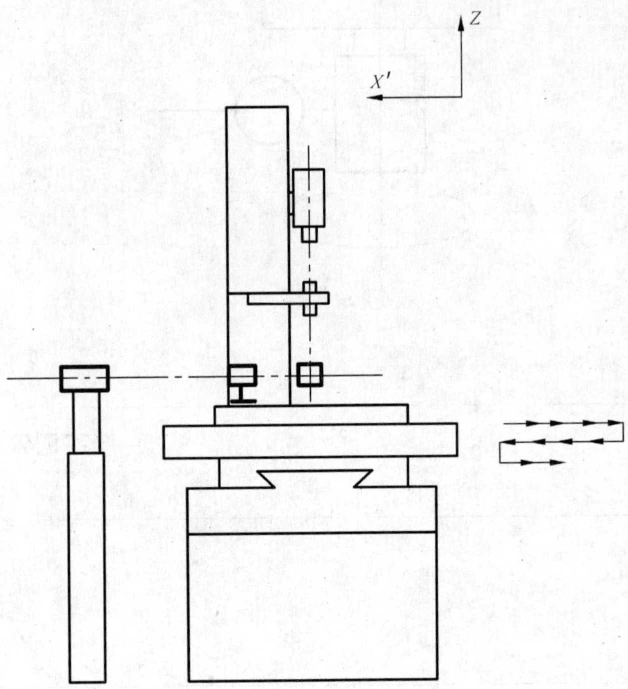

检验项目及代号		轴线的测量行程		实测偏差
		≤500	≤1 000	
		允差		
双向定位精度	A	0.040	0.050	
单向重复定位精度	$R\uparrow$ 和 $R\downarrow$	0.015	0.020	
轴的反向差值	B	0.025	0.030	

测量仪器

长度基准尺和显微镜或激光测量仪器。

检验步骤并引用 GB/T 17421.1—1998 的 2.3.2.2.1 和 GB/T 17421.2—2000

使长度基准尺或激光测量仪器的光束轴线与被检轴平行。

原则上采用快速进给定位，但也可由用户和供应商（制造商）协商采用适宜的进给速度。

项目	P2
数控 Y 轴运动的定位精度、重复定位精度和定位反向差值的检查。	

简图

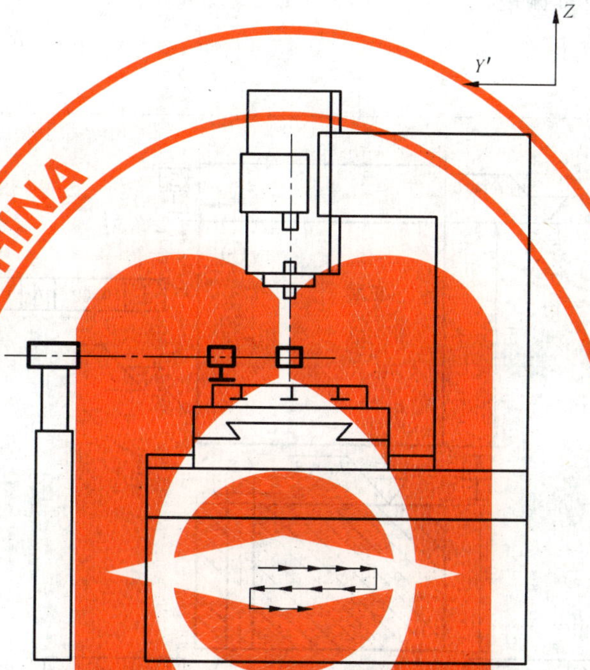

检验项目及代号		轴线的测量行程 ≤500	轴线的测量行程 ≤1 000	实测偏差
		允差	允差	
双向定位精度	A	0.040	0.050	
单向重复定位精度	$R\uparrow$ 和 $R\downarrow$	0.015	0.020	
轴的反向差值	B	0.025	0.030	

测量仪器

长度基准尺和显微镜或激光测量仪器。

检验步骤并引用 GB/T 17421.1—1998 的 2.3.2.2.1 和 GB/T 17421.2—2000

使长度基准尺或激光测量仪器的光束轴线与被检轴平行。

原则上采用快速进给定位，但也可由用户和供应商(制造商)协商采用适宜的进给速度。

7 加工检验

项目 M1

加工孔

a) 上、下端之间的位置偏差；

b) 上、下端直径偏差

的检查。

简图

表面粗糙度用微米表示

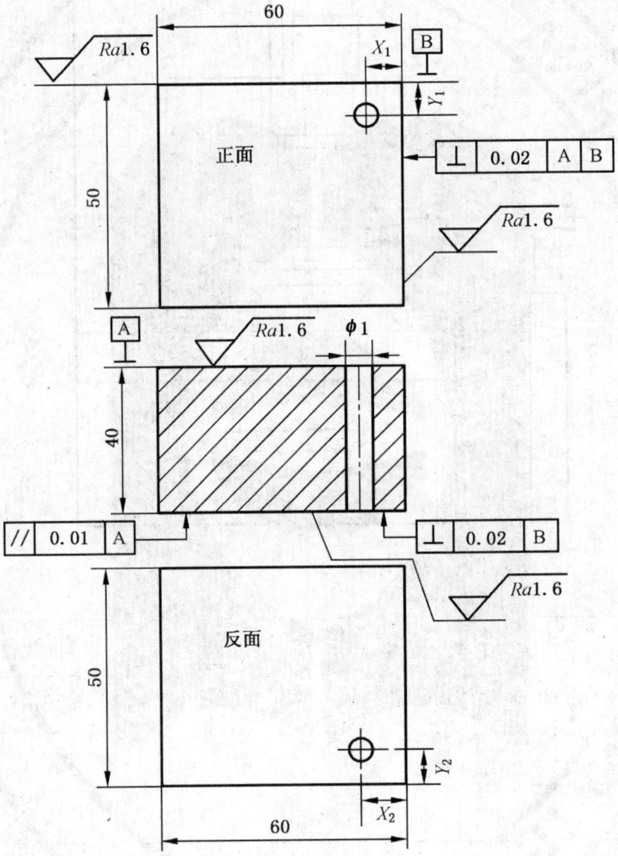

加工形状

孔径：ϕ1

孔深：40

工件：Cr12

尺寸：50×60

厚度：40

硬度：≥55HRC

允差	**实测偏差**
a) 0.080/40；	a)
b) 0.080。	b)

测量仪器

坐标测量机或光学测量机。

检验步骤并引用 GB/T 17421.1—1998

使工件基准面 A 平行于 XY 平面。

a) 沿坐标轴方向测量孔中心距 X_1、Y_1；再在工件的反面以上述同样方法测出 X_2、Y_2，X_1 与 X_2、Y_1 与 Y_2 差值中的最大值为误差值。

b) 测量孔上、下端的直径，分别与设定值相比，以差值中的最大值为误差值。

项目 M2

精加工孔的间距精度的检查(仅适用于数控机床)。

简图

表面粗糙度用微米表示

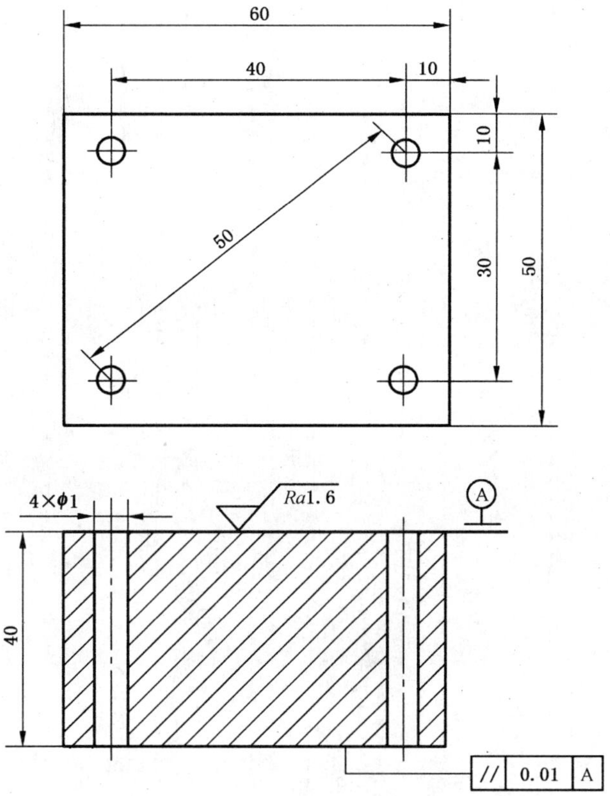

加工形状
孔径:ϕ1
孔间距:30×40
孔深:40
工件:Cr12
尺寸:50×60
厚度:40
硬度:≥55HRC

允差

对于孔间距 30 和 40:0.050。
对于对角线孔间距 50:0.060。

实测偏差

测量仪器

坐标测量机或光学测量仪器。

检验步骤并引用 GB/T 17421.1—1998

使工件基准面 A 平行于 *XY* 平面。
测得孔距数据,分别与设定值相比,以差值中的最大值为误差值。

参 考 文 献

[1] GB/T 19660—2005 工业自动化系统与集成 机床数值控制 坐标系和运动命名(ISO 841:2001,IDT).

ICS 25.080.99
J 59

中华人民共和国国家标准

GB/T 23480.2—2009

电火花小孔高速加工机床 第2部分：参数

Small hole high speed drilling electro-discharge machines—Part 2: Parameters

2009-04-02 发布 2009-11-01 实施

中华人民共和国国家质量监督检验检疫总局
中国国家标准化管理委员会 发布

前　言

GB/T 23480《电火花小孔高速加工机床》分为两个部分：

——第1部分：术语和精度检验；

——第2部分：参数。

本部分为GB/T 23480的第2部分。

请注意本部分的某些内容有可能涉及专利。本部分的发布机构不应承担识别这些专利的责任。

本部分由中国机械工业联合会提出。

本部分由全国特种加工机床标准化技术委员会(SAC/TC 161)归口。

本部分起草单位：苏州电加工机床研究所。

本部分主要起草人：傅初森、于志三、王应。

本部分为首次发布。

电火花小孔高速加工机床
第2部分:参数

1 范围

GB/T 23480 的本部分规定了电火花小孔高速加工机床的参数。

本部分适用于新设计的电火花小孔高速加工机床(以下简称"机床")。

2 规范性引用文件

下列文件中的条款通过 GB/T 23480 的本部分的引用而成为本部分的条款。凡是注日期的引用文件,其随后所有的修改单(不包括勘误的内容)或修订版均不适用于本部分,然而,鼓励根据本部分达成协议的各方研究是否可使用这些文件的最新版本。凡是不注日期的引用文件,其最新版本适用于本部分。

GB/T 14896.1 特种加工机床 术语 第1部分:基本术语

GB/T 14896.2 特种加工机床 术语 第2部分:电火花加工机床

GB/T 19764—2005 优先数和优先数化整值系列的选用指南(ISO 497:1973,IDT)

3 术语和定义

GB/T 14896.1 和 GB/T 14896.2 中确立的以及下列术语和定义适用于 GB/T 23480 的本部分。

3.1

导向器至台面距离 distance of guide to table

H

导向器下端面至工作台台面的最大距离。

4 参数

机床的型式如图1所示,机床的参数应符合表1的规定。机床的坐标系和运动命名参照 GB/T 19660—2005[1]的规定。

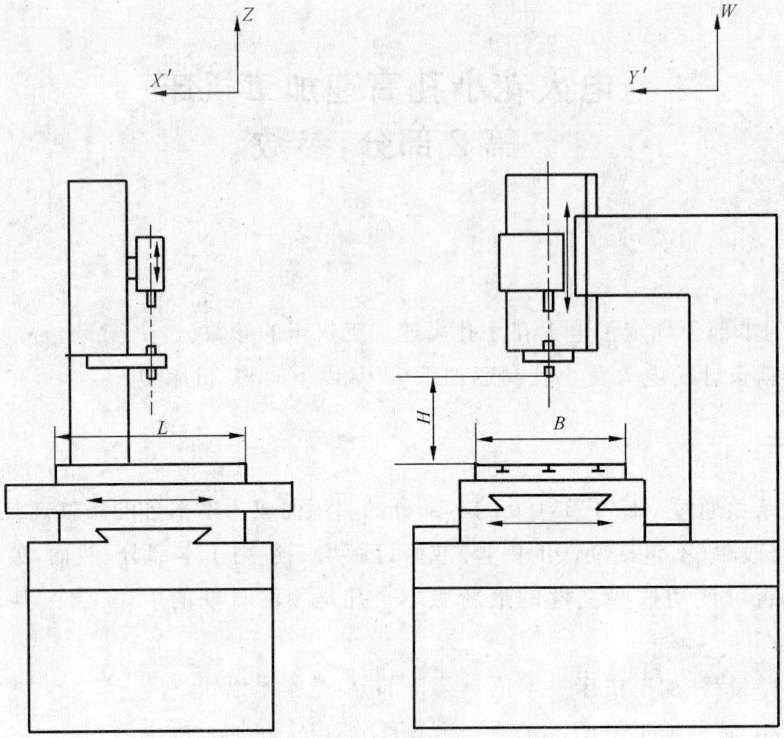

图 1 电火花小孔高速加工机床

表 1 电火花小孔高速加工机床参数表

<table>
<tr><td>最大加工孔直径 D/mm</td><td colspan="20">1,2,3,4,5,6,8,10</td></tr>
<tr><td>台面宽度 B/mm</td><td colspan="2">125</td><td colspan="2">160</td><td colspan="2">200</td><td colspan="2">250</td><td colspan="2">320</td><td colspan="2">400</td><td colspan="2">500</td><td colspan="2">630</td><td colspan="2">800</td><td colspan="2">1 000</td></tr>
<tr><td>台面长度 L/mm</td><td>160</td><td>200</td><td>200</td><td>250</td><td>250</td><td>320</td><td>320</td><td>400</td><td>400</td><td>500</td><td>500</td><td>630</td><td>630</td><td>800</td><td>800</td><td>1 000</td><td>1 000</td><td>1 250</td><td>1 250</td><td>1 600</td></tr>
<tr><td>最大工件质量/kg</td><td colspan="2">32</td><td colspan="2">50</td><td colspan="2">80</td><td colspan="2">125</td><td colspan="2">200</td><td colspan="2">320</td><td colspan="2">500</td><td colspan="2">800</td><td colspan="2">1 250</td><td colspan="2">2 000</td></tr>
<tr><td>X 轴行程/mm</td><td colspan="20">125、160、200、250、320、400、500、630、800、1 000</td></tr>
<tr><td>Y 轴行程/mm</td><td colspan="20">80、100、125、160、200、250、320、400、500、630、800</td></tr>
<tr><td>Z 轴伺服行程/mm</td><td colspan="20">100、125、160、200、250、320、400、500、630、800</td></tr>
<tr><td>W 轴行程/mm</td><td colspan="20">80、100、125、160、200、250、320、400、500、630</td></tr>
</table>

表 1（续）

导向器至台面距离 H/mm	125、160、200、250、320、400、500、630、800、1 000
注：机床设计中，需要选用大于或小于表中规定的参数值时，应按 GB/T 19764—2005 的表 1 中 R′10 数系（公比为 1.25）向两端延伸。	

参 考 文 献

[1] GB/T 19660—2005 工业自动化系统与集成 机床数值控制 坐标系和运动命名(ISO 841:2001,IDT).

ICS 25.120.10
J 62

中华人民共和国国家标准

GB/T 23481—2009

数控角钢加工生产线

CNC Punching, marking and cutting line for angles

2009-04-02 发布

2009-11-01 实施

中华人民共和国国家质量监督检验检疫总局
中国国家标准化管理委员会 发布

前 言

本标准由中国机械工业联合会提出。

本标准由全国锻压机械标准化技术委员会归口。

本标准起草单位：山东法因数控机械股份有限公司、济南铸造锻压机械研究所。

本标准主要起草人：高天真、黄成、马立强、赵勇、庄庆刚、谭加宁、陈衍喜。

数控角钢加工生产线

1 范围

本标准规定了数控角钢加工生产线的设计、制造和验收的基本要求。

本标准适用于对各种角钢进行冲孔或钻孔、打字、定长切断等加工用的数控联合生产线(以下简称角钢线)。

2 规范性引用文件

下列文件中的条款通过本标准的引用而成为本标准的条款。凡是注日期的引用文件,其随后所有的修改单(不包括勘误的内容)或修订版均不适用于本标准,然而,鼓励根据本标准达成协议的各方研究是否可使用这些文件的最新版本。凡是不注日期的引用文件,其最新版本适用于本标准。

GB/T 191 包装储运图示标志(GB/T 191—2008,ISO 780:1997,MOD)

GB/T 1184—1996 形状和位置公差 未注公差值(eqv ISO 2768-2:1989)

GB/T 1804—2000 一般公差 未注公差的线性和角度尺寸的公差(eqv ISO 2768-1:1989)

GB/T 3766 液压系统 通用技术条件(GB/T 3766—2001,eqv ISO 4413:1998)

GB 5226.1 机械安全 电气设备 第1部分:通用技术条件(GB 5226.1—2002,IEC 60204-1:2002,IDT)

GB/T 7932 气动系统 通用技术条件(GB/T 7932—2003,ISO 4414:1998,IDT)

GB 9969.1 工业产品使用说明书 总则

GB/T 10923 锻压机械精度检验通则

GB/T 13306 标牌

GB 17120 锻压机械 安全技术条件

GB/T 17421.2—2000 机床检验通则 第2部分:数控轴线的定位精度和重复定位精度的确定(eqv ISO 230-2:1997)

JB/T 3623 锻压机械 噪声测量方法

JB/T 8356.1 机床包装 技术条件

JB/T 8609 锻压机械焊接件 技术条件

JB/T 8832 机床数控系统 通用技术条件

JB/T 9875 金属切削机床 随机技术文件的编制

3 参数

3.1 角钢线的参数和尺寸必须与产品图样及技术文件相一致。

3.2 角钢线的主参数为加工角钢最大尺寸(角钢边宽×边厚)。

3.3 角钢线的主参数和基本参数应符合表1的规定。

表 1　角钢线参数

<table>
<tr><td colspan="3">加工角钢最大尺寸(边宽×边厚)/mm</td><td>(140×140)×12</td><td>(200×200)×16</td><td>(200×200)×20</td><td>(250×250)×32</td></tr>
<tr><td>加工角钢尺寸范围(边宽×边厚)/mm</td><td>材料</td><td>Q345A</td><td>(56×56)×4～(140×140)×12</td><td>(63×63)×4～(200×200)×16</td><td>(63×63)×4～(200×200)×20</td><td>(140×140)×10～(250×250)×32</td></tr>
<tr><td colspan="3">加工最大孔径/mm</td><td colspan="3">26(冲孔)</td><td>40(钻孔)</td></tr>
<tr><td colspan="3">公称冲孔力/kN</td><td>540</td><td>740</td><td>950</td><td>—</td></tr>
<tr><td colspan="3">公称打字力/kN</td><td colspan="3">540</td><td>1 030</td></tr>
<tr><td colspan="2" rowspan="2">公称切断力/kN</td><td>双刃切断</td><td>750</td><td>1 300</td><td>1 540</td><td rowspan="2">—</td></tr>
<tr><td>单刃切断</td><td>1 850</td><td>3 500</td><td>4 200</td></tr>
<tr><td colspan="3">工件最大长度/mm</td><td>12 000</td><td colspan="2">14 000</td><td>12 000</td></tr>
<tr><td colspan="3">工件送进速度/(m/min)</td><td colspan="4">40</td></tr>
<tr><td colspan="3">准距调节范围/mm</td><td>15～110</td><td colspan="2">20～170</td><td>50～220</td></tr>
</table>

3.4　角钢线的基本参数可根据用户要求做适当调整并以合同或协议为准。

4　技术要求

4.1　设计原则

4.1.1　角钢线的设计应保证结构合理、外形美观。

4.1.2　角钢线的使用性能应保证满足基本参数的规定和加工工件的工艺要求。

4.1.3　应保证角钢线的安全性，通过设计尽量避免和减小发生危险的可能。

4.1.4　应保证角钢线的可靠性、维修性和耐久性，保证维修的可接近和方便性。

4.1.5　应保证角钢线的成套性，包括电气设备、液压和气动元件、专用工具和地脚螺栓等。

4.2　一般要求

4.2.1　角钢线应符合本标准的规定，并按经规定程序批准的图样和技术文件制造。

4.2.2　制造角钢线所用材料应符合设计规定，材料的牌号和机械性能应符合相应标准的规定。

4.2.3　分装的零部件应有明显的识别标记，便于对接和安装。

4.3　安全防护要求

4.3.1　角钢线上有可能危及人身或造成设备损坏的部位应配置安全装置或采取安全措施。其安全防护应符合 GB 17120 的有关规定。

4.3.2　角钢线各机构动作应可靠联锁。在输入参数正确的条件下，若操作或编程错误时不应产生动作干涉和机件损坏。

4.3.3　含有蓄能器的液压回路，在系统关机时，蓄能器的压力必须能自动卸荷，或能安全地使回路与蓄能器隔离。同时应在醒目位置设置警示标牌，说明“注意：在维修工作开始前装置必须卸压！”。

4.3.4　蓄能器应由经国家指定的安全监察机构批准的设计和生产单位设计、制造，并应有合格证明。

4.3.5　蓄能器上应设置有如下内容的警示标牌，并应在说明书中说明：

——“小心：压力容器”；

——“只允许用氮气”；

——“气压 3 MPa～3.2 MPa”。

4.3.6　蓄能器的充气和安装必须符合制造厂的规定。蓄能器的安装位置应使维修易于接近。蓄能器和所有所属的受压元件必须固定牢固，安全可靠。

4.3.7 角钢线在运转时不应有异常振动、不规则的冲击声和尖叫声。其空运转连续运转时，噪声声压级不应大于 85 dB(A)。测量方法应符合 JB/T 3623 的规定。

4.4 铸、锻、焊件的质量

4.4.1 角钢线各焊接件的焊接质量应符合 JB/T 8609 的规定。间断焊缝的长度、间距应一致。

4.4.2 锻造件不应有夹层、折叠、裂纹、锻伤、结痕、夹渣等缺陷。

4.4.3 铸造件不应有砂眼、气孔、缩松、冷隔、夹渣、裂纹等影响工作性能和外观的铸造缺陷。

4.4.4 对不影响安全使用、寿命和外观的缺陷，在保证质量的条件下，允许按有关规定进行修补。

4.4.5 重要的焊接金属构件和铸、锻件，如剪切机机身、打字机机身、工作台、底座、油缸缸体、钻削动力头箱体等，应进行消除内应力处理。人工时效处理的零件应保证时效效果。

4.4.6 重要的铸、锻、焊件应进行探伤检查，其结果应符合有关标准和技术文件的规定。

4.5 加工质量

4.5.1 机械加工零件的未注公差尺寸极限偏差不应低于 GB/T 1804—2000 规定的 m 级公差要求。

4.5.2 机械加工零件的未注形状和位置公差应符合 GB/T 1184—1996 规定的 K 级公差要求。

4.5.3 零件的加工面不应有毛刺以及降低角钢线使用质量和恶化外观的缺陷，如磕碰、划伤和锈蚀等。

4.5.4 机械加工零件上的尖锐边缘和尖角，在图样中未注明要求的，均应倒钝。

4.5.5 零件的刮研面不应有先前加工的痕迹，整个刮研面内的刮研点应均匀。

4.6 电气系统

角钢线电气系统的各种标记、安全性能、配线技术和三项试验(保护接地电阻的连续性、绝缘电阻检验和耐压试验)应符合 GB 5226.1 的有关规定。

4.7 数控系统

4.7.1 角钢线数控系统的环境适应性、安全性、电源适应能力、电磁兼容性和制造质量应符合 JB/T 8832 的规定。

4.7.2 数控系统应满足角钢线的功能要求，应具有自动、手动操作功能，程序编辑功能，自诊断功能和报警显示功能。

4.7.3 数控轴线的定位精度和重复定位精度的确定应符合 GB/T 17421.2 的规定。

4.8 液压、气动、冷却和润滑系统

4.8.1 角钢线的液压系统应符合 GB/T 3766 的有关规定。

4.8.2 液压系统中的油箱、油缸、阀体等均应严格清洗，内部不得有铁屑和污物，毛刺必须清除干净。所有进入角钢线油箱和液压系统的工作介质应保证清洁，工作油的牌号应符合技术文件的规定。

4.8.3 液压系统在稳定连续工作时，油箱内吸油口的油温不应超过 60 ℃。

4.8.4 高压胶管总成及管接头应符合相应标准的要求，并由经国家相关部门批准的具有生产许可证的单位制造。

4.8.5 具有钻孔功能的角钢线钻削部分的冷却系统应循环畅通，无渗漏。冷却液不得混入液压系统和润滑系统。

4.8.6 角钢线的气动系统应符合 GB/T 7932 的有关规定。

4.8.7 角钢线的各润滑点应有明显标志，并便于润滑。

4.8.8 各种管子不应有凹痕、皱折、压扁、破裂等缺陷。管路弯曲应圆滑。软管不应有扭转现象，不应与运动部件产生摩擦、碰撞或被挤压。管路的排列应便于使用、调整和维修。

4.9 装配质量

4.9.1 在部装和总装时，不允许装入图样上没有规定的垫片、套等零件。

4.9.2 角钢线上的重要固定结合面应紧密贴合，用 0.04 mm 塞尺只许局部插入，插入深度不大于 20 mm，其可插入部分累计不大于可检长度的 10%。

4.9.3 料道(包括工件送进料道和成品料道)两侧滚轮的装配位置应一致，其上母线连线在滚轮径向方向上的最大高度差不大于1.0 mm;滚轮端面最大高度差不大于2.0 mm。

4.9.4 工件送进料道滚轮上母线平面、成品料道滚轮上母线平面和主机支撑条上平面应在一个平面内,三者之间最大高度差不大于1.0 mm。

4.9.5 冲孔托轮的上母线应高于导料板工作面,高度差应在2.0 mm~3.0 mm内。

4.9.6 剪切托料板上平面应高于下剪刀刀口上平面,高度差应在2.0 mm~3.0 mm内。

4.9.7 打字机字盒装入钢号码(字头)后,钢号码(字头)上平面应低于主机支撑条上平面3.0 mm~5.0 mm,以保证工件通过时与钢号码(字头)有足够间隙。

4.9.8 冲头进入阴模后四周间隙应均匀,应保证最大间隙和最小间隙之差不大于0.2 mm。

4.9.9 冲头处于下位时,应保证冲头进入阴模的部分不小于4 mm。

4.9.10 对接齿条的装配应准确、平整,齿条与齿条间的对接间隙不应大于1.0 mm。

4.9.11 拖链应固定端正,拖链中软管和电缆排列整齐,无缠绕、交叉现象。

4.9.12 紧固螺栓和螺钉应拧紧,防松垫圈防松有效。同一部位的同规格螺栓、螺母,其形状及表面处理应一致。装入沉孔的螺钉不应突出零件表面。

4.10 外观质量

4.10.1 角钢线的外观表面不应有图样未规定的凸起、凹陷、粗糙不平和其他损伤。外露的加工表面不应有磕碰、划伤和锈蚀。

4.10.2 外露的焊缝应呈光滑的或均匀的鳞片状波纹,表面溅沫应清理干净,并应打磨平整。

4.10.3 非加工表面要打腻子磨平,漆面颜色应均匀,不得有脱皮、气泡、流痕及漏喷等缺陷。不同颜色的漆面分界线应清晰。

4.10.4 螺栓、螺母、油杯、非金属管路以及其他不需要喷漆的表面,均不应挂有油漆。

4.10.5 各种管路线路的外露部分,应布置紧凑、排列整齐、固定牢靠。

4.10.6 角钢线上的各种标牌应符合GB/T 13306的规定,其运动指向应正确,文字说明应明确易懂,安装位置应醒目恰当,固定应端正、美观。钢印打字应清晰可辨。

4.10.7 角钢线上的电镀、发蓝、发黑等零件的保护层应完整,不应有褪色、龟裂、脱落和锈蚀等缺陷。

4.10.8 角钢线的防护罩表面应平整,不应翘曲或凹陷。

4.11 随机技术文件和附件

4.11.1 随机附件、工具和备件应齐全。角钢线的易损件应便于更换。

4.11.2 角钢线随机技术文件应包括产品使用说明书,产品合格证明和装箱单。随机技术文件应符合GB 9969.1和JB/T 9875有关的规定。

5 运转试验

5.1 空运转试验

5.1.1 空运转试验时间和动作规范

5.1.1.1 每台角钢线应进行空运转试验,空运转试验时间不应少于8 h,其中连续运行的空运转试验时间不应少于6 h,单动运行的空运转试验时间不应少于2 h。在空运转试验期间,不允许出现排除时间超过1 h的故障,否则应重新进行试验。

5.1.1.2 具有钻孔功能角钢线的动力头主轴箱在装配后应预先进行空运转试验,由低速到高速逐级运转,在低、中转速的运转时间各不少于2 min,在最高转速时的连续运转时间不少于1 h,检验运转的平稳性、轴承温度和温升、主轴的径向跳动、油液渗漏。

5.1.2 空运转要求

5.1.2.1 各工作机构和系统运转应正确、协调、平稳、灵活、可靠。限位装置应灵敏、可靠。

5.1.2.2 各调整、夹紧、锁紧、缓冲机构的功能应可靠、动作灵活。

5.1.2.3　各紧固件及管道联接处不应松动。

5.1.2.4　具有钻孔功能的角钢线的钻削主轴的转速调节和进给速度调节应灵敏，对应的显示应正确。

5.1.2.5　各压力指示器的指示正确、动作灵敏。

5.1.2.6　液压、气动、冷却和润滑系统不应有渗、漏现象。

5.1.2.7　角钢线无异常振动和声响。

5.1.2.8　动力头主轴箱的轴承温升不应超过 40 ℃，最高温度不应超过 70 ℃。在按 5.1.1.2 试验结束后立即用测温仪(点温计)测量轴承座外壳最高温度，然后加 3 ℃修正值，即为轴承的最高温度。最高温度与环境温度之差即为轴承的温升。

5.1.2.9　油箱内油温应符合 4.8.3 的规定，在连续运行结束后立即用测温仪检验。

5.2　负荷运转试验

5.2.1　负荷运转试验规范

角钢线应在有关技术文件规定的工艺和试验条件下，进行负荷运转试验。在负荷运转试验前，应进行空运转试验并达到空运转要求。负荷运转试验时应编制一个程序，按加工角钢最大尺寸带料冲孔(或钻孔)、打字和切断不应少于 10 次，所制工件应符合要求。

5.2.2　负荷运转试验要求

5.2.2.1　角钢线应能在额定负荷条件下正常工作，同时满足 5.1.2.1～5.1.2.7 规定的有关要求。

5.2.2.2　角钢线的编程方法应能满足要求。

6　精度检验

精度检验应符合 GB/T 10923 的规定。

6.1　几何精度

6.1.1　调平

在进行几何精度检验前，应调整角钢线的安装水平：

1)　在主机安装底座的上平面中央适当位置纵向和横向放置水平仪检验，水平仪在纵向和横向的读数均不应超过 0.10/1 000 mm。

2)　在工件送进料道长度方向的两端和中部选择三个位置，分别在该三个位置的齿条上平面上沿料道纵向和横向放置水平仪，水平仪在纵向和横向的读数均不应超过 0.20/1 000 mm。

6.1.2　预调检验

在工件送进料道的安装过程中，应进行预调检验，预调检验项目见表 2。

表 2　预调检验

单位为毫米

序号	简　图	检验项目	允差	检验工具	检验方法
G01	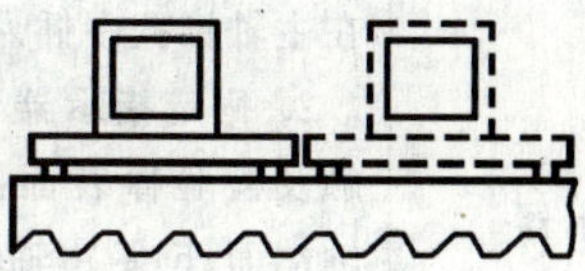	小车导轨在垂直平面内的直线度	1.0; 局部公差:在任意 1 000 测量长度上为 0.5	桥板、水平仪或其他光学仪器(自准直仪等)	在小车移动导轨(可以齿条上平面代替)上，纵向放一桥板，其上放一水平仪。等距离移动桥板，每隔桥板长度记录一次读数，在齿条全长上检验，画出误差曲线; 误差以曲线对其两端点连线间坐标值的最大代数差值计。 局部误差以任意局部测量长度上两端点对曲线两端点连线间坐标值的最大代数差值计

表 2（续） 单位为毫米

序号	简　　图	检验项目	允差	检验工具	检验方法
G02	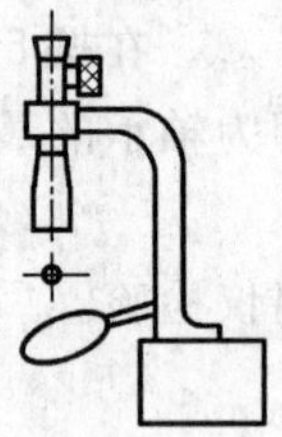	小车导轨在水平面内的直线度	1.0； 局部公差：在任意 1 000 测量长度上为 0.5	钢丝、显微镜或其他光学仪器（自准直仪等）	在料道两端固定钢丝支架，与导轨平行拉紧钢丝，显微镜安置在移动小车上，调整钢丝，使显微镜读数在料道两端大致相等，等距离移动小车在行程全长上检验，画出误差曲线； 误差以曲线对其两端点连线间坐标值的最大代数差值计。 局部误差以任意局部测量长度上两端点对曲线两端点连线间坐标值的最大代数差值计

6.1.3 几何精度检验

角钢线的几何精度应符合表 3 的规定。在保证检验结果准确可靠的前提下，允许采用其他等效的检验方法和检验工具。

表 3　几何精度检验 单位为毫米

序号	简　　图	检验项目	允差	检验工具	检验方法
G1	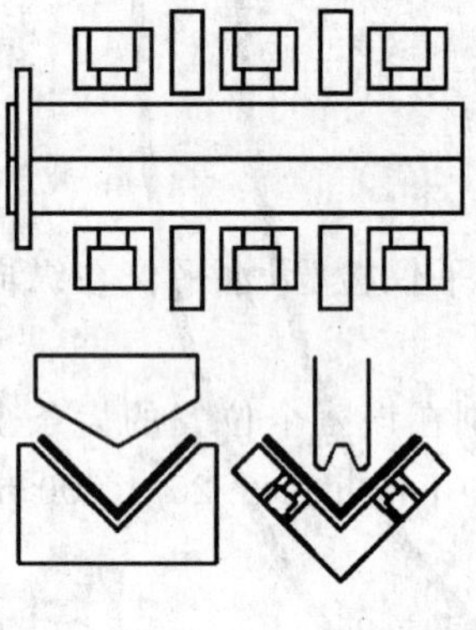	1. 阴模上平面的共面误差（两侧）。 2. 冲孔机支撑条的共面误差（两侧）。 3. 剪切机下刀上平面的共面误差。	0.3	专用工装、塞尺（专用工装为一精确加工的角钢，要求：长度 3 000～4 000；厚度、宽度为机床最大加工尺寸；精度保证两肢边垂直度为 90°±2′、直线度全长 0.15）	将专用工装通过打字机放在冲孔机、剪切机上（应事先拆掉所有弹性托件）。 用塞尺分别检查专用工装与阴模上平面的间隙 δ_1、专用工装与支撑条上平面的间隙 δ_2、专用工装与剪刀下刀上平面的间隙 δ_3，分别取 δ_1、δ_2、δ_3 的最大值即为各检验项目的共面误差
G2	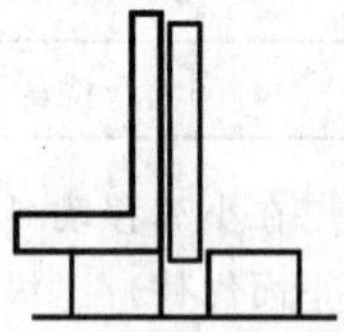	上剪刀与下剪刀刀口上平面的垂直度	0.15/150	直角尺、塞尺	将上剪刀移动到下位，用直角尺和塞尺测量，测得的间隙即为上剪刀与下剪刀刀口上平面的垂直度
G3	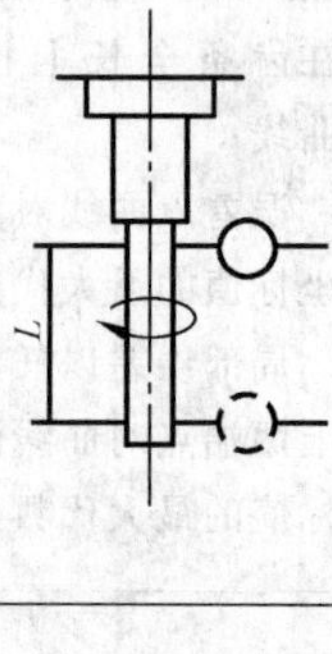	主轴锥孔轴线的径向跳动： a）靠近主轴端面； b）距主轴端面 L 处，L 为 300	a）0.02； b）0.04	指示器、检验棒	1. 主轴缩回到原始位置，在主轴锥孔中插入检验棒； 2. 固定指示器，使其触头触及检验棒表面：a）靠近主轴端面；b）距主轴端面 L 处，旋转主轴检验。 （本项检验仅对角钢钻孔线，可在动力头装配好后的空运转试验后检验）

表 3（续）

单位为毫米

序号	简　　图	检验项目	允差	检验工具	检验方法
G4	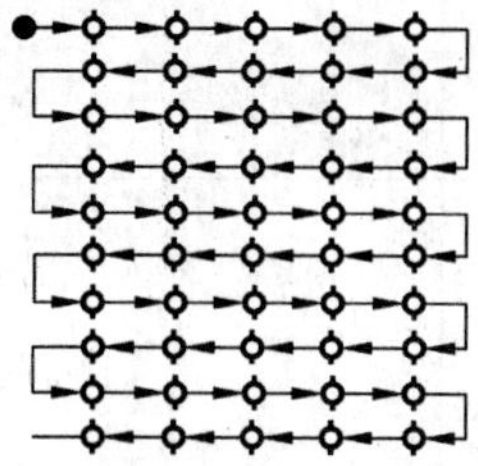	工件送进小车直线运动轴的定位精度	0.5	激光干涉仪	依据 GB/T 17421.2—2000，用激光干涉仪测量。 1. 小车向正（或负）方向移动，以停止位置为基点，然后小车以 300 mm/min～500 mm/min 的速度移动，按 500 间隔为一目标位置，从正负两个方向趋近测量。 2. 每个目标位置在每个方向上测量 5 次，计算定位精度
G5	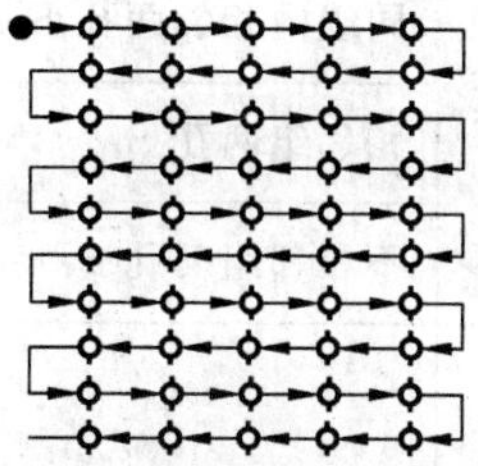	工件送进小车直线运动轴的重复定位精度	0.4	激光干涉仪	按 G4 方法，以相同的目标位置、趋近方式和测量次数，计算重复定位精度

6.2 工作精度

6.2.1 负荷试验后应按产品技术文件或验收技术条件要求制作试件，并对试件进行工作精度检验，检验项目及允差见表 4。

6.2.2 用户有特殊要求时，其工作精度的检验亦可按供货合同的要求进行，并应符合规定。

6.2.3 角钢材料为 Q345A，按加工角钢最大尺寸进行工作精度检验。

6.2.4 所有工作精度检验项目均重复试验 3 次，按平均值计。

6.2.5 工作精度检验项目的检验方法按示意图进行测量。

表 4　制孔、打字及切口的允许偏差

单位为毫米

序号	检验项目名称	示意图	允差
P1	孔径 ϕ	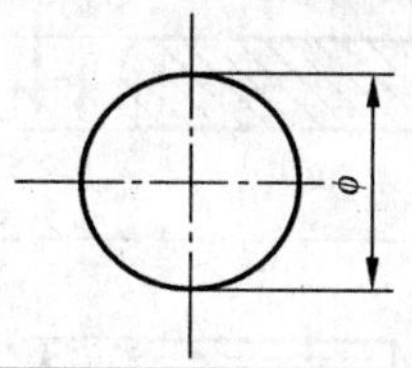	$^{+0.8}_{0}$
P2	孔径圆度	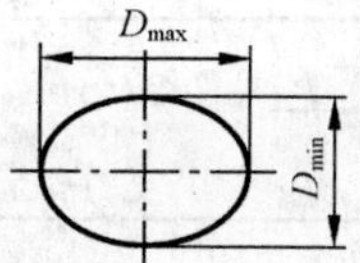	$D_{max}-D_{min}\leqslant 1.2$
P3	孔垂直度 A	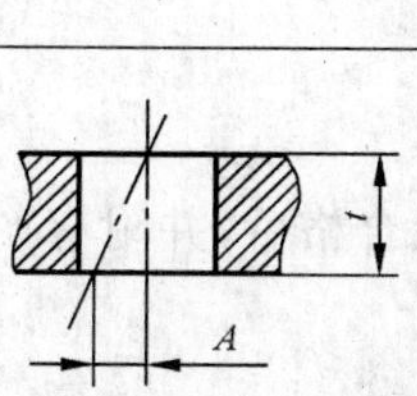	$\leqslant 0.03\,t$

表 4（续） 单位为毫米

序号	检验项目名称	示意图	允差
P4	排间距离 q	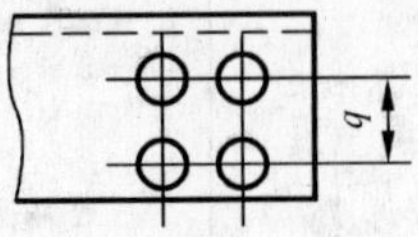	±0.8
P5	角钢准距 S	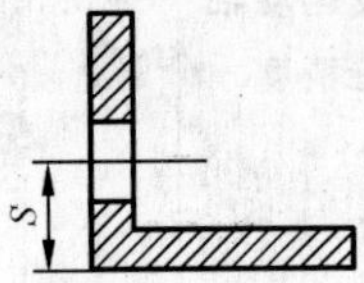	±0.7
P6	孔距	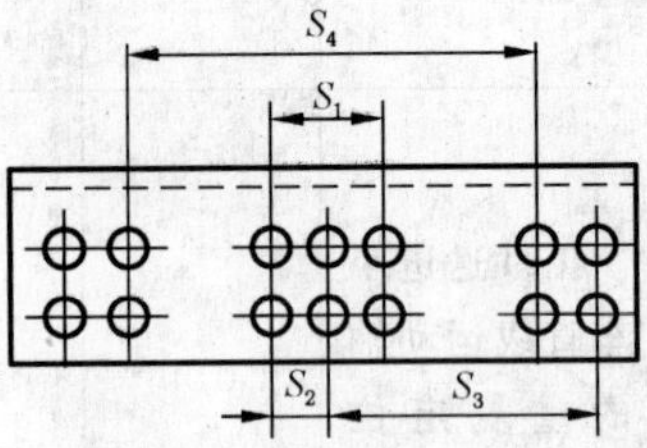	同组内不相邻两孔 S_1 ±0.7 同组内相邻两孔 S_2 ±0.5 相邻组两孔 S_3 ±1.0 不相邻组两孔 S_4 ±1.5
P7	端边距 K	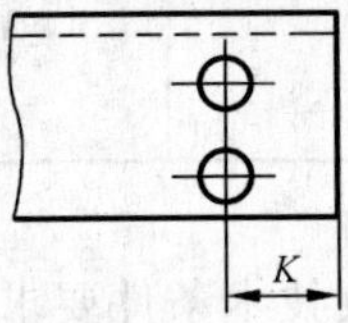	±1.2
P8	打印钢字深度		0.5～1.0
P9	预定切断长度 L	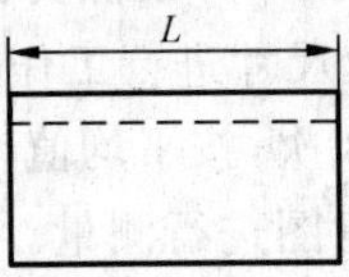	±2.0
P10	切断面垂直度 p	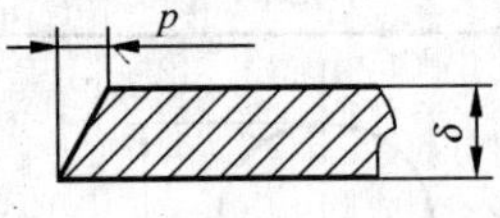	$p \leqslant 0.1\delta$ 且不大于 2.5
P11	角钢端部垂直度 P	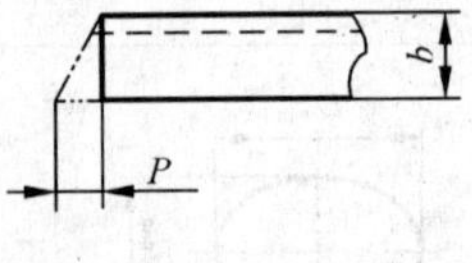	$P \leqslant 0.025b$ 且不大于 2.5

7 检验规则

7.1 出厂检验

7.1.1 每台角钢线应经质量检验部门检验合格后，并附有产品质量合格证书方可出厂。

7.1.2 出厂检验项目：

a) 外观；

b) 参数；

c) 精度(几何精度中的G4、G5二项允许只在型式检验中检验)；

d) 加工装配质量；

e) 安全防护装置；

f) 电气系统；

g) 液压、气动、冷却及润滑系统；

h) 空运转试验；

i) 负荷运转试验；

j) 备件和附件；

k) 其他。

7.2 **型式检验**

7.2.1 有下列情况之一时，应进行型式检验：

a) 新产品试制定型和老产品改型试制；

b) 正式生产后，如果结构、材料、工艺有较大改变可能影响产品性能时；

c) 停产两年以上，恢复正常生产；

d) 对产品质量存在严重分歧；

e) 出厂检验结果与上次型式检验有较大差异时；

f) 国家质量监督机构提出进行型式检验的要求时。

7.2.2 型式检验时，从出厂检验合格的产品中随机抽样，每次检验不应少于一台。

7.2.3 型式检验应按第3章、第4章、第5章和第6章中规定的全部项目进行检验，所检项目应全部合格。

7.3 当制造厂不具备全线联机运转条件时，有关的检验允许在用户中进行，但出厂前应进行单机空运转试验。

8 标志、包装、储运

8.1 角钢线应有产品标牌、注意事项或警示标牌、有关的运动指向标牌。产品标牌应注明产品名称、型号、主要参数、生产企业名称、地址、电话和企业商标。

8.2 角钢线包装前，工作液应从箱体中排尽。液压系统的所有外露孔口应有可靠的密封防尘措施。

8.3 角钢线包装前，所有零部件、附件和备件的加工表面应采取可靠的防锈措施。

8.4 角钢线的包装方式：

——出口和境内铁路、水路运输(集装箱除外)时，角钢线应全部采用包装箱包装，包装及标志应符合JB/T 8356.1的规定。

——境内公路运输时，除电气设备采用包装箱外，整机可裸装，但必须有可靠的防雨防潮措施。角钢线的固定应牢靠，防止运输过程中倾倒和滑落。

——集装箱运输时，整机和电气设备可裸装，但在集装箱内的固定应牢靠。

8.5 角钢线的包装储运图示标志应符合GB/T 191的有关规定。

8.6 角钢线的运输应符合铁路、公路、水路运输及机械化装载的规定。

ICS 25.120.10
J 62

中华人民共和国国家标准

GB/T 23482—2009

开式压力机　术语

Open front mechanical power presses—Vocabulary

(ISO 8540:1993,MOD)

2009-04-02 发布　　2009-11-01 实施

中华人民共和国国家质量监督检验检疫总局
中国国家标准化管理委员会　发布

前言

本标准修改采用ISO 8540:1993《开式压力机　术语》(英文版)。

本标准根据ISO 8540:1993重新起草。

本标准与ISO 8540:1993相比,主要技术内容差异为:

——删除了ISO 8540:1993的附录A(资料性附录)、附录B(资料性附录);

——增加了2.1.2、2.2.10～2.2.12、2.3.16～2.3.29、2.4。

本标准由中国机械工业联合会提出。

本标准由全国锻压机械标准化技术委员会(SAC/TC 220)归口。

本标准起草单位:济南铸锻所捷迈机械有限公司、济南铸造锻压机械研究所、沃得精机(中国)有限公司、济南二机床集团有限公司。

本标准主要起草人:张波、马立强、郑育林、邵晓璞、李红。

开式压力机　术语

1　范围

本标准规定了开式压力机的术语和定义。

本标准适用于金属压力加工工业中常用的开式压力机(以下简称“压力机”)。

2　术语和定义

2.1　压力机零部件专用术语和定义

2.1.1　压力机零部件专用术语见表 1 和图 1、图 4,偏心轴横放压力机见图 2,偏心轴纵放压力机见图 3。

图 1　压力机主要部件示意图

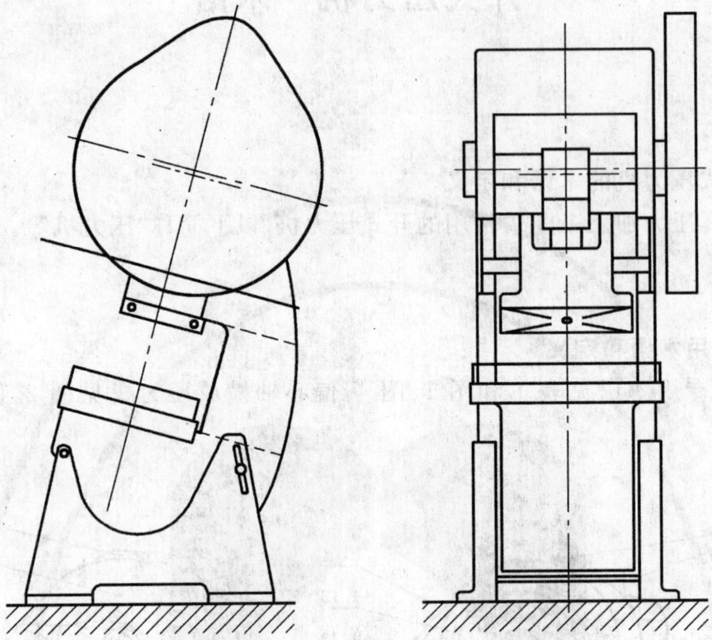

图 2　偏心轴横放压力机示意图

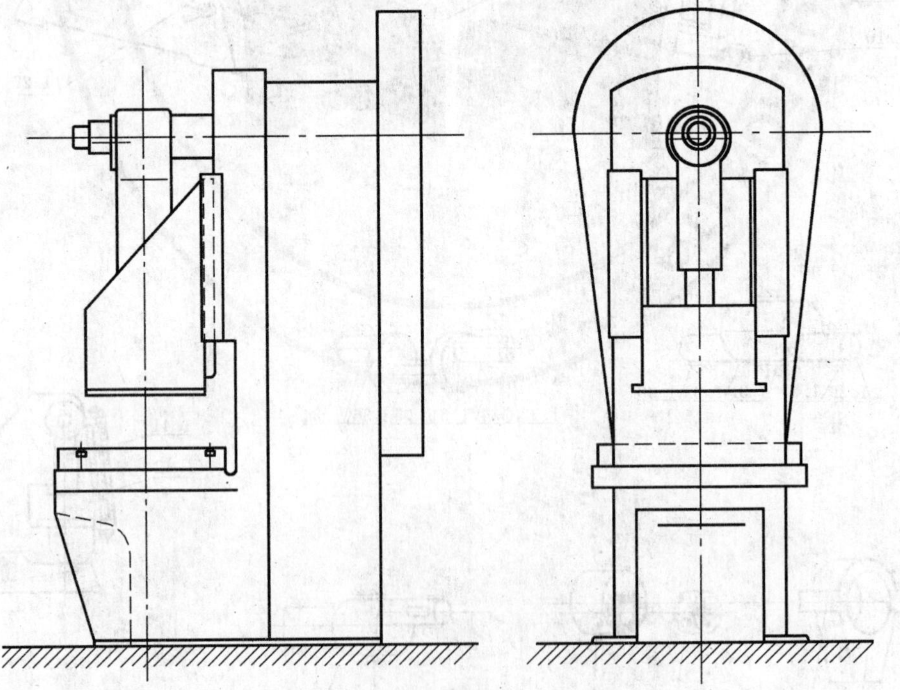

图 3　偏心轴纵放压力机示意图

表 1

零部件序号	中文名称	英文名称
1.01	滑块平衡装置	Slide counterbalance
1.02	连杆	Connecting rod
1.03	滑块调节螺杆	Slide adjustment screw
1.04	滑块	Slide
1.05	滑块正面	Slide flange
1.06	模柄孔	Shank hole
1.07	模具夹板	Shank clamp
1.08	机身工作台	Bed
1.09	工作台孔或环	Bedplug/bedplate ring
1.10	脚踏开关	Pedal
1.11	离合器/制动器	Clutch/brake
1.12	飞轮	Flywheel
1.13	电机(小带)轮	Motor pulley
1.14	三角带	Belt
1.15	滑块导轨	Slide guide
1.16	上顶料装置	Top knockout
1.17	T 型槽	T-slot
1.18	工作台垫板	Bedplate/bolster
1.19	双手操作按钮	Two-hand control switches
1.20	主电动机	Drive motor
1.21	齿轮防护罩/飞轮防护罩	Gearwheel guard/flywheel guard
1.22	大齿轮	Main gear
1.23	传动轴	Drive shaft
1.24	小齿轮	Pinion
1.25	机身	Frame
1.26	床腿	Leg
1.27	倾斜机构	inclining mechanism
1.28	模垫	Die cushion
1.29	偏心轴	Eccentric shaft
1.30	偏心轴主轴(承)瓦	Eccentric shaft main bearing
1.31	连杆轴(承)瓦	Connecting rod bearing
1.32	偏心	Eccentric
1.33	曲轴	Crankshaft
1.34	曲轴主轴承(瓦)	Crankshaft main bearing
1.35	曲柄轴	Crank pin

表 1（续）

零部件序号	中文名称	英文名称
1.36	曲拐	Crank web
1.37	连杆盖	Connecting rod cap
1.38	锁紧环	Locking ring
1.39	偏心套	Eccentric bush
1.40	偏心轴颈	Eccentric pin
1.41	拉紧螺杆	Tie rod
1.42	拉紧螺杆套	Tie rod spacer

2.1.2 压力机零部件的术语和定义

2.1.2.1

开式机身 Open front frame（C-frame）

工作台的前、左、右三个方向敞开的机身，形状象 C 字的框架。

2.1.2.2

滑块 slide

压力机上往复运动的工作部件，以压力机的机身来导向，其上装有上模。

2.1.2.3

工作台垫板（工作台板） bolster

固定在压力机工作台上面的平板，其上有钻孔或 T 型槽，供固定下模或模座用。

2.1.2.4

离合器 clutch

控制滑块运动的动力接合装置。

2.1.2.4.1

整转式离合器（刚性离合器） clutch-full revolution

一次结合或操作，滑块完成一全行程后才能够脱开的离合器，如键式离合器。也包括只有在工作循环的一定位置时才能脱开的离合器。

2.1.2.4.2

分转式离合器（摩擦离合器） clutch-part revolution

在滑块行程的任意位置上都能结合和脱开的离合器，如摩擦离合器。

2.1.2.5

制动器 brake

停止滑块运动的制动装置。

2.1.2.6

连杆 connecting rod

将运动和力从回转件上传递到滑块或杠杆上的连接件，连杆也称连接杆或偏心拉杆。

2.1.2.7

顶出装置 ejecting device

装在滑块上从上模中顶出制件的机构。也称上打料装置。

2.1.2.8

平衡装置 counterbalance

为消除曲柄连杆机构的间隙，使安装着模具的滑块运动平稳而设置的重量平衡装置。

2.1.2.9

滑块调节装置 slide adjusting device

调节滑块位置使滑块与工作台板之间的距离符合模具要求的装置。

2.2 压力机操作的术语和定义

2.2.1

行程调节 stroke adjustment

通过一机构改变滑块的行程。

2.2.2

寸动 inching

使滑块获得间断的微小位移的一种操作规范(如:用于模具调整目的)。

2.2.3

单次行程 single stroke

起动一次,滑块只往复运动一次,并停在设定的位置。

2.2.4

连续行程 continuous stroke

起动后滑块就连续往复运动,直至进行停止操作为止。

2.2.5

双手操作 two-hand control;two-hand operation

操作者必须双手同时操作,滑块才能启动行程。单手操作不能启动。

2.2.6

安全装置(保护装置) safety(protective) device

是保护装置,防护装置除外,以消除或减少危险。

2.2.6.1

过载保护装置 overload protector;overload device

滑块受到过载载荷作用时,自动防止压力机承受超过规定载荷的装置。该装置可以是机械的(如压塌块),液压气动式或液压式。

2.2.6.2

防止单次行程连冲 single stroke stop for cont. stamping-proof;anti-repeat device

单次行程时,防止滑块产生异常动作的装置(或方法),如按下起动按钮后即使不松开,滑块也必须停在设定位置。

2.2.6.3

光电保护 photoelectric guard;opto-electronic protective devices

光电保护放置在操作者和机床的危险区之间,当光线被遮挡时就可检测出来,并发出停机信号、实现安全保护的装置。

2.2.7

防护装置 guard

防止或减少接近危险区域的物理屏障。

2.2.7.1

联锁防护装置 interlocking guard

带有联锁装置的防护装置,与移动部件联锁,连接到机床的控制系统,防止在机器工作时接近危险区域。

2.2.8

上死点 top dead centre (TDC)

曲柄的上死点,滑块向上位移的最高位置。

2.2.9

下死点　bottom dead centre(BDC)

滑块行程下位，滑块向下位移的最低位置。

2.2.10

设定点停止　stop at set-point

让压力机曲柄停在设定的角度。

2.2.11

紧急停止　emergency stop

用紧急停止按钮让滑块停止。

2.2.12

脚踏操作　pedal brake operation

用脚踏开关或脚踏杠杆操作。

2.3　与压力机参数有关的术语和定义（见图4）

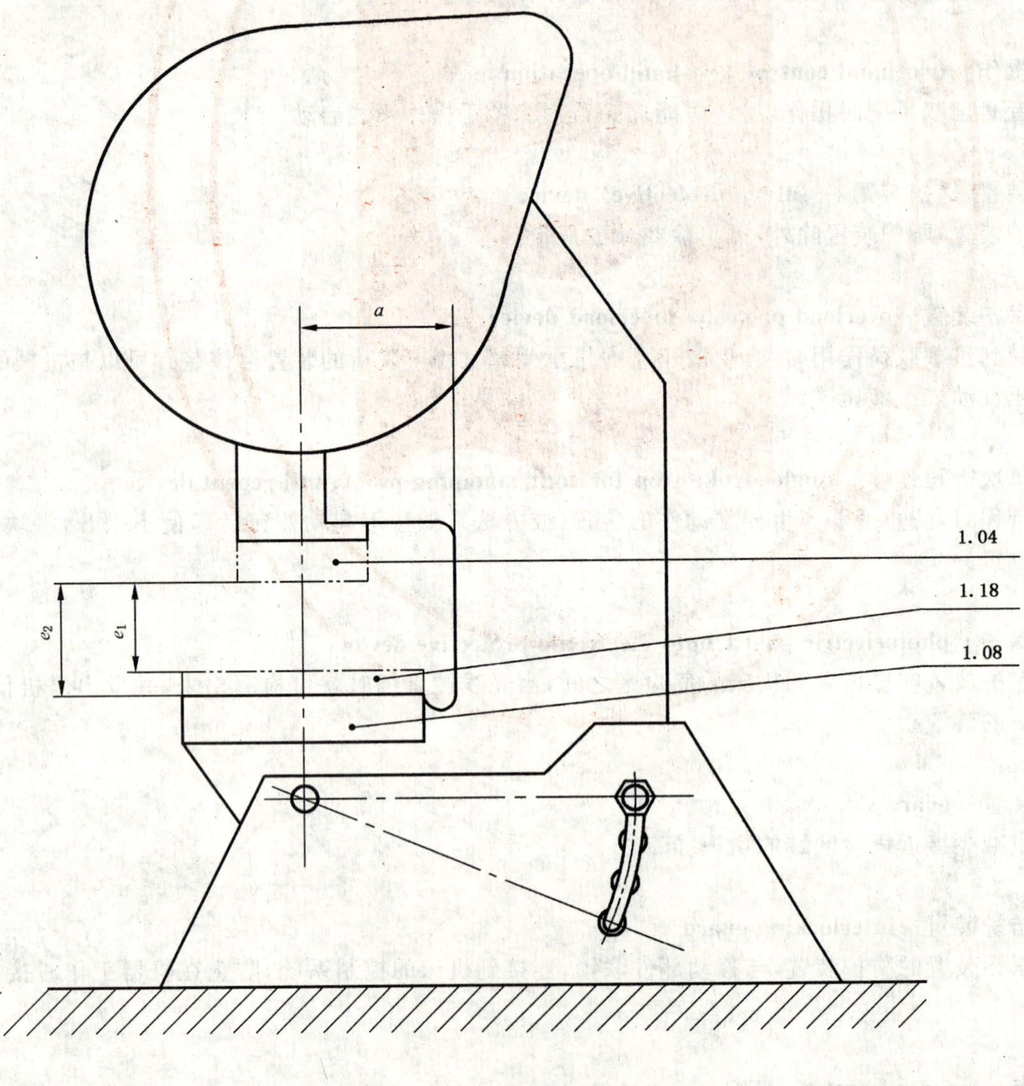

图4　压力机示意图

2.3.1

公称力 capacity;nominal force

F_n

滑块上允许承受的最大作用力。

2.3.2

公称力行程 nominal working stroke;nominal force travel

h_n

机械压力机产生公称力时的某一特定点离滑块下死点的最大距离,从该点向下,允许产生公称力而不损坏压力机。公称力行程 h_n 和公称力 F_n,标明了传动系统的承载能力。

2.3.3

变速范围 variable speed range

每分钟连续行程次数最小值到最大值之间的区域。

2.3.4

滑块行程 stroke of slide

指滑块从上死点到下死点所移动的距离。

2.3.5

滑块可调行程 slide adjustable stroke

滑块行程可调节的长度限值。

2.3.6

滑块底面 slide surface

滑块下平面,用于安装上模的平面。

2.3.7

滑块位置调节 slide adjustment

滑块底面至工作台板上平面之间的距离可以调节,与滑块行程无关。

2.3.8

工作台面 bed surface

工作台上平面,用于安装下模或工作台板。

2.3.9

工作台下出料口,工作台孔 bed opening

通过机身工作台的通孔,用于冲件或废料出口,或用于安装模垫。

2.3.10

工作台板上平面 bedplate (bolster) surface

用于安装下模的工作台板上表面。

2.3.11

工作台板落料口 bedplate (bolster) opening

工作台板上的通孔,用于冲件或废料出口,或用于安装模垫。

2.3.12

最大装模高度(封闭高度) shut height;maximum die height

e_1

滑块底面至工作台垫板上平面之间的距离。在最大可调行程,滑块处于下死点和滑块调节到上极限位置时测量。

注:装模高度指工作台板上平面至滑块底面之间的距离。

2.3.13

工作台至滑块距离　bed to slide distance

e_2

工作台上平面至滑块底面的距离。在最大可调行程，滑块处于下死点，滑块调节到上限位置时测量。

2.3.14

后出料口尺寸　passage through frame

工件可从机身后部通道通过的宽度。

2.3.15

喉口深度　throat depth

a

从模柄孔中心线至机身内侧面的距离。

2.3.16

公称力角　nominal working angle

压力机发生公称力时，曲柄旋转到离下死点前某一特定角度。

2.3.17

滑块最大行程　slide maximum stroke

滑块行程调节装置的偏心距被调到最大时的滑块行程长度。

2.3.18

滑块行程次数　slide strokes per minute

指滑块每分钟从上死点到下死点，然后再回到上死点所往复的次数。

2.3.19

最大装模高度　maximum die set height

封闭高度调节机构处于上极限位置和滑块处于下死点时，滑块底面至工作台垫板上平面之间的距离。

2.3.20

装模高度调节量　die set height adjustment

装模高度调节装置所能调节的距离。

2.3.21

工作台板尺寸　area of bolster

工作台垫板上表面前后、左右尺寸。

2.3.22

滑块底面尺寸　area of slide

滑块下表面前后、左右尺寸。

2.3.23

开启高度　open height

装模高度调节机构将滑块调整到上极限位置并使滑快处于上死点时，滑块下平面至工作台(不包括工作台垫板)上平面之间的距离。

2.3.24

工作台开孔尺寸　bed opening

工作台上面中央开孔的前后、左右尺寸。

2.3.25

送料中心高度　feed level

带自动送料装置的压力机垫板上平面到被传送的材料或制件中心线的高度。

2.3.26

平衡力　capacity of balance

用于平衡滑块及装在滑块下面的模具等总重量的一种力。

2.3.27

紧急停止时间　emergency stopping time

从急停按钮开始动作到滑块停止的时间。

2.3.28

安全距离　safety distance

双手操作按钮、光电式安全装置等至压力机危险区域的最小距离。

2.3.29

偏心距　eccentric distance

有曲轴和偏心轴的压力机，其曲轴(或主轴)中心线到曲柄销(或偏心)中心线的距离。

2.4　**开式压力机的分类术语和定义**

2.4.1

开式压力机　Open front mechanical power press

具有开式机身，工作台的三个方向是敞开的机械压力机。

2.4.2

开式固定台压力机　Open front mechanical power press with fixed bed

机身工作台固定不动的开式压力机。

2.4.3

开式活动台压力机　Open front mechanical power press with adjustable bed

开式压力机工作台用螺栓紧固在加工过的机身前垂直面上。通常用手转动一个或几个螺栓进行上、下调节。

2.4.4

开式可倾压力机　Open front inclinable mechanical power press

指机身工作台可以与水平方向倾斜一定角度的开式压力机。

2.4.5

开式深喉口压力机　Open front deep throat mechanical power press

比标准型喉口大50%以上的开式压力机。

2.4.6

开式双点压力机　Open front two-point mechanical power press

具有两个曲轴和两个连杆带动滑块运动的开式压力机。

2.4.7

开式底传动压力机　Open front under drive mechanical power press

传动机构安装在底座内或底座之下的开式压力机。

2.4.8

开式双动拉伸压力机　Open front double-action mechanical power press

具有开式机身的双动拉伸压力机。

2.4.9

开式多工位压力机　Open front mechanical power transfer press

具有开式机身的装有多工位连续自动送料装置的压力机。

2.4.10

开式高速压力机 Open front high-speed mechanical power press

具有开式机身、高行程次数的压力机。

2.4.11

数控开式压力机 NC Open front mechanical power press

用数控系统控制的开式压力机。

ICS 91.060.01
Q 70

中华人民共和国国家标准

GB/T 23483—2009

建筑物围护结构传热系数及采暖供热量检测方法

Test standard for overall heat transfer coefficient of building envelope and heat supply for space heating

(ISO 9869:1994,NEQ)

2009-04-13 发布　　2009-12-01 实施

中华人民共和国国家质量监督检验检疫总局
中国国家标准化管理委员会　发布

前　言

本标准与国际标准 ISO 9869：1994《建筑构件热阻和传热系数的现场测量》的一致性程度为非等效。

本标准附录 A 为资料性附录。

本标准由中华人民共和国住房和城乡建设部提出。

本标准由全国暖通空调及净化设备标准化技术委员会(SAC/TC 143)归口。

本标准负责起草单位:北京住总集团有限责任公司。

本标准参加起草单位:中国建筑科学研究院、北京市住宅建筑设计研究院有限公司、北京市建筑设计研究院、北京建筑工程学院、北京中建建筑科学科研院有限公司、上海市建筑科学研究院、江苏省建筑科学研究院有限公司、北京市建筑节能与建筑材料管理办公室、乌鲁木齐市建筑节能墙体材料革新办公室、北京建工一建工程建设工程有限责任公司、北京翰高兄弟科技发展有限公司。

本标准起草人:王宝申、鲍宇清、胡颐蘅、高杰、徐选才、周宁、刘月莉、杨玉忠、李群、梁晶、张盈辉、李锐、田桂清、黄勃、段恺、许锦峰、刘明明、胡宪文、吴飞、钱选青、王文波、龚海光、郑悦。

本标准为首次发布。

建筑物围护结构传热系数及采暖供热量检测方法

1 范围

本标准规定了建筑物围护结构传热系数及采暖供热量的术语和定义、检测条件、检测装置、检测方法、数据处理和检测报告。

本标准适用于建筑物围护结构主体部位传热系数及采暖供热量的检测。

2 规范性引用文件

下列文件中的条款通过本标准的引用而成为本标准的条款。凡是注日期的引用文件，其随后所有的修改单（不包括勘误的内容）或修订版均不适用于本标准，然而，鼓励根据本标准达成协议的各方研究是否可使用这些文件的最新版本。凡是不注日期的引用文件，其最新版本适用于本标准。

GB/T 16732 建筑采暖通风空调净化设备 计量单位及符号

GB/T 16803 采暖、通风、空调、净化设备 术语

GB 50176—1993 民用建筑热工设计规范

CJ 128 热量表

JG/T 3016 建筑用热流计

3 术语和定义

GB/T 16732 和 GB/T 16803 确立的及以下术语和定义适用于本标准。

3.1

围护结构传热系数（*K*） overall heat transfer coefficient of building envelope

围护结构两侧空气温度差为 1 K，在单位时间内通过单位面积围护结构的传热量，单位：W/(m^2·K)。

3.2

围护结构的热阻（R_0） overall heat transfer resistance of building envelope

表征围护结构阻抗传热能力的物理量，为其传热系数的倒数，单位：m^2·K/W。

3.3

建筑物采暖供热量（*Q*） heat supply for space heating

在一段采暖期间内，建筑物热力入口由采暖设备供给建筑物的热量，单位 kWh。

3.4

采暖测试期度日数（*D*） heating degree-days of testing period

在采暖测试期间内，室内平均温度与室外平均温度之间的温差，乘以测试期天数的数值，单位：K·d。简称测试期度日数。

3.5

单位度日数采暖供热量（Q_{hdd}） index of heat supply of building based on degree-days

单位建筑面积在测试期单位度日数内的建筑物采暖供热量。单位：W/(m^2·K)。

3.6

热流密度（*q*） heat flux

单位时间内通过单位面积的热量，又称“热流速率”、“热通量”。单位：W/m^2。

3.7

轻型围护结构 light building envelope

单位面积比热容小于 20 kJ/(m^2·K)的围护结构。

3.8

重型围护结构 massive building envelope

单位面积比热容大于 20 kJ/(m^2·K)的围护结构。

3.9

比热容 specific heat capacity

单位质量物质的热容,即 1 kg 物质温度升高温度 1 K 所吸收的热量。单位:J/(kg·K)。

4 检测条件

4.1 建筑物围护结构的检测宜选在最冷月,且应避开气温剧烈变化的天气。

4.2 建筑物采暖供热量的检测应在供热系统正常运行 120 h 后进行。

5 检测装置

5.1 热流计

热流计的物理性能应符合表 1 的规定,其他性能应满足 JG/T 3016 的要求。

表 1 热流计的物理性能

项目指标		指标
标定系数	范围	10 W/(m^2·mV)~200 W/(m^2·mV)
	稳定性	在正常使用条件下三年内标定系数变化不应大于 5%
	不确定度	≤5%
热阻		≤0.008(m^2·K/W)
使用温度		−10 ℃~70 ℃

5.2 自动数据采集记录仪

时钟误差不应大于 0.5 s/d,应支持根据手动采集和定时采集两种数据采集模式,且定时采集周期可以从 10 min 到 60 min 灵活配置,扫描速率不应低于 60 通道/s。

5.3 温度传感器

测量温度范围应为−50 ℃~100 ℃,分辨率为 0.1 ℃,误差不应大于 0.5 ℃。

5.4 温度自记仪

温度测量范围−50 ℃~85 ℃,误差不应大于 0.5 ℃,系统时间误差不应大于 20×10^{-6}。

5.5 超声波热量计

采用超声波热量表时应符合 CJ 128 的要求;采用便携式超声波流量计时误差不应大于 5%,温度误差不应大于 0.5 ℃。

6 检测方法

6.1 建筑物围护结构传热系数的测定

6.1.1 建筑物围护结构主体传热系数宜采用热流计法进行检测。

6.1.2 测点位置:宜用红外热像技术协助确定,测点应避免靠近热桥、裂缝和有空气渗漏的部位,不要受加热、制冷装置和风扇的直接影响。被测区域的外表面要避免雨雪侵袭和阳光直射。

6.1.3 将热流计直接安装在被测围护结构的内表面上,要与表面完全接触;热流计不应受阳光直射。

6.1.4 在被测围护结构两侧表面安装温度传感器。内表面温度传感器应靠近热流计安装，外表面温度传感器宜在与热流计相对应的位置安装。温度传感器的安装位置不应受到太阳辐射或室内热源的直接影响。温度传感器连同其引线应与被测表面接触紧密，引线长度不应少于 0.1 m。

6.1.5 检测期间室内空气温度应保持基本稳定，测试时室内空气温度的波动范围在±3 K 之内，围护结构高温侧表面温度与低温侧表面温度应满足表 2 的要求。在检测过程中的任何时刻高温侧表面温度均不应高于低温侧表面温度。

表 2 温差要求

$K/(W/(m^2 \cdot K))$	$T_h - T_l/K$
$K \geqslant 0.8$	≥12
$0.4 \leqslant K < 0.8$	≥15
$K < 0.4$	≥20
注：其中 K 为设计值；T_h 为测试期间高温侧表面平均温度；T_l 为测试期间低温侧表面平均温度。	

6.1.6 热流密度和内、外表面温度应同步记录，记录时间间隔不应大于 30 min，可以取多次采样数据的平均值，采样间隔宜短于传感器最小时间常数的 1/2。

6.2 建筑物室内外平均温度的测定

6.2.1 采用温度自记仪进行连续检测，检测数据记录时间间隔不宜超过 60 min，测试持续时间不应少于 72 h。

6.2.2 建筑物室内平均温度的检测部位应为底层、顶层和中间层的代表性房间，且每层的测点数不应少于 3 个。

6.2.3 温度自记仪的放置位置不应受到太阳辐射或室内外热源的直接影响。

6.2.4 室外温度自记仪宜设置在百叶箱内；当无百叶箱时，应采取防护措施；感温测头宜距地面 1.5 m～2.0 m，且宜在建筑物不同方向同时设置室外温度测点。

6.3 建筑物采暖供热量的测定

6.3.1 对建筑物的采暖供热量应采用热量计量装置在建筑物热力入口处测量。其受检面积不应小于一个热力入口所对应的采暖建筑面积。

6.3.2 热量表应经过计量标定，且在有效使用期之内。

6.3.3 供回水温度传感器应安装在热力入口处的供回水总管上。

6.3.4 测试开始后每小时记录一次测试数据。

7 数据处理

7.1 围护结构传热系数

7.1.1 围护结构传热系数的检测数据分析宜采用算术平均法计算，当算术平均法计算误差不满足要求时可用动态分析法。

7.1.2 采用算术平均法进行数据分析时，应按式(1)计算围护结构的热阻。

$$R = \frac{\sum_{j=1}^{n}(T_{ij} - T_{oj})}{\sum_{j=1}^{n} q_j} \qquad \cdots\cdots(1)$$

式中：

R——围护结构的热阻；

T_{ij}——围护结构内表面温度的第 j 次测量值；

T_{oj}——围护结构外表面温度的第 j 次测量值；

q_j——热流密度的第 j 次测量值。

7.1.3 对于轻型围护结构,宜使用夜间采集的数据计算围护结构的热阻。当经过连续四个夜间测量之后,相邻两次测量的计算结果相差不大于 5%时即可结束测量。

7.1.4 对于重型围护结构应使用全天数据计算围护结构的热阻,且只有在下列条件得到满足时方可结束测量。

7.1.4.1 末次 R 计算值与 24 h 之前的 R 计算值相差不应大于 5%;

7.1.4.2 检测期间第一个周期内与最后一个同样周期内的 R 计算值相差不大于 5%。且每个周期天数采用 2/3 检测持续天数的取整值。

7.1.4.3 围护结构的传热系数应按式(2)计算。

$$K = \frac{1}{R_i + R + R_e} \qquad \cdots\cdots(2)$$

式中:

K——围护结构的传热系数;

R_i——内表面换热阻,应按 GB 50176—1993 附表 2.2 的规定采用;

R_e——外表面换热阻,应按 GB 50176—1993 附表 2.3 的规定采用。

7.2 室内外平均空气温度

7.2.1 室外平均温度应按式(3)计算。

$$t_{ea} = \frac{\sum_{i=1}^{m}\sum_{j=1}^{n} t_{e_{i,j}}}{m \cdot n} \qquad \cdots\cdots(3)$$

式中:

t_{ea}——检测持续时间内室外平均温度(℃);

$t_{e_{i,j}}$——第 i 个温度测点的第 j 个逐时测量值(℃);

m——室外温度测点的数量;

n——单个温度测点逐时测量值的总个数;

i——室外温度测点的编号;

j——室外温度第 i 个测点测量值的顺序号。

7.2.2 建筑物室内平均温度应按式(4)计算。

$$t_{ia} = \frac{\sum_{j=1}^{n} t_{rm,j} \cdot A_{rm,j}}{\sum_{i=1}^{n} A_{rm,j}} \qquad \cdots\cdots(4)$$

式中:

t_{ia}——检测持续时间内建筑物室内平均温度(℃);

$t_{rm,j}$——检测持续时间内第 j 个温度计逐时检测值的算术平均值(℃);

$A_{rm,j}$——第 j 个温度计所在的采暖房间建筑面积(m^2);

j——室内温度计的序号;

n——建筑物室内温度计的个数。

7.3 建筑物采暖供热量

7.3.1 建筑物采暖供热量应按式(5)计算。

$$Q = Q_1 - Q_2 \qquad \cdots\cdots(5)$$

式中:

Q——建筑物采暖供热量(kWh);

Q_1——测试结束时的累积供热量(kWh);

Q_2——测试开始时的累积供热量(kWh)。

7.3.2 采暖测试期度日数应按式(6)计算。

$$D = (t_{ia} - t_{ea}) \times d \qquad \cdots\cdots(6)$$

式中：

D——采暖测试期度日数(K·d)；

t_{ia}——检测持续时间内建筑物室内平均温度(℃)；

t_{ea}——检测持续时间内室外平均温度(℃)；

d——测试天数(d)。

7.3.3 单位度日数采暖供热量应按式(7)计算。

$$Q_{hdd} = \frac{125 \times Q}{3 \times D \times S} \qquad \cdots\cdots(7)$$

式中：

Q_{hdd}——单位度日数采暖供热量(W/m²·K)；

Q——建筑物采暖供热量(kWh)；

D——采暖测试期度日数(K·d)；

S——热力入口对应的采暖建筑面积(m²)。

8 检测报告

检测报告参见附录 A。

附　录　A
（资料性附录）
检测报告格式

检测报告

报告编号：　　　　　　　　　　　　　　　　　　　　　　　　　　　第××页　共××页

<table>
<tr><td>工程名称</td><td colspan="3"></td></tr>
<tr><td>委托单位</td><td></td><td>委托日期</td><td></td></tr>
<tr><td>检测项目</td><td></td><td>检测类别</td><td></td></tr>
<tr><td>检测依据</td><td></td><td>（采暖）建筑面积</td><td></td></tr>
<tr><td>建设单位</td><td></td><td>施工单位</td><td></td></tr>
<tr><td>设计单位</td><td></td><td>监理单位</td><td></td></tr>
<tr><td colspan="4">工程地址</td></tr>
<tr><td colspan="4">工程概况：
（包括围护结构传热系数的检测部位构造做法）</td></tr>
<tr><td colspan="4">检测结论：</td></tr>
<tr><td colspan="4">检测数据：</td></tr>
<tr><td colspan="4">检测仪器设备：</td></tr>
<tr><td colspan="4">检测时间及检测环境：</td></tr>
<tr><td colspan="4">批　准＿＿＿＿＿＿　审　核＿＿＿＿＿＿　检　测＿＿＿＿＿＿</td></tr>
<tr><td colspan="2">检测单位：</td><td>报告日期</td><td></td></tr>
</table>

ICS 93.030
P 41

中华人民共和国国家标准

GB/T 23484—2009

城镇污水处理厂污泥处置　分类

Disposal of sludge from municipal wastewater treatment plant—Classification

2009-04-13 发布　　2009-12-01 实施

中华人民共和国国家质量监督检验检疫总局
中国国家标准化管理委员会　发布

前　言

本标准由中华人民共和国住房和城乡建设部提出。

本标准由住房和城乡建设部给水排水产品标准化技术委员会归口。

本标准由上海市政工程设计研究总院、上海市城市排水有限公司和上海市园林科学研究所负责起草。

本标准主要起草人:张辰、王国华、孙晓、徐月江、方海兰、张善发、曹燕进、杭世珺、朱广汉。

本标准为首次发布。

城镇污水处理厂污泥处置　分类

1　范围

本标准规定了城镇污水处理厂污泥处置方式的分类。

本标准适用于城镇污水处理厂污泥处置工程的建设、运营和管理。

2　术语和定义

下列术语和定义适用于本标准。

2.1

城镇污水　municipal wastewater

城镇中排放的各种污水、废水的统称，它由综合生活污水、工业废水和入渗地下水三部分组成。在合流制排水系统中，还包括被截流的雨水。

2.2

城镇污水处理厂　municipal wastewater treatment plant

对进入城镇污水收集系统的污水进行净化处理的厂。

2.3

城镇污水处理厂污泥　sludge from municipal wastewater treatment plant

城镇污水处理厂在污水净化处理过程中产生的含水率不同的半固态或固态物质，不包括栅渣、浮渣和沉砂池砂砾。

2.4

污泥处理　sludge treatment

对污泥进行稳定化、减量化和无害化处理的过程，一般包括浓缩(调理)、脱水、厌氧消化、好氧消化、石灰稳定、堆肥、干化和焚烧等。

2.5

污泥处置　sludge disposal

污泥处理后的消纳过程，一般包括土地利用、填埋、建筑材料利用和焚烧等。

2.6

污泥土地利用　land application of sludge

将处理后的污泥作为肥料或土壤改良的材料，用于园林绿化、土地改良或农业等场合的处置方式。

2.7

污泥填埋　sludge landfilling

采取工程措施将处理后的污泥集中进行堆、填、埋，置于受控制场地内的处置方式。

2.8

污泥建筑材料利用　making construction materials with sludge

将污泥作为制作建筑材料部分原料的处置方式。

2.9

污泥焚烧　sludge incineration

利用焚烧炉将污泥完全矿化为少量灰烬的处理处置方式。

3　城镇污水处理厂污泥处置的分类

3.1　污泥处置按污泥的消纳方式进行分类。

3.2 城镇污水处理厂污泥处置分类见表1。

表1 城镇污水处理厂污泥处置分类

序号	分 类	范 围	备 注
1	污泥土地利用	园林绿化	城镇绿地系统或郊区林地建造和养护等的基质材料或肥料原料
		土地改良	盐碱地、沙化地和废弃矿场的土壤改良材料
		农用[a]	农用肥料或农田土壤改良材料
2	污泥填埋	单独填埋	在专门填埋污泥的填埋场进行填埋处置
		混合填埋	在城市生活垃圾填埋场进行混合填埋(含填埋场覆盖材料利用)
3	污泥建筑材料利用	制水泥	制水泥的部分原料或添加料
		制砖	制砖的部分原料
		制轻质骨料	制轻质骨料(陶粒等)的部分原料
4	污泥焚烧	单独焚烧	在专门污泥焚烧炉焚烧
		与垃圾混合焚烧	与生活垃圾一同焚烧
		污泥燃料利用	在工业焚烧炉或火力发电厂焚烧炉中作燃料利用

[a] 农用包括进食物链利用和不进食物链利用两种。

ICS 93.030
P 41

中华人民共和国国家标准

GB/T 23485—2009

城镇污水处理厂污泥处置 混合填埋用泥质

Disposal of sludge from municipal wastewater treatment plant—Quality of sludge for co-landfilling

2009-04-13 发布

2009-12-01 实施

中华人民共和国国家质量监督检验检疫总局
中国国家标准化管理委员会 发布

前 言

本标准由中华人民共和国住房和城乡建设部提出。

本标准由住房和城乡建设部给水排水产品标准化技术委员会归口。

本标准由北京市市政工程设计研究总院负责起草。

本标准主要起草人：杭世珺、杨力、张成、何亮、方建民。

本标准为首次发布。

城镇污水处理厂污泥处置
混合填埋用泥质

1 范围

本标准规定了城镇污水处理厂污泥进入生活垃圾卫生填埋场混合填埋处置和用作覆盖土的泥质指标及限值、取样和监测等。

本标准适用于城镇污水处理厂污泥的处置和污泥与生活垃圾的混合填埋。

2 规范性引用文件

下列文件中的条款通过本标准的引用而成为本标准的条款。凡是注日期的引用文件，其随后所有的修改单(不包括勘误的内容)或修订版均不适用于本标准，然而，鼓励根据本标准达成协议的各方研究是否可使用这些文件的最新版本。凡是不注日期的引用文件，其最新版本适用于本标准。

GB 7959 粪便无害化卫生标准

GB/T 14675 空气质量 恶臭的测定 三点比较式臭袋法

GB/T 17134 土壤质量 总砷的测定 二乙基二硫代氨基甲酸银分光光度法

GB/T 17135 土壤质量 总砷的测定 硼氢化钾-硝酸银分光光度法

GB/T 17136 土壤质量 总汞的测定 冷原子吸收分光光度法

GB/T 17137 土壤质量 总铬的测定 火焰原子吸收分光光度法

GB/T 17138 土壤质量 铜、锌的测定 火焰原子吸收分光光度法

GB/T 17139 土壤质量 镍的测定 火焰原子吸收分光光度法

GB/T 17141 土壤质量 铅、镉的测定 石墨炉原子吸收分光光度法

GB 18918 城镇污水处理厂污染物排放标准

GB/T 50123 土工试验方法标准

CJ/T 221 城市污水处理厂污泥检验方法

3 术语和定义

下列术语和定义适用于本标准。

3.1

城镇污水处理厂污泥 sludge from municipal wastewater treatment plant

城镇污水处理厂在污水净化处理过程中产生的含水率不同的半固态或固态物质，不包括栅渣、浮渣和沉砂池砂砾。

3.2

污泥处置 sludge disposal

污泥处理后的消纳过程，一般包括土地利用、填埋、建筑材料利用和焚烧等。

3.3

生活垃圾 domestic waste

人类在生活活动过程中产生的垃圾，是生活废物的重要组成部分。

3.4

卫生填埋 sanitary landfill

采取防渗、铺压压实、覆盖对城市生活垃圾进行处理和对气体、渗沥液、蝇虫等治理的垃圾处理方法。

3.5

覆盖土 material for cover

对填埋的垃圾进行覆盖时的用土。

3.6

混合填埋 co-landfilling

城镇污水处理厂污泥进入生活垃圾卫生填埋场与生活垃圾进行共同处置的过程。

3.7

混合填埋用泥质 quality of sludge for co-landfilling

进入生活垃圾卫生填埋场与生活垃圾进行共同处置的城镇污水处理厂污泥需达到的质量标准。

3.8

混合比例 proportion of sludge to the domestic waste

城镇污水处理厂污泥与生活垃圾混合填埋时，污泥与生活垃圾的质量比。

4 混合填埋用泥质

4.1 基本指标

污泥用于混合填埋时，其基本指标及限值应满足表1的要求。

表1 基本指标及限值

序 号	基 本 指 标	限 值
1	污泥含水率/%	<60
2	pH	5～10
3	混合比例/%	≤8
注：表中pH指标不限定采用亲水性材料(如石灰等)与污泥混合以降低其含水率措施。		

4.2 污染物指标

污泥用于混合填埋时，其污染物指标及限值应满足表2的要求。

5 用作覆盖土的污泥泥质

5.1 污泥用作垃圾填埋场覆盖土添加料时，其污染物指标及限值应满足表2的要求、基本指标及限值应满足表3的要求。

表2 污染物指标及限值

序 号	污 染 物 指 标	限 值
1	总镉(mg/kg干污泥)	<20
2	总汞(mg/kg干污泥)	<25
3	总铅(mg/kg干污泥)	<1 000
4	总铬(mg/kg干污泥)	<1 000
5	总砷(mg/kg干污泥)	<75
6	总镍 (mg/kg干污泥)	<200
7	总锌(mg/kg干污泥)	<4 000
8	总铜(mg/kg干污泥)	<1 500
9	矿物油(mg/kg干污泥)	<3 000
10	挥发酚(mg/kg干污泥)	<40
11	总氰化物(mg/kg干污泥)	<10

表 3　用作垃圾填埋场覆盖土添加料的污泥基本指标及限值

序　号	基　本　指　标	限　值
1	含水率/%	<45
2	臭气浓度	<2 级(六级臭度)
3	横向剪切强度/(kN/m^2)	>25

5.2　污泥用作垃圾填埋场终场覆盖土添加料时,其生物学指标还需满足 GB 18918 中指标要求,见表 4。同时不得检测出传染性病原菌。

表 4　用作垃圾填埋场终场覆盖土的污泥生物学指标及限值

序　号	生 物 学 指 标	限　值
1	粪大肠菌群菌值	>0.01
2	蠕虫卵死亡率/%	>95

6　取样和监测

6.1　取样方法

采取多点取样混合,样品应有代表性,样品质量不小于 1 kg。

6.2　监测分析方法

按表 5 执行。

表 5　监测分析方法

序　号	指　标	监 测 分 析 方 法	采 用 标 准
1	含水率	重量法	CJ/T 221
2	pH 值	玻璃电极法	CJ/T 221
3	总镉	石墨炉原子吸收分光光度法	GB/T 17141
		常压消解后原子吸收分光光度法[a] 常压消解后电感耦合等离子体发射光谱法 微波高压消解后原子吸收分光光度法 微波高压消解后电感耦合等离子体发射光谱法	CJ/T 221
4	总汞	冷原子吸收分光光度法	GB/T 17136
		常压消解后原子荧光法[a]	CJ/T 221
5	总铅	石墨炉原子吸收分光光度法	GB/T 17141
		常压消解后原子荧光法[a] 微波高压消解后原子荧光法 常压消解后原子吸收分光光度法 常压消解后电感耦合等离子体发射光谱法 微波高压消解后原子吸收分光光度法 微波高压消解后电感耦合等离子体发射光谱法	CJ/T 221

表 5（续）

序号	指标	监测分析方法	采用标准
6	总铬	火焰原子吸收分光光度法[a]	GB/T 17137
		常压消解后电感耦合等离子体发射光谱法 微波高压消解后电感耦合等离子体发射光谱法 常压消解后二苯碳酰二肼分光光度法 微波高压消解后二苯碳酰二肼分光光度法	CJ/T 221
7	总砷	二乙基二硫代氨基甲酸银分光光度法	GB/T 17134
		硼氢化钾-硝酸银分光光度法	GB/T 17135
		常压消解后原子荧光法[a] 常压消解后电感耦合等离子体发射光谱法 微波高压消解后电感耦合等离子体发射光谱法	CJ/T 221
8	总镍	火焰原子吸收分光光度法	GB/T 17139
		常压消解后原子吸收分光光度法[a] 常压消解后电感耦合等离子体发射光谱法 微波高压消解后原子吸收分光光度法 微波高压消解后电感耦合等离子体发射光谱法	CJ/T 221
9	总锌	火焰原子吸收分光光度法	GB/T 17138
		常压消解后原子吸收分光光度法[a] 常压消解后电感耦合等离子体发射光谱法 微波高压消解后原子吸收分光光度法 微波高压消解后电感耦合等离子体发射光谱法	CJ/T 221
10	总铜	火焰原子吸收分光光度法	GB/T 17138
		常压消解后原子荧光法[a] 常压消解后原子吸收分光光度法 常压消解后电感耦合等离子体发射光谱法 微波高压消解后原子吸收分光光度法 微波高压消解后电感耦合等离子体发射光谱法	CJ/T 221
11	矿物油	红外分光光度法[a] 紫外分光光度法	CJ/T 221
12	挥发酚	蒸馏后 4-氨基安替比林分光光度法	CJ/T 221
13	总氰化物	蒸馏后吡啶-巴比妥酸光度法 蒸馏后异烟酸-吡唑啉酮分光光度法[a]	CJ/T 221

表 5（续）

序 号	指 标	监测分析方法	采用标准
14	臭气浓度	三点比较式　臭袋法	GB/T 14675
15	横向剪切强度	—	GB/T 50123
16	粪大肠菌群菌值	发酵法	GB/T 7959
17	蠕虫卵死亡率	显微镜法	GB/T 7959

[a] 为仲裁方法

ICS 93.030
P 41

中华人民共和国国家标准

GB/T 23486—2009

城镇污水处理厂污泥处置 园林绿化用泥质

Disposal of sludge from municipal wastewater treatment plant—Quality of sludge used in gardens or parks

2009-04-13 发布

2009-12-01 实施

中华人民共和国国家质量监督检验检疫总局
中国国家标准化管理委员会 发布

前　言

本标准附录A为规范性附录。

本标准由中华人民共和国住房和城乡建设部提出。

本标准由住房和城乡建设部给水排水产品标准化技术委员会归口。

本标准由上海市政工程设计研究总院、上海市园林科学研究所、上海市城市排水有限公司和上海园林(集团)公司负责起草。

本标准主要起草人:张辰、王国华、方海兰、孙晓、陈伟良、徐月江、张琪、吕子文、张善发、曹燕进、朱广汉。

本标准为首次发布。

城镇污水处理厂污泥处置 园林绿化用泥质

1 范围

本标准规定了城镇污水处理厂污泥园林绿化利用的泥质指标及限值、取样和监测等。

本标准适用于城镇污水处理厂污泥的处置和污泥园林绿化利用。

2 规范性引用文件

下列文件中的条款通过本标准的引用而成为本标准的条款。凡是注日期的引用文件，其随后所有的修改单（不包括勘误的内容）或修订版均不适用于本标准，然而，鼓励根据本标准达成协议的各方研究是否可使用这些文件的最新版本。凡是不注日期的引用文件，其最新版本适用于本标准。

GB 7959　粪便无害化卫生标准

GB/T 14848　地下水质量标准

GB 15618　土壤环境质量标准

GB/T 15959　水质　可吸附有机卤素(AOX)的测定　微库仑法

GB/T 17135　土壤质量　总砷的测定　硼氢化钾-硝酸银分光光度法

GB/T 17136　土壤质量　总汞的测定　冷原子吸收分光光度法

GB/T 17137　土壤质量　总铬的测定　火焰原子吸收分光光度法

GB/T 17138　土壤质量　铜、锌的测定　火焰原子吸收分光光度法

GB/T 17139　土壤质量　镍的测定　火焰原子吸收分光光度法

GB/T 17141　土壤质量　铅、镉的测定　石墨炉原子吸收分光光度法

GB 18918　城镇污水处理厂污染物排放标准

CJ/T 221　城市污水处理厂污泥检验方法

LY/T 1251　森林土壤水溶性盐分分析

3 术语和定义

下列术语和定义适用于本标准。

3.1

城镇污水处理厂污泥　sludge from municipal wastewater treatment plant

城镇污水处理厂在污水净化处理过程中产生的含水率不同的半固态或固态物质，不包括栅渣、浮渣和沉砂池砂砾。

3.2

污泥处置　sludge disposal

污泥处理后的消纳过程，一般包括土地利用、填埋、建筑材料利用和焚烧等。

3.3

污泥园林绿化利用　sludge using in a gardens or parks

将处理后污泥用于城镇绿地系统或郊区林地的建造和养护过程，一般用作栽培介质土、土壤改良材料，也可作为制作有机肥的原料。

3.4

污泥园林绿化用泥质　the quality of sludge used in gardens or parks

将处理后污泥用于城镇绿地系统或郊区林地的建造和养护过程时,污泥需达到的质量标准。

4　园林绿化用泥质

4.1　外观和嗅觉

比较疏松,无明显臭味。

4.2　稳定化要求

污泥园林绿化利用前,应满足 GB 18918 中的稳定化控制指标。

4.3　理化指标和养分指标

4.3.1　污泥园林绿化利用时,应控制污泥中的盐分,避免对园林植物造成损害。污泥施用到绿地后,要求对盐分敏感的植物根系周围土壤的 EC 值宜小于 1.0 mS/cm,对某些耐盐的园林植物可以适当放宽到小于 2.0 mS/cm。

4.3.2　污泥园林绿化利用时,其他理化指标应满足表 1 的要求。

表 1　其他理化指标及限值

序号	其他理化指标	限值	
		酸性土壤(pH<6.5)	中性和碱性土壤(pH≥6.5)
1	pH	6.5～8.5	5.5～7.8
2	含水率/%	<40	

4.3.3　污泥园林绿化利用时,其养分指标及限值应满足表 2 的要求。

表 2　养分指标及限值

序号	养分指标	限值
1	总养分[总氮(以 N 计)+总磷(以 P_2O_5 计)+总钾(以 K_2O 计)](%)	≥3
2	有机物含量/%	≥25

4.4　生物学指标和污染物指标

4.4.1　污泥园林绿化利用与人群接触场合时,其生物学指标及限值应满足表 3 的要求。同时,不得检测出传染性病原菌。

表 3　生物学指标及限值

序号	生物学指标	限值
1	粪大肠菌群菌值	>0.01
2	蠕虫卵死亡率/%	>95

4.4.2　污泥园林绿化利用时,其污染物指标及限值应满足表 4 的要求。

表 4　污染物指标及限值

序号	污染物指标	限值	
		酸性土壤(pH<6.5)	中性和碱性土壤(pH≥6.5)
1	总镉(mg/kg 干污泥)	<5	<20
2	总汞(mg/kg 干污泥)	<5	<15
3	总铅(mg/kg 干污泥)	<300	<1 000

表 4（续）

序号	污染物指标	限值	
		酸性土壤(pH<6.5)	中性和碱性土壤(pH≥6.5)
4	总铬(mg/kg 干污泥)	<600	<1 000
5	总砷(mg/kg 干污泥)	<75	<75
6	总镍(mg/kg 干污泥)	<100	<200
7	总锌(mg/kg 干污泥)	<2 000	<4 000
8	总铜(mg/kg 干污泥)	<800	<1 500
9	硼(mg/kg 干污泥)	<150	<150
10	矿物油(mg/kg 干污泥)	<3 000	<3 000
11	苯并(a)芘(mg/kg 干污泥)	<3	<3
12	可吸附有机卤化物(AOX)(以 Cl 计)(mg/kg 干污泥)	<500	<500

4.5 种子发芽指数要求

污泥园林绿化利用时，种子发芽指数应大于 70%。

5 其他规定

5.1 污泥园林绿化利用时，宜根据污泥使用地点的面积、土壤污染物本底值和植物的需氮量，确定合理的污泥使用量。

5.2 污泥使用后，有关部门应进行跟踪监测。污泥使用地的地下水和土壤的相关指标需满足 GB/T 14848和 GB 15618 的规定。

5.3 为了防止对地表水和地下水的污染，在坡度较大或地下水水位较高的地点不应使用污泥，在饮用水水源保护地带严禁使用污泥。

6 取样和监测

6.1 取样方法

采取多点取样混合，样品应有代表性，样品重量不小于 1 kg。

6.2 监测分析方法

按表 5 执行。

表 5 监测分析方法

序号	指标	监测分析方法	采用标准
1	pH 值	玻璃电极法	CJ/T 221
2	污泥含水率	重量法	CJ/T 221
3	总氮(以 N 计)	碱性过硫酸钾消解紫外分光光度法	CJ/T 221
4	总磷(以 P_2O_5 计)	氢氧化钠熔融后钼锑抗分光光度法	CJ/T 221
5	总钾(以 K_2O 计)	常压消解后火焰原子吸收分光光度法[a] 常压消解后电感耦合等离子体发射光谱法 微波高压消解后原子吸收分光光度法 微波高压消解后电感耦合等离子体发射光谱法	CJ/T 221

表 5（续）

序号	指标	监测分析方法	采用标准
6	有机物含量	重量法	CJ/T 221
7	总镉	石墨炉原子吸收分光光度法	GB/T 17141
		常压消解后原子吸收分光光度法[a] 常压消解后原感耦合等离子体发射光谱法 微波高压消解后原子吸收分光光度法 微波高压消解后电感耦合等离子体发射光谱法	CJ/T 221
8	总汞	冷原子吸收分光光度法	GB/T 17136
		常压消解后原子荧光法[a]	CJ/T 221
9	总铅	石墨炉原子吸收分光光度法	GB/T 17141
		常压消解后原子荧光法[a] 微波高压消解后原子荧光法 常压消解后原子吸收分光光度法 常压消解后电感耦合等离子体发射光谱法 微波高压消解后原子吸收分光光度法 微波高压消解后电感耦合等离子体发射光谱法	CJ/T 221
10	总铬	火焰原子吸收分光光度法[a]	GB/T 17137
		常压消解后电感耦合等离子体发射光谱法 微波高压消解后电感耦合等离子体发射光谱法 常压消解后二苯碳酰二肼分光光度法 微波高压消解后二苯碳酰二肼分光光度法	CJ/T 221
11	总砷	硼氢化钾-硝酸银分光光度法	GB/T 17135
		常压消解后原子荧光法[a] 常压消解后电感耦合等离子体发射光谱法 微波高压消解后电感耦合等离子体发射光谱法	CJ/T 221
12	总镍	火焰原子吸收分光光度法	GB/T 17139
		常压消解后原子吸收分光光度法[a] 常压消解后电感耦合等离子体发射光谱法 微波高压消解后原子吸收分光光度法 微波高压消解后电感耦合等离子体发射光谱法	CJ/T 221
13	总锌	火焰原子吸收分光光度法	GB/T 17138
		常压消解后原子吸收分光光度法[a] 常压消解后电感耦合等离子体发射光谱法 微波高压消解后原子吸收分光光度法 微波高压消解后电感耦合等离子体发射光谱法	CJ/T 221

表 5（续）

序号	指标	监测分析方法	采用标准
14	总铜	火焰原子吸收分光光度法	GB/T 17138
		常压消解后原子吸收分光光度法[a] 常压消解后电感耦合等离子体发射光谱法 微波高压消解后原子吸收分光光度法 微波高压消解后电感耦合等离子体发射光谱法	CJ/T 221
15	硼	姜黄素比色法[b]	—
16	矿物油	红外分光光度法 紫外分光光度法	CJ/T 221
17	苯并(a)芘	气相色谱法[b]	—
18	可吸附有机卤化物(AOX)	微库仑法	GB/T 15959
19	粪大肠菌群菌值	发酵法	GB 7959
20	蠕虫卵死亡率	显微镜法	GB 7959
21	种子发芽指数	—	附录 A
22	EC 值	电导法	LY/T 1251

a 为仲裁方法。

b 暂采用《农用污泥监测分析方法》，待国家方法标准发布后，执行国家标准。

附 录 A
（规范性附录）
种子发芽指数测试方法

A.1 污泥样品滤液的配制

以污泥样品按水：物料＝3：1浸提，160 r/min 振荡 1 h后过滤，过滤液即为污泥样品过滤液。

A.2 测试

吸取5 mL滤液于铺有滤纸的培养皿中，滤纸上放置20颗小白菜或水芹种子，25 ℃下避光培养48 h后，测定种子的根长，上述试验设置5组重复，同时用去离子水做空白对照。

计算公式见式(A.1)：

$$F = \frac{A_1 \times A_2}{B_1 \times B_2} \times 100 \qquad \text{(A.1)}$$

式中：

F——表示种子发芽指数，%；

A_1——污泥滤液培养种子的发芽率，%；

A_2——污泥滤液培养种子的根长，mm；

B_1——去离子水种子的发芽率，%；

B_2——去离子水种子的根长，mm。

ICS 71.100.60
X 44

中华人民共和国国家标准

GB 23487—2009

食品添加剂 2-甲基-3-呋喃硫醇

Food additive—2-Methyl-3-furanthiol

2009-04-17 发布

2009-10-01 实施

中华人民共和国国家质量监督检验检疫总局
中国国家标准化管理委员会 发布

前　言

本标准的4.3、4.4、4.5为强制性条款，其余为推荐性条款。

本标准技术指标修改采用食品法典委员会(CAC)下属的食品添加剂联合专家委员会(JECFA)制定的《2-甲基-3-呋喃硫醇》(代号为JECFA 1060)，与CAC(JECFA 1060)相比，主要技术差异如下：

——4.3相对密度(25 ℃/25 ℃)由1.141～1.150改为1.060～1.150；

——删除了溶解度要求。

本标准的附录A为资料性附录。

本标准由中国轻工业联合会提出。

本标准由全国香料香精化妆品标准化技术委员会归口。

本标准负责起草单位：北京工商大学、天津春发食品配料有限公司、上海香料研究所、滕州瑞元香料有限公司、石家庄利达化学品有限公司。

本标准主要起草人：郑福平、张颖、徐易、孙宝国、曹怡、金其璋、张力昂、卢秉武。

食品添加剂　2-甲基-3-呋喃硫醇

1　范围

本标准规定了2-甲基-3-呋喃硫醇的要求、试验方法、检验规则及标志、包装、运输、贮存、保质期。

本标准适用于化学合成法制得的2-甲基-3-呋喃硫醇。

2　规范性引用文件

下列文件中的条款通过本标准的引用而成为本标准的条款。凡是注日期的引用文件，其随后所有的修改单(不包括勘误的内容)或修订版均不适用于本标准，然而，鼓励根据本标准达成协议的各方研究是否可使用这些文件的最新版本。凡是不注日期的引用文件，其最新版本适用于本标准。

GB/T 11538—2006　精油　毛细管柱气相色谱分析　通用法(ISO 7609:1985,IDT)

GB/T 11539—2008　香料　填充柱气相色谱分析　通用法(ISO 7359:1985,IDT)

GB/T 11540　香料　相对密度的测定(GB/T 11540—2008,ISO 279:1998,MOD)

GB/T 14454.2　香料　香气评定法

GB/T 14454.4　香料　折光指数的测定(GB/T 14454.4—2008,ISO 280:1998,MOD)

3　产品化学名称、分子式、结构式和相对分子质量

3.1　化学名称：2-甲基-3-呋喃硫醇，2-甲基-3-巯基呋喃。

3.2　CAS号：28588-74-1。

3.3　分子式：C_5H_6OS。

3.4　结构式：

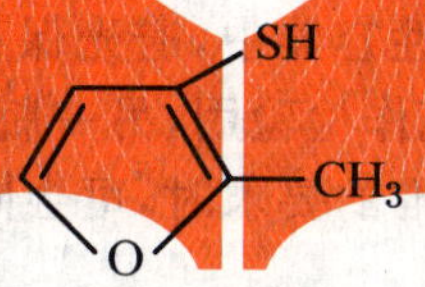

3.5　相对分子质量：114.16。

4　要求

4.1　色状：淡粉红色至淡橙色液体。

4.2　香气：具有烤肉香气。

4.3　相对密度(25 ℃/25 ℃)：1.100～1.150。

4.4　折光指数(20 ℃)：1.509 0～1.530 0。

4.5　含量(GC)：≥97.0%。

5　试验方法

5.1　色状的检定

将试样置于比色管内，用目测法观察。

5.2　香气的评定

按GB/T 14454.2的规定。

5.3　相对密度的测定

按GB/T 11540的规定。

5.4 折光指数的测定

按 GB/T 14454.4 的规定。

5.5 含量的测定

5.5.1 仪器

a) 色谱仪

按 GB/T 11538—2006 或 GB/T 11539—2008 中第 5 章的规定。

b) 柱

填充柱或毛细管柱。

c) 检测器

氢火焰离子化检测器。

5.5.2 测定方法

面积归一化法：按 GB/T 11538—2006 或 GB/T 11539—2008 中 10.4 的指定方法测定 2-甲基-3-呋喃硫醇含量。

5.5.3 重复性及结果表示

按 GB/T 11538—2006 或 GB/T 11539—2008 中 11.4 的规定进行，应符合要求。

2-甲基-3-呋喃硫醇典型气相色谱图(面积归一化法)参见附录 A。

6 检验规则

6.1 2-甲基-3-呋喃硫醇应由生产厂质量检验部门负责检验，生产厂应保证出厂产品都符合本标准的要求，每批出厂产品都应附有质量合格证书。色状、香气、含量为出厂检验项目，型式检验为全项目检验，每季度进行一次。

6.2 验收单位有权按照本标准的各项规定检验所收到的产品质量是否符合本标准的要求，每一批号作一次验收，不同批号分别验收。

6.3 取样方法：每批的包装单位 1 个～2 个，全抽；3 个～100 个抽取 2 个；100 个以上增加部分再抽取 3%。用取样器从每个包装单位中均匀抽取试样 50 mL～100 mL，将所抽取的试样全部置于混样器内充分混匀，分别装入两个清洁干燥密闭的惰性容器中，避光保存。容器上贴标签，注明：生产厂名、产品名称、生产日期、批号、数量及取样日期，一瓶作检验用，另一瓶留存备查。

6.4 如验收结果中有一项指标不符合本标准的要求时，可会同生产厂重新加倍抽取试样复验。如复验结果仍有指标不合格，则该批产品不能验收。

6.5 当供需双方对产品质量发生异议时，可由双方协议解决或由法定检验机构进行仲裁。

7 标志、包装、运输、贮存和保质期

7.1 标志

产品包装外应注明："食品添加剂"字样、产品名称、生产厂名和地址、联系方式、商标、批号、净含量、生产日期和保质期、许可证号、标准编号及相关标志，并应符合有关法律法规的规定。顾客如有特殊要求，可与生产厂另订协议。

7.2 包装

2-甲基-3-呋喃硫醇应装于清洁无杂味的镀锌铁桶、白铁桶或食品级塑料桶内，或按顾客要求包装。

7.3 运输

在运输过程中应轻装轻卸，防止日晒雨淋，不得与有毒、有害物质混装、混运，并应符合有关部门的规定。

7.4 贮存

产品应充氮并贮存在 0 ℃～4 ℃、干燥、通风的仓库内，避免杂气污染，远离火源。

7.5 保质期

在符合规定的贮运条件、包装完整、未经启封的情况下，产品保质期不少于六个月。

附 录 A
（资料性附录）
2-甲基-3-呋喃硫醇典型气相色谱图
（面积归一化法）

A.1 操作条件

A.1.1 柱：毛细管柱，长 30 m，内径 0.32 mm。

A.1.2 固定相：AT.SE-54。

A.1.3 膜厚：0.50 μm。

A.1.4 色谱炉温度：80 ℃恒温 2 min，然后以 20 ℃/min 速率至 220 ℃，保持 10 min。

A.1.5 进样口温度：200 ℃。

A.1.6 检测器温度：220 ℃。

A.1.7 检测器：火焰离子化检测器。

A.1.8 载气：氮气。

A.1.9 载气流速：4 mL/min。

A.1.10 进样量：约 0.2 μL。

A.1.11 分流比：1/100。

A.2 气相色谱图

气相色谱图见图 A.1。

1——2-甲基-3-呋喃硫醇；

2——双(2-甲基-3-呋喃基)二硫醚。

图 A.1

ICS 71.100.60
X 44

中华人民共和国国家标准

GB 23488—2009

食品添加剂 2,3-丁二酮

Food additive—2,3-Butanedione

2009-04-17 发布 2009-10-01 实施

中华人民共和国国家质量监督检验检疫总局
中国国家标准化管理委员会 发布

前　言

本标准的4.3、4.4、4.5为强制性的，其余为推荐性的。

本标准技术指标修改采用食品法典委员会(CAC)下属的食品添加剂联合专家委员会(JECFA)制定的《双乙酰》(代号为JECFA 408)，与CAC(JECFA 408)相比，主要技术差异如下：

——删除了凝固点要求。

本标准的附录A为资料性附录。

本标准由中国轻工业联合会提出。

本标准由全国香料香精化妆品标准化技术委员会归口。

本标准负责起草单位：山东省滕州市悟通香料有限责任公司、大连金菊香料有限公司、上海香料研究所。

本标准主要起草人：舒宏福、沙斌、徐易、王裕玲、王殿超、曹怡。

食品添加剂　2,3-丁二酮

1　范围

本标准规定了2,3-丁二酮的要求、试验方法、检验规则及标志、包装、运输、贮存、保质期。

本标准适用于化学合成法制得的2,3-丁二酮。

2　规范性引用文件

下列文件中的条款通过本标准的引用而成为本标准的条款。凡是注日期的引用文件，其随后所有的修改单(不包括勘误的内容)或修订版均不适用于本标准，然而，鼓励根据本标准达成协议的各方研究是否可使用这些文件的最新版本。凡是不注日期的引用文件，其最新版本适用于本标准。

GB/T 11538—2006　精油　毛细管柱气相色谱分析　通用法(ISO 7609:1985, IDT)

GB/T 11539—2008　香料　填充柱气相色谱分析　通用法(ISO 7359:1985, IDT)

GB/T 11540　香料　相对密度的测定(GB/T 11540—2008, ISO 279:1998, MOD)

GB/T 14454.2　香料　香气评定法

GB/T 14454.4　香料　折光指数的测定(GB/T 14454.4—2008, ISO 280:1998, MOD)

3　产品化学名称、分子式、结构式和相对分子质量

3.1　化学名称：2,3-丁二酮。

3.2　CAS号：431-03-8。

3.3　分子式：$C_4H_6O_2$。

3.4　结构式：$CH_3COCOCH_3$。

3.5　相对分子质量：86.09。

4　要求

4.1　色状：黄色至黄绿色液体。

4.2　香气：在很稀的溶液中带有强烈的黄油香气。

4.3　相对密度(25 ℃/25 ℃)：0.978～0.988。

4.4　折光指数(20 ℃)：1.392 0～1.398 0。

4.5　含量(GC)：≥98.0%。

5　试验方法

5.1　色状的检定

将试样置于比色管内，用目测法观察。

5.2　香气的评定

按GB/T 14454.2的规定。

5.3　相对密度的测定

按GB/T 11540的规定。

5.4　折光指数的测定

按GB/T 14454.4的规定。

5.5 含量的测定

5.5.1 仪器

a) 色谱仪

按 GB/T 11538—2006 或 GB/T 11539—2008 中第 5 章的规定。

b) 柱

填充柱或毛细管柱。

c) 检测器

氢火焰离子化检测器。

5.5.2 测定方法

面积归一化法:按 GB/T 11538—2006 或 GB/T 11539—2008 中 10.4 指定的方法测定 2,3-丁二酮含量。

5.5.3 重复性及结果表示

按 GB/T 11538—2006 或 GB/T 11539—2008 中 11.4 的规定进行,应符合要求。

2,3-丁二酮典型气相色谱图(面积归一化法)参见附录 A。

6 检验规则

6.1 2,3-丁二酮应由生产厂质量检验部门负责检验,生产厂应保证出厂产品都符合本标准的要求,每批出厂产品都应附有质量合格证书。色状、香气、含量为出厂检验项目,型式检验为全项目检验,每季度进行一次。

6.2 验收单位有权按照本标准的各项规定检验所收到的产品质量是否符合本标准的要求,每一批号作一次验收,不同批号分别验收。

6.3 取样方法:每批的包装单位 1 个～2 个,全抽;3 个～100 个抽取 2 个;100 个以上增加部分再抽取 3%。用取样器从每个包装单位中均匀抽取试样 50 mL～100 mL,将所抽取的试样全部置于混样器内充分混匀,分别装入两个清洁干燥密闭的惰性容器中,避光保存。容器上贴标签,注明:生产厂名、产品名称、生产日期、批号、数量及取样日期,一瓶作检验用,另一瓶留存备查。

6.4 如验收结果中有一项指标不符合本标准的要求时,可会同生产厂重新加倍抽取试样复验。如复验结果仍有指标不合格,则该批产品不能验收。

6.5 当供需双方对产品质量发生异议时,可由双方协议解决或由法定检验机构进行仲裁。

7 标志、包装、运输、贮存和保质期

7.1 标志

产品包装外应注明:"食品添加剂"字样、产品名称、生产厂名和地址、联系方式、商标、批号、净含量、生产日期和保质期、许可证号、标准编号及相关标志,并应符合有关法律法规的规定。顾客如有特殊要求,可与生产厂另订协议。

7.2 包装

2,3-丁二酮应装于清洁、干燥、无杂味的氟化桶或食品级聚乙烯塑料桶内,或按顾客要求包装。

7.3 运输

在运输过程中应轻装轻卸,防止日晒雨淋,不得与有毒、有害物质混装、混运,并应符合有关部门的规定。

7.4 贮存

产品应贮存在阴凉、干燥、通风的仓库内,避免杂气污染,远离火源。贮存温度<18 ℃。

7.5 保质期

在符合规定的贮运条件、包装完整、未经启封的情况下,产品保质期不少于一年。

附 录 A
（资料性附录）
2,3-丁二酮典型气相色谱图
（面积归一化法）

A.1 操作条件

A.1.1 柱：毛细管柱，长 50 m，内径 0.25 mm。

A.1.2 固定相：PEG 20 000。

A.1.3 膜厚：0.25 μm。

A.1.4 色谱炉温度：150 ℃恒温。

A.1.5 进样口温度：250 ℃。

A.1.6 检测器温度：250 ℃。

A.1.7 检测器：火焰离子化检测器。

A.1.8 载气：氮气。

A.1.9 载气流速：柱前压 60 kPa。

A.1.10 进样量：约 0.2 μL。

A.1.11 分流比：1/100。

A.2 气相色谱图

气相色谱图见图 A.1。

图 A.1

ICS 71.100.60
X 44

中华人民共和国国家标准

GB 23489—2009

食品添加剂 大茴香脑(天然)

Food additive—Natural anethole

2009-04-17 发布 2009-10-01 实施

中华人民共和国国家质量监督检验检疫总局
中国国家标准化管理委员会 发布

前言

本标准的 4.3、4.4、4.6、4.7 为强制性的，其余为推荐性的。

本标准技术指标修改采用食品法典委员会(CAC)下属的食品添加剂联合专家委员会(JECFA)制定的《反式大茴香脑》(代号为 JECFA 217)，与 CAC(JECFA 217)相比，主要技术差异如下：

——增加了顺式大茴香脑含量、重金属含量(以 Pb 计)要求。

本标准的附录 A 为资料性附录。

本标准由中国轻工业联合会提出。

本标准由全国香料香精化妆品标准化技术委员会归口。

本标准负责起草单位：昆山开发区漂润香料实业有限公司、广西万山香料有限责任公司、上海香料研究所、广西产品质量监督检验院。

本标准主要起草人：周恩雨、黄徽、徐易、刘培杰、于蕾、曹怡。

食品添加剂　大茴香脑(天然)

1　范围

本标准规定了大茴香脑(天然)的要求、试验方法、检验规则及标志、包装、运输、贮存、保质期。

本标准适用于以八角茴香油为原料,通过高效分馏法制得的大茴香脑(天然)。

2　规范性引用文件

下列文件中的条款通过本标准的引用而成为本标准的条款。凡是注日期的引用文件,其随后所有的修改单(不包括勘误的内容)或修订版均不适用于本标准,然而,鼓励根据本标准达成协议的各方研究是否可使用这些文件的最新版本。凡是不注日期的引用文件,其最新版本适用于本标准。

GB/T 5009.74　食品添加剂中重金属限量试验

GB/T 11538—2006　精油　毛细管柱气相色谱分析　通用法(ISO 7609:1985, IDT)

GB/T 11540　香料　相对密度的测定(GB/T 11540—2008, ISO 279:1998, MOD)

GB/T 14454.2　香料　香气评定法

GB/T 14454.4　香料　折光指数的测定(GB/T 14454.4—2008, ISO 280:1998, MOD)

GB/T 14455.3　香料　乙醇中溶解(混)度的评估(GB/T 14455.3—2008, ISO 875:1999, MOD)

3　产品化学名称、分子式、结构式和相对分子质量

3.1　化学名称:反式对丙烯基苯甲醚。

3.2　CAS 号:4180-23-8。

3.3　分子式:$C_{10}H_{12}O$。

3.4　结构式:

3.5　相对分子质量:148.21。

4　要求

4.1　色状:白色至浅黄色凝固体或无色至浅黄色液体。

4.2　香气:具有八角茴香样香气。

4.3　相对密度(25 ℃/25 ℃):0.983～0.988。

4.4　折光指数(25 ℃):1.557 0～1.562 0。

4.5　溶解度(25 ℃):1 mL 或 1 g 试样全溶于 3 mL 90%(体积分数)乙醇中。

4.6　含量(GC):反式大茴香脑不小于 99.0%,顺式大茴香脑不大于 0.2%。

4.7　重金属含量(以 Pb 计):不大于 10 mg/kg。

5　试验方法

5.1　色状的检定

将试样置于一洁净白纸上或比色管内,用目测法观察。

5.2　香气的评定

按 GB/T 14454.2 的规定。

5.3 相对密度的测定

按 GB/T 11540 的规定。

5.4 折光指数的测定

按 GB/T 14454.4 的规定。

5.5 溶解度的评估

按 GB/T 14455.3 的规定。

5.6 含量的测定

5.6.1 仪器

a) 色谱仪

按 GB/T 11538—2006 中第 5 章的规定。

b) 柱

毛细管柱。

c) 检测器

氢火焰离子化检测器。

5.6.2 测定方法

面积归一化法：按 GB/T 11538—2006 中 10.4 的指定方法测定反式大茴香脑和顺式大茴香脑含量。

5.6.3 重复性及结果表示

按 GB/T 11538—2006 中 11.4 的规定进行，应符合要求。

大茴香脑(天然)典型气相色谱图(面积归一化法)参见附录 A。

5.7 重金属含量(以 Pb 计)的测定

见 GB/T 5009.74。

6 检验规则

6.1 大茴香脑(天然)应由生产厂质量检验部门负责检验，生产厂应保证出厂产品都符合本标准的要求，每批出厂产品都应附有质量合格证书。色状、香气、相对密度、折光指数、含量为出厂检验项目，型式检验为全项目检验，每半年进行一次。

6.2 验收单位有权按照本标准的各项规定检验所收到的产品质量是否符合本标准的要求，每一批号作一次验收，不同批号分别验收。

6.3 取样方法：每批的包装单位 1 个～2 个，全抽；3 个～100 个抽取 2 个；100 个以上增加部分再抽取 3%。用取样器从每个包装单位中均匀抽取试样 50 mL～100 mL 或 50 g～100 g，将所抽取的试样全部置于混样器内充分混匀，分别装入两个清洁干燥密闭的惰性容器中，避光保存。容器上贴标签，注明：生产厂名、产品名称、生产日期、批号、数量及取样日期，一瓶作检验用，另一瓶留存备查。

6.4 如验收结果中有一项指标不符合本标准要求时，可会同生产厂重新加倍抽取试样复验。如复验结果仍有指标不合格，则该批产品不能验收。

6.5 当供需双方对产品质量发生异议时，可由双方协议解决或由法定检验机构进行仲裁。

7 标志、包装、运输、贮存和保质期

7.1 标志

产品包装外应注明：“食品添加剂”字样、产品名称、生产厂名和地址、联系方式、商标、批号、净含量、生产日期和保质期、许可证号、标准编号及相关标志，并应符合有关法律法规的规定。顾客如有特殊要求，可与生产厂另订协议。

7.2 **包装**

大茴香脑(天然)应装于清洁无杂味的镀锌铁桶、白铁桶或食品级塑料桶内,或按顾客要求包装。

7.3 **运输**

在运输过程中应轻装轻卸,防止日晒雨淋,不得与有毒、有害物质混装、混运,并应符合有关部门的规定。

7.4 **贮存**

产品应贮存在阴凉、干燥、通风的仓库内,避免杂气污染,远离火源。

7.5 **保质期**

在符合规定的贮运条件、包装完整、未经启封的情况下,产品保质期不少于一年。

附 录 A
（资料性附录）
大茴香脑（天然）典型气相色谱图
（面积归一化法）

A.1 操作条件

A.1.1 柱：弹性石英毛细管柱，长 30 m，内径 0.25 mm。

A.1.2 固定相：极性柱。

A.1.3 膜厚：0.25 μm。

A.1.4 色谱炉温度：170 ℃恒温。

A.1.5 进样口温度：210 ℃。

A.1.6 检测器温度：260 ℃。

A.1.7 检测器：火焰离子化检测器。

A.1.8 载气：氮气。

A.1.9 载气流速：柱前压 60 kPa。

A.1.10 进样量：0.1 μL。

A.1.11 分流比：1/100。

A.2 气相色谱图

气相色谱图见图 A.1。

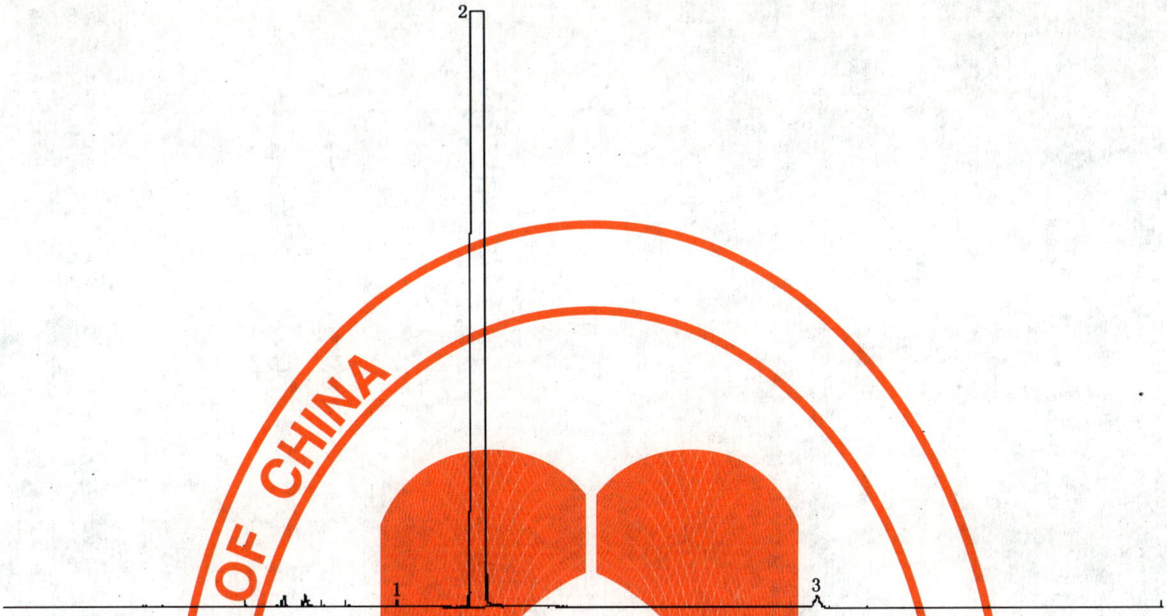

1——顺式大茴香脑；
2——反式大茴香脑；
3——小茴香灵。

图 A.1

ICS 67.040
X 04

中华人民共和国国家标准

GB/T 23490—2009

食品水分活度的测定

Determination of water activity in foods

(ISO 21807:2004,Microbiology of food and animal feeding stuffs—Determination of water activity,NEQ)

2009-04-27 发布

2009-05-01 实施

中华人民共和国国家质量监督检验检疫总局
中国国家标准化管理委员会 发布

前言

本标准对应于 ISO 21807:2004《食品及牲畜饲料中的微生物　水分活度的测定》(英文版),本标准与 ISO 21807:2004 的一致性程度为非等效。

本标准的附录 A 为资料性附录。

本标准由全国食品工业标准化技术委员会(SAC/TC 64)提出。

本标准由全国食品工业标准化技术委员会食品通用检测技术分技术委员会(SAC/TC 64/SC 8)归口。

本标准起草单位:杭州市质量技术监督检测院。

本标准主要起草人:姜荷、张志国、芮昶、孙岚、陈育旺、胡杭萍。

食品水分活度的测定

1 范围

本标准规定了康卫氏皿扩散法和水分活度仪扩散法测定食品中的水分活度。

本标准适用于预包装谷物制品类、肉制品类、水产制品类、蜂产品类、薯类制品类、水果制品类、蔬菜制品类、乳粉、固体饮料的食品水分活度的测定。

本标准不适用于冷冻和含挥发性成分的食品。

本标准的康卫氏皿扩散法适用食品水分活度的范围为 0.00～0.98；水分活度仪扩散法为 0.60～0.90。

2 规范性引用文件

下列文件中的条款通过本标准的引用而成为本标准的条款。凡是注日期的引用文件，其随后所有的修改单（不包括勘误的内容）或修订版均不适用于本标准，然而，鼓励根据本标准达成协议的各方研究是否可使用这些文件的最新版本。凡是不注日期的引用文件，其最新版本适用于本标准。

GB/T 6682　分析实验室用水规格和试验方法（GB/T 6682—2008，ISO 3696：1987，MOD）

3 术语和定义

下列术语和定义适用于本标准。

3.1

水分活度　water activity

水活度

食品中水分的饱和蒸汽压与相同温度下纯水的饱和蒸汽压的比值。

注：水分活度（A_w）可用式(1)表示：

$$A_w = \frac{p}{p_0} \qquad \cdots\cdots(1)$$

式中：

p——某种食品在密闭容器中达到平衡状态时的水蒸气分压；

p_0——相同温度下纯水的饱和蒸汽压。

4 康卫氏皿扩散法

4.1 方法提要

在密封、恒温的康卫氏皿中，试样中的自由水与水分活度（A_w）较高和较低的标准饱和溶液相互扩散，达到平衡后，根据试样质量的变化量，求得样品的水分活度。

4.2 试剂

4.2.1　所有试剂均使用分析纯试剂；分析用水应符合 GB/T 6682 规定的三级水规格。

4.2.2　按表 1 配制各种无机盐的饱和溶液。

表 1 饱和盐溶液的配制

序号	过饱和盐溶液的种类	试剂名称	称取试剂的质量 X（加入热水[a] 200 mL）[b]/g ≥	水分活度(A_w)（25 ℃）
1	溴化锂饱和溶液	溴化锂($LiBr\cdot 2H_2O$)	500	0.064
2	氯化锂饱和溶液	氯化锂($LiCl\cdot H_2O$)	220	0.113
3	氯化镁饱和溶液	氯化镁($MgCl_2\cdot 6H_2O$)	150	0.328
4	碳酸钾饱和溶液	碳酸钾(K_2CO_3)	300	0.432
5	硝酸镁饱和溶液	硝酸镁[$Mg(NO_3)_2\cdot 6H_2O$]	200	0.529
6	溴化钠饱和溶液	溴化钠($NaBr\cdot 2H_2O$)	260	0.576
7	氯化钴饱和溶液	氯化钴($CoCl_2\cdot 6H_2O$)	160	0.649
8	氯化锶饱和溶液	氯化锶($SrCl_2\cdot 6H_2O$)	200	0.709
9	硝酸钠饱和溶液	硝酸钠($NaNO_3$)	260	0.743
10	氯化钠饱和溶液	氯化钠($NaCl$)	100	0.753
11	溴化钾饱和溶液	溴化钾(KBr)	200	0.809
12	硫酸铵饱和溶液	硫酸铵[$(NH_4)_2SO_4$]	210	0.810
13	氯化钾饱和溶液	氯化钾(KCl)	100	0.843
14	硝酸锶饱和溶液	硝酸锶[$Sr(NO_3)_2$]	240	0.851
15	氯化钡饱和溶液	氯化钡($BaCl_2\cdot 2H_2O$)	100	0.902
16	硝酸钾饱和溶液	硝酸钾(KNO_3)	120	0.936
17	硫酸钾饱和溶液	硫酸钾(K_2SO_4)	35	0.973

[a] 易于溶解的温度为宜。

[b] 冷却至形成固液两相的饱和溶液，贮于棕色试剂瓶中，常温下放置一周后使用。

4.3 仪器和设备

4.3.1 康卫氏皿（带磨砂玻璃盖）：见图 1。

4.3.2 称量皿：直径 35 mm，高 10 mm。

4.3.3 天平：感量 0.000 1 g 和 0.1 g。

4.3.4 恒温培养箱：0 ℃～40 ℃，精度±1 ℃。

4.3.5 电热恒温鼓风干燥箱。

4.4 试样的制备

4.4.1 粉末状固体、颗粒状固体及糊状样品

取有代表性样品至少 200 g，混匀，置于密闭的玻璃容器内。

4.4.2 块状样品

取可食部分的代表性样品至少 200 g。在室温 18 ℃～25 ℃，湿度 50%～80%的条件下，迅速切成约小于 3 mm×3 mm×3 mm 的小块，不得使用组织捣碎机，混匀后置于密闭的玻璃容器内。

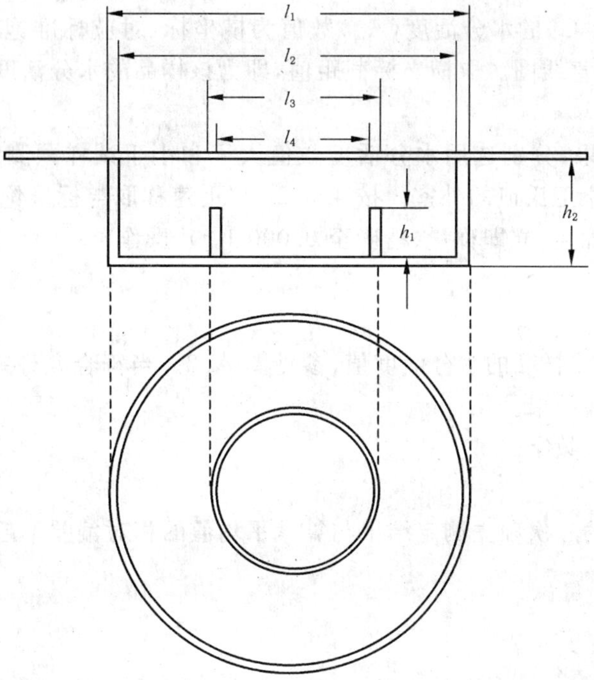

l_1——外室外直径，100 mm；

l_2——外室内直径，92 mm；

l_3——内室外直径，53 mm；

l_4——内室内直径，45 mm；

h_1——内室高度，10 mm；

h_2——外室高度，25 mm。

图 1　康卫氏皿示意图

4.5　分析步骤

4.5.1　预处理

将盛有试样的密闭容器、康卫氏皿(4.3.1)及称量皿(4.3.2)置于恒温培养箱(4.3.4)内，于 25 ℃±1 ℃条件下，恒温 30 min。取出后立即使用及测定。

4.5.2　预测定

分别取 12.0 mL 溴化锂饱和溶液、氯化镁饱和溶液、氯化钴饱和溶液、硫酸钾饱和溶液于 4 只康卫氏皿的外室，用经恒温的称量皿(4.3.2)，迅速称取与标准饱和盐溶液相等份数的同一试样(4.5.1)约 1.5 g，于已知质量的称量皿中(精确至 0.000 1 g)，放入盛有标准饱和盐溶液的康卫氏皿的内室。沿康卫氏皿上口平行移动盖好涂有凡士林的磨砂玻璃片，放入 25 ℃±1 ℃的恒温培养箱(4.3.4)内。恒温 24 h。取出盛有试样的称量皿，加盖，立即称量(精确至 0.000 1 g)。

4.5.3　预测定结果计算

4.5.3.1　试样质量的增减量按式(2)计算：

$$X = \frac{m_1 - m}{m - m_0} \qquad \cdots\cdots(2)$$

式中：

X——试样质量的增减量，单位为克每克(g/g)；

m_1——25 ℃扩散平衡后，试样和称量皿的质量，单位为克(g)；

m——25 ℃扩散平衡前，试样和称量皿的质量，单位为克(g)；

m_0——称量皿的质量，单位为克(g)。

4.5.3.2 绘制二维直线图

以所选饱和盐溶液(25 ℃)的水分活度(A_w)数值为横坐标,对应标准饱和盐溶液的试样的质量增减数值为纵坐标,绘制二维直线图。取横坐标截距值,即为该样品的水分活度预测值,参见图 A.1。

4.5.4 试样的测定

依据 4.5.3 预测定结果,分别选用水分活度数值大于和小于试样预测结果数值的饱和盐溶液各 3 种,各取 12.0 mL,注入康卫氏皿的外室。按 4.5.2 中"迅速称取与标准饱和盐溶液相等份数的同一试样(4.5.1)约 1.5 g……加盖,立即称量(精确至 0.000 1 g)"操作。

4.6 结果计算

同 4.5.3。

取横坐标截距值,即为该样品的水分活度值,参见图 A.2。当符合允许差所规定的要求时,取三次平行测定的算术平均值作为结果。

计算结果保留三位有效数字。

4.7 允许差

在重复性条件下获得的三次独立测定结果与算术平均值的相对偏差不超过 10%。

5 水分活度仪扩散法

5.1 方法提要

在密闭、恒温的水分活度仪测量舱内,试样中的水分扩散平衡。此时水分活度仪测量舱内的传感器或数字化探头显示出的响应值(相对湿度对应的数值)即为样品的水分活度(A_w)。

5.2 试剂

同 4.2。

5.3 仪器

5.3.1 水分活度测定仪:精度±0.02A_w。

5.3.2 天平:感量 0.01 g。

5.3.3 样品皿。

5.4 试样的制备

同 4.4。

5.5 分析步骤

5.5.1 在室温 18 ℃~25 ℃,湿度 50%~80%的条件下,用饱和盐溶液校正水分活度仪。

5.5.2 称取约 1 g(精确至 0.01 g)试样(5.4),迅速放入样品皿中,封闭测量仓,在温度 20 ℃~25 ℃、相对湿度 50%~80%的条件下测定。每间隔 5 min 记录水分活度仪的响应值。当相邻两次响应值之差小于 0.005 A_w 时,即为测定值。仪器充分平衡后,同一样品重复测定三次。

5.6 结果计算

当符合允许差所规定的要求时,取三次平行测定的算术平均值作为结果。

计算结果保留三位有效数字。

5.7 允许差

在重复性条件下获得的三次独立测定结果与算术平均值的相对偏差不超过 5%。

附 录 A
（资料性附录）
水分活度参考二维直线图

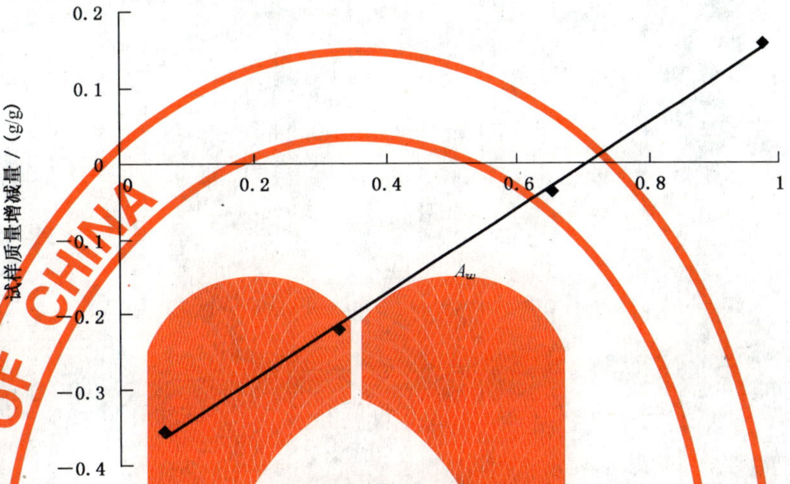

图 A.1 蛋糕水分活度预测结果二维直线图

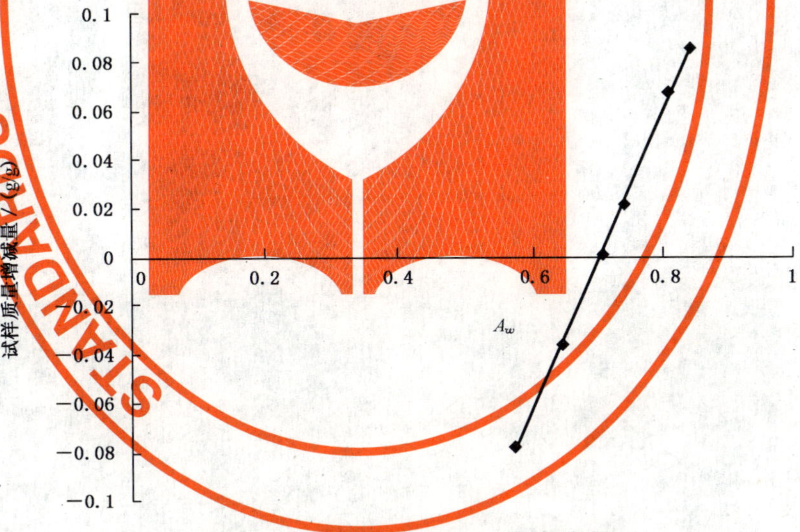

图 A.2 蛋糕水分活度二维直线图

ICS 65.120
B 46

GB

中华人民共和国国家标准

GB/T 23491—2009

饲料企业生产工艺及设备验收指南

Acceptance guide for processing technique and equipment of feed enterprise

2009-04-23 发布 2009-06-01 实施

中华人民共和国国家质量监督检验检疫总局
中国国家标准化管理委员会 发布

前　言

本标准由全国饲料工业标准化技术委员会提出并归口。

本标准起草单位:湖北省饲料工业协会、武汉工业学院、华中农业大学。

本标准主要起草人:黄倩蓉、李建文、齐德生。

饲料企业生产工艺及设备验收指南

1 范围

本标准规定了对饲料企业生产工艺及设备验收的术语和定义、一般规定、验收内容、验收方法及验收规则。

本标准适用于新建及改建的配合饲料、浓缩饲料、精料补充料和添加剂预混合饲料企业的验收，其他饲料企业可参照执行。

2 规范性引用文件

下列文件中的条款通过本标准的引用而成为本标准的条款。凡是注日期的引用文件，其随后所有的修改单（不包括勘误的内容）或修订版均不适用于本标准，然而，鼓励根据本标准达成协议的各方研究是否可使用这些文件的最新版本。凡是不注日期的引用文件，其最新版本适用于本标准。

GB 2893 安全色
GB 2894 安全标志及其使用导则
GB 4053.3 固定式工业防护栏杆安全技术条件
GB 5083 生产设备安全卫生设计总则
GB/T 10647 饲料工业术语
GB/T 13306 标牌
GB 16179 安全标志使用导则
GB/T 16764 配合饲料企业卫生规范
GB/T 16765 颗粒饲料通用技术条件
GB/T 18695 饲料加工设备术语
GB 19081 饲料加工系统粉尘防爆安全规程
GB 19517 国家电气设备安全技术规范
GB/T 20803 饲料配料系统通用技术规范
GB 50016 建筑设计防火规范
GBJ 87 工业企业噪声控制设计规范
JB/T 9820.2 饲料混合机 技术条件
NY/T 1023 饲料加工成套设备 质量评价技术规范
SC/T 1077 渔用配合饲料通用技术要求

3 术语和定义

GB/T 10647 和 GB/T 18695 中确立的术语和定义适用于本标准。

4 一般规定

4.1 验收应在饲料生产企业设备安装验收合格的基础上进行。

4.2 企业应提供验收材料：生产设备安装验收合格证明、工艺流程图、设备清单及工艺说明、设备布置图、设备说明书、有国家法定资质的检测部门出具的有效检定证书和报告、现行的设备标准。

4.3 验收评审组（以下简称评审组）

评审组应由 3 名～7 名中级（含中级）以上饲料工程相关专业的技术人员组成。

4.4 验收应由评审组在生产现场完成，其中包括验收材料审阅、现场审查。

4.5 评审组在验收完成后应作出验收结论。

5 验收内容

5.1 加工工艺流程

5.1.1 粉状配合饲料、浓缩饲料及精料补充料生产应配置原料清理、粉碎、配料、混合及成品包装或发放等基本工序。颗粒配合饲料生产应在粉状配合饲料生产线的基础上，增设制粒（或挤压膨化）工序。有特殊工艺要求的，按相应的工序要求配置。

5.1.2 添加剂预混合饲料生产应配置配料、预混合、混合、成品包装等基本工序。

5.1.3 兼产添加剂预混合饲料的配合饲料、浓缩饲料生产厂，应设置独立的添加剂预混合饲料生产线。

5.1.4 微量组分及添加剂预混合饲料的添加应设置独立的配料工序及输送线，或采用人工方式投入混合机。

5.1.5 粉状成品输送线路宜简短。

5.1.6 原料处理线中易产生粉尘的工艺位置，应设置通风除尘系统。微量组分及添加剂预混合饲料的投料口、成品包装处应设置独立式通风除尘系统。

5.2 主要设备配置

5.2.1 设备，包括升降货梯应符合相应的标准，设备说明书齐备。

5.2.2 粉状配合饲料、浓缩饲料及精料补充料生产应配置初清、磁选、粉碎、配料计量、混合、成品包装或发放设备。颗粒配合饲料生产应增设相应的调质、制粒（或挤压膨化）、干燥冷却、颗粒破碎及分级设备。有特殊工艺要求的，按相应的工艺要求配置。

5.2.3 添加剂预混合饲料生产工艺应配置配料计量、混合、成品包装设备。

5.2.4 配料计量宜选用电子配料秤或电子台秤。

5.2.5 添加剂预混合饲料的生产，其稀释（承载）混合和最终产品混合应分别配置混合机。混合机与物料接触部分应采用不锈钢制作。

5.2.6 混合机室内排料后自然残留量应符合 JB/T 9820.2 的要求。

5.2.7 输送设备应选用便于清理的产品。

5.2.8 设备的明显部位应固定永久性产品标牌，标牌规格应符合 GB/T 13306 的要求。

5.2.9 设备应运转平稳，无异常振动，无跑、冒、滴、漏现象。表面涂漆色泽均匀、平整光滑，不允许露底、起泡、起皱。

5.3 主要生产性能

主要生产性能指标应符合表 1 的要求。

表 1

序号	项目		要求
1	生产率		符合设计要求
2	吨料电耗		符合设计要求
3	配料秤最大允许误差/%		符合 GB/T 20803
4	打包秤最大允许误差/%		符合 NY/T 1023
5	混合机混合均匀度变异系数/%	配合饲料、浓缩饲料、精料补充料	≤7
6		添加剂预混合饲料	≤5
7	畜禽用颗粒饲料含粉率、粉化率		符合 GB/T 16765
8	渔用颗粒饲料粉化率、水中稳定性		符合 SC/T 1077

表 1（续）

序号	项　目	要　求
9	噪声/dB(A)	符合 GBJ 87
10	车间粉尘浓度/(mg/m³)	符合 GB/T 16764

5.4　安全性能

5.4.1　操作平台（或通道）、地坑、升降货梯各楼层通过处无墙侧等应有护栏。护栏应符合 GB 4053.3 的规定。

5.4.2　人员能接触到的外露运转件应有符合 GB 5083 中规定的安全防护装置。

5.4.3　有人通过的地坑或洞眼应有行走安全的盖板。

5.4.4　温度超过 50 ℃的部位应有有效的防护措施。

5.4.5　电气设备应符合 GB 19517 及 GB 19081 的规定。

5.4.6　生产车间照明灯具应符合 GB 19081 的规定。

5.4.7　设备、设施的颜色应符合 GB 2893 的规定。

5.4.8　易发生危险的部位应固定安全标志，安全标志的图形、符号、文字、颜色等均应符合 GB 2894、GB 16179 的规定。

5.4.9　应配备符合 GB 50016 要求的消防设施。

5.5　验收材料的符合性

验收材料齐备，且与实际一致。

6　验收方法

6.1　审阅验收材料

审阅 4.2 中所列的各项材料。

6.2　主要生产性能的验收

主要生产性能指标的验收查验由国家法定检测机构出具的检定证书或检测报告，其中，生产率及吨料电耗亦可由企业提供。

6.3　现场审查

评审组在生产现场按生产工艺流程逐工序审查工艺流程、主要设备配置及安全性能。

7　验收规则

生产工艺及设备符合第 5 章全部要求的，为验收合格。

ICS 67.120.10
X 22

GB

中华人民共和国国家标准

GB/T 23492—2009

培 根

Bacon

2009-04-27 发布　　　　2009-10-01 实施

中华人民共和国国家质量监督检验检疫总局
中国国家标准化管理委员会　发布

前言

本标准由全国肉禽蛋制品标准化技术委员会提出并归口。

本标准起草单位:中华人民共和国黑龙江出入境检验检疫局、哈尔滨大众肉联制品有限公司。

本标准主要起草人:邓立育、李铁柱、康庆贺、孙瑶、张洪祥、栾凤侠、高勇、杨林伟、邹同品。

培　根

1　范围

本标准规定了培根的定义、分类、卫生指标要求、检验方法、检验规则及标志、包装、运输、贮存、销售、召回要求。

本标准适用于3.1定义产品的加工、检验和销售。

2　规范性引用文件

下列文件中的条款通过本标准的引用而成为本标准的条款。凡是注日期的引用文件，其随后所有的修改单(不包括勘误的内容)或修订版均不适用于本标准。然而，鼓励根据本标准达成协议的各方研究是否可使用这些文件的最新版本。凡是不注日期的引用文件，其最新版本适用于本标准。

GB 2726　熟肉制品卫生标准

GB 2760　食品添加剂卫生标准

GB/T 4789.2　食品卫生微生物学检验　菌落总数测定

GB/T 4789.3　食品卫生微生物学检验　大肠菌群测定

GB/T 4789.4　食品卫生微生物学检验　沙门氏菌检验

GB/T 4789.5　食品卫生微生物学检验　志贺氏菌检验

GB/T 4789.10　食品卫生微生物学检验　金黄色葡萄球菌检验

GB/T 5009.11　食品中总砷及无机砷的测定

GB/T 5009.12　食品中铅的测定

GB/T 5009.15　食品中镉的测定

GB/T 5009.17　食品中总汞及有机汞的测定

GB/T 5009.27　食品中苯并(a)芘的测定

GB/T 5009.33　食品中亚硝酸盐与硝酸盐的测定

GB/T 5009.44　肉与肉制品卫生标准的分析方法

GB 7718　预包装食品标签通则

GB/T 9695.8　肉与肉制品　氯化物含量测定

GB/T 9695.15　肉与肉制品　水分含量的测定

GB/T 9695.19　肉与肉制品　取样方法

GB 9959.1　鲜、冻片猪肉

GB/T 9959.2　分割鲜、冻猪瘦肉

GB/T 17238　鲜、冻分割牛肉

GB 19303　熟肉制品企业生产卫生规范

JJF 1070　定量包装商品净含量计量检验规则

食品召回管理规定　国家质量监督检验检疫总局[2007]第98号令

食品标识管理规定　国家质量监督检验检疫总局[2007]第102号令

3　术语和定义

下列术语和定义适用于本标准。

3.1

培根　bacon

将畜肉或禽肉去骨(或不去骨)、注射(或不注射)、腌制、滚揉(或不滚揉)、成型(或不成型)、干燥、烟熏(或不烟熏)、烘烤等工艺制成的肉制品。

4　分类

4.1　按原料肉分

4.1.1　猪肉培根。

4.1.2　牛肉培根。

4.1.3　禽肉培根。

4.2　按生熟分

4.2.1　生制培根。

4.2.2　熟制培根。

5　技术要求

5.1　原辅料

5.1.1　猪肉应符合 GB 9959.1、GB/T 9959.2 的规定。

5.1.2　牛肉应符合 GB/T 17238 的规定。

5.1.3　禽肉应符合相应国家标准或行业标准的规定。

5.1.4　辅料应符合相应国家标准或行业标准的规定。

5.2　感官要求

应符合表 1 的规定。

表 1　感官要求

项　目	要　求	
	生制培根	熟制培根
组织状态	自然块状或厚薄均匀片状,紧密不松散,无粘液及霉液	内容物密切结合,坚实而有弹力,无粘液及霉液
色泽	表面色泽均匀,切面肉呈均匀的淡蔷薇红色或原料肉固有色泽,脂肪为白色	表面色泽均匀,切面肉呈均匀的蔷薇红色或原料肉固有色泽,脂肪为白色
气味	应具有本品固有的滋、气味,无腐味,无酸败味	
杂质	无可见杂质	

5.3　净含量

应符合 JJF 1070 的规定。

5.4　理化指标

应符合表 2 的规定。

表 2　理化指标

项　目		指　标	
		生制培根	熟制培根
水分/(g/100 g)	≤	65.0	70.0
氯化物(以 NaCl 计)/(g/100 g)	≤	3.5	

表 2（续）

项　目	指　标	
	生制培根	熟制培根
亚硝酸盐(以 $NaNO_2$ 计)/(mg/kg)	按 GB 2726 规定执行	
铅(Pb)/(mg/kg)		
无机砷 /(mg/kg)		
镉(Cd)/(mg/kg)		
总汞(以 Hg 计)/(mg/kg)		
苯并(a)芘[a]/(μg/kg)		
[a] 仅限于烟熏产品。		

5.5　微生物指标

应符合表 3 的规定。

表 3　微生物指标[b]

项　目	指　标
菌落总数/(CFU/g)	按 GB 2726 规定执行
大肠菌群/(MPN/100 g)	
致病菌(沙门氏菌、金黄色葡萄球菌、志贺氏菌)	
[b] 仅限于熟制培根。	

5.6　食品添加剂

5.6.1　食品添加剂质量应符合相应的标准和有关规定。

5.6.2　食品添加剂品种及其使用量应符合 GB 2760 的规定。

6　检验方法

6.1　感官指标

按 GB/T 5009.44 规定的方法执行。

6.2　净含量指标

按 JJF 1070 规定的方法执行。

6.3　理化指标

6.3.1　水分：按 GB/T 9695.15 规定的方法执行。

6.3.2　氯化物：按 GB/T 9695.8 规定的方法执行。

6.3.3　亚硝酸盐：按 GB/T 5009.33 规定的方法执行。

6.3.4　铅：按 GB/T 5009.12 规定的方法执行。

6.3.5　无机砷：按 GB/T 5009.11 规定的方法执行。

6.3.6　镉：按 GB/T 5009.15 规定的方法执行。

6.3.7　总汞：按 GB/T 5009.17 规定的方法执行。

6.3.8　苯并(a)芘：按 GB/T 5009.27 规定的方法执行。

6.4　微生物指标

6.4.1　菌落总数：按 GB/T 4789.2 规定的方法执行。

6.4.2　大肠菌群：按 GB/T 4789.3 规定的方法执行。

6.4.3 沙门氏菌:按 GB/T 4789.4 规定的方法执行。

6.4.4 志贺氏菌:按 GB/T 4789.5 规定的方法执行。

6.4.5 金黄色葡萄球菌:按 GB/T 4789.10 规定的方法执行。

7 生产加工过程

应符合 GB 19303 的规定。

8 检验规则

8.1 批次与抽样

在原材料、工艺不变的条件下以连续生产的同种产品为一批。按 GB/T 9695.19 规定随机取样。

8.2 出厂检验

每批产品应经工厂检验部门按本标准规定的方法检验合格,出具合格证后方可出厂。生制培根检验项目为感官要求、净含量、水分;熟制培根检验项目为感官要求、净含量、水分、菌落总数和大肠菌群。其他项目做不定期抽检。

8.3 型式检验

8.3.1 每年至少进行一次型式检验。有下列情况之一时亦应进行型式检验:

a) 更改主要原辅材料或更改关键工艺;

b) 长期停产后,恢复生产时;

c) 出厂检验结果与上次型式检验结果有较大差异时;

d) 国家质量监督机构提出进行型式检验的要求时。

8.3.2 型式检验项目应包括本标准技术要求中的全部项目。

8.4 判定规则

8.4.1 出厂检验判定规则

出厂检验项目全部符合本标准,判为合格品。感官要求检验中如有异味、污染、霉变、外来杂质或微生物指标有一项不符合本标准的,则判定该批产品为不合格品,并不得复检。其余指标不合格,可在同批产品中加倍抽样进行复检,复检后如仍有一项不合格,则判定该批产品为不合格品。

8.4.2 型式检验判定规则

型式检验项目全部符合本标准,判为合格品。型式检验项目不超过两项不符合本标准,可在同批产品中加倍抽样进行复检,复检后仍有一项不符合本标准,则判定该批产品为不合格品。超过两项或微生物检验有一项不符合本标准,则判定该批产品为不合格品。

9 标识和包装

9.1 预包装培根制品的标识要求按 GB 7718 和《食品标识管理规定》的规定执行。

9.2 产品的包装容器与材料应符合相应的卫生标准和有关规定,防止有毒有害物的污染。

10 贮存及运输

10.1 贮存

产品应贮存在干燥、通风良好的场所。不得与有毒、有害、有异味、易挥发、易腐蚀的物品混储。如需要冷藏应低温贮存。

10.2 运输

运输工具应清洁无污染,运输产品时应避免日晒、雨淋,如需要冷藏应低温运输。不得与有毒、有害、有异味或影响产品质量的物品混装运输。

11 销售

生熟分开，在低温条件下销售。

12 召回

按《食品召回管理规定》执行。

ICS 67.120.10
X 22

中华人民共和国国家标准

GB/T 23493—2009

中式香肠

Chinese sausage

2009-04-27 发布　　　　2009-10-01 实施

中华人民共和国国家质量监督检验检疫总局
中国国家标准化管理委员会　发布

前　言

本标准由中国商业联合会提出。

本标准由全国肉禽蛋制品标准化技术委员会归口。

本标准起草单位：中国商业联合会商业标准中心、中山市黄圃食品腊味商会、广州食品企业集团有限公司皇上皇肉食制品厂、江苏雨润食品产业集团有限公司、河南省漯河市双汇实业集团有限责任公司、烟台市喜旺食品有限公司、靖江双鱼食品有限公司、湖南唐人神集团、福建省厨师集团、中国肉类协会。

本标准主要起草人：黄永良、刘永强、赵宁、王玉芬、陈松、徐世明、褚洁明、郭锡铎、彭建华、邓富江、黄秀英、靳晓蕾、刘振宇。

中 式 香 肠

1 范围

本标准规定了中式香肠的定义、技术要求、试验方法、检验规则和标志、包装、运输、贮存等的要求。

本标准适用于3.1定义产品的生产、检验和销售。

2 规范性引用文件

下列文件中的条款通过本标准的引用而成为本标准的条款。凡是注日期的引用文件，其随后所有的修改单(不包括勘误的内容)或修订版均不适用于本标准，然而，鼓励根据本标准达成协议的各方研究是否可使用这些文件的最新版本。凡是不注日期的引用文件，其最新版本适用于本标准。

GB/T 191 包装储运图示标志(GB/T 191—2008,ISO 780:1997,MOD)

GB 317 白砂糖(GB 317—2006,Codex Stan 212—1999,NEQ)

GB 2730 腌腊肉制品卫生标准

GB 2757 蒸馏酒及配制酒卫生标准

GB 2758 发酵酒卫生标准

GB 2760 食品添加剂使用卫生标准

GB/T 5009.33 食品中亚硝酸盐与硝酸盐的测定方法

GB/T 5009.37 食用植物油卫生标准的分析方法

GB/T 5009.44 肉与肉制品卫生标准的分析方法

GB 5461 食用盐

GB/T 6388 运输包装收发货标志

GB 7718 预包装食品标签通则

GB/T 7740 天然肠衣

GB/T 9695.1 肉与肉制品 游离脂肪含量的测定

GB/T 9695.8 肉与肉制品 氯化物含量测定

GB/T 9695.11 肉与肉制品 氮含量测定

GB/T 9695.15 肉与肉制品 水分含量测定

GB/T 9695.31 肉制品 总糖含量测定

GB 9959.1 鲜、冻片猪肉

GB/T 9959.2 分割鲜、冻猪瘦肉

GB 9961 鲜、冻胴体羊肉

GB 12694 肉类加工厂卫生规范

GB 14967 胶原蛋白肠衣卫生标准

GB/T 16869 鲜、冻禽产品

GB/T 17238 鲜、冻分割牛肉

食品召回管理规定 国家质量监督检验检疫总局[2007]第98号令

食品标识管理规定 国家质量监督检验检疫总局[2007]第102号令

3 术语和定义

下列术语和定义适用于本标准。

3.1

中式香肠 Chinese sausage

腊肠

风干肠

以畜禽等肉为主要原料，经切碎或绞碎后按一定比例加入食盐、酒、白砂糖等辅料拌匀，腌渍后充填入肠衣中，经烘焙或晾晒或风干等工艺制成的生干肠制品。

4 技术要求

4.1 原料

4.1.1 原料肉：应符合 GB 9959.1、GB/T 9959.2、GB 9961、GB/T 16869、GB/T 17238 等的规定。

4.1.2 原料肉必须经过去皮、骨、筋腱及血污等工序。

4.1.3 原料肉应保持肉质新鲜、不沾污、不混有其他杂质。

4.1.4 其他原料应符合相应的国家标准或行业标准。

4.2 辅料

4.2.1 食盐：应符合 GB 5461 的规定。

4.2.2 酒：应符合 GB 2757 或 GB 2758 的规定。

4.2.3 白砂糖：应符合 GB 317 的规定。

4.2.4 其他辅料应符合相应的国家标准或行业标准。

4.3 肠衣

应符合 GB 14967 和 GB/T 7740 的规定。

4.4 质量指标

4.4.1 感官要求

应符合表 1 的规定。

表 1 感官要求

项目	要求
色泽	瘦肉呈红色、枣红色，脂肪呈乳白色，外表有光泽
香气	腊香味纯正浓郁，具有中式香肠（腊肠）固有的风味
滋味	滋味鲜美，咸甜适中
形态	外形完整，均匀，表面干爽呈现收缩后的自然皱纹

4.4.2 理化指标

应符合表 2 的规定。

表 2 理化指标

项目		指标		
		特级	优级	普通级
水分/(g/100 g)	≤	25	30	38
氯化物（以 NaCl 计）/(g/100 g)	≤	8		
蛋白质/(g/100 g)	≥	22	18	14
脂肪/(g/100 g)	≤	35	45	55
总糖（以葡萄糖计）/(g/100 g)	≤	22		
过氧化值（以脂肪计）/(g/100 g)	≤	按 GB 2730 的规定执行		
亚硝酸盐（以 $NaNO_2$ 计）/(mg/kg)	≤	按 GB 2760 的规定执行		

4.4.3 污染物指标

应符合 GB 2730 的规定。

4.4.4 食品添加剂

4.4.4.1 食品添加剂质量应符合相应的标准和有关规定。

4.4.4.2 食品添加剂的品种和使用量应符合 GB 2760 的规定。

4.5 生产加工过程中的卫生要求

应符合 GB 12694 的规定。

5 检验方法

5.1 感官检验

用眼、鼻、口、手等感觉器官对产品的色泽、香气、滋味、形态进行评定。

5.2 水分

按 GB/T 9695.15 规定的方法测定。

5.3 蛋白质

按 GB/T 9695.11 规定的方法测定。

5.4 脂肪

按 GB/T 9695.1 规定的方法测定。

5.5 总糖(以葡萄糖计)

按 GB/T 9695.31 规定的方法测定。

5.6 氯化物

按 GB/T 9695.8 规定的方法测定。

5.7 过氧化值

样品处理按 GB/T 5009.44 规定的方法操作，按 GB/T 5009.37 规定的方法测定。

5.8 亚硝酸盐

按 GB/T 5009.33 规定的方法测定。

6 检验规则

6.1 组批

同日(或同一班次)、同一品种的产品为一批。

6.2 抽样

6.2.1 样本数量：从同一批产品中随机按表 3 抽取样本，并将 1/3 样品进行封存，保留备查。

表 3 抽样表

批量范围/箱	样本数量/箱	合格判定数(Ac)	不合格判定数(Re)
≤1 000	6	0	1
1 001～3 000	7～12	1	2
≥3 001	13～21	2	3

6.2.2 样品数量:从样本中随机抽足 2 kg 作为检验样品。

6.3 检验

6.3.1 出厂检验

产品出厂前,应经质量检验部门按本标准规定逐批进行检验,检验合格后签发质量证明书方可出厂。

出厂检验项目:感官、包装、净含量为每批必检项目,其他为不定期抽检项目。

6.3.2 型式检验

每年至少进行一次型式检验,有下列情况之一者,亦须进行型式检验:

a) 更换设备或长期停产再恢复生产时;

b) 原料出现大的波动时;

c) 出厂检验结果与上次型式检验有较大差异时;

d) 国家质量监督机构进行抽查时。

6.3.3 型式检验项目

本标准中 4.4 规定的项目。

6.4 判定规则

6.4.1 出厂检验判定与复验

6.4.1.1 出厂检验项目全部符合本标准要求的,判该批产品为合格品。

6.4.1.2 出厂检验项目有一项不符合本标准要求的,可加倍随机抽样进行该项目的复验。

6.4.2 型式检验判定与复验

6.4.2.1 型式检验项目全部符合本标准的要求,判为合格品。

6.4.2.2 型式检验项目中不超过 3 项不符合本标准的要求,可加倍抽样复验,复验后有一项不符合本标准要求,判为不合格品。超过 3 项不符合本标准要求,不应复验,判为不合格品。

7 标签与标志

7.1 预包装产品销售包装的标签应按 GB 7718 和《食品标识管理规定》执行。

7.2 运输包装的标志应符合 GB/T 191、GB/T 6388 的规定。

8 包装、运输、贮存

8.1 包装

包装材料应符合相关标准的规定。

8.2 运输

运输工具应符合卫生要求,运输时不应与有毒、有害、有异味、易挥发、易腐蚀的货物混放、混装。运输中防挤压、防晒、防雨、防潮,装卸时轻搬轻放。

8.3 贮存

8.3.1 仓库要求

应卫生、干燥,具有保温功能,不应同库贮存有毒、有害、有异味、易挥发、易腐蚀性的物品。

8.3.2 架垫要求

产品堆放应垫板,与地面距离应不小于 10 cm,距墙面距离应不小于 15 cm。

8.3.3 堆码要求

按不同批次堆码,堆码应整齐。

8.3.4 贮存

成品应在常温、通风、阴凉、干燥处贮存。

9 召回

应按《食品召回管理规定》执行。

ICS 67.060
B 23

中华人民共和国国家标准

GB/T 23494—2009

豆腐干

Dried bean curd

2009-04-27 发布 2009-10-01 实施

中华人民共和国国家质量监督检验检疫总局
中国国家标准化管理委员会 发布

前　言

本标准由中国商业联合会提出并归口。

本标准由国家农副加工产品及白酒质量监督检验中心(山西省食品质量监督检验中心)负责起草。

本标准参加起草单位:太原六味斋实业有限公司。

本标准主要起草人:梁宝爱、刘军、杨一刚、王国强、冯晓斌、冉春生、赵娅鸿、阎继红、孙丽萍。

豆　腐　干

1　范围

本标准规定了豆腐干的术语和定义、产品分类、技术要求、试验方法、检验规则和标签、标志、包装、运输、贮存的要求。

本标准适用于3.1定义产品的生产、销售和检验；非大豆的其他豆类加工的产品可参照执行。

本标准不适用于未经制浆工艺制成的豆腐干。

2　规范性引用文件

下列文件中的条款通过本标准的引用而成为本标准的条款。凡是注日期的引用文件，其随后所有的修改单(不包括勘误的内容)或修订版均不适用于本标准，然而，鼓励根据本标准达成协议的各方研究是否可使用这些文件的最新版本。凡是不注日期的引用文件，其最新版本适用于本标准。

GB/T 191　包装储运图示标志(GB/T 191—2008,ISO 780:1997,MOD)

GB 317　白砂糖(GB 317—2006,Codex Stan 212—1999,NEQ)

GB 1352　大豆

GB 1892　食品添加剂　硫酸钙

GB 2711　非发酵豆制品及面筋卫生标准

GB 2712　发酵性豆制品卫生标准

GB 2760　食品添加剂使用卫生标准

GB 2761　食品中真菌毒素限量

GB 2762　食品中污染物限量

GB/T 4789.23　食品卫生微生物学检验　冷食菜、豆制品检验

GB/T 5009.3　食品中水分的测定

GB/T 5009.5　食品中蛋白质的测定

GB/T 5009.11　食品中总砷及无机砷的测定

GB/T 5009.12　食品中铅的测定

GB/T 5009.27　食品中苯并(α)芘的测定

GB/T 5009.37　食用植物油卫生标准的分析方法

GB/T 5009.52　发酵豆制品卫生标准的分析方法

GB/T 5009.93　食品中硒的测定

GB 5461　食用盐

GB 5749　生活饮用水卫生标准

GB/T 7652　八角

GB 7718　预包装食品标签通则

GB 9683　复合食品包装袋卫生标准

GB/T 12457　食品中氯化钠的测定

GB 16565　油炸小食品卫生标准

QB 2604　食用氯化镁

SB/T 10040　花椒

JJF 1070　定量包装商品净含量计量检验规则

定量包装商品计量监督管理办法　国家质量监督检验检疫总局[2005]　第75号令

散装食品卫生管理规范　中华人民共和国卫生部　卫法监发[2003]180号

3　术语和定义

下列术语和定义适用于本标准。

3.1

豆腐干　dried bean curd

以大豆和水为主要原料，经磨浆、分离、煮浆、添加凝固剂点浆、压榨脱水、成型、切块等加工而成的各种形状的产品。

4　产品分类

根据加工工艺不同分：

4.1　卤制豆腐干(简称卤干)

以豆腐干为原料，添加调味料卤制而成的产品。如白干、名干、香干、臭干等。其中臭干是经臭卤(用于制作臭豆腐的、含有特定微生物种群的、具有特殊臭味的原汁)浸渍而制成的产品。

4.2　油炸豆腐干(简称炸干)

以豆腐干为原料，经植物油炸制而成的产品。如炸豆腐干、油丝等。

4.3　熏制豆腐干(简称熏干)

以豆腐干为原料，经造型、盐水煮制、烟熏等工序加工而成具有熏香味的产品。如熏干、熏卷等。

4.4　炸卤豆腐干

以豆腐干为原料，经造型、油炸等工序，再添加调味料卤制而成的产品。如：花干、素肚等。

4.5　炒制豆腐干(也称烩炒豆制干)

以豆腐干为原料，再经油炸、卤制，最后烩炒而成的产品。分油炒和糖炒两类。如：烩干尖、甜辣干等。

4.6　蒸煮豆腐干

以豆腐干为原料，经蒸煮工艺制成的产品。如：素鸡等。

4.7　其他类

除上述六类以外的符合3.1定义的产品。

5　技术要求

5.1　原料

5.1.1　大豆应符合GB 1352的规定。

5.1.2　水应符合GB 5749的规定。

5.2　辅料

5.2.1　食盐应符合GB 5461的规定。

5.2.2　白砂糖应符合GB 317的规定。

5.2.3　八角应符合GB/T 7652的规定。

5.2.4　花椒应符合SB/T 10040的规定。

5.2.5　其他原辅料质量应符合国家相应的标准和有关规定。

5.3　食品添加剂

5.3.1　凝固剂食用氯化镁和硫酸钙的质量应符合QB 2604和GB 1892的规定。

5.3.2　其他食品添加剂质量应符合国家相应的标准和有关规定。

5.4 质量要求

5.4.1 感官要求

应符合表1的规定。

表1 感官要求

项目	要求						
	卤制豆腐干	油炸豆腐干	熏制豆腐干	炸卤豆腐干	炒制豆腐干	蒸煮豆腐干	其他类
外观形态	形状完整,厚薄均匀,无焦糊						
色泽	具有该产品特有的色泽						
风味	咸淡适中,口感细腻,具有卤制品特有的风味	香味浓郁,具有油炸后应有的香味	咸淡适中,具有特殊的熏香味	咸淡适中,具有炸卤制品特有的风味	咸甜适中,具有炒制品特有的风味	咸淡适中,具有蒸制品特有的风味	具有该产品应有的风味
杂质	无肉眼可见杂质						

5.4.2 理化指标

指标应符合表2的规定。

表2 理化指标

项目		要求							
		卤制豆腐干		油炸豆腐干	熏制豆腐干	炸卤豆腐干	炒制豆腐干	蒸煮豆腐干	其他豆腐干
		卤制	臭豆腐干						
水分/(g/100 g)	≤	75.0	85.0	63.0	70.0	75.0	75.0	75.0	75.0
蛋白质/(g/100 g)	≥	14.0	7.0	17.0	15.0	13.0	14.0	12.0	12.0
食盐(以 NaCl 计)/(g/100 g)	≤	4.0							

5.4.3 卫生指标

应符合表3的规定。

表3 卫生指标

项目		要求							
		卤制豆腐干		油炸豆腐干	熏制豆腐干	炸卤豆腐干	炒制豆腐干	蒸煮豆腐干	其他豆腐干
		臭豆腐干	卤制						
过氧化值(以脂肪计)/(g/100 g)	≤	—		应符合 GB 16565 规定	—	—	—	—	—
酸价(以脂肪计)(KOH)/(mg/g)	≤	—		应符合 GB 16565 规定	—	—	—	—	—
苯并(α)芘/(μg/kg)	≤	—		—	应符合 GB 2762 规定		—	—	—
铅(Pb)/(mg/kg)	≤	应符合 GB 2711 规定							
总砷(以 As 计)/(mg/kg)	≤	应符合 GB 2711 规定							
硒(Se)/(mg/kg)	≤	应符合 GB 2762 规定							
黄曲霉毒素 B_1/(μg/kg)	≤	应符合 GB 2761 规定							
微生物		应符合 GB 2712 规定		应符合 GB 2711 规定					
食品添加剂		应符合 GB 2760 规定							

5.4.4 净含量

应符合《定量包装商品计量监督管理办法》的规定。

6 试验方法

6.1 感官指标

在正常光线下,目测、手感、鼻嗅、品尝。

6.2 水分

按 GB/T 5009.3 规定的方法测定。

6.3 蛋白质

按 GB/T 5009.5 规定的方法测定。

6.4 食盐

按 GB/T 12457 规定的方法测定。

6.5 酸价、过氧化值

按 GB/T 5009.37 规定的方法测定。

6.6 苯并(α)芘

按 GB/T 5009.27 规定的方法测定。

6.7 铅

按 GB/T 5009.12 规定的方法测定。

6.8 总砷

按 GB/T 5009.11 规定的方法测定。

6.9 硒

按 GB/T 5009.93 规定的方法测定。

6.10 黄曲霉毒素 B_1

按 GB/T 5009.52 规定的方法测定。

6.11 菌落总数、大肠菌群、致病菌

按 GB/T 4789.23 规定的方法测定。

6.12 净含量

按 JJF 1070 规定的方法测定。

7 检验规则

7.1 出厂检验

7.1.1 出厂检验项目

预包装豆腐干每批出厂检验项目为感官要求、净含量、菌落总数、大肠菌群;水分、食盐、蛋白质项目检验应不少于每 7 d 一次。

散装豆腐干每批出厂检验项目为感官要求。水分、食盐、蛋白质、菌落总数、大肠菌群等项目检验应不少于每 7 d 一次。

7.1.2 组批和抽样

同一批投料、同一生产线、同一班次生产的同一生产日期、同一规格的产品为一批。每批抽样数独立包装不应少于 6 个(不含净含量抽样),样品量总数不少于 1.5 kg,检样一式两份,供检验和复验备用。

7.1.3 判定

出厂检验项目全部符合本标准要求时,判定为合格;检验结果不符合本标准要求时,使用备检样品对不合格项目进行复检(微生物指标不合格不得复检),如复检结果仍有 1 项不合格,则判该批产品为不合格品。

7.2 型式检验

7.2.1 正常生产每6个月进行一次型式检验。此外有下列情况之一时，也应进行型式检验：

a) 新产品试制鉴定时；

b) 原料、生产工艺有较大改变，可能影响产品质量时；

c) 产品停产半年以上，恢复生产时；

d) 出厂检验结果与上一次型式检验结果有较大差异时；

e) 国家质量监督部门提出要求时。

7.2.2 检验项目

本标准第5.4的项目。

7.2.3 抽样

随机抽取同一批次不少于8个独立包装的样品（不含净含量抽样），样品量总数不少于2 kg，检样一式两份，供检验和复验备用。

7.2.4 判定

检验项目全部符合本标准要求时，该批产品判定为合格；检验结果不符合本标准要求时，使用备检样品对不合格项目进行复检（微生物指标不合格时不得复检），复检结果符合本标准要求时则该批产品判定为合格；如复检结果仍有1项不合格，则该批产品判定为不合格。

8 标签和标志、包装、运输、贮存

8.1 标签和标志

8.1.1 预包装产品标签应符合GB 7718的规定，包装运输标志应符合GB/T 191的规定。

8.1.2 使用转基因大豆为生产原料的，应按国家有关法律法规及标准规定进行标注。

8.1.3 散装销售产品的标签应符合《散装食品卫生管理规范》。

8.2 包装

使用复合包装材料应符合GB 9683和有关标准规定的要求，其他包装材料和容器应符合相应国家标准和有关规定。

8.3 运输

8.3.1 运输产品时应避免日晒、雨淋。不得与有毒、有害、有异味或影响产品质量的物品混装运输。运输工具应保持清洁、干燥、无污染。

8.3.2 散装销售产品的运输应符合《散装食品卫生管理规范》。

8.4 贮存

8.4.1 产品应贮存在干燥、通风良好的场所，有防尘、防蝇、防鼠等设施。不得与有毒、有害、有异味、易挥发、易腐蚀的物品同处贮存。

8.4.2 产品应离墙离地，分类堆放。

8.4.3 除采用高温灭菌或保持灭菌的预包装豆腐干外，其他预包装产品宜在0 ℃～4 ℃贮藏，销售环节宜低于10 ℃。

8.4.4 散装销售产品的贮存应符合《散装食品卫生管理规范》。

ICS 67.040
X 04

中华人民共和国国家标准

GB/T 23495—2009

食品中苯甲酸、山梨酸和糖精钠的测定 高效液相色谱法

Determination of benzoic acid, sorbic acid and saccharin sodium in foods—High performance liquid chromatography method

2009-04-27 发布　　　　2009-08-01 实施

中华人民共和国国家质量监督检验检疫总局
中国国家标准化管理委员会　发布

前　言

本标准的附录 A 为资料性附录。

本标准由中国标准化研究院提出并归口。

本标准起草单位：重庆市计量质量检测研究院、山西省食品质量监督检验中心。

本标准主要起草人：陈世奇、巩强、赵博、冯晓斌、李根容、吴锐、何军、龚迎昆、弓耀忠、屠大伟。

食品中苯甲酸、山梨酸和糖精钠的测定 高效液相色谱法

1 范围

本标准规定了食品中苯甲酸、山梨酸和糖精钠含量的高效液相色谱测定方法。

本标准适用于食品中苯甲酸、山梨酸和糖精钠含量的测定。

本标准的检出限：对于固态食品，苯甲酸、山梨酸、糖精钠的检出限分别为 1.8 mg/kg、1.2 mg/kg、3.0 mg/kg。

2 规范性引用文件

下列文件中的条款通过本标准的引用成为本标准的条文。凡是注明日期的引用文件，其随后所有的修改单(不包括勘误的内容)或修订版均不适用于本标准，然而，鼓励根据本标准达成协议的各方研究是否可使用这些文件的最新版本。凡是不注日期的引用文件，其最新版本适用于本标准。

GB/T 6682　分析实验室用水规格和试验方法(GB/T 6682—2008，ISO 3696：1987，MOD)

3 原理

不同样品经提取后，将提取液过滤，经反相高效液相色谱分离测定，根据保留时间定性，外标峰面积定量。

4 试剂和材料

除另有说明外，所用试剂均为分析纯，实验用水符合 GB/T 6682 要求。

4.1　甲醇：色谱纯。

4.2　乙酸铵溶液：称取 1.54 g 乙酸铵，加水溶解并稀释至 1 000 mL，经微孔滤膜(4.10)过滤。

4.3　亚铁氰化钾溶液：称取 106 g 亚铁氰化钾[$K_4Fe(CN)_6 \cdot 3H_2O$]加水至 1 000 mL。

4.4　乙酸锌溶液：称取 220 g 乙酸锌[$Zn(CH_3COO)_2 \cdot 2H_2O$]溶于少量水中，加入 30 mL 冰乙酸，加水稀释至 1 000 mL。

4.5　氨水(1+1)：氨水与水等体积混合。

4.6　正己烷。

4.7　pH4.4 乙酸盐缓冲溶液：

a)　乙酸钠溶液：称取 6.80 g 乙酸钠($CH_3COONa \cdot 3H_2O$)，用水溶解后定容至 1 000 mL。

b)　乙酸溶液：取 4.3 mL 冰乙酸，用水稀释至 1 000 mL。

将上述两种溶液按体积比 37：63 混合，即得 pH4.4 乙酸盐缓冲溶液。

4.8　pH7.2 磷酸盐缓冲溶液：

a)　称取 23.88 g 磷酸氢二钠($Na_2HPO_4 \cdot 12H_2O$)，用水溶解后定容至 1 000 mL。

b)　称取 9.07 g 磷酸二氢钾(KH_2PO_4)，用水溶解后定容至 1 000 mL。

将上述两种磷酸盐溶液按体积比 7：3 混合，即得 pH7.2 磷酸盐缓冲溶液。

4.9　标准溶液的配制：

a)　苯甲酸标准储备液：准确称取 0.236 0 g 苯甲酸钠，加水溶解并定容至 200 mL。此溶液每毫升相当于含苯甲酸 1.00 mg。

b) 山梨酸标准储备液：准确称取 0.268 0 g 山梨酸钾，加水溶解并定容至 200 mL。此溶液每毫升相当于含山梨酸 1.00 mg。

c) 糖精钠标准储备液：准确称取 0.170 2 g 糖精钠（$C_6H_4CONNaSO_2$）(120 ℃烘干 4 h)，加水溶解并定容至 200 mL。此溶液中糖精钠的含量为 1.00 mg/mL。

d) 混合标准使用液：分别准确吸取不同体积苯甲酸、山梨酸和糖精钠标准储备溶液，将其稀释成苯甲酸、山梨酸和糖精钠含量分别为 0.000 mg/mL、0.020 mg/mL、0.040 mg/mL、0.080 mg/mL、0.160 mg/mL、0.320 mg/mL 的混合标准使用液。

4.10 微孔滤膜：0.45 μm，水相。

5 仪器与设备

5.1 高效液相色谱仪：配有紫外检测器。

5.2 离心机：转速不低于 4 000 r/min。

5.3 超声波水浴振荡器。

5.4 食品粉碎机。

5.5 旋涡混合器。

5.6 pH 计。

5.7 天平：分度值为 0.01 g 和 0.1 mg。

6 分析步骤

6.1 样品处理

6.1.1 液体样品

6.1.1.1 碳酸饮料、果酒、葡萄酒等液体样品：称取 10 g 样品（精确至 0.001 g）（如含有乙醇需水浴加热除去乙醇后再用水定容至原体积）于 25 mL 容量瓶中，用氨水(1+1)(4.5)调节 pH 至近中性，用水定容至刻度，混匀，经微孔滤膜(4.10)过滤，滤液待上机分析。

6.1.1.2 乳饮料、植物蛋白饮料等含蛋白质较多的样品：称取 10 g 样品（精确至 0.001 g）于 25 mL 容量瓶中，加入 2 mL 亚铁氰化钾溶液(4.3)，摇匀，再加入 2 mL 乙酸锌溶液(4.4)摇匀，以沉淀蛋白质，加水定容至刻度，4 000 r/min 离心 10 min，取上清液，经微孔滤膜过滤，滤液待上机分析。

6.1.2 半固体样品

6.1.2.1 含有胶基的果冻样品：称取 0.5 g～1 g 样品（精确至 0.001 g），加水适量，转移至 25 mL 容量瓶中，再加水至约 20 mL，置 60 ℃～70 ℃水浴中加热片刻，加塞，剧烈振摇使其分散均匀后，加氨水(1+1)(4.5)调节 pH 至近中性，加塞，剧烈振摇，使样品在水中分散均匀，置 60 ℃～70 ℃水浴锅中加热 30 min，取出后趁热超声 5 min，冷却后用水定容至刻度，用微孔滤膜(4.10)过滤，滤液待上机分析。

6.1.2.2 油脂、奶油类样品：称取 2 g～3 g 样品（精确至 0.001 g）于 50 mL 具塞离心管中，加入 10 mL 正己烷(4.6)，用旋涡混合器使其充分溶解，4 000 r/min 离心 3 min，吸出正己烷提取液转移至 250 mL 分液漏斗中，再向 50 mL 具塞离心管中加入 10 mL 正己烷重复上述步骤，合并正己烷提取液于 250 mL 分液漏斗中。于分液漏斗中加入 20 mL pH4.4 乙酸盐缓冲溶液(4.7)加塞后剧烈振摇分液漏斗约 30 s，静置分层后，将水层转移至 50 mL 容量瓶中，再加入 20 mL pH4.4 乙酸盐缓冲溶液，重复上述步骤，合并水层并用乙酸盐缓冲溶液定容至刻度，经微孔滤膜(4.10)过滤，滤液待上机分析。

6.1.3 固体样品

6.1.3.1 肉制品、饼干、糕点：称取粉碎均匀样品 2 g～3 g（精确至 0.001 g）于小烧杯中，用 20 mL 水分数次清洗小烧杯将样品移入 25 mL 容量瓶中，超声振荡提取 5 min，取出后加 2 mL 亚铁氰化钾溶液(4.3)，摇匀，再加入 2 mL 乙酸锌溶液(4.4)，摇匀，用水定容至刻度。移入离心管中，4 000 r/min 离心 5 min，吸出上清液，用微孔滤膜(4.10)过滤，滤液待上机分析。

6.1.3.2 油脂含量高的火锅底料、调料等样品：称取样品 2 g～3 g(精确至 0.001 g)于 50 mL 具塞离心管中，加入 10 mL 磷酸盐缓冲液(4.8)，用旋涡混合器充分混合，然后于 4 000 r/min 离心 5 min，小心吸出水层转移到 25 mL 容量瓶中，再加入 10 mL 磷酸盐缓冲液于具塞离心管中，重复上述步骤，合并两次水层液，用磷酸盐缓冲液定容至刻度，混匀，用微孔滤膜(4.10)过滤，滤液待上机分析。

6.1.3.3 凝胶糖果、胶基糖果：按半固体样品 6.1.2.1 含有胶基的果冻样品处理。

6.2 色谱条件

a) 色谱柱：C_{18} 柱，250 mm×4.6 mm，5 μm，或性能相当者；

b) 流动相：甲醇(4.1)＋乙酸铵溶液(4.2)(5＋95)；

c) 流速：1 mL/min；

d) 检测波长：230 nm；

e) 进样量：10 μL。

6.3 测定

取处理液和混合标准使用液各 10 μL 注入高效液相色谱仪进行分离，以其标准溶液峰的保留时间为依据定性，以其峰面积求出样液中被测物质含量，供计算(苯甲酸、山梨酸和糖精钠同时测定的谱图参见附录 A)。

7 结果计算

样品中苯甲酸、山梨酸和糖精钠的含量按式(1)计算：

$$X = \frac{c \times V \times 1\,000}{m \times 1\,000} \quad \cdots\cdots(1)$$

式中：

X——样品中待测组分含量，单位为克每千克(g/kg)；

c——由标准曲线得出的样液中待测物的浓度，单位为毫克每毫升(mg/mL)；

V——样品定容体积，单位为毫升(mL)；

m——样品质量，单位为克(g)。

计算结果保留两位有效数字。

8 精密度

在重复性条件下获得的两次独立测定结果的绝对差值不得超过算术平均值的 10%。

附 录 A
（资料性附录）
苯甲酸、山梨酸和糖精钠的高效液相色谱图

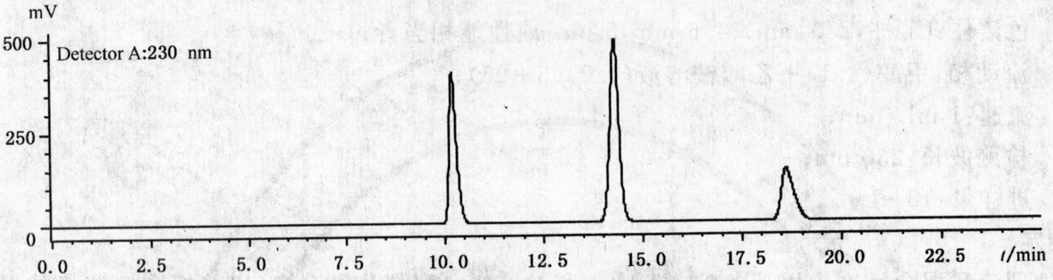

图 A.1 苯甲酸、山梨酸和糖精钠的高效液相色谱图

ICS 67.040
X 04

中华人民共和国国家标准

GB/T 23496—2009

食品中禁用物质的检测 碱性橙染料 高效液相色谱法

Determination of forbidden materials in foods—Dyes of basic orange—High performance liquid chromatography method

2009-04-27 发布 2009-08-01 实施

中华人民共和国国家质量监督检验检疫总局
中国国家标准化管理委员会 发布

前言

本标准的附录A为资料性附录。

本标准由中国标准化研究院提出并归口。

本标准起草单位:湖北省产品质量监督检验研究院(国家饮料及粮油制品质量监督检验中心)。

本标准主要起草人:文红、朱宽正、张莉、王红、吕晓华、陈有武、范志勇、李涛。

食品中禁用物质的检测　碱性橙染料 高效液相色谱法

1　范围

本标准规定了食品中禁用物质——碱性橙染料的检测方法。

本标准适用于食品中禁用物质——碱性橙染料的高效液相色谱法检测。

本标准中碱性橙 2、碱性橙 21、碱性橙 22 的检出限为 0.01 mg/kg。

2　规范性引用文件

下列文件中的条款通过本标准的引用而成为本标准的条款。凡是注日期的引用文件，其随后所有的修改单(不包括勘误的内容)或修订版均不适用于本标准，然而，鼓励根据本标准达成协议的各方研究是否可使用这些文件的最新版本。凡是不注日期的引用文件，其最新版本适用于本标准。

GB/T 6682　分析实验室用水规格和实验方法(GB/T 6682—2008,ISO 3696:1987,MOD)

3　原理

样品经无水乙醇提取、浓缩、定容液定容后，用反相色谱柱分离、紫外检测器进行色谱分析测定。

4　试剂和溶液

除另有规定外，所有试剂均为分析纯，实验用水符合 GB/T 6682 中一级水要求。

4.1　无水乙酸铵，优级纯。

4.2　无水硫酸钠。

4.3　正己烷。

4.4　无水乙醇。

4.5　甲醇，色谱纯。

4.6　乙腈，色谱纯。

4.7　20 mmol/L 乙酸铵溶液：称取 1.54 g 乙酸铵溶于 1 000 mL 水中。

4.8　定容液：取 65 mL 甲醇加入 35 mL 20 mmol/L 乙酸铵溶液中，混匀。

4.9　标准品：碱性橙 2、碱性橙 21、碱性橙 22，纯度≥95%。

4.10　1.0 mg/mL 碱性橙染料标准储备溶液：分别称取 100 mg(精确至 0.1 mg)碱性橙 2、碱性橙 21、碱性橙 22，置于 100 mL 容量瓶中，加无水甲醇溶解并定容至刻度，混匀，该溶液在 4 ℃条件下避光保存，有效期为 1 个月。

4.11　碱性橙染料标准工作溶液(使用时配制)

4.11.1　0.1 mg/mL 碱性橙染料标准溶液 A：准确移取 10 mL 碱性橙染料标准储备溶液(4.10)于 100 mL 容量瓶中，用定容液定容至刻度，混匀。

4.11.2　分别移取碱性橙染料标准溶液 A(4.11.1) 1.00 mL、2.00 mL、5.00 mL、10.00 mL、20.00 mL 于 100 mL 容量瓶中，用定容液定容至刻度，混匀。分别相当于 1.00 μg/mL、2.00 μg/mL、5.00 μg/mL、10.00 μg/mL、20.00 μg/mL 浓度标准溶液。

5　仪器与设备

5.1　高效液相色谱仪，附有紫外检测器。

5.2 天平:感量 0.000 1 g 和 0.01 g。
5.3 超声波清洗仪。
5.4 旋转蒸发仪。
5.5 离心机:3 000 r/min。
5.6 氮吹仪。
5.7 旋涡振荡器。
5.8 电热板。

6 分析步骤

6.1 样品处理

6.1.1 固体样品(如辣椒粉、豆制品等)

将样品粉碎混匀,称取 20 g(准确至 0.01 g)样品,置于 50 mL 离心管中,加 5 g 无水硫酸钠,25 mL 无水乙醇超声提取 30 min,3 000 r/min,离心 10 min,将上层提取清液倾出置于离心管中,再次加入 10 mL 无水乙醇,重复提取 3 次,合并提取液,3 000 r/min,离心 10 min,将上层提取清液倾倒于圆底烧瓶中,于 40 ℃减压浓缩至近干,用无水乙醇溶解并转移到刻度试管中,在 50 ℃条件下氮气吹干,用定容液溶解并定容至 2 mL;经 0.45 μm 滤膜过滤后待进样。

6.1.2 液体样品

将样品混匀,称取 20 g(准确至 0.01 g)样品,置于 100 mL 烧杯中,电热板上加热挥发至近干,用无水乙醇溶解并转移到刻度试管中,在 50 ℃条件下氮气吹干,用定容液溶解并定容至 2 mL;经 0.45 μm 滤膜过滤后待进样。

6.1.3 含油样品

将样品混匀,称取 20 g(准确至 0.01 g)样品,置于 50 mL 离心管中,加 5 g 无水硫酸钠,25 mL 无水乙醇超声提取 30 min,3 000 r/min,离心 10 min,将上层提取清液倾出置于离心管中,再次加入 10 mL 无水乙醇,重复提取 3 次,合并提取液,3 000 r/min,离心 10 min,将上层提取清液倾倒于圆底烧瓶中,于 40 ℃减压浓缩至近干,用 15 mL 乙腈溶解并转移到 25 mL 刻度试管中,加入 2 mL 正己烷,涡旋振荡萃取,弃去正己烷层,重复 3 次,将乙腈层倒入圆底烧瓶中,于 50 ℃减压浓缩至近干,用无水乙醇溶解并转移到刻度试管中,在 50 ℃条件下氮气吹干,用定容液溶解并定容至 2 mL。经 0.45 μm 滤膜过滤后待进样。

6.2 高效液相色谱测定

6.2.1 色谱条件

a) 色谱柱:C_{18}(4.6 mm×250 mm,5 μm)(或相当型号色谱柱);
b) 流动相:甲醇+20 mmol/L 乙酸铵=65+35;
c) 流速:1.0 mL/min;
d) 柱温:室温;
e) 检测波长:碱性橙 2,449 nm;碱性橙 21、碱性橙 22,485 nm;
f) 进样量:20 μL。

6.2.2 标准曲线绘制

用配制的碱性橙染料标准工作溶液(4.11.2)绘制以峰面积为纵坐标、工作溶液浓度为横坐标的标准工作曲线。

6.2.3 定量分析

待测样液中应在标准曲线线性范围内,超过线性范围则应稀释后在进样分析。

7 结果计算

试样中每种碱性橙染料的含量按式(1)分别计算:

$$X = \frac{c \times V \times 1\ 000}{m \times 1\ 000} \qquad \cdots\cdots\cdots\cdots (1)$$

式中：

X——试样中每种碱性橙染料的含量，单位为毫克每千克(mg/kg)；

c——由标准曲线查出的试样液中每种碱性橙染料的浓度，单位为微克每毫升(μg/mL)；

V——样品最终定容体积，单位为毫升(mL)；

m——试样的质量，单位为克(g)。

计算结果保留小数点后一位数字。

8 精密度

在重复性条件下获得的两次独立测定结果的绝对差值不得超过算术平均值的10%。

附 录 A
（资料性附录）
碱性橙染料标准色谱图

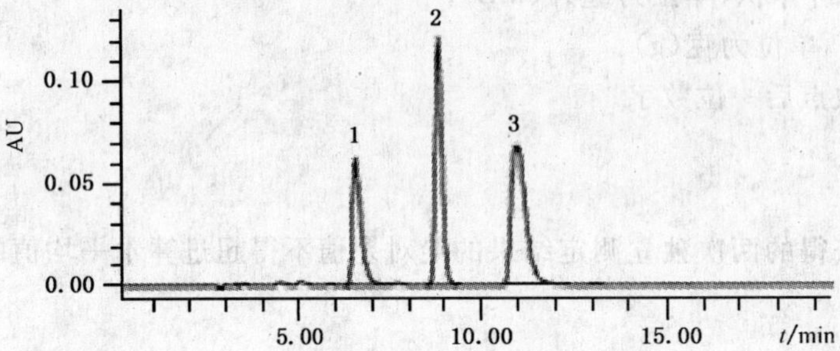

1——碱性橙 21；
2——碱性橙 2；
3——碱性橙 22。

图 A.1 碱性橙染料标准色谱图（波长：449 nm）

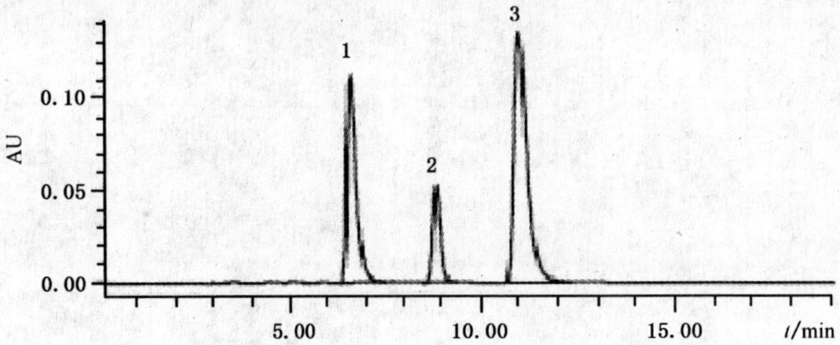

1——碱性橙 21；
2——碱性橙 2；
3——碱性橙 22。

图 A.2 碱性橙标准色谱图（波长：485 nm）

ICS 67.120.30
X 20

中华人民共和国国家标准

GB/T 23497—2009

鱿鱼丝

Shreded squid

2009-04-27 发布　　2009-12-01 实施

中华人民共和国国家质量监督检验检疫总局
中国国家标准化管理委员会　发布

前言

本标准由全国食品工业标准技术委员会提出。

本标准由全国食品工业标准技术委员会水产品加工分技术委员会归口。

本标准起草单位:中国水产舟山海洋渔业公司。

本标准主要起草人:李亚文、戎素红、陈云云、庄忠华、黄鹤勇。

鱿　鱼　丝

1　范围

本标准规定了鱿鱼丝产品的产品分类、要求、试验方法、检验规则和标志、包装、贮存及运输的要求。

本标准适用于以鲜、冻鱿鱼为原料，经原料处理、水煮、调味、干燥、熟制、拉丝等工序制成的脱皮、烤制、熏制、风味等即食鱿鱼丝产品。

2　规范性引用文件

下列文件中的条款通过本标准的引用而成为本标准的条款。凡是注日期的引用文件，其随后所有的修改单(不包括勘误的内容)或修订版均不适用于本标准，然而，鼓励根据本标准达成协议的各方研究是否可使用这些文件的最新版本。凡是不注日期的引用文件，其最新版本适用于本标准。

GB 317　白砂糖
GB 2733　鲜、冻动物性水产品卫生标准
GB 2760　食品添加剂使用卫生标准
GB 2762　食品中污染物限量
GB/T 4789.2　食品卫生微生物学检验　菌落总数测定
GB/T 4789.3　食品卫生微生物学检验　大肠菌群计数
GB/T 4789.4　食品卫生微生物学检验　沙门氏菌检验
GB/T 4789.7　食品卫生微生物学检验　副溶血性弧菌检验
GB/T 4789.10　食品卫生微生物学检验　金黄色葡萄球菌检验
GB/T 4789.30　食品卫生微生物学检验　单核细胞增生李斯特氏菌检验
GB/T 5009.3　食品中水分的测定
GB/T 5009.11　食品中总砷及无机砷的测定
GB/T 5009.12　食品中铅的测定
GB/T 5009.27　食品中苯并(a)芘的测定
GB/T 5009.34　食品中亚硫酸盐的测定
GB 5461　食用盐
GB 5749　生活饮用水卫生标准
GB 6388　运输包装收发货标志
GB/T 6543　运输包装用单瓦楞纸箱和双瓦楞纸箱
GB 7718　预包装食品标签通则
GB/T 8967　谷氨酸钠(味精)
GB 10144　动物性水产干制品卫生标准
GB/T 15691　香辛料调味品通用技术条件
JJF 1070　定量包装商品净含量计量检验规则
SC/T 3009　水产品加工质量管理规范
SC/T 3011　水产品中盐分的测定
SC/T 3016　水产品抽样方法
国家质量监督检验检疫总局令第75号[2005]　定量包装商品计量监督管理办法
国家质量监督检验检疫总局令第102号[2007]　食品标识管理规定

3 产品分类

按加工工艺不同，分成下列种类。

3.1 脱皮鱿鱼丝 skinned shreded squid

以鲜、冻鱿鱼为原料，经清洗、脱皮、水煮、调味、干燥、焙烤、拉丝等工序所制成的鱿鱼丝制品。

3.2 烤制鱿鱼丝 roasted shreded squid

以鲜、冻鱿鱼为原料，经清洗、水煮、调味、干燥、焙烤、拉丝等工序所制成的鱿鱼丝制品。

3.3 熏制鱿鱼丝 smoked shreded squid

以鲜、冻鱿鱼为原料，经清洗、脱皮(或不脱皮)、水煮、调味、干燥、熏烤、拉丝等工序所制成的鱿鱼丝制品。

3.4 风味鱿鱼丝 flavor shreded squid

除3.1、3.2、3.3外，经相应工艺及添加各种风味物料生产的鱿鱼丝制品。

4 要求

4.1 原辅料

4.1.1 原料：采用鲜、冻鱿鱼，质量应符合GB 2733的规定。

4.1.2 白砂糖：应符合GB 317的规定。

4.1.3 食用盐：应符合GB 5461的规定。

4.1.4 味精：应符合GB/T 8967的规定。

4.1.5 香辛料：应符合GB/T 15691的规定。

4.1.6 生产用水：应符合GB 5749的规定。

4.1.7 食品添加剂：食品添加剂品种及其使用量应符合GB 2760的规定。

4.1.8 其他辅料：应符合相应的标准及有关规定。

4.2 加工

加工过程应符合SC/T 3009的规定。

4.3 感官要求

感官要求见表1。

表1 感官要求

项目	要求			
	脱皮鱿鱼丝	烤制鱿鱼丝	熏制鱿鱼丝	风味鱿鱼丝
外观	包装袋完整、无破损，封口严密平整，产品形状良好，无霉斑			
色泽	呈玉白色或淡黄色，色泽均匀	呈棕褐色，色泽均匀	呈黄色或黄褐色，色泽均匀	呈其加入辅料或食品添加剂后的自然色泽，色泽均匀
组织形态	组织紧密适度，呈丝条状			
滋味及气味	滋味鲜美，口味适宜，具有该产品应有的香味，无异味			
杂质	无外来杂质			

4.4 净含量

应符合《定量包装商品计量监督管理办法》的规定。

4.5 理化指标

理化指标见表2。

表 2 理化指标

项目		指标
碎末率[a]/%		
净含量<500 g	≤	1
净含量 500 g～1 000 g	≤	2
净含量≥1 000 g	≤	3
水分/%		22～30
盐分(以 NaCl 计)/%		2～8
铅(以 Pb 计)/(mg/kg)		应符合 GB 10144 的规定
无机砷/(mg/kg)		
亚硫酸盐(以 SO_2 计)[b]/(mg/kg)	≤	30
苯并(a)芘[c]/(μg/kg)		应符合 GB 2762 的规定

a 不适用于风味鱿鱼丝。
b 仅适用于脱皮鱿鱼丝。
c 仅适用于熏制鱿鱼丝。

4.6 微生物指标

微生物指标见表 3。

表 3 微生物指标

项目	指标
菌落总数/(CFU/g)	应符合 GB 10144 的规定
大肠菌群/(MPN/100 g)	
致病菌(沙门氏菌、副溶血性弧菌、金黄色葡萄球菌、李斯特氏菌)	

5 试验方法

5.1 感官检验

将试样平摊于白搪瓷盘内，在光线充足、无异味、清洁卫生的环境中，用眼、鼻、口、手等感觉器官按 4.3 规定对产品的感官指标进行逐项检验。

5.2 净含量检验

按 JJF 1070 规定的方法执行。

5.3 理化检验

5.3.1 碎末率

5.3.1.1 检验用器具

a) 电子天平：最大称量 1 000 g，感量 0.01 g。

b) 网筛：直径 0.5 mm～1 mm 的不锈钢丝编制，网孔直径为 2.5 mm 不锈钢网筛。

5.3.1.2 碎末提取

从试样中随机抽取单件销售包装，拆开包装，先称取样品的质量，将称量后的样品适量地倒在网筛上，先筛选出成形品，然后左右摆筛 3 min～5 min，使碎末筛落入容器。

5.3.1.3 计算碎末率(p)

用电子天平称取碎末的质量，并按式(1)计算碎末率。

$$p=\frac{m_0}{m}\times 100 \qquad \cdots\cdots(1)$$

式中：

p——碎末率，%。

m_0——碎末质量，单位为克(g)。

m——样品质量，单位为克(g)。

5.3.2 水分

按 GB/T 5009.3 规定的方法执行。

5.3.3 盐分

按 SC/T 3011 规定的方法执行。

5.3.4 无机砷

按 GB/T 5009.11 规定的方法执行。

5.3.5 铅

按 GB/T 5009.12 规定的方法执行。

5.3.6 亚硫酸盐

按 GB/T 5009.34 规定的方法执行。

5.3.7 苯并(a)芘

按 GB/T 5009.27 规定的方法执行。

5.4 微生物检验

5.4.1 菌落总数

按 GB/T 4789.2 规定的方法执行。

5.4.2 大肠菌群

按 GB/T 4789.3 规定的方法执行。

5.4.3 沙门氏菌

按 GB/T 4789.4 规定的方法执行。

5.4.4 副溶血性弧菌

按 GB/T 4789.7 规定的方法执行。

5.4.5 金黄色葡萄球菌

按 GB/T 4789.10 规定的方法执行。

5.4.6 李斯特氏菌

按 GB/T 4789.30 规定的方法执行。

6 检验规则

6.1 组批规则与抽样方法

6.1.1 组批规则

6.1.1.1 同一原料来源、同一生产线、同一天加工的同一品种为一批。

6.1.1.2 生产不稳定或批量过大时，可组成为若干批。

6.1.2 抽样方法

6.1.2.1 感官、净含量、理化指标：按 SC/T 3016 的规定执行。

6.1.2.2 微生物指标：在提交的产品中随机抽取三箱，从每箱中随机抽取未打开包装的产品 1 袋～3 袋，抽取不低于 250 g 的样品作为微生物指标检验试样。

6.1.2.3 供感官、理化、微生物指标检验的样品分成两份，1 份检验，1 份备样。

6.2 检验分类

产品检验分为出厂检验和型式检验。

6.2.1 出厂检验

6.2.1.1 每批产品出厂前，应由生产企业质量检验部门按标准规定进行检验，检验合格签发检验合格证，产品凭检验合格证入库或出厂。

6.2.1.2 出厂检验项目：感官、净含量指标、碎末率、水分、盐分、菌落总数、大肠菌群。

6.2.2 型式检验

6.2.2.1 正常生产每6个月进行一次。有下列情况之一时也应进行型式检验：

a) 更换设备或停产半年以上，重新恢复生产时；

b) 原料变化或生产工艺有较大改变可能影响产品质量时；

c) 质量监督机构提出进行型式检验要求时；

d) 出厂检验结果与上次型式检验有较大差异时。

6.2.2.2 型式检验项目

表1、表2、表3和7.1所规定的内容。

6.3 判定规则

6.3.1 检验项目全部符合本标准要求，判该批产品为合格品。

6.3.2 除微生物指标，检验项目如有一项不符合要求，可加倍抽样复检，以复检结果为准，复检后仍不符合本标准要求，判该批产品为不合格品。

6.3.3 微生物指标检验有一项不符合本标准要求，判该批产品为不合格品。

7 标志、包装、贮存和运输

7.1 标志

7.1.1 产品销售标志：应符合GB 7718和《食品标识管理规定》的规定。

7.1.2 运输包装标志：应符合GB/T 6388的规定。

7.2 包装

7.2.1 包装材料

7.2.1.1 销售包装：应符合食品包装用品卫生标准要求，能保证产品质量安全。

7.2.1.2 运输包装：应采用符合GB/T 6543规定的瓦楞纸箱。

7.2.1.3 所有包装材料均应符合有关卫生标准和使用要求。

7.2.2 包装要求

7.2.2.1 销售包装：封口严密、不得漏气。

7.2.2.2 运输包装：上下用封箱带粘牢，封箱平整、牢固。

7.2.2.3 一定数量的产品组成一箱，排列整齐，箱内应随带产品合格证。

7.3 贮存

7.3.1 贮存仓库应清洁、干燥、阴凉通风、无鼠虫害。如需低温贮存的产品，应有低温设备，并应有温度、湿度记录。

7.3.2 底层成品应用地搁板垫起，离地10 cm以上，离墙20 cm以上，堆放高度以纸箱受压不变形为宜。

7.3.3 产品不应与有毒、有害、有异味、易腐败变质或潮湿的物品同仓库存放。

7.4 运输

运输工具应用清洁卫生的车辆，运输中严防日晒雨淋，不应靠近或接触潮湿、有腐蚀性和有毒有害的物质。

ICS 67.120.30
B 50

GB

中华人民共和国国家标准

GB/T 23498—2009

海产品餐饮加工操作规范

Manufacturing practice for seafood processing in catering industry

2009-04-27 发布　　　　2009-12-01 实施

中华人民共和国国家质量监督检验检疫总局
中国国家标准化管理委员会　发布

前　言

本标准由全国食品工业标准化技术委员会提出。

本标准由全国食品工业标准化技术委员会水产品加工分技术委员会归口。

本标准主要起草单位：中国海洋大学、青岛市卫生局卫生监督局。

本标准主要起草人：林洪、靳晓梅、王静雪、李振兴。

海产品餐饮加工操作规范

1 范围

本标准规定了海产品餐饮加工操作的原料和辅料要求及加工经营场所、加工过程管理、卫生管理要求。

本标准适用于大中型餐饮企业、集体食堂或集体用餐配送单位的海产品餐饮加工操作。其他加工海产品的餐饮企业可参照执行。

2 规范性引用文件

下列文件中的条款通过本标准的引用而成为本标准的条款。凡是注日期的引用文件，其随后所有的修改单(不包括勘误的内容)或修订版均不适用于本标准，然而，鼓励根据本标准达成协议的各方研究是否可使用这些文件的最新版本。凡是不注日期的引用文件，其最新版本适用于本标准。

GB 2733　鲜、冻动物性水产品卫生标准

GB 2760　食品中添加剂使用卫生标准

GB 3097　海水水质标准

GB 5749　生活饮用水卫生标准

GB 10144　动物性水产干制品卫生标准

卫监督发[2005]260 号　餐饮业和集体用餐配送单位卫生规范

3 原料和辅料要求

3.1 原料

3.1.1 鲜、冻动物性海产品

应符合 GB 2733 的要求。

3.1.2 海产干制品

应符合 GB 10144 的要求。

3.2 原料的采购

应由经过培训且有经验的专人采购，采购时应对海产品进行感官鉴定，判断海产品的鲜度和卫生情况。通过索证索票，建立原料的可追溯制度。

3.3 原料的运输

原料在运输过程中，应防雨、防尘，应根据原料特点配备冷冻、冷藏、保鲜、保温、保活等设施。运输途中应远离有毒、有害、有异味或影响产品质量的物品，不应被污染、损伤。其中，鲜活海产品捕捞后应在水量和氧气充足、温度适中的存活条件下运输。

3.4 原料的贮存

3.4.1 活体原料

应分类暂养，暂养用水应符合 GB 3097 的要求，并定期对水体进行循环过滤或换水，保持足够的氧气。应设专人负责检查水族箱内暂养的海产品原料状况，发现死亡应及时捞出，暂养的时间不宜过长。

3.4.2 新鲜原料

短时间保藏的鲜海产品原料，加工之前应在 0 ℃～4 ℃条件下冷藏。冷藏时间不宜超过 3 d；对储存 3 d 以上的海产品原料，应在－18 ℃条件下冷冻。

3.4.3 干制品原料

干制品原料应贮存在干燥、通风良好的场所。不应与有毒、有害、有异味、易挥发、易腐蚀的物品同处贮存。需冷藏的原料应在规定的温度下贮存、运输。

3.5 辅料

加工过程中使用的辅料应符合相关标准和规定,不应使用超过保质期的辅料。食品添加剂的使用应符合 GB 2760 的规定。加工用水应符合 GB 5749 的要求。

4 加工经营场所

4.1 选址

应符合《餐饮业和集体用餐配送单位卫生规范》的选址要求。

4.2 结构与布局

4.2.1 建筑结构、布局及面积要求应符合《餐饮业和集体用餐配送单位卫生规范》的规定。

4.2.2 海产品处理区各加工操作场所均应设在室内,按不同功能隔离分间。生食海产品的加工应设置专间。

4.2.3 海产品的清洗水池宜单独设置。

4.2.4 海产品处理区各加工操作场所的面积应与就餐场所面积和就餐人数相适应。餐用器具清洗消毒设施的大小和数量应能满足需要。餐用器具宜用热力方法进行消毒。餐用器具清洗消毒水池应专用,与原料、清洁用具及接触非直接入口食品的工具、容器清洗水池分开。设置专供存放消毒后餐用器具的保洁设施,其结构应密闭并易于清洁。

4.2.5 海产品处理区各加工操作场所应按照原料处理、半成品加工、成品供应的顺序布局,食品加工处理流程应为"生进熟出"的单一流向;成品通道与原料通道、餐饮器具回收通道应分开设置,避免交叉传送。

4.3 库房

4.3.1 海产品库房应单独设置,并适当包装或遮掩,不得和有毒、有害物质同库存放,要有明确的标识。

4.3.2 应按需要设置冷(冻)藏库或冷柜。除冷库外的库房应有良好的通风、防潮设施。

4.3.3 库房的结构应使储存海产品品质的劣化降至最低,能防潮、防湿、防污染,防有害动物侵入。

4.3.4 库房应设置物品存放架,储藏海产品距离墙壁、地面不小于 10 cm。存放不同种类海产品时,应进行隔离,并有明显的标识。

4.4 专间

4.4.1 专间为独立隔间,应设有清洗消毒专用工具和空气消毒设施,室内温度不应高于 25 ℃,应设有独立的空调机,空气应由高清洁区向低清洁区流动。专间入口处应有更衣、洗手和空气消毒设施的通过式缓冲间。以紫外线灯作为空气消毒的,紫外线灯应按 30 W/(10～15)m^2 设置,悬挂于操作台上方,离地面不高于 2 m。紫外线灯应安装反光罩,强度大于 70 $\mu W/cm^2$。

4.4.2 生食海产品专间应有专用冷藏设施。直接接触成品的水(冰)应预先净化消毒处理。

4.4.3 备餐、送餐分装专间的操作台可根据需要设食品加热装置。

4.4.4 应有传送食品的可开闭窗口。

4.4.5 专间的面积应与就餐人数相适应,并符合《餐饮业和集体用餐配送单位卫生规范》的规定。

4.5 虫鼠害防治

防尘防鼠防虫害设施卫生要求应符合《餐饮业和集体用餐配送单位卫生规范》的规定。

5 加工过程管理

5.1 粗加工

5.1.1 应设海产品原料的粗加工间或在厨房内设粗加工区域；有清洗、化冻水池，并有明显标记。应使用粗加工专用工具、容器。加工大宗海产品，盛用容器应与地面和不洁接触面隔离。粗加工间和专用工具、容器应由专人负责，定期清洗消毒。

5.1.2 发现海产品腐败变质、有石油气味、甲醛气味、强碱气味、酸败，或霉变、掺杂、掺假、有毒、有害的，不得加工。鲨鱼、鲅鱼、旗鱼等青皮红肉鱼类海产品加工时应除去内脏；鳇鱼应除去肝、卵；若无特殊批准，禁止加工有毒及危害人身安全的各类海产品。

5.1.3 应使用专用工具、容器清洗和发制海产干制品，所用水应符合 GB 5749 的规定。使用食品添加剂应符合 GB 2760 的规定。不得跨范围使用食品添加剂，不得使用非食品添加剂和对人体有危害的化学药品。

5.1.4 冰鲜海产品应选择适当的解冻方式，如 1 h 内的常温解冻或者 2 h 内 25 ℃流水解冻，不应用热水解冻。

5.1.5 加工后的半成品需储存时，应在凉至室温后冷藏。

5.2 烹制

5.2.1 海产品热菜加工

5.2.1.1 用于海产品原料、半成品、成品加工制作的刀、墩、板、桶、盆、筐、抹布以及其他工具、容器应有明显标识，定位存放，分别使用；用后应清洗、消毒，保持清洁。

5.2.1.2 需要熟制加工的海产品应烧熟煮透，中心温度不低于 70 ℃。烹调后一般应立即食用。但是，在烹调后至食用前存放超过 2 h 的，其存放条件应当高于 60 ℃或低于 10 ℃，存放时间不宜超过 3 h。大宗海产品油炸烧透后不得叠放堆压。

5.2.1.3 需要冷藏的熟制品，应在凉透达到室温后进行冷藏。隔餐、隔夜的熟制品不应作为冷菜，经加热后方可食用。

5.2.2 海产品凉菜加工

5.2.2.1 凉菜间应配备空调及温度计，室内温度不应高于 25 ℃。

5.2.2.2 凉菜应由专人在专间制作，制作间应有专用工具和容器，用前应消毒，用后洗净并在专用保洁设施内存放。有专用传递菜口、冷藏设备、洗涤消毒设施和更衣设施。

5.2.2.3 应具有紫外线空气消毒设施(30 W/10 m^2、辐照度 70 μW /m^2 以上)，距离地面 2 m 吊装于制作室中央，餐前、餐后进行 30 min 空气消毒。

5.2.2.4 非凉菜间工作人员不应进入凉菜间，凉菜间不应存放与凉菜制作无关的物品。

5.2.2.5 制作凉菜前，操作人员应将手(包括腕部)用消毒剂浸泡(氯制剂浓度为 250 mg/L)30 s，再用流水冲净。操作时应戴口罩、帽子。

5.2.2.6 运输工具、盛装容器应清洁卫生，使用前进行清洗、消毒。

5.2.2.7 制作海产品类凉菜拼盘的原料，应当餐用完。

5.2.2.8 生食海产品：生食海产品原料应低温冷冻保藏，加工后至食用的间隔不应超过 1 h。在加工生食海产品过程中，应防止可食部分受到污染。

5.3 餐饮食品的配送

5.3.1 配餐间

应符合 4.4 的规定。

5.3.2 **送餐工具**

5.3.2.1 应有专用备餐间及专用工具、容器。

5.3.2.2 盛装外送食品的容器、餐具和工用具应清洗、消毒。

5.3.2.3 每人一份的配送餐，应在分装专间内分装。

5.3.2.4 无10 ℃以下或60 ℃以上储藏条件的，食品加工完成至食用前应控制在2 h之内。

5.3.2.5 运输工具应清洁卫生，盛装容器应封闭，使用前进行消毒。

5.4 餐饮服务

在顾客点菜时，应提示海产品的营养成分和可能的风险。

5.5 检测

5.5.1 配送的集体用餐及重要接待活动供应的食品成品应留样。留样食品应按品种分别盛放于清洗消毒后的密闭专用容器内，在冷藏条件下存放48 h以上，每个品种留样量不少于100 g。

5.5.2 宜配备相适应的检测设施，具有相应的检测能力。或委托有检验资质的机构，并有委托书。

6 卫生管理

6.1 餐饮企业

宜对所加工的海产品进行危害分析，建立和实施食品安全管理体系。

6.2 海产品接触面

6.2.1 加工使用的加工设备、工器具应为不锈钢材质、无毒白色塑料或陶瓷制成。

6.2.2 每天使用前将所有工器具进行清洗、并定期消毒。

6.2.3 不同清洁区的工作服应定期分别清洗消毒。

6.3 洗手、消毒设施

应设有满足加工操作人员的洗手和消毒设施，保持清洁并有专人负责管理。海产品处理区内应设置足够的非手动式洗手消毒设施，并便于从业人员使用。

6.4 污染物控制

对加工区的水滴、冷凝水、灰尘、外来物质、地面污物应进行控制。消毒剂、杀虫剂等化学药品应有独立的包装，并贴有明确的标识。

6.5 厕所

厕所不得设在食品处理区。应采用冲水式。厕所应配备符合卫生要求的洗手设施。

6.6 员工卫生健康及培训要求

6.6.1 **人员与资格**

6.6.1.1 食品卫生管理员和各部门负责人应身体健康，并持有食品从业人员健康合格证明。食品卫生管理员应参加培训并取得卫生行政部门颁发的合格证书。

6.6.1.2 餐饮单位从业人员均应经过食品卫生法律和卫生知识培训，并取得食品从业人员健康合格证明。

6.6.1.3 采购与检测人员应经过专业培训，持证上岗。

6.6.2 **人员卫生**

6.6.2.1 食品生产经营人员应保持个人卫生，操作时应穿戴整洁的工作服、工作帽（专间操作人员应戴口罩），头发不得外露，不得留长指甲、涂指甲油、佩带饰物和喷洒香水。

6.6.2.2 专间操作人员进入专间时应再次更换工作衣帽，操作前双手应进行清洗消毒。不得在专间内从事其他工作。

6.6.2.3 不得将个人物品带入食品加工操作场所。

6.6.2.4 离开相应工作区,再次返回原岗位前,应重新清洗双手,接触直接入口食品前应进行消毒。

6.6.2.5 不得在海产品操作场所内抽烟、饮食、嚼口香糖等。

6.6.3 教育与培训

6.6.3.1 食品卫生管理员应组织制定教育培训计划和考核标准,并安排员工参加卫生执法部门组织的培训,并保留记录。

6.6.3.2 应定期对全体员工进行公共卫生突发事件和预防食源性疾患、食品污染的教育。

ICS 67.050
X 04

GB

中华人民共和国国家标准

GB/T 23499—2009

食品中残留过氧化氢的测定方法

Determination of hydrogen peroxide residues in foods

2009-04-27 发布　　　　2009-08-01 实施

中华人民共和国国家质量监督检验检疫总局
中国国家标准化管理委员会　发布

前　言

本标准由全国食品安全应急标准化工作组提出并归口。

本标准主要起草单位:国家食品质量监督检验中心(上海)、上海市质量监督检验技术研究院。

本标准主要起草人:葛宇、冯俊、褚君艳、李勤、张辉、巢强国。

食品中残留过氧化氢的测定方法

1 范围

本标准规定了食品中残留过氧化氢的测定方法。

本标准适用于食品中残留过氧化氢的测定。碘量法定量检出限为 3 mg/kg;钛盐比色法定量检出限为 1.6 mg/kg,定性检出限为 0.5 mg/kg。

2 规范性引用文件

下列文件中的条款通过本标准的引用而成为本标准的条款。凡是注日期的引用文件,其随后所有的修改单(不包括勘误的内容)或修订版均不适用于本标准,然而,鼓励根据本标准达成协议的各方研究是否可使用这些文件的最新版本。凡是不注日期的引用文件,其最新版本适用于本标准。

GB/T 601　化学试剂　标准滴定溶液的制备

GB/T 6682　分析实验室用水规格和试验方法(GB/T 6682—2008,ISO 3696:1987,MOD)

3 碘量法

3.1 原理

食品中的强氧化物在稀硫酸中使碘化钾氧化,产生定量的碘,生成的碘以淀粉作指示剂,用硫代硫酸钠标准溶液滴定得到强氧化物总量。加入过氧化氢酶分解去除试样中的过氧化氢,用硫代硫酸钠标准溶液滴定去除过氧化氢后的其他氧化物含量。2 次滴定结果之差可计算得到样品中过氧化氢的含量。

3.2 试剂与材料

除另有说明外,所有试剂均为分析纯,水为 GB/T 6682 规定的三级水。

3.2.1　0.1 mol/L 硫代硫酸钠标准储备液:按 GB/T 601 规定的方法配制和标定。

3.2.2　0.002 0 mol/L 硫代硫酸钠标准使用液:临用时用标准储备液稀释。

3.2.3　淀粉指示剂(10 g/L):称取可溶性淀粉 0.50 g,加少许水,调成糊状,倒入 50 mL 沸水中调匀,煮沸。临用时现配。

3.2.4　碘化钾溶液(100 g/L):称取 10.00 g 碘化钾,加水溶解,定容至 100 mL,贮于棕色瓶中。临用时现配。

3.2.5　10%稀硫酸(质量浓度):量取 60 mL 硫酸,缓缓注入约 700 mL 水中,冷却,稀释至 1 000 mL。

3.2.6　3%钼酸铵溶液:称取 3.00 g 钼酸铵,加 100 mL 水溶解。

3.2.7　0.1%过氧化氢酶溶液:称量 0.10 g 过氧化氢酶(单位活力大于 200 000 U/mL),用 100 mL 蒸馏水分多次将其溶解,冷藏可保存两个月。

3.2.8　亚铁氰化钾溶液:称取 106.0 g 亚铁氰化钾[$K_4Fe(CN)_6 \cdot 3H_2O$],用水溶解,并稀释至 1 000 mL。

3.2.9　乙酸锌溶液:称取 220.0 g 乙酸锌[$Zn(CH_3COO)_2 \cdot 2H_2O$],加 30 mL 冰乙酸,用水溶解,稀释至 1 000 mL。

3.2.10　活性炭:将 100 g 活性炭加至 750 mL 1 mol/L 盐酸中,回流 1 h~2 h,过滤,用水洗数次,至滤液中无铁离子(Fe^{3+})为止,然后置于 110 ℃烘箱中烘干。

检验铁离子方法:利用普鲁士蓝反应。将 20 g/L 亚铁氰化钾与 1%盐酸等量混合,将上述洗出滤液滴入,如有铁离子则产生蓝色沉淀。

3.3 仪器和设备

3.3.1 电子天平(感量 0.01 g)。

3.3.2 高速捣碎机。

3.4 样品处理

3.4.1 固体样品

称取粉碎均匀的试样 10 g(精确到 0.01 g),加适量水溶解,转移入 100 mL 容量瓶中。对蛋白质、脂肪含量较高的样品可加入乙酸锌溶液 5 mL,亚铁氰化钾溶液 5 mL,加水定容至刻度,摇匀。浸泡 30 min,用滤纸过滤,滤液作为试样液备用。

3.4.2 液体样品

吸取 25 g(精确到 0.01 g)试样于 100 mL 容量瓶中,对蛋白质、脂肪含量较高的样品可加入乙酸锌溶液 5 mL,亚铁氰化钾溶液 5 mL,加水定容至刻度,摇匀,用滤纸过滤,滤液作为试样液备用。

3.4.3 如样品滤液有颜色,加入 1 g 活性炭,振摇 1 min,用干燥滤纸过滤,弃去初滤液,滤液待用。

3.5 测定

3.5.1 试样测定

分别吸取滤液 25.0 mL,置于 A、B 两个 250 mL 碘量瓶中,A 瓶中加入 0.1% 过氧化氢酶溶液(3.2.7)0.5 mL,混匀,放置 10 min(放置过程中摇动数次)。在 A、B 两瓶中各加入 10% 硫酸 5.0 mL、碘化钾溶液 5.0 mL、3% 钼酸铵 3 滴,混匀,置暗处放置 10 min,各加水 50 mL,分别用硫代硫酸钠标准溶液(3.2.2)滴定,待滴至微黄色时,加淀粉指示剂 0.5 mL,继续滴至蓝色消失,分别记录 A、B 两瓶消耗硫代硫酸钠标准溶液的毫升数。

3.5.2 结果计算

试样中过氧化氢的含量按式(1)进行计算:

$$X = \frac{(V_B - V_A) \times c \times B \times 34.02}{m} \times 1\,000 \qquad (1)$$

式中:

X——样品中过氧化氢的含量,单位为毫克每千克(mg/kg);

V_A——A 瓶中消耗硫代硫酸钠标准滴定溶液的体积,单位为毫升(mL);

V_B——B 瓶中消耗硫代硫酸钠标准滴定溶液的体积,单位为毫升(mL);

c——硫代硫酸钠标准滴定溶液的浓度,单位为摩尔每升(mol/L);

m——试样质量,单位为克(g);

B——样品稀释倍数;

34.02——与 1.00 mL 硫代硫酸钠标准溶液[$c(Na_2S_2O_3)$=1.000 mol/L]相当的过氧化氢的质量,单位为毫克(mg)。

计算结果保留三位有效数字。

3.6 允许差

在重复性条件下获得的两次独立测定结果的绝对差值不得超过算术平均值的 10%。

4 钛盐比色法

4.1 原理

过氧化氢在酸性溶液中,与钛离子生成稳定的橙色络合物。在 430 nm 下,吸光度与样品中过氧化氢含量成正比,用比色法测定样品中过氧化氢的含量。

4.2 试剂与材料

除另有说明外,所有试剂均为分析纯,水为 GB/T 6682 规定的三级水。

4.2.1 高锰酸钾标准溶液[$c(\frac{1}{5}KMnO_4)$=0.100 mol/L]:按 GB/T 601 规定的方法配制和标定。

4.2.2 过氧化氢标准储备液：吸取30%双氧水(H_2O_2)溶液1 mL于100 mL容量瓶中，加水至刻度，混匀。

吸取20.00 mL上述溶液于250 mL锥形瓶中，加入10%稀硫酸25 mL，用高锰酸钾标准溶液[$c(\frac{1}{5}KMnO_4)$=0.100 mol/L]滴定至微红色。

过氧化氢标准储备液的浓度按式(2)进行计算：

$$X = \frac{17.01 \times c \times V}{20.00} \qquad \cdots\cdots(2)$$

式中：

X——过氧化氢标准储备液浓度，单位为毫克每毫升(mg/mL)；

V——滴定所用高锰酸钾标准溶液[$c(\frac{1}{5}KMnO_4)$=0.100 mol/L]的体积，单位为毫升(mL)；

c——高锰酸钾[$c(\frac{1}{5}KMnO_4)$=0.100 mol/L]标准溶液的浓度，单位为摩尔每升(mol/L)；

17.01——每毫升高锰酸钾[$c(\frac{1}{5}KMnO_4)$=0.100 mol/L]标准溶液相当于过氧化氢的质量，单位为毫克(mg)。

4.2.3 过氧化氢标准使用液：根据4.2.2的标定结果将过氧化氢标准储备液稀释成20 μg/mL。

4.2.4 钛溶液：称取1.00 g二氧化钛(TiO_2)、4.00 g硫酸铵于250 mL锥形瓶，加入100 mL浓硫酸，上面放置一小漏斗，置于可控温电热套中150 ℃保温15 h～16 h，冷却后以400 mL水稀释，最后用滤纸过滤，清液备用。

4.2.5 1 mol/L盐酸：量取90 mL盐酸，加入1 000 mL水中。

4.2.6 硫酸(1+4)：量取10 mL硫酸，加入40 mL水中。

4.3 仪器和设备

4.3.1 电子天平(感量0.01 g)。

4.3.2 高速捣碎机。

4.3.3 分光光度计：配5 cm比色皿。

4.4 样品处理

同3.4。

4.5 结果计算

4.5.1 标准曲线的绘制

吸取0.00 mL、0.25 mL、0.50 mL、1.00 mL、2.50 mL、5.00 mL、7.50 mL、10.0 mL过氧化氢标准使用液(相当于0 μg、5 μg、10 μg、20 μg、50 μg、100 μg、150 μg、200 μg过氧化氢)，分别置于25 mL带塞比色管中。各加入钛溶液5.0 mL，用水定容至25 mL，摇匀，放置10 min。用5 cm比色皿，以空白管调节零点，于波长430 nm处测吸光度。以标准系列的过氧化氢浓度(μg/mL)对吸光度绘制标准曲线。

4.5.2 试样测定

吸取10.00 mL试样液于25 mL带塞比色管中，以下按标准曲线绘制步骤操作(从“各加入钛溶液5.0 mL……于波长430 nm处测吸光度”)，同时做试剂空白。

如果经过活性炭吸附后试样液仍有颜色干扰，应扣除试样液的本底色，即用5.0 mL稀硫酸(1+4)代替钛溶液，其他按上述方法操作。

4.5.3 结果计算

试样中过氧化氢的含量按式(3)进行计算：

$$X = \frac{c \times V_1 \times B}{m \times V_2} \qquad \cdots\cdots(3)$$

式中：

X——样品中过氧化氢含量，单位为毫克每千克(mg/kg)；

c——试样测定液中过氧化氢的质量，单位为微克(μg)；

V_1——试样处理液总体积，单位为毫升(mL)；

V_2——测定用样液体积，单位为毫升(mL)；

B——样品稀释倍数；

m——试样质量，单位为克(g)。

计算结果保留三位有效数字。

4.6 允许差

在重复性条件下获得的两次独立测定结果的绝对差值不得超过算术平均值的10%。

ICS 67.060
X 11

中华人民共和国国家标准

GB/T 23500—2009

元　　　　宵

Full-moon dumpling

2009-04-27 发布　　　　2009-10-01 实施

中华人民共和国国家质量监督检验检疫总局
中国国家标准化管理委员会　发布

前　言

本标准由中国商业联合会提出并归口。

本标准起草单位：中国商业联合会商业标准中心、北京稻香村食品有限责任公司、天津市糕点行业协会、国家食品质量监督检验中心、北京焙烤糖制品工业协会。

本标准主要起草人：钱志先、池向东、高树山、宋全厚、张漪、郭亚萍。

元 宵

1 范围

本标准规定了元宵的术语和定义、要求、试验方法和检验规则以及标识标签要求。

本标准适用于符合 3.1 定义的产品。

2 规范性引用文件

下列文件中的条款通过本标准的引用而成为本标准的条款。凡是注日期的引用文件，其随后所有的修改单(不包括勘误的内容)或修订版均不适用于本标准，然而，鼓励根据本标准达成协议的各方研究是否可使用这些文件的最新版本。凡是不注日期的引用文件，其最新版本适用于本标准。

GB/T 191 包装储运图示标志(GB/T 191—2008,ISO 780:1997,MOD)

GB 1354 大米

GB 2716 食用植物油卫生标准

GB 2760 食品添加剂使用卫生标准

GB/T 4789.24 食品卫生微生物学检验 糖果、糕点、蜜饯检验

GB/T 5009.3—2003 食品中水分的测定

GB/T 5009.11 食品中总砷及无机砷的测定

GB/T 5009.12 食品中铅的测定

GB/T 5009.22 食品中黄曲霉毒素 B_1 的测定

GB/T 5009.56 糕点卫生标准的分析方法

GB/T 5737 食品塑料周转箱

GB 5749 生活饮用水卫生标准

GB 7718 预包装食品标签通则

GB 9683 复合食品包装袋卫生标准

GB 9687 食品包装用聚乙烯成型品卫生标准

GB/T 10782 蜜饯通则

GB 11680 食品包装用原纸卫生标准

GB/T 11761 芝麻

GB 13104 食糖卫生标准

GB 14963 蜂蜜卫生标准

GB/T 15267 食品包装用聚氯乙烯硬片、膜

GB 16325 干果食品卫生标准

GB 16326 坚果食品卫生标准

GB 19295 速冻预包装面米食品卫生标准

GB 19646 奶油、稀奶油卫生标准

GB/T 20706 可可粉

GB/T 20977—2007 糕点通则

GB/T 21270—2007 食品馅料

JJF 1070　定量包装商品净含量计量检验规则

散装食品卫生管理规范　卫法监发[2003]180 号

定量包装商品计量监督管理办法　国家质量技术监督检验检疫总局[2005]第 75 号令

零售商品称重计量监督管理办法　国家质量技术监督检验检疫总局、国家工商行政管理总局联合发布[2004]第 66 号令

食品标识管理规定　中华人民共和国国家质量监督检验检疫总局[2007]第 102 号令

3　术语和定义

GB 19295 确立的以及下列术语和定义适用于本标准。

3.1

元宵　full-moon dumpling

将馅料加工成型后，通过手工或机械方式，使浸水后的馅料在生糯米粉中反复滚粘成型的食品。

4　要求

4.1　原辅料要求

4.1.1　糯米应符合 GB 1354 的规定。

4.1.2　水应符合 GB 5749 的规定。

4.1.3　食糖应符合 GB 13104 的规定。

4.1.4　食用植物油应符合 GB 2716 的规定。

4.1.5　芝麻应符合 GB/T 11761 的规定。

4.1.6　蜜饯应符合 GB/T 10782 的规定。

4.1.7　可可粉应符合 GB/T 20706 的规定。

4.1.8　奶油应符合 GB 19646 的规定。

4.1.9　蜂蜜应符合 GB 14963 的规定。

4.1.10　干果应符合 GB16325 的规定。

4.1.11　坚果应符合 GB 16326 的规定。

4.1.12　馅料应符合 GB/T 21270 的规定。

注 1：微生物指标应符合 GB/T 21270—2007 中对“冷链保存馅料”的要求。

注 2：干燥失重宜小于或等于 15 g/100 g。

注 3：其他指标应符合 GB/T 21270—2007 中对“速冻食品用馅料”的要求。

4.1.13　包装材料和其他原辅料应符合国家相关法规和标准的规定。

4.2　感官要求

应符合表 1 的规定。

表 1　感官要求

项　目	要　　求
色　泽	白色或具有所用原料应有色泽
滋味与口感	具有该品种应有的滋味与口感，不酸败，无异味
组 织 形 态	外形基本圆正、皮层薄厚均匀，不露馅，无裂口，无霉变
杂　质	无肉眼可见杂质

4.3　理化指标

应符合表 2 的要求。

表 2 理化指标

项目		指标
总糖/(g/100 g)	≤	46
水分/(g/100 g)	≤	50
馅料含量/(g/100 g)	≥	23

4.4 卫生指标

4.4.1 微生物指标

4.4.1.1 速冻工艺生产的元宵应符合 GB 19295 的要求。

4.4.1.2 其他工艺生产的元宵应符合《散装食品卫生管理规范》。

4.4.2 铅、总砷、酸价、过氧化值、黄曲霉毒素 B_1

应符合 GB 19295 的要求。

4.5 食品添加剂

食品添加剂的使用应符合 GB 2760 的规定。

4.6 净含量

应符合《定量包装商品计量监督管理办法》的规定；采用称重销售的产品，应符合《零售商品称重计量监督管理办法》的规定。

5 试验方法

5.1 感官检查

将样品置于清洁、干燥的白瓷盘中，目测产品的形态、色泽及是否有杂质，用刀剖开后，观察组织形态及是否有杂质，鼻嗅气味，做出评价。

5.2 理化指标的检验

5.2.1 总糖

按 GB/T 20977—2007 中附录 A 规定的方法测定。

5.2.2 水分

按 GB/T 5009.3—2003 中第一法测定。

5.2.3 馅料含量测定

5.2.3.1 检验设备：感量为 0.1 g 的电子天平。

5.2.3.2 检验方法：在随机抽取的样品件数中，取样品 6 个，用电子天平(5.2.3.1)称净重后，剥离元宵皮与馅芯，称取馅芯总质量，按式(1)计算：

$$X = \frac{m}{m_1} \times 100\% \qquad (1)$$

式中：

X——馅料含量，%；

m——元宵馅的总质量，单位为克(g)；

m_1——元宵的总质量，单位为克(g)。

5.3 卫生指标的检验

5.3.1 铅

按 GB/T 5009.12 规定的方法测定。

5.3.2 总砷

GB/T 5009.11 规定的方法测定。

5.3.3 酸价、过氧化值

按 GB/T 5009.56 规定的方法测定。

5.3.4 **黄曲霉毒素 B_1**

按 GB/T 5009.22 规定的方法测定。

5.3.5 **微生物指标的检验**

按 GB 19295 规定的方法测定。

5.4 **净含量测定**

按 JJF 1070 规定的方法测定。

6 检验规则

6.1 检验分类

6.1.1 **出厂检验**

检验项目包括感官指标和净含量。

6.1.2 **型式检验**

6.1.2.1 型式检验的项目包括:本标准第 4 章规定的全部项目。

6.1.2.2 每年生产时应在生产前进行一次型式检验。

6.1.2.3 发生下列情况之一时亦应进行型式检验:

a) 新产品试制鉴定;

b) 正式投产后,原料、工艺有较大变化可能影响产品质量时;

c) 产品停产半年以上,恢复生产时;

d) 国家质量监督部门提出要求时。

6.2 抽样方法和数量

同一班次生产的同品种、同规格的产品为一批。随机抽样,抽样件数见表 3。

表 3 抽样件数

每批生产包装件数(以基本包装单位计)	抽样件数(基本包装单位计)
200(含 200)以下	3
201～800	4
801～1 800	5
1 801～3 200	6
3 200 以上	7

6.2.1 出厂检验时,在抽样件数中随机抽取三件,每件取出大于等于 100 g 的单件包装商品,以满足感官要求检验、净含量检验的需要。

6.2.2 型式检验时,在抽样件数中随机抽取三件,每件取出大于等于 400 g 的单件包装商品,以满足感官要求检验,净含量、理化指标和卫生指标检验的需要。

6.2.3 微生物抽样检验方法:按照 GB/T 4789.24 的规定执行。

6.3 判定规则

6.3.1 **出厂检验判定规则**

6.3.1.1 出厂检验项目全部符合标准,判为合格产品。

6.3.1.2 出厂检验项目如有 1 项不符合标准,可在抽样批次中加倍抽样复检,复检后如仍不符合标准,判为不合格品。

6.3.2 **型式检验判定规则**

6.3.2.1 型式检验项目全部符合标准,判为合格品。

6.3.2.2 型式检验项目超过 3 项不符合标准,判为不合格品,不得复检。

6.3.2.3 不超过 3 项(含 3 项,微生物项目除外)不符合标准,可以加倍抽样复检,复检后有 1 项不符合标准，判为不合格品。微生物项目有1项不符合标准，判为不合格品，不应复检。

7 标签、包装、运输、贮存

7.1 标签

7.1.1 应符合《食品标识管理规定》的规定。

7.1.2 定量预包装产品应符合GB 7718的规定。

7.1.3 外包装箱标志应符合GB/T 191的规定。

7.2 包装

7.2.1 应保证产品在运输、销售过程中的食品安全。

7.2.2 包装材料应符合相关食品容器及包装材料卫生标准。

7.2.2.1 复合食品包装物应符合GB 9683的规定。

7.2.2.2 聚乙烯成型品材质的包装物应符合GB 9687的规定。

7.2.2.3 硬质聚氯乙烯片、膜材质的包装物应符合GB/T 15267的规定。

7.2.2.4 食品包装用纸应符合GB 11680的规定。

7.2.2.5 外包装运输专用箱应符合GB/T 5737规定要求。

7.3 运输

运输工具应清洁卫生，不得与有毒、有异味、有腐蚀性等货物混运。运输中应防止挤压、碰撞、日晒、雨淋。装卸时应轻搬轻放，严禁抛掷。

7.4 贮存

7.4.1 食品仓库应保持清洁卫生，有防尘、防蝇、防鼠等措施，不得与有毒、有异味的物品混存混放。

7.4.2 室内应通风、干燥，保持常温；速冻工艺生产的元宵应在低温条件下贮存。

7.4.3 食品不得接触墙面和地面，间隔应在20 cm以上。

7.4.4 产品应掌握先进先出的原则，不合格产品不得入库。

ICS 67.050
X 04

中华人民共和国国家标准

GB/T 23501—2009

食品中T-2毒素的测定
免疫亲和层析净化高效液相色谱法

Determination of T-2 toxin in food—High performance liquid chromatographic method with immunoaffinity column clean-up

2009-04-08 发布

2009-05-01 实施

中华人民共和国国家质量监督检验检疫总局
中国国家标准化管理委员会
发布

前　言

本标准的附录A为资料性附录。

本标准由全国食品工业标准化技术委员会(SAC/TC 64)提出。

本标准由全国食品工业标准化技术委员会食品通用检测技术分技术委员会(SAC/TC 64/SC 8)归口。

本标准起草单位:青岛市产品质量监督检验所、中华人民共和国山东出入境检验检疫局、中检维康技术有限公司、青岛啤酒股份有限公司。

本标准主要起草人:张辉珍、李惠颖、王晓滨、郝俊光、鲍蕾、孙霄洁、王雄。

食品中T-2毒素的测定
免疫亲和层析净化高效液相色谱法

1 范围

本标准规定了食品中T-2毒素含量的免疫亲和层析净化高效液相色谱测定方法。

本标准适用于粮食和粮食制品、酒类、酱油、醋、酱及酱制品中T-2毒素含量的测定。

本标准的方法检出限：粮食和粮食制品的检出限为10 μg/kg，酒类的检出限为5 μg/kg，酱油、醋、酱及酱制品的检出限为5 μg/kg。

2 规范性引用文件

下列文件中的条款通过本标准的引用而成为本标准的条款。凡是注日期的引用文件，其随后所有的修改单(不包括勘误的内容)或修订版均不适用于本标准，然而，鼓励根据本标准达成协议的各方研究是否可使用这些文件的最新版本。凡是不注日期的引用文件，其最新版本适用于本标准。

GB/T 6682 分析实验室用水规格和试验方法(GB/T 6682—2008，ISO 3696:1987，MOD)

3 方法提要

用提取液提取试样中的T-2毒素，经免疫亲和柱净化、1-蒽腈衍生化后，用高效液相色谱荧光检测器测定，外标法定量。

4 试剂和材料

除另有说明外，所用试剂均为分析纯，水为符合GB/T 6682规定的一级水。

4.1 甲醇：色谱纯。

4.2 乙腈：色谱纯。

4.3 提取液：甲醇＋水(80＋20)。

4.4 4-二甲基氨基吡啶(DMAP)：0.325 g/L。称取0.032 5 g 4-二甲基氨基吡啶，用甲苯溶解并定容至100 mL。

4.5 1-蒽腈(1-anthroylnitrile，1-AN)：0.3 g/L。称取0.030 g 1-蒽腈，用甲苯溶解并定容至100 mL。

4.6 T-2毒素标准品：纯度≥98%。

4.7 T-2毒素标准储备液：准确称取一定量的T-2毒素标准品，用乙腈溶解，配成0.1 mg/mL的标准储备液，在－20 ℃避光保存，可使用3个月。

4.8 T-2毒素标准工作液：根据使用需要，准确吸取一定量的T-2毒素标准储备液，用乙腈稀释，分别配成相当于5 ng/mL、10 ng/mL、50 ng/mL、100 ng/mL、200 ng/mL的标准工作液，4 ℃保存，可使用7 d。

4.9 T-2毒素免疫亲和柱。

4.10 玻璃纤维滤纸：直径11 cm，孔径1.5 μm，无荧光特性。

5 仪器和设备

5.1 天平：感量0.001 g。

5.2 高效液相色谱仪：配有荧光检测器。

5.3 高速万能粉碎机：转速 10 000 r/min。

5.4 均质器：转速大于 10 000 r/min。

5.5 涡旋混合器。

5.6 玻璃注射器：10 mL。

5.7 氮气吹干仪。

5.8 试验筛：1 mm 孔径。

5.9 空气压力泵。

5.10 超声波发生器：功率大于 180 W。

6 分析步骤

6.1 试样的制备与提取

6.1.1 粮食和粮食制品：将样品研磨，硬质的粮食等用高速万能粉碎机磨细并通过试验筛(5.8)，不要磨成粉末。称取 25 g(精确到 0.01 g)磨碎的试样于容量瓶中，用提取液(4.3)定容至 100.0 mL，混匀，转移至均质杯中，高速均质 2 min。定量滤纸过滤，移取 10.0 mL 滤液于 50 mL 容量瓶中，加水定容至刻度，混匀，用玻璃纤维滤纸过滤至滤液澄清，收集滤液 A 于干净的容器中。

6.1.2 酒类：取脱气酒类试样(含二氧化碳的酒类样品使用前先置于 4 ℃冰箱冷藏 30 min，过滤或超声脱气)或其他不含二氧化碳的酒类试样 20 g(精确到 0.01 g)于 50 mL 容量瓶中，用甲醇定容至刻度，混匀，定量滤纸过滤，移取 10.0 mL 滤液于 50 mL 容量瓶中，加水定容至刻度，混匀，用玻璃纤维滤纸过滤至滤液澄清，收集滤液 B 于干净的容器中。

6.1.3 酱油、醋、酱及酱制品：称取 25 g(精确到 0.01 g)混匀的试样，用甲醇定容至 50.0 mL，超声提取 10 min，定量滤纸过滤，移取 10.0 mL 滤液于 50 mL 容量瓶中，加水定容至刻度，混匀，用玻璃纤维滤纸过滤至滤液澄清，收集滤液 C 于干净的容器中。

6.2 净化

将免疫亲和柱连接于玻璃注射器(5.6)下，准确移取 6.1 中的滤液 A 或 B 或 C 10.0 mL，注入玻璃注射器中。将空气压力泵与玻璃注射器相连接，调节压力，使溶液以约 1 滴/s 的流速通过免疫亲和柱，直至空气进入亲和柱中。再用 10 mL 水淋洗免疫亲和柱，流速约为 1 滴/s～2 滴/s，直至空气进入亲和柱中，弃去全部流出液，抽干小柱。

6.3 洗脱

准确加入 1.0 mL 甲醇洗脱，流速约为 1 滴/s，收集全部洗脱液 D 于干净的玻璃试管中。

6.4 衍生

6.4.1 T-2 毒素标准工作液的衍生：取不同浓度的 T-2 毒素标准工作液各 1 mL，在 50 ℃下用氮气吹干，加入 50 μL 4-二甲基氨基吡啶(DMAP)溶液(4.4)和 50 μL 1-蒽腈(1-AN)溶液(4.5)，在涡旋混合器上混匀 1 min，50 ℃反应 15 min，在冰水中冷却 10 min 后取出，50 ℃下氮气吹干，用 1.0 mL 流动相(6.5)溶解，HPLC 测定。

6.4.2 样品的衍生：将洗脱液 D 在 50 ℃下用氮气吹干，按 6.4.1 步骤进行。

6.5 高效液相色谱参考条件

a) 色谱柱：C_{18} 柱，5 μm，150 mm×4.6 mm 或相当者；

b) 流动相：乙腈＋水(75＋25)；

c) 流速：1.0 mL/min；

d) 柱温：35 ℃；

e) 进样量：20 μL；

f) 检测波长：激发波长 381 nm，发射波长 470 nm。

6.6 **定量测定**

以 T-2 毒素标准工作溶液浓度为横坐标，以峰面积积分值为纵坐标，绘制标准工作曲线，用标准工作曲线对试样进行定量，标准工作溶液和试样溶液中 T-2 毒素的响应值均应在仪器检测线性范围内。在上述色谱条件下，T-2 毒素标准品色谱图参见图 A.1。

6.7 **空白试验**

除不加试样外，空白试验应与测定平行进行，并采用相同的分析步骤。

6.8 **平行试验**

按以上步骤，对同一试样进行平行试验测定。

7 结果计算

试样中 T-2 毒素的含量按式(1)计算：

$$X = \frac{(c_1 - c_0) \times V \times 1\,000}{m \times 1\,000} \times f \qquad \cdots\cdots (1)$$

式中：

X——试样中 T-2 毒素的含量，单位为微克每千克(μg/kg)；

c_1——试样溶液中 T-2 毒素的浓度，单位为纳克每毫升(ng/mL)；

c_0——空白试样溶液中 T-2 毒素的浓度，单位为纳克每毫升(ng/mL)；

V——衍生化后甲醇定容体积，单位为毫升(mL)；

m——试样的质量，单位为克(g)；

f——稀释倍数。

检测结果以两次测定值的算术平均值表示。计算结果表示到小数点后 1 位。

8 回收率

添加浓度在 10 μg/kg～100 μg/kg 时，回收率在 80%～110%之间。

9 重复性

在重复性条件下，获得的 T-2 毒素的两次独立测试结果的绝对差值不大于其算术平均值的 10%。

附　录　A
（资料性附录）
T-2 毒素标准品的液相色谱图

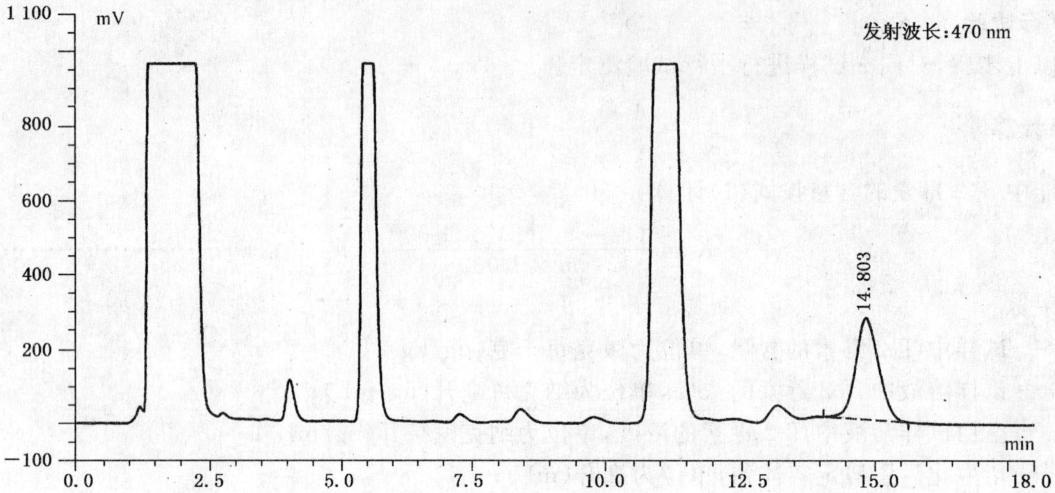

图 A.1　T-2 毒素标准品的液相色谱图

ICS 67.050
X 04

中华人民共和国国家标准

GB/T 23502—2009

食品中赭曲霉毒素A的测定 免疫亲和层析净化高效液相色谱法

Determination of ochratoxin A in food-High performance liquid chromatographic method with immunoaffinity column clean-up

2009-04-08 发布

2009-05-01 实施

中华人民共和国国家质量监督检验检疫总局
中国国家标准化管理委员会 发布

前　言

本标准的附录 A 为资料性附录。

本标准由全国食品工业标准化技术委员会(SAC/TC 64)提出。

本标准由全国食品工业标准化技术委员会食品通用检测技术分技术委员会(SAC/TC 64/SC 8)归口。

本标准起草单位:青岛市产品质量监督检验所、中华人民共和国山东出入境检验检疫局、中检维康技术有限公司、青岛啤酒股份有限公司。

本标准主要起草人:吴如军、鲍蕾、张辉珍、李惠颖、张鹏、余俊红、王雄。

食品中赭曲霉毒素A的测定 免疫亲和层析净化高效液相色谱法

1 范围

本标准规定了食品中赭曲霉毒素A含量的免疫亲和层析净化高效液相色谱测定方法。

本标准适用于粮食和粮食制品、酒类、酱油、醋、酱及酱制品中赭曲霉毒素A含量的测定。

本标准的方法检出限：粮食和粮食制品的检出限为1.0 μg/kg，酒类的检出限为0.1 μg/kg，酱油、醋、酱及酱制品的检出限为0.5 μg/kg。

2 规范性引用文件

下列文件中的条款通过本标准的引用而成为本标准的条款。凡是注日期的引用文件，其随后所有的修改单（不包括勘误的内容）或修订版均不适用于本标准，然而，鼓励根据本标准达成协议的各方研究是否可使用这些文件的最新版本。凡是不注日期的引用文件，其最新版本适用于本标准。

GB/T 6682　分析实验室用水规格和试验方法（GB/T 6682—2008，ISO 3696：1987，MOD）

3 方法提要

用提取液提取试样中的赭曲霉毒素A，经免疫亲和柱净化后，用高效液相色谱荧光检测器测定，外标法定量。

4 试剂和材料

除另有说明外，所用试剂均为分析纯，水为符合GB/T 6682规定的一级水。

4.1　甲醇：色谱纯。

4.2　乙腈：色谱纯。

4.3　冰乙酸：色谱纯。

4.4　提取液1：甲醇＋水（80＋20）。

4.5　提取液2：称取150 g氯化钠、20 g碳酸氢钠溶于约950 mL水中，加水定容至1 L。

4.6　冲洗液：称取25 g氯化钠、5 g碳酸氢钠溶于约950 mL水中，加水定容至1 L。

4.7　真菌毒素清洗缓冲液：称取25.0 g氯化钠、5.0 g碳酸氢钠溶于水中，加入0.1 mL吐温-20，用水稀释至1 L。

4.8　赭曲霉毒素A标准品：纯度≥98%。

4.9　赭曲霉毒素A标准储备液：准确称取一定量的赭曲霉毒素A标准品，用甲醇＋乙腈（1＋1）溶解，配成0.1 mg/mL的标准储备液，在－20 ℃保存，可使用3个月。

4.10　赭曲霉毒素A标准工作液：根据使用需要，准确吸取一定量的赭曲霉毒素A储备液，用流动相稀释，分别配成相当于1 ng/mL、5 ng/mL、10 ng/mL、20 ng/mL、50 ng/mL的标准工作液，4 ℃保存，可使用7 d。

4.11　赭曲霉毒素A免疫亲和柱。

4.12　玻璃纤维滤纸：直径11 cm，孔径1.5 μm，无荧光特性。

5 仪器和设备

5.1　天平：感量0.001 g。

5.2 高效液相色谱仪:配有荧光检测器。

5.3 均质器:转速大于 10 000 r/min。

5.4 高速万能粉碎机:转速 10 000 r/min。

5.5 玻璃注射器:10 mL。

5.6 试验筛:1 mm 孔径。

5.7 空气压力泵。

5.8 超声波发生器:功率大于 180 W。

6 分析步骤

6.1 试样的制备与提取

6.1.1 粮食和粮食制品:将样品研磨,硬质的粮食等用高速万能粉碎机磨细并通过试验筛(5.6),不要磨成粉末。称取 20 g(精确到 0.01 g)磨碎的试样于 100 mL 容量瓶中,加入 5 g 氯化钠,用提取液 1(4.4)定容至刻度,混匀,转移至均质杯中,高速搅拌提取 2 min。定量滤纸过滤,移取 10.0 mL 滤液于 50 mL 容量瓶中,加水定容至刻度,混匀,用玻璃纤维滤纸过滤至滤液澄清,收集滤液 A 于干净的容器中。

6.1.2 酒类:取脱气酒类试样(含二氧化碳的酒类样品使用前先置于 4 ℃冰箱冷藏 30 min,过滤或超声脱气)或其他不含二氧化碳的酒类试样 20 g(精确到 0.01 g),置于 25 mL 容量瓶中,加提取液 2(4.5)定容至刻度,混匀,用玻璃纤维滤纸过滤至滤液澄清,收集滤液 B 于干净的容器中。

6.1.3 酱油、醋、酱及酱制品:称取 25 g(精确到 0.01 g)混匀的试样,用提取液 1(4.4)定容至50.0 mL,超声提取 5 min。定量滤纸过滤,移取 10.0 mL 滤液于 50 mL 容量瓶中,加水定容至刻度,混匀,用玻璃纤维滤纸过滤至滤液澄清,收集滤液 C 于干净的容器中。

6.2 净化

6.2.1 粮食和粮食制品:将免疫亲和柱连接于玻璃注射器(5.5)下,准确移取 6.1 中滤液 A 10.0 mL,注入玻璃注射器中。将空气压力泵与玻璃注射器相连接,调节压力,使溶液以约 1 滴/s 的流速通过免疫亲和柱,直至空气进入亲和柱中,依次用 10 mL 真菌毒素清洗缓冲液(4.7)、10 mL 水淋洗免疫亲和柱,流速约为 1 滴/s～2 滴/s,弃去全部流出液,抽干小柱。

6.2.2 酒类:将免疫亲和柱连接于玻璃注射器(5.5)下,准确移取 6.1 中滤液 B 10.0 mL,注入玻璃注射器中。将空气压力泵与玻璃注射器相连接,调节压力,使溶液以约 1 滴/s 的流速通过免疫亲和柱,直至空气进入亲和柱中,依次用 10 mL 冲洗液(4.6)、10 mL 水淋洗免疫亲和柱,流速约为 1 滴/s～2 滴/s,弃去全部流出液,抽干小柱。

6.2.3 酱油、醋、酱及酱制品:将免疫亲和柱连接于玻璃注射器(5.5)下,准确移取 6.1 中滤液 C 10.0 mL,注入玻璃注射器中。将空气压力泵与玻璃注射器相连接,调节压力,使溶液以约 1 滴/s 的流速通过免疫亲和柱,直至空气进入亲和柱中,依次用 10 mL 真菌毒素清洗缓冲液(4.7)、10 mL 水淋洗免疫亲和柱,流速约为 1 滴/s～2 滴/s,弃去全部流出液,抽干小柱。

6.3 洗脱

准确加入 1.0 mL 甲醇洗脱,流速约为 1 滴/s,收集全部洗脱液于干净的玻璃试管中,用甲醇定容至 1 mL,供 HPLC 测定。

6.4 高效液相色谱参考条件

a) 色谱柱:C_{18} 柱,5 μm,150 mm×4.6 mm 或相当者;

b) 流动相:乙腈＋水＋冰乙酸(99＋99＋2);

c) 流速:0.9 mL/min;

d) 柱温:35 ℃;

e) 进样量:10 μL～100 μL;

f) 检测波长：激发波长 333 nm，发射波长 477 nm。

6.5 定量测定

以赭曲霉毒素 A 标准工作溶液浓度为横坐标，以峰面积积分值为纵坐标，绘制标准工作曲线，用标准工作曲线对试样进行定量，标准工作溶液和试样溶液中赭曲霉毒素 A 的响应值均应在仪器检测线性范围内。在上述色谱条件下，赭曲霉毒素 A 标准品色谱图参见图 A.1。

6.6 空白试验

除不加试样外，空白试验应与测定平行进行，并采用相同的分析步骤。

6.7 平行试验

按以上步骤，对同一试样进行平行试验测定。

7 结果计算

试样中赭曲霉毒素 A 的含量按式(1)计算：

$$X = \frac{(c_1 - c_0) \times V \times 1\,000}{m \times 1\,000} \times f \quad \cdots\cdots (1)$$

式中：

X——试样中赭曲霉毒素 A 的含量，单位为微克每千克(μg/kg)；

c_1——试样溶液中赭曲霉毒素 A 的浓度，单位为纳克每毫升(ng/mL)；

c_0——空白试样溶液中赭曲霉毒素 A 的浓度，单位为纳克每毫升(ng/mL)；

V——甲醇洗脱液体积，单位为毫升(mL)；

m——试样的质量，单位为克(g)；

f——稀释倍数。

检测结果以两次测定值的算术平均值表示。计算结果表示到小数点后 1 位。

8 回收率

添加浓度在 1.0 μg/kg～10.0 μg/kg 时，回收率在 70%～100%之间。

9 重复性

在重复性条件下，获得的赭曲霉毒素 A 的两次独立测试结果的绝对差值不大于其算术平均值的 10%。

附 录 A
（资料性附录）
赭曲霉毒素 A 标准品的液相色谱图

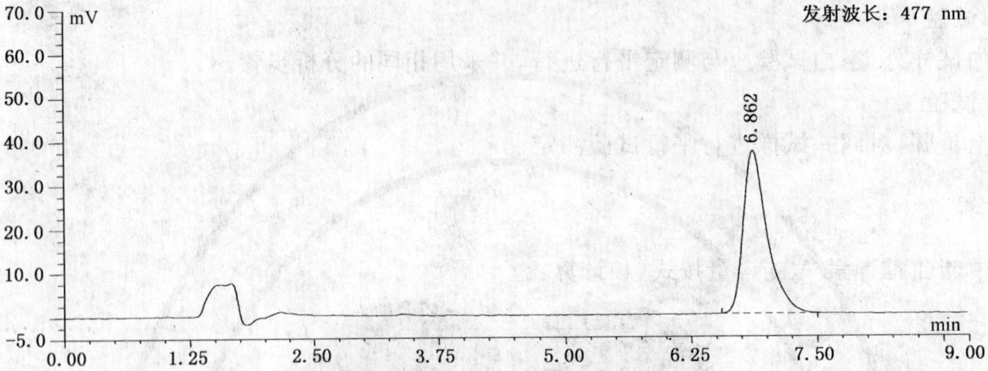

图 A.1　赭曲霉毒素 A 标准品液相色谱图

ICS 67.050
X 04

中华人民共和国国家标准

GB/T 23503—2009

食品中脱氧雪腐镰刀菌烯醇的测定 免疫亲和层析净化高效液相色谱法

Determination of deoxynivalenol in food—High performance liquid chromatographic method with immunoaffinity column clean-up

2009-04-08 发布　　2009-05-01 实施

中华人民共和国国家质量监督检验检疫总局
中国国家标准化管理委员会　发布

前　言

本标准的附录 A 为资料性附录。

本标准由全国食品工业标准化技术委员会(SAC/TC 64)提出。

本标准由全国食品工业标准化技术委员会食品通用检测技术分技术委员会(SAC/TC 64/SC 8)归口。

本标准起草单位:青岛市产品质量监督检验所、中华人民共和国山东出入境检验检疫局、中检维康技术有限公司、青岛啤酒股份有限公司。

本标准主要起草人:张辉珍、王晓滨、单连菊、吴振兴、林艳、李惠颖、王雄。

食品中脱氧雪腐镰刀菌烯醇的测定 免疫亲和层析净化高效液相色谱法

1 范围

本标准规定了食品中脱氧雪腐镰刀菌烯醇含量的免疫亲和层析净化高效液相色谱测定方法。

本标准适用于粮食和粮食制品、酒类、酱油、醋、酱及酱制品中脱氧雪腐镰刀菌烯醇含量的测定。

本标准的方法检出限：粮食和粮食制品的检出限为 0.5 mg/kg，酒类的检出限为 0.1 mg/kg，酱油、醋、酱及酱制品的检出限为 0.1 mg/kg。

2 规范性引用文件

下列文件中的条款通过本标准的引用而成为本标准的条款。凡是注日期的引用文件，其随后所有的修改单（不包括勘误的内容）或修订版均不适用于本标准，然而，鼓励根据本标准达成协议的各方研究是否可使用这些文件的最新版本。凡是不注日期的引用文件，其最新版本适用于本标准。

GB/T 6682 分析实验室用水规格和试验方法（GB/T 6682—2008，ISO 3696:1987，MOD）

3 方法提要

用提取液提取试样中的脱氧雪腐镰刀菌烯醇，经免疫亲和柱净化后，用高效液相色谱紫外检测器测定，外标法定量。

4 试剂和材料

除另有说明外，所用试剂均为分析纯，水为符合 GB/T 6682 规定的一级水。

4.1 甲醇：色谱纯。

4.2 乙腈：色谱纯。

4.3 聚乙二醇（相对分子质量 8 000）。

4.4 PBS 清洗缓冲液：称取 8.0 g 氯化钠、1.2 g 磷酸氢二钠、0.2 g 磷酸二氢钾、0.2 g 氯化钾，用 990 mL 水将上述试剂溶解，然后用浓盐酸调节 pH 至 7.0，再用水稀释至 1 L。

4.5 脱氧雪腐镰刀菌烯醇标准品：纯度≥98%。

4.6 脱氧雪腐镰刀菌烯醇标准储备液：准确称取一定量的脱氧雪腐镰刀菌烯醇标准品，用甲醇溶解，配成 0.1 mg/mL 的标准储备液，在 −20 ℃保存，可使用 3 个月。

4.7 脱氧雪腐镰刀菌烯醇标准工作液：根据使用需要，准确吸取一定量的脱氧雪腐镰刀菌烯醇标准储备液，用流动相稀释，分别配成相当于 0.1 μg/mL、0.2 μg/mL、0.5 μg/mL、1.0 μg/mL、2.0 μg/mL、5.0 μg/mL 的标准工作液，4 ℃保存，可使用 7 d。

4.8 脱氧雪腐镰刀菌烯醇免疫亲和柱。

4.9 玻璃纤维滤纸：直径 11 cm，孔径 1.5 μm。

5 仪器和设备

5.1 天平：感量 0.001 g。

5.2 高效液相色谱仪：配有紫外检测器或二极管阵列检测器。

5.3 均质器：转速大于 10 000 r/min。

5.4 高速万能粉碎机:转速 10 000 r/min。

5.5 玻璃注射器:10 mL。

5.6 试验筛:1 mm 孔径。

5.7 空气压力泵。

6 分析步骤

6.1 试样制备与提取

6.1.1 粮食和粮食制品:将样品研磨,硬质的粮食等用高速万能粉碎机磨细并通过试验筛(5.6),不要磨成粉末。称取 25 g(精确到 0.01 g)磨碎的试样于 100 mL 容量瓶中加入 5 g 聚乙二醇(4.3),用水定容至刻度,混匀,转移至均质杯中,高速搅拌 2 min。定量滤纸过滤后以玻璃纤维滤纸过滤至滤液澄清,收集滤液 A 于干净的容器中。

6.1.2 酒类:取脱气酒类试样(含二氧化碳的酒类样品使用前先置于 4 ℃冰箱冷藏 30 min,过滤或超声脱气)或其他不含二氧化碳的酒类试样 20 g(精确到 0.01 g),加入 1 g 聚乙二醇(4.3),用水定容至 25.0 mL,混匀,用玻璃纤维滤纸过滤至滤液澄清,收集滤液 B 于干净的容器中。

6.1.3 酱油、醋、酱及酱制品:取样品 25 g(精确到 0.01 g),加入 5 g 聚乙二醇(4.3),用水定容至 100.0 mL,高速搅拌提取 2 min。定量滤纸过滤后,用玻璃纤维滤纸过滤至滤液澄清,收集滤液 C 于干净的容器中。

6.2 净化

将免疫亲和柱连接于玻璃注射器(5.5)下,准确移取 6.1 中滤液 A 或 B 或 C 2.0 mL,注入玻璃注射器中。将空气压力泵与玻璃注射器相连接,调节压力,使溶液以约 1 滴/s 的流速通过免疫亲和柱,直至空气进入亲和柱中。用 5 mL PBS 清洗缓冲液(4.4)和 5 mL 水先后淋洗免疫亲和柱,流速约为 1 滴/s～2 滴/s,直至空气进入亲和柱中,弃去全部流出液,抽干小柱。

6.3 洗脱

准确加入 1.0 mL 甲醇洗脱,流速约为 1 滴/s,收集全部洗脱液于干净的玻璃试管中,HPLC 测定。

6.4 高效液相色谱参考条件

a) 色谱柱:C_{18} 柱,5 μm,150 mm×4.6 mm 或相当者;

b) 流动相:甲醇+水(20+80);

c) 流速:0.8 mL/min;

d) 柱温:35 ℃;

e) 进样量:50 μL;

f) 检测波长:218 nm。

6.5 定量测定

以脱氧雪腐镰刀菌烯醇标准工作液浓度为横坐标,以峰面积积分值为纵坐标,绘制标准工作曲线,用标准工作曲线对试样进行定量,标准工作溶液和试样溶液中脱氧雪腐镰刀菌烯醇的响应值均应在仪器检测线性范围内。在上述色谱条件下,脱氧雪腐镰刀菌烯醇标准品色谱图参见图 A.1。

6.6 空白试验

除不加试样外,空白试验应与测定平行进行,并采用相同的分析步骤。

6.7 平行试验

按以上步骤,对同一试样进行平行试验测定。

7 结果计算

试样中脱氧雪腐镰刀菌烯醇的含量按式(1)计算:

$$X = \frac{(c_1 - c_0) \times V \times 1\ 000}{m \times 1\ 000} \times f \qquad \cdots\cdots(1)$$

式中：

X——试样中脱氧雪腐镰刀菌烯醇的含量，单位为毫克每千克(mg/kg)；

c_1——试样溶液中脱氧雪腐镰刀菌烯醇的浓度，单位为微克每毫升(μg/mL)；

c_0——空白试样溶液中脱氧雪腐镰刀菌烯醇的浓度，单位为微克每毫升(μg/mL)；

V——甲醇洗脱液体积，单位为毫升(mL)；

m——试样的质量，单位为克(g)；

f——稀释倍数。

检测结果以两次测定值的算术平均值表示。计算结果表示到小数点后1位。

8 回收率

添加浓度在0.5 mg/kg～2.0 mg/kg时，回收率在70%～100%之间。

9 重复性

在重复性条件下，获得的脱氧雪腐镰刀菌烯醇的两次独立测试结果的绝对差值不大于其算术平均值的10%。

附 录 A
（资料性附录）
脱氧雪腐镰刀菌烯醇标准品的液相色谱图

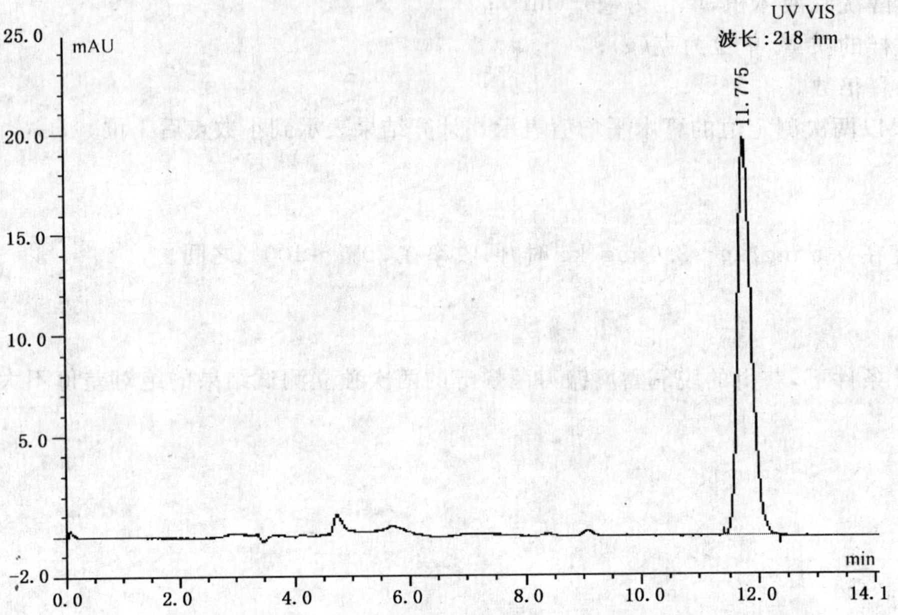

图 A.1 脱氧雪腐镰刀菌烯醇标准品液相色谱图

ICS 67.050
X 04

中华人民共和国国家标准

GB/T 23504—2009

食品中玉米赤霉烯酮的测定 免疫亲和层析净化高效液相色谱法

Determination of zearalenone in food—High performance liquid chromatographic method with immunoaffinity column clean-up

2009-04-08 发布　　　　2009-05-01 实施

中华人民共和国国家质量监督检验检疫总局
中国国家标准化管理委员会　发布

前 言

本标准的附录 A 为资料性附录。

本标准由全国食品工业标准化技术委员会(SAC/TC 64)提出。

本标准由全国食品工业标准化技术委员会食品通用检测技术分技术委员会(SAC/TC 64/SC 8)归口。

本标准起草单位:青岛市产品质量监督检验所、中华人民共和国山东出入境检验检疫局、中检维康技术有限公司、青岛啤酒股份有限公司。

本标准主要起草人:张辉珍、董建军、吕宁、李宏伟、李惠颖、翟士星、王雄。

食品中玉米赤霉烯酮的测定
免疫亲和层析净化高效液相色谱法

1 范围

本标准规定了食品中玉米赤霉烯酮含量的免疫亲和层析净化高效液相色谱测定方法。

本标准适用于粮食和粮食制品、酒类、酱油、醋、酱及酱制品中玉米赤霉烯酮含量的测定。

本标准的方法检出限:粮食和粮食制品的检出限为 20 μg/kg,酒类的检出限为 20 μg/kg,酱油、醋、酱及酱制品的检出限为 50 μg/kg。

2 规范性引用文件

下列文件中的条款通过本标准的引用而成为本标准的条款。凡是注日期的引用文件,其随后所有的修改单(不包括勘误的内容)或修订版均不适用于本标准,然而,鼓励根据本标准达成协议的各方研究是否可使用这些文件的最新版本。凡是不注日期的引用文件,其最新版本适用于本标准。

GB/T 6682 分析实验室用水规格和试验方法(GB/T 6682—2008, ISO 3696:1987,MOD)

3 方法提要

用提取液提取试样中的玉米赤霉烯酮,经免疫亲和柱净化后,用高效液相色谱荧光检测器测定,外标法定量。

4 试剂和材料

除另有说明外,所用试剂均为分析纯,水为符合 GB/T 6682 规定的一级水。

4.1 甲醇:色谱纯。

4.2 乙腈:色谱纯。

4.3 提取液:乙腈+水(9+1)。

4.4 PBS 清洗缓冲液:称取 8.0 g 氯化钠、1.2 g 磷酸氢二钠、0.2 g 磷酸二氢钾、0.2 g 氯化钾,用 990 mL水将上述试剂溶解,然后用浓盐酸调节 pH 至 7.0,再用水定容至 1 L。

4.5 玉米赤霉烯酮标准品:纯度≥98%。

4.6 玉米赤霉烯酮标准储备液:准确称取一定量的玉米赤霉烯酮标准品,用甲醇+乙腈(1+1)溶解,配成 0.1 mg/mL 的标准储备液,在−20 ℃保存,可使用 3 个月。

4.7 玉米赤霉烯酮标准工作液:根据使用需要,准确吸取一定量的玉米赤霉烯酮储备液,用流动相稀释,分别配成相当于 10 ng/mL、50 ng/mL、100 ng/mL、200 ng/mL、500 ng/mL 的标准工作液,4 ℃保存,可使用 7 d。

4.8 玉米赤霉烯酮免疫亲和柱。

4.9 玻璃纤维滤纸:直径 11 cm,孔径 1.5 μm,无荧光特性。

5 仪器和设备

5.1 天平:感量 0.001 g。

5.2 高效液相色谱仪:配有荧光检测器。

5.3 均质器:转速大于 10 000 r/min。

5.4 高速万能粉碎机：转速 10 000 r/min。

5.5 玻璃注射器：10 mL。

5.6 试验筛：1 mm 孔径。

5.7 空气压力泵。

6 分析步骤

6.1 试样制备与提取

6.1.1 粮食和粮食制品：将样品研磨，硬质的粮食等用高速万能粉碎机磨细并通过试验筛(5.6)，不要磨成粉末。称取 50 g(精确到 0.01 g)磨碎的试样于 100 mL 容量瓶中，加入 5 g 氯化钠，用提取液(4.3)定容至刻度，混匀，转移至均质杯中，高速搅拌提取 2 min。定量滤纸过滤，移取 10.0 mL 滤液于 50 mL 容量瓶中，加水定容至刻度，混匀，用玻璃纤维滤纸过滤至滤液澄清，收集滤液 A 于干净的容器中。

6.1.2 酒类：取脱气酒类试样(含二氧化碳的酒类使用前先置于 4 ℃冰箱冷藏 30 min，过滤或超声脱气)或其他不含二氧化碳的酒类试样 20 g(精确到 0.01 g)于 50 mL 容量瓶中，用乙腈定容至刻度，摇匀。移取 10.0 mL 滤液于 50 mL 容量瓶中，加水定容至刻度，混匀，用玻璃纤维滤纸过滤至滤液澄清，收集滤液 B 于干净的容器中。

6.1.3 酱油、醋、酱及酱制品：称取 25 g(精确到 0.01 g)混匀的试样，用乙腈定容至 100.0 mL，超声提取 2 min，定量滤纸过滤，移取 10.0 mL 滤液于 50 mL 容量瓶中，加水定容至刻度，混匀，用玻璃纤维滤纸过滤至滤液澄清，收集滤液 C 于干净的容器中。

6.2 净化

将免疫亲和柱连接于玻璃注射器(5.5)下，准确移取 6.1 中的滤液 A 或 B 或 C10.0 mL，注入玻璃注射器中。将空气压力泵与玻璃注射器相连接，调节压力，使溶液以约 1 滴/s 的流速通过免疫亲和柱，直至空气进入亲和柱中。依次用 10 mL PBS 清洗缓冲液(4.4)和 10 mL 水淋洗免疫亲和柱，流速约为 1 滴/s～2 滴/s，直至空气进入亲和柱中，弃去全部流出液，抽干小柱。

6.3 洗脱

准确加入 1.0 mL 甲醇洗脱，流速约为 1 滴/s，收集全部洗脱液于干净的玻璃试管中，用甲醇定容至 1 mL，HPLC 测定。

6.4 高效液相色谱参考条件

a) 色谱柱：C_{18}柱，5 μm，150 mm×4.6 mm 或相当者；

b) 流动相：乙腈＋水＋甲醇(46＋46＋8)；

c) 流速：1.0 mL/min；

d) 柱温：35 ℃；

e) 进样量：20 μL～100 μL；

f) 检测波长：激发波长 274 nm，发射波长 440 nm。

6.5 定量测定

以玉米赤霉烯酮标准工作溶液浓度为横坐标，以峰面积积分值为纵坐标，绘制标准工作曲线，用标准工作曲线对试样进行定量，标准工作溶液和试样溶液中玉米赤霉烯酮的响应值均应在仪器检测线性范围内。在上述色谱条件下，玉米赤霉烯酮标准品色谱图参见图 A.1。

6.6 空白试验

除不加试样外，空白试验应与测定平行进行，并采用相同的分析步骤。

6.7 平行试验

按以上步骤，对同一试样进行平行试验测定。

7 结果计算

试样中玉米赤霉烯酮的含量按式(1)计算：

$$X=\frac{(c_1-c_0)\times V\times 1\ 000}{m\times 1\ 000}\times f \qquad\cdots\cdots(1)$$

式中：

X——试样中玉米赤霉烯酮的含量，单位为微克每千克（μg/kg）；

c_1——试样溶液中玉米赤霉烯酮的浓度，单位为纳克每毫升（ng/mL）；

c_0——空白试样溶液中玉米赤霉烯酮的浓度，单位为纳克每毫升（ng/mL）；

V——甲醇洗脱液体积，单位为毫升（mL）；

m——试样的质量，单位为克（g）；

f——稀释倍数。

检测结果以两次测定值的算术平均值表示。计算结果表示到小数点后1位。

8　回收率

添加浓度在50 μg/kg～200 μg/kg时，回收率在70%～100%之间。

9　重复性

在重复性条件下，获得的玉米赤霉烯酮的两次独立测试结果的绝对差值不大于其算术平均值的10%。

附 录 A
（资料性附录）
玉米赤霉烯酮标准品的液相色谱图

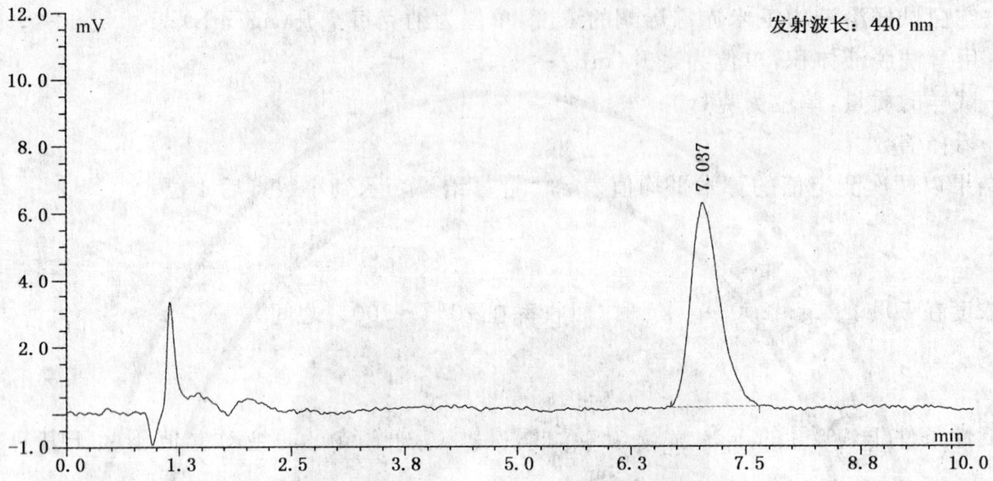

图 A.1 玉米赤霉烯酮标准品的液相色谱图

ICS 75.180.10
E 92

中华人民共和国国家标准

GB/T 23505—2009

石油钻机和修井机

Petroleum drilling and workover rigs

2009-04-02 发布　　2010-01-01 实施

中华人民共和国国家质量监督检验检疫总局
中国国家标准化管理委员会　发布

前言

本标准由全国石油钻采设备和工具标准化技术委员会(SAC/TC 96)提出并归口。

本标准负责起草单位:宝鸡石油机械有限责任公司。

本标准参加起草单位:南阳二机石油装备(集团)有限公司、中国石化集团江汉石油管理局第四机械厂、大庆石油管理局、辽河油田分公司、中国石油长城钻井有限公司、中国石油技术开发公司、兰州兰石国民油井石油工程有限公司。

本标准主要起草人:王进全、龚惠娟、范亚民、王定亚、刘俭、池胜高、王平、王涛、曹传文、赵蕴国、赵淑兰、董辉。

石油钻机和修井机

1 范围

本标准规定了石油钻机和修井机的术语和定义、产品的型式、型号、基本参数、基本配置、技术要求、涂装要求、试验和记录、标志、出厂文件、贮存、包装和运输。

本标准适用于石油天然气钻井和修井用陆地钻机和修井机。

海上平台用钻机和修井机可参照执行。

2 规范性引用文件

下列文件中的条款通过本标准的引用而成为本标准的条款。凡是注日期的引用文件，其随后所有的修改单(不包括勘误的内容)或修订版均不适用于本标准，然而，鼓励根据本标准达成协议的各方研究是否可使用这些文件的最新版本。凡是不注日期的引用文件，其最新版本适用于本标准。

GB 146.1 标准轨距铁路机车车辆限界

GB 2894 安全标志

GB/T 3766 液压系统通用技术条件(GB/T 3766—2001,eqv ISO 4413:1998)

GB 3836.1 爆炸性气体环境用电气设备 第1部分:通用要求(GB 3836.1—2000,eqv IEC 60079-0:1998)

GB 3836.2 爆炸性气体环境用电气设备 第2部分:隔爆型“d”(GB 3836.2—2000,eqv IEC 60079-1:1990)

GB 3836.3 爆炸性气体环境用电气设备 第3部分:增安型“e”(GB 3836.3—2000,eqv IEC 60079-7:1990)

GB 3836.5 爆炸性气体环境用电气设备 第5部分:正压外壳型“p”(GB 3836.5—2004,IEC 60079-2:2001,MOD)

GB 3836.8 爆炸性环境用防爆电气设备 第8部分:“n”型电气设备(GB 3836.8—2003,IEC 60079-15:2001,MOD)

GB 3836.15 爆炸性气体环境用电气设备 第15部分:危险场所电气安装(煤矿除外)(GB 3836.15—2000,eqv IEC 60079-14:1996)

GB 4208 外壳防护等级(IP代码)(GB 4208—2008,IEC 60529:2001,IDT)

GB/T 8423 石油钻采设备及专用管材词汇

GB/T 8923 涂装前钢材表面锈蚀等级和除锈等级(ISO 8501-1:1988,EQV)

GB/T 17744 钻井设备规范(GB/T 17744—2008,ISO 14693:2003,MOD)

GB/T 19190—2003 石油天然气工业钻井和采油提升设备(ISO 13535:2000,IDT)

GB/T 20067 粗直径钢丝绳

GB/T 20174 石油天然气工业 钻井和采油设备 钻通设备(GB/T 20174—2006,ISO 13533:2001,MOD)

JB/T 7845 陆地钻机用装有电子器件的电控设备

SY/T 5025—1999 钻井和修井井架、底座规范(eqv API Spec 4F:1995)

SY/T 5030 石油天然气工业用柴油机

SY/T 5053.2 钻井井口控制设备及分流设备控制系统规范(SY/T 5053.2—2007,API Spec 16D:2004,IDT)

SY/T 5112 钻井和采油提升设备规范(不规定级别)(SY/T 5112—2008,API Spec 8A:1997,MOD)

SY/T 5170 石油天然气工业用钢丝绳规范(SY/T 5170—2008,API Spec 9A:2004,MOD)

SY/T 5244 钻井液循环管汇

SY/T 5323 节流和压井系统(SY/T 5323—2004,API Spec 16C:1993,IDT)

SY/T 5466 钻前工程及井场布置技术要求

SY/T 5612 石油钻井液固相控制设备规范

SY/T 5957 井场电器安装技术要求

SY/T 6228 油气井钻井及修井作业职业安全的推荐作法(SY/T 6228—1996,eqv API RP 54:1992)

SY/T 6680—2007 石油钻机和修井机出厂验收规范

SY/T 10041 石油设施电器设备安装一级一类和二类区域划分的推荐做法(SY/T 10041—2002,idt API RP 500:1997)

ISO 12944-2 色漆和清漆 防护漆体系对钢结构的腐蚀保护 第2部分:环境分类

ISO 12944-5:1998 色漆和清漆 防护漆体系对钢结构的腐蚀保护 第5部分:防护涂料体系

3 术语、定义和缩略语

GB/T 8423 确立的以及下列术语、定义和缩略语适用于本标准。

3.1 术语和定义

3.1.1

名义钻深范围 nominal range of drilling depth

钻机和修井机在规定的钻井绳数下,使用一定的钻柱时的钻井和修井深度范围。

3.1.2

名义修井深度 nominal workover depth

修井机在规定的游动系统有效绳数下,用不同的管柱修井时的最大深度。

3.1.3

最大钩载 maximum hook load

钻机或修井机在规定的最多绳数下起下管柱、处理事故或进行其他特殊作业时,大钩不允许超过的载荷。

3.1.4

额定钩载 rating hook load

修井机在规定的绳数下,正常修井作业中允许大钩承受的由最大钻柱在空气中的重量所产生的载荷。

3.1.5

设计安全系数 design safety factor

设计安全系数等于所用材料规定的最小屈服强度与最大许用应力之比。

3.1.6

钻井绳数 number of wireline

用于正常起下钻柱及钻进时,游动系统中除快绳和死绳之外的工作绳数。

3.1.7

游动系统最多绳数　maximum number of travelling line

钻机配备的轮系所能提供的除快绳和死绳之外的最多工作绳数。

3.2　缩略语

HSE　健康　安全　环境

SCR　可控硅整流装置

VFD　变频驱动装置

API　美国石油学会

4　型式和型号表示方法

4.1　型式

4.1.1　驱动型式

钻机和修井机按驱动型式可分为：

a)　机械驱动；

b)　电驱动，主要包括：

　1)　交流工频电驱动；

　2)　直流电驱动；

　3)　交流变频电驱动。

c)　液压驱动；

d)　复合驱动，主要包括：

　1)　机械驱动＋电驱动；

　2)　机械驱动＋液压驱动；

　3)　电驱动＋液压驱动。

注：复合驱动是钻机的一种驱动型式，表示钻机绞车与钻井泵、转盘等的驱动型式不同，在型号表示方法中不出现。

4.1.2　传动型式

机械驱动钻机和修井机按并车型式可分为：

a)　链条传动；

b)　皮带传动；

c)　齿轮传动；

d)　液力传动。

4.1.3　移运型式

钻机和修井机按移动型式可分为：

a)　块装式；

b)　自行式；

c)　拖挂式。

4.2　型号表示方法

4.2.1　钻机型号表示方法

石油钻机型号的表示方法见图1的规定。

4.2.2　修井机型号表示方法

石油修井机型号的表示方法见图2的规定。

ZJ □/□ □ □

移运型式：块装式表示符号省略
Z——自行式钻机
T——拖挂式钻机

钻机特征：L——链条并车钻机　D——转盘直流电机驱动
J——皮带并车钻机　DB——转盘交流变频电机驱动
C——齿轮并车钻机
Y——液压钻机
DJ——交流工频电动钻机
D——直流电动钻机(AC-SCR-DC)
DB——交流变频电动钻机(AC-VFD-AC)

钻机级别：分子表示用 114 mm 钻杆标定，以 100 m 为单位计的名义最大钻井深度。分母表示以 kN 为单位的钻机最大钩载

钻机代号：ZJ——钻机

图 1　钻机型号的表示方法

示例 1：名义钻深 5 000 m、直流电驱动块装钻机型号表示为：ZJ50/3150D。

示例 2：名义钻深 7 000 m、链条并车钻机、转盘交流变频电机驱动钻机型号表示为：ZJ70/4500LDB。

XJ □ □ □

底盘型式：　Z——自走底盘
Q——牵引式底盘
外购汽车底盘此项省略

修井机特征：C——双内燃机驱动齿轮并车
L——双内燃机驱动链条并车
DJ——交流工频电驱动
D——直流电驱动(AC-SCR-DC)
DB——交流变频电驱动(AC-VFD-AC)
Y——液压驱动
单内燃机驱动此项省略

修井机级别：表示修井机最大钩载，以 kN 为计量单位

修井机代号：XJ—— 修井机

图 2　修井机型号的表示方法

示例：最大钩载 1 800 kN、自走底盘、双柴油机、齿轮并车的修井机型号表示为：XJ1800CZ。

5　基本参数

5.1　石油钻机基本参数

石油钻机按名义最大钻井深度和最大钩载分为 10 个级别，各级别钻机的主要基本参数应符合表 1 的规定。

5.2　石油修井机基本参数

石油修井机按最大钩载分为九个级别，各级别修井机的主要基本参数应符合表 2 的规定。

表 1　石油钻机基本参数

钻机级别		ZJ10/600	ZJ15/900	ZJ20/1350	ZJ30/1800	ZJ40/2250	ZJ50/3150	ZJ70/4500	ZJ90/6750	ZJ120/9000	ZJ150/11250
最大钩载 kN		600	900	1 350	1 800	2 250	3 150	4 500	6 750	9 000	11 250
名义钻深范围 m	127 mm 钻杆	500～800	700～1 400	1 100～1 800	1 500～2 500	2 000～3 200	2 800～4 500	4 000～6 000	5 000～8 000	7 000～10 000	8 500～12 500
	114 mm 钻杆	500～1 000	800～1 500	1 200～2 000	1 600～3 000	2 500～4 000	3 500～5 000	4 500～7 000	6 000～9 000	7 500～12 000	10 000～15 000
绞车额定功率	kW	110～200	257～330	330～500	400～700	735(1 100)	1 100(1 470)	1 470(2 210)	2 210(2 940)	2 940(4 400)	4 400(5 880)
	(hp)	(150～270)	(350～450)	(450～680)	(550～950)	(1 000)(1 500)	(1 500)(2 000)	(2 000)(3 000)	(3 000)(4 000)	(4 000)(6 000)	(6 000)(8 000)
游动系统绳数	钻井绳数	6	8	8	8	8	10	12	14	14	16
	最多绳数	6	8	8	10	10	12	14	16	16	18
钻井钢丝绳公称直径	mm	19,22	22,26	26,29	29,32		32,35	35,38	42,45	48,52	
	(in)	(3/4,7/8)	(7/8,1)	(1,1⅛)	(1⅛,1¼)		(1¼,1⅜)	(1⅜,1½)	(1⅝,1¾)	(1⅞,2)	
钻井泵单台功率不小于	kW	368	588		735		956	1 176		1 617	1 617,2 205
	(hp)	(500)	(800)		(1 000)		(1 300)	(1 600)		(2 200)	(2 200,3 000)
转盘开口直径	mm	381,444.5		444.5,520.7,698.5			698.5,952.5,		952.5,1 257.3,1 536.7		1 257.3,1 536.7
	(in)	(15,17½)		(17½,20½,27½)			(27½,37½)		(37½,49½,60½)		(49½,60½)
钻台高度 m		3,4	4,5		5,6,7.5		7.5,9,10.5		10.5,12		12,16

绞车额定功率参数后面括号中的数值为非优选值。

表 2　石油修井机基本参数表

修井机级别			XJ350	XJ600	XJ700	XJ900	XJ1100	XJ1350	XJ1600	XJ1800	XJ2250
最大钩载 kN			350	600	700	900	1 100	1 350	1 600	1 800	2 250
名义修井深度 m	小修深度	用 ϕ73 mm(2$\frac{7}{8}$)外加厚油管	1 600	2 600	3 200	4 000	5 500	7 000	8 500	—	—
	大修深度	用 ϕ73 mm(2$\frac{7}{8}$)钻杆	—	—	2 000	3 200	4 500	5 800	7 000	8 000	9 000
		用 ϕ88.9 mm(3$\frac{1}{2}$)钻杆	—	—	—	2 500	3 500	4 500	5 500	6 500	7 500
		用 ϕ114 mm(4$\frac{1}{2}$)钻杆	—	—	—	—	—	3 600	4 200	5 000	6 000
额定钩载 kN			200	300	400	600	800	1 000	1 200	1 500	1 800
绞车功率 kW			80～150	120～180	160～257	257～330	280～400	330～450	400～500	450～600	550～735
井架高度 m			18,21			29,31	31,33,35			36,38	
游动系统绳数			4		6		8		8、10		10
提升钢丝绳直径 mm			22			26			26、29	29、32	32
大钩最大提升速度 m/s			1～1.5								

6 配置要求

6.1 设备(系统)配置要求

6.1.1 动力系统　如柴油机或柴油机发电机组。

6.1.2 起升系统　主要包括井架、绞车、天车、游车、大钩、钢丝绳及起下钻必需的吊环、吊卡、卡瓦、大钳、吊钳等设备和工具。

6.1.3 旋转系统　主要有转盘、水龙头或顶部驱动装置等。

6.1.4 循环系统　包括钻井泵及泵组、循环管汇、钻井液处理及净化设备等。

6.1.5 传动系统　包括减速、并车、变速等机械传动设备;也包括液力、液压传动设备和电传动系统及装置等。

6.1.6 井控系统　包括钻通设备、节流压井管汇、钻井液气液分离器等、钻井井口控制设备及分流设备控制系统。

6.1.7 钻机控制系统　包括司钻操作控制台、监视系统、通讯系统、油、气、水、电、液压各控制装置及单元器件,同时包括钻井仪器、仪表测量显示设备和各种记录仪器等。

6.1.8 底座及支撑装置　主要有钻机底座、钻杆盒、猫道、排管架、电缆槽(桥)架等。车装或拖挂钻机(修井机)还包括主载车或拖挂车底盘及支撑腿等。

6.1.9 辅助设备　主要包括供气、供水、供电、供油设备,钻鼠洞设备、吊装运输设备、井场活动用房(材料房、录井房、维修房、值班房等)及适应不同地域和环境的设备、设施等。

6.1.10 钻机和修井机的典型基本配置可参见 SY/T 6724—2008 中的规定。

6.2 满足 HSE 的配置要求

6.2.1 安全停机刹车系统。

6.2.2 绞车的动力安全应急装置。

6.2.3 防止游动系统上碰天车的控制系统。

6.2.4 转盘锁紧和惯性制动系统。

6.2.5 用电设备的安全接地保护系统。

6.2.6 符合 SY/T 10041 规定的防爆电气设施。

6.2.7 气、液、电等控制系统的故障报警系统或装置。

6.2.8 井架二层台的紧急逃生装置。

6.2.9 钻台高度大于或等于 3 m 时的安全逃生滑道(滑道与地面的角度一般为 45°～47°)。

6.2.10 二层台处的人员安全带固定位置及每根指梁、钻挺卡板的保护链(绳)。二层台入口处的活门或安全链。

6.2.11 钻台、天车台、井架二层台、套管扶正台及所有操作台、休息台、梯子台阶、走道等台面的安全防滑设施。

6.2.12 钻台、天车台、井架二层台、套管扶正台、油管台及各种人员操作平台等周边的防护栏杆(高度应不小于 1.2 m)。

6.2.13 天车台周边防护栏杆和人孔的安全活挡杆和安全人孔活盖板。

6.2.14 底座坡道大门两侧防护立柱上的安全防护门或至少三条的安全防护链。

6.2.15 安装在底座钻台正前方围栏处,符合 GB 2894 规定的图样、颜色、型式和参数的安全标志。

6.2.16 人员高空操作防坠落等安全保护设施。

6.2.17 所有钻台面以上、高于人体部位设备上的连接件、紧固件的防松、防脱落等安全保护装置。

6.2.18 提升机、套管扶正台等设备的防坠落安全自锁保护装置。

6.2.19 所有外露旋转类设备及零部件(例如联结盘、万向轴、离合器、联轴器、皮带轮、刹车盘(毂)等)的金属防护设施。

6.2.20 井场喊话、通话等通讯系统，以及二层台、钻井泵组、发电机房等部位的电视监控系统。

6.2.21 安装在井口、固控罐面上等部位的硫化氢及可燃性气体监测报警装置。

6.2.22 固控罐钻井液面显示报警系统，以及泥浆返出口监测系统和灌浆系统。

6.2.23 安装在预期存在可燃性气体场所中的各类密闭式房子（例如司钻控制房、司钻偏房、电控房等）内的双向排风装置及烟雾报警装置。

6.2.24 钻机、修井机天车最高部位信号灯警示系统。

6.2.25 安装在钻机、修井机天车上的避雷系统。

6.2.26 适应不同地域和环境的防风、防沙、防腐、防热、防潮、防寒等设备及人员保护设施。

6.2.27 底座立根台立根盒周围、转盘梁下方等处及井场的泥浆、污水回收处理装置。

6.2.28 备用的应急动力源。

6.2.29 能承受设备自重和最大工作负荷能力的地基基础设施。

6.2.30 足够的消防器材及灭火设备。

7 技术要求

7.1 总体要求

7.1.1 所有外购件、标准件、外协件应符合相关国家标准、行业标准的规定，影响安全及整机主要性能的特殊产品和零部件应提供相关的国家或行业认证证书及合格证。

7.1.2 对采用标准轨距铁路运输的产品，其外形尺寸不应超过 GB 146.1 中规定的机动车辆限界。

7.1.3 钻机、修井机在井场的布置应符合 SY/T 5466 的规定。

7.1.4 钻机、修井机整机设计应满足国家或行业健康、安全、环保和 SY/T 6228 的规定。

7.1.5 钻机、修井机交付时，制造商应向用户提供产品主要承载件的无损检测报告和性能试验报告，提供高压管汇、井控设备、钻井泵等承受高压设备的关键零部件压力试验报告。

7.1.6 制造商应在产品的操作文件中说明钻机、修井机满足自然环境（温度、湿度、风力、海拔高度等）因素的工作条件及工作能力。

7.1.7 对于预计将用于腐蚀性较强的环境中的设备，应对设备进行特殊的防腐表面处理。

7.1.8 钻机、修井机电气设备安装区域的分类应符合 SY/T 10041 的规定。

7.1.9 产品质量应有可追溯性。

7.2 一般技术要求

7.2.1 钻井和修井设备的设计、制造应符合 GB/T 17744 的规定。

7.2.2 钻井和修井提升设备的设计、制造应符合 GB/T 19190—2003 或 SY/T 5112 的规定。

7.2.3 钻机、修井机天车滑轮组中心、转盘中心和井口中心应重合，偏移量小于 20 mm。

7.2.4 钻机、修井机司钻控制房（台）的设计和安装位置应使司钻操作人员具有足够的开阔视线。

7.2.5 液压系统设计应符合 GB/T 3766 的规定。

7.2.6 所有机械传动类设备（皮带传动除外），如绞车、转盘及转盘驱动装置、钻井泵及泵组、并车传动箱、分动箱、减速箱、变速箱等均应设计为封闭式结构，且要求润滑充分、密封可靠，不应有滴油、漏油现象。

7.2.7 除柴油机外的其他机械传动设备的噪声应小于 95 dB(A)，各轴头、箱体、润滑油池等部位温升不大于 40 ℃。

7.2.8 钻井用钢丝绳应符合 SY/T 5170 及 GB/T 20067 的有关规定。所有起吊用钢丝绳、安全绳应在绳头两端标明负荷能力标志。

7.2.9 所有钻井、修井用绞车、风动绞车、液压绞车、提升机等应设计有安全刹车装置。

7.2.10 所有过绳滑轮应设计有防止钢丝绳跳槽装置。

7.2.11 井架和底座的设计制造应符合 SY/T 5025—1999 的规定。

7.2.12 模块钻机井架两侧应设有通往天车台和二层台的梯子。

7.2.13 井架梯子不应离开垂直位置向后倾，在梯子横向错位处，应设有人员休息平台及防护栏杆。

7.2.14 在井架两侧应配置登梯助力器、吊钳平衡重、吊钳滑轮。

7.2.15 起升式底座及卧装整体起落式井架应设计起升缓冲装置。

7.2.16 底座周围应至少设有从钻台通往井场前方、后方和固控区域的三条扶梯通道，扶梯与地面的夹角应小于50°，宽度应大于或等于800 mm。对于钻台高于9 m的扶梯，一般应在中部设休息台。

7.2.17 钻台高度大于或等于7 m的底座，应设有为钻台运输工具的提升设备。

7.2.18 电气系统的设计制造应符合JB/T 7845的规定；井场电器安装应符合SY/T 5957的规定；电气设备防爆性能应符合GB 3836.1、GB 3836.2、GB 3836.3、GB 3836.5、GB 3836.8和GB 3836.15相关部分的规定；电气设备的外壳防护等级应符合GB 4208的规定。

7.2.19 发电机组控制单元应具有功率限制、接地检测、相序保护、过流保护、过压保护、欠压保护、欠频保护、过频保护、逆功保护、短路保护、误操作保护、柜内故障自检等功能。

7.2.20 电传动控制系统至少应具有下列主要保护功能：

——系统故障报警指示并自动控制绞车刹车制动；

——游动系统防碰安全停车和转盘扭矩限制；

——电动机锁定保护。

7.2.21 低压控制盘单元应具有变配电和过流、短路保护功能。满足钻井工程对低压控制盘回路负载容量、接触器和断路器的数量要求。

7.2.22 动力系统电压宜使用600 V/400 V的电压。

7.2.23 井场电路系统设计制造应符合SY/T 10041及GB 3836.1、GB 3836.2、GB 3836.3、GB 3836.5、GB 3836.8和GB 3836.15相关部分的规定。

7.2.24 石油钻机、修井机用柴油机应符合SY/T 5030的规定。

7.2.25 每台柴油机应单独设置进、排气管道，同时设有空气滤清器和消声器；当柴油机设置有机房时，排气引管、消声器应设在室外，并应有防雨措施。

7.2.26 沙漠环境地区用柴油机和电动机至少应配备有两级空气滤清器及防风沙装置。

7.2.27 钻井液循环管汇的设计制造应符合SY/T 5244的规定。

7.2.28 钻井液固相控制设备的设计制造应符合SY/T 5612的规定。

7.2.29 节流和压井系统的设计制造应符合SY/T 5323的规定。

7.2.30 井控设备的设计制造应符合GB/T 20174的规定。

7.2.31 井控设备及分流设备控制装置设计制造应符合SY/T 5053.2的规定。

7.2.32 所有设备应在显著位置标志其产品的主要性能参数，如压力、额定负荷、扭矩、功率、速度等。

7.3 涂装要求

7.3.1 钻机和修井机的制造商应将涂装工作的执行过程形成书面的文件，该文件应包括适当的工作方法及验收准则。

7.3.2 钻机和修井机的防腐蚀涂装设计应依据钢结构的腐蚀环境和涂料系统的耐久年限综合考虑。防腐蚀环境类别应不低于ISO 12944-2中C3级别，耐久年限可按短期(2年～5年)、中期(5年～15年)和长期(15年以上)分别设计。

7.3.3 钢结构涂装前应进行干式喷(抛)砂(丸)预处理，表面处理级别应不低于GB/T 8923中的Sa2.5级；钢材表面粗糙度R_y为35 μm～85 μm。

7.3.4 防护涂料应配套使用，涂膜应由底漆、中间漆和面漆构成，不应使用单一品种作为防护涂膜。

7.3.5 防护涂料系统的设计应符合ISO 12944-5:1998表3中S3.28、S3.29或表4中S4.29、S4.30、S4.31、S4.32的要求。当用户有特殊要求时，防护涂料系统的设计应满足制造商与用户的书面规定。

7.3.6 涂漆层的外观质量、颜色和涂料的品种应符合制造商书面文件的规定和(或)用户的要求。

7.3.7 成套钻机、修井机产品的涂漆品种和颜色应力求一致，且美观大方、色调和谐。

7.3.8 对于可能造成设备、人身伤害或有危险性的设备及防火设备如高压管汇、死绳固定器、BOP 远程控制台、井场消防房房体及灭火器等，外表面应涂为警示色。

7.3.9 对于可以观察到的快速迴转零件，如飞轮、链轮、离合器、皮带轮、齿轮、钢丝绳滑轮和滚筒端面部位和离合器、联轴器等的迴转面等，外表面应涂为警示色。

7.3.10 各种管路应按功能及压力级别涂以不同颜色的面漆，以利于设备的维护和管理。

8 试验和记录

8.1 出厂试验

每台出厂的钻机或修井机均应进行出厂试验，试验要求、试验程序、验收准则应按 SY/T 6680—2007 的规定执行。

8.2 型式试验

8.2.1 总则

在出现下列情形之一时，钻机、修井机应进行型式试验：

a) 新产品试制出厂时；

b) 正常批量生产后，产品在结构、材料或工艺上有重大改变可能影响产品的性能时；

c) 停产二年以上恢复生产时；

d) 当用户有要求时。

型式试验应包括全部出厂试验要求及 8.2.2、8.2.3 和 8.2.4 的要求。

8.2.2 游车、大钩、水龙头的设计验证试验

游车、大钩、水龙头的设计验证试验应符合 GB/T 19190—2003 中第 5 章的规定。

8.2.3 井架、底座、天车的验证载荷试验

井架、底座和天车应按照最大钩载进行验证载荷试验，天车可以与井架同时进行试验。试验应符合 SY/T 5025—1999 附录 A 附加要求 SR2 的规定。

8.2.4 绞车、传动装置载荷试验

绞车和传动装置应进行不低于额定功率 80％的载荷试验，试验可单独在试验装置上进行，也可随钻机、修井机整机进行。

绞车应在载荷条件下提升、下放不少于三次。在规定的刹车力和允许的下钻速度下，主刹车刹车灵活，安全可靠。

传动装置在载荷条件下的试验及检验按 SY/T 6680—2007 中 7.2.21.4 的规定。

8.3 整机工业性试验

8.3.1 一种钻机和修井机在定型生产或批量生产前一般应经过工业性试验，工业性试验在钻井或修井现场进行。

8.3.2 根据钻机的名义钻深范围或修井机的名义修井深度，钻机可选择一口～二口井（修井机可选择三口～五口井）进行作业，应保证实际作业中钻机或修井机的负荷能力不低于设计能力的 70％或名义最大钻井深度（名义最大修井深度）的 80％。

8.3.3 现场作业时的设备安装、使用和维护应按产品的操作说明书的规定和操作规程进行。

8.3.4 制造商应对钻机和修井机工业性试验的内容、程序、要求等形成书面的规定。

8.4 记录

钻机和修井机的试验过程应客观、真实的予以记录，所有记录的管理、记录的提供和保存均应按 SY/T 6680—2007 中的规定执行。

9 标志、出厂文件、贮存、包装和运输

钻机和修井机产品的标志、出厂文件的配备及贮存、包装和运输的要求应按 SY/T 6680—2007 的规定执行。

参 考 文 献

［1］ SY/T 6724—2008 石油钻机和修井机基本配置

ICS 75.180.10
E 92

GB

中华人民共和国国家标准

GB/T 23506—2009

石油采油井场燃气动力机组

The natural gas power set for oil pruduction drilling site

2009-04-02 发布　　　　2010-01-01 实施

中华人民共和国国家质量监督检验检疫总局
中国国家标准化管理委员会　发布

前　言

本标准的附录 A、附录 B 为资料性附录。

本标准由全国石油钻采设备和工具标准化技术委员会(SAC/TC 96)提出并归口。

本标准起草单位:济南柴油机股份有限公司。

本标准参加单位:济柴绿色能源动力装备有限公司燃气机制造部、四川富力通石油动力设备有限公司。

本标准主要起草人:倪秀永、李树生、党永浩、王安忠、许传国、田强、吴志方、王令金、刘东、刘彩玲、张广达。

石油采油井场燃气动力机组

1 范围

本标准规定了石油采油井场燃气动力机组(以下简称"机组")的型式与基本参数、要求、试验、检验规则和标志、包装、运输和贮存等。

本标准适用于石油采油井场燃气动力机组的设计、制造、检验及验收等。机组主要用于驱动抽油机、采气抽气机、原油输油泵、天然气压缩机、作业用提升机械等采油井场设备。鉴于采油井场现状,标准中提及的气体燃料仅限定于天然气、采油伴生气及套管气。石油采油井场以外使用,用以驱动其他设备的燃气动力机组以及其他燃料发动机驱动的动力机组亦可参照执行。

2 规范性引用文件

下列文件中的条款通过本标准的引用而成为本标准的条款。凡是注日期的引用文件,其随后所有的修改单(不包括勘误的内容)或修订版均不适用于本标准,然而,鼓励根据本标准达成协议的各方研究是否可使用这些文件的最新版本。凡是不注日期的引用文件,其最新版本适用于本标准。

GB/T 191 包装储运图示标志(GB/T 191—2008,ISO 780:1997,MOD)

GB 146.1 标准轨距 铁路机车车辆界限

GB 146.2 标准轨距 铁路机车建筑界限

GB/T 1859 往复式内燃机 辐射的空气噪声测量 工程法及简易法(GB/T 1859—2000,idt ISO 6798:1995)

GB 4556 往复式内燃机 防火(GB 4556—2001,idt ISO 6826:1997)

GB/T 6072.1—2000 往复式内燃机 性能 第1部分:标准基准状况,功率、燃料消耗和机油消耗的标定及试验方法(idt ISO 3046-1:1995)

GB/T 6072.3 往复式内燃机 性能 第3部分:试验测量(GB/T 6072.3—2003,ISO 3046-3:1989,IDT)

GB/T 6072.5 往复式内燃机 性能 第5部分:扭转振动(GB/T 6072.5—2003,ISO 3046-5:2001,IDT)

GB/T 6388 运输包装收发货标志

GB/T 10397 中小功率柴油机 振动评级(GB/T 10397—2003,ISO 10816-6:1995,IDT)

GB 11122 柴油机油

GB 12265.1 机械安全 防止上肢触及危险区的安全距离

GB 12265.2 机械安全 防止下肢触及危险区的安全距离

GB 20651.1 往复式内燃机 安全 第1部分:压燃式发动机

3 术语和定义

下列术语和定义适用于本标准。

3.1

燃气动力机组 the natural gas power set

由燃气机与齿轮箱、变矩器、偶合器、离合器、皮带盘等动力传动(送)装置配套而成的动力设备。

4 机组型号表示方法

机组型号的表示方法见图1。

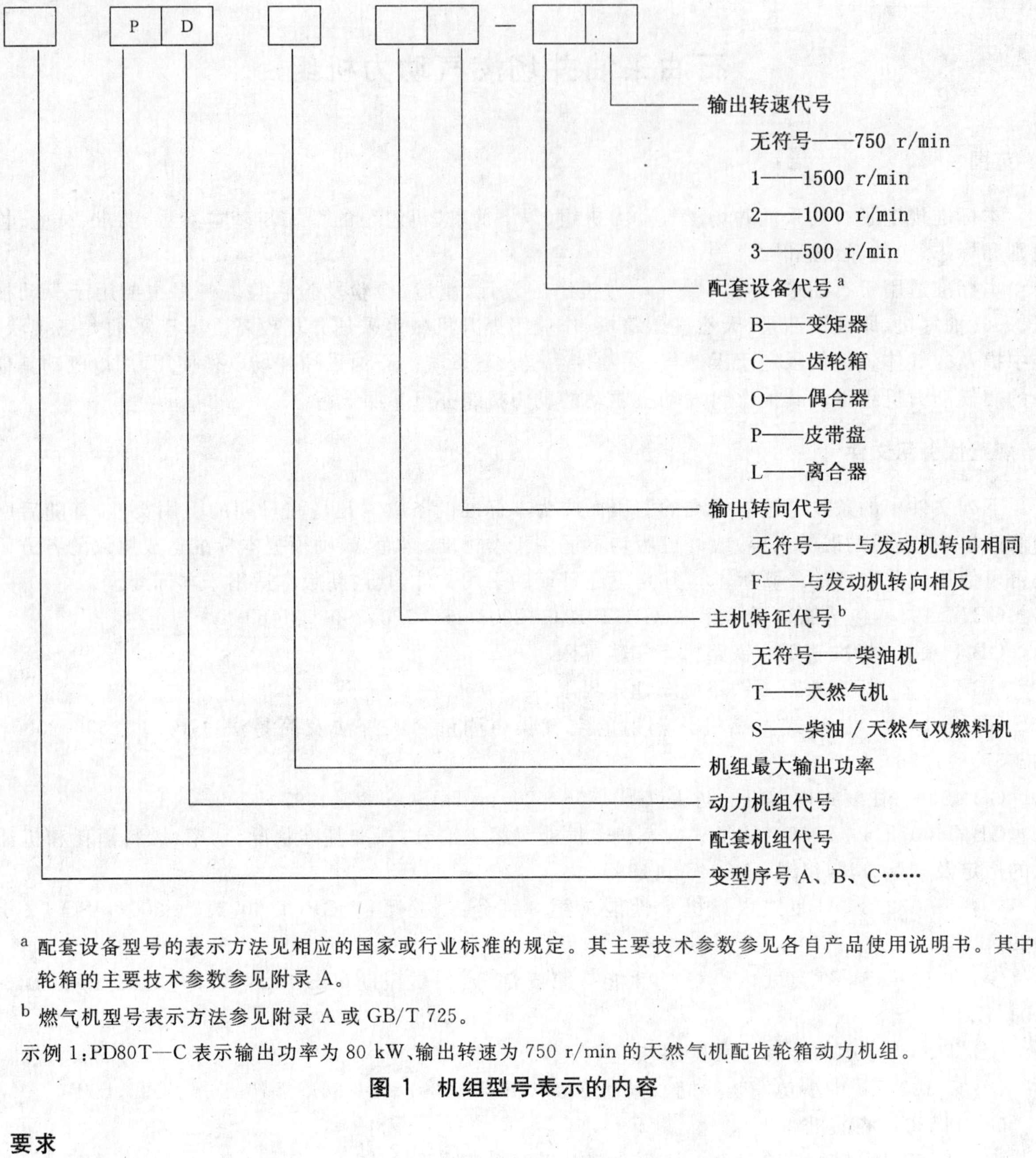

[a] 配套设备型号的表示方法见相应的国家或行业标准的规定。其主要技术参数参见各自产品使用说明书。其中齿轮箱的主要技术参数参见附录 A。

[b] 燃气机型号表示方法参见附录 A 或 GB/T 725。

示例 1：PD80T—C 表示输出功率为 80 kW、输出转速为 750 r/min 的天然气机配齿轮箱动力机组。

图 1 机组型号表示的内容

5 要求

5.1 总则

5.1.1 机组基本要求

5.1.1.1 机组整体布置应合理，易于安装、维护及保养。各种管线排列应整齐、紧凑，固定牢靠。

5.1.1.2 机组在下列条件下应能正常工作：

a) 环境温度：－45 ℃～40 ℃；

b) 相对湿度：不大于 80%；

c) 振动：振幅小于 1.6 mm；

d) 海拔高度：不大于 3 000 m。

5.1.1.3 冷却系统一般为闭式循环强制水冷，有特殊要求的可按技术协议订制。

5.1.1.4 用于皮带传动或链传动的机组，其输出部分应可以承受侧向拉力。

5.1.1.5 机组各配套部件（水加热装置、调温阀等）工作机构应可靠、操纵灵活、调整方便。

5.1.1.6 机组的高温部件应设置警示标志。

5.1.1.7 机组的电气系统防爆等级一般为 dIIBT4，有特殊要求的可以按技术协议订制。

5.1.1.8 机组应设置必要的防雨、防尘、(防雷电)装置以适应野外作业环境。

5.1.1.9 机组产品制造商应向需方索要相关资料，内容参见附录 B。

5.1.2 燃气质量要求

燃气质量要求如下：

a) 低热值不低于 27 MJ/m^3；

b) 甲烷含量不低于 76%(体积分数)；

c) 总硫(以硫计)含量不大于 460 mg/m^3；

d) 硫化氢含量不大于 20 mg/m^3；

e) 燃气应经处理，达到无液态成分，燃气中的杂质粒度应小于 5 μm，含量不大于 0.03 g/m^3；

f) 燃气温度不应低于 0 ℃，不应高于 60 ℃，否则应备有加热或冷却装置。

注：天然气体积的标准参比条件是 101.3 kPa，20 ℃。

5.2 标准基准状况

为了确定机组的功率和热耗率，应采用下列标准基准状况：

a) 总气压：p_r=100 kPa；

b) 空气温度：T_r=298 K(t_r=25 ℃)；

c) 相对湿度：φ_r=30%；

d) 增压中冷介质温度：T_{cr}=298 K(t_{cr}=25 ℃)。

注：在温度为 298 K，相对湿度为 30%时，相应的水蒸气分压为 1 kPa，因此相应的干气压为 99 kPa。

试验时，若环境状况与标准基准状况不符，所测功率和热耗率应按 GB/T 6072.1—2000 第 13 章规定的方法进行修正。

5.3 机组额定功率

机组在满足 5.2 规定的环境状况下运行时，应能输出额定功率。当机组连续运行超出 12 h 时，其输出功率不应超出额定功率的 90%。

5.4 启动性能

在环境温度不低于 5 ℃时，机组应能在不超过 10 s 的时间内顺利启动；当环境温度在 -45 ℃～5 ℃范围内时，采取预热措施后，应能顺利启动。

5.5 空载运行性能

机组中燃气机的最低空载稳定转速不应大于 800 r/min，其波动值不应超出 30 r/min，稳定时间不应少于 5 min。机组在额定转速空载运行时，其冷却水出水温度、机油压力、排气温度及配套设备的空载运行参数应符合其各自技术文件的要求。

5.6 离合功能

具有离合功能的机组，应能在使用过程中，根据实际需要，通过手动或电动操作，使其在规定的时间内切换离合状态，开始或停止输出动力。

5.7 输出转向功能

具有输出转向切换功能的机组，应能在使用过程中，根据实际需要，通过手动或电动操作，使其在规定的时间内完成输出转向的切换。

5.8 传动速比转换要求

具有可切换传动速比或速比连续可调功能的机组，应在机组使用过程中，根据实际需要，通过手动或电动操作，使其在规定的时间内完成传动速比在各要求值之间的转换。

5.9 电气控制系统要求

5.9.1 机组电气控制系统以直流蓄电池为电源，应至少具有以下功能：

a) 机组电气系统总电源控制；

b) 机组电气子系统或元器件分电源控制；

c) 燃气机启动和停机控制；

d) 燃气机怠速与额定转速切换、转速调整；

e) 机组运行参数检测和显示(仪表精度不低于1.5级)；

f) 机组运行故障声光报警和解除报警；机组运行故障声光报警及自动停机；

g) 机组紧急停机；

h) 机组累计运行时间计时；

i) 可电控离合部件；

j) 可电控换向部件；

k) 可电控速比切换部件。

5.9.2 根据实际需要，可选功能如下(制造商亦可根据需方要求，增加或调整机组电气控制系统功能)：

a) 接受允许启动信号后启动和停机控制部分起作用；

b) 接受允许加载信号后离合控制部分起作用；

c) 接受外部停机信号后机组停机；

d) 机组发生报警时的对外信号输出。

5.10 主要性能指标

机组的主要性能指标见表1。

表1 机组主要性能指标

机组额定功率 kW			＜50	50～250	＞250
额定功率允差 %			±5		
热耗率 MJ/(kW·h)			≤14.3	≤13.1	≤12.0
热耗率允差 %			+5		
机油消耗率 g/(kW·h)			≤2.2		≤1.8
额定转差率 %			≤4		
噪声(声压级) dB(A)	额定功率	≤250 kW	≤110		
		＞250 kW	由产品技术文件规定		
排放 g/(kW·h)			CO≤5.45； NMHC≤0.78； CH_4≤1.6； NO_x≤5.0		
机械振动			按GB/T 10397的规定，振动烈度等级不大于45		
扭转振动			应符合GB/T 6072.5的要求		

5.11 负荷特性

制造商应按产品使用特性需要，进行必要的特性试验并绘制相应的特性曲线，如负荷特性曲线等。曲线应能反映表1中相应的机组性能指标的要求。

5.12 机组适应交变负荷的调速性能

当机组驱动的设备为交变负荷时，机组应符合以下要求：

a) 机组负荷 20 s 内在其最大输出功率的－15％～＋65％区间交变时，机组的调速率不得超过22％；

b) 机组负荷在其最大输出功率的－25％～＋25％区间交变时，机组的调速率不得超过16％。

5.13 密封性

机组密封面的结合处及各管接处，不应漏气、漏油、漏水。

5.14 安全

机组安全要求应符合 GB 20651.1 及相关配套设备安全标准的规定。

5.15 防火

机组防火应符合 GB 4556 及相关配套设备防火标准的规定。

5.16 机组机械结构

5.16.1 底盘及联接装置

5.16.1.1 底盘应有足够的刚性，使用时支撑在预先制好的平台底座或地面基础上，使各支点均匀接触后用压板或螺栓固紧，不应产生松动。

5.16.1.2 动力输出的联接对中要求

在任何作业条件和环境条件下，燃气机和配套设备轴线的对中技术要求应符合产品使用说明书的规定。

5.16.2 防护装置

5.16.2.1 应按 GB 12265.1 和 GB 12265.2 规定的安全距离安装防护装置。防护装置应能避免操作人员与主轴、风扇、离合器 、皮带轮、皮带及具有剪切作用的杠杆等运动件接触。

5.16.2.2 对机组运行时有可能飞出的构件，应设置如防护罩(网)等安全屏蔽装置。

5.16.2.3 对可能造成危险的灼热部分如机组废气排放部件等，应设置防接触的屏蔽。

5.16.2.4 对可能引起烫伤的零部件应在显著位置做出警示标志。

5.16.2.5 机组正常使用时，应有防流体逸出损坏电气绝缘的措施。

6 试验

6.1 试验条件及要求

6.1.1 试验装置应能满足试验所提出的全部要求。

6.1.2 试验使用的测试设备、仪器、仪表及所要测量的机组性能参数的测量精度应符合 GB/T 6072.3 的规定。

6.1.3 机组性能试验前的燃气机应经试验合格，提供试验合格报告。

6.1.4 试验开始前应按要求加注机油。燃气机用机油应符合 GB 11122 的规定。配套设备用油应符合各自技术文件的要求。

6.1.5 试验用燃气成分应符合 5.1.2 的要求。

6.1.6 燃气压力(调压器前)为 80 kPa～200 kPa。

6.2 试验项目和测量参数

6.2.1 机组的试验项目见表2。

表 2 机组的试验项目

试验项目名称	本标准章、条号	
	技术要求	试验方法
外观	5.1	6.3.1
标志和包装	8	6.3.1
启动性能试验	5.4	6.3.2
空载运行试验	5.5	6.3.3
离合功能试验	5.6	6.3.4
输出转向功能试验	5.7	6.3.5
传动速比转换试验	5.8	6.3.6
电气控制系统功能试验	5.9	6.3.7
转差率	5.10	6.3.8
负荷特性试验	5.11	6.3.9
交变负荷的调速性能试验	5.12	6.3.10
配套零部件功能试验	5.1	6.3.11
额定功率连续运转试验	5.3	6.3.12
机组热耗率	5.10	6.3.13
机油消耗率	5.10	6.3.14
噪声	5.10	6.3.15
排放	5.10	6.3.16
机械振动	5.10	6.3.17
扭转振动	5.10	6.3.18
密封性	5.13	6.3.19
安全	5.14	6.3.20
防火	5.15	6.3.21

6.2.2 测量参数包括但不限于以下列项：

a) 总气压、相对湿度和空气温度；

b) 机组输出功率；

c) 机组输出转速；

d) 机组热耗率；

e) 机油消耗率；

f) 机油压力；

g) 机油温度；

h) 排气温度；

i) 机组进、出水温度；

j) 配套设备工作油温度和压力；

k) 配套设备机油温度和压力；

l) 输出啮合时间和换向时间；

m) 输出旋转方向(面对输出端看)。

6.3 试验方法

6.3.1 外观

按5.1的要求检查机组的活动部位、紧固部位、管线布置、电气安装、防护装置、标志等。

6.3.2 启动性能试验

机组在冷态时进行启动性能试验。当环境温度不低于5 ℃时,连续启动三次,至少应有两次成功。每次间隔时间不少于2 min,每次启动时间不超过10 s。当环境温度低于5 ℃时,应采取预热措施后启动机组。

6.3.3 空载运行试验

试验时,调节燃气机转速,测定其空载稳定运转的最低转速和转速波动值,并在此转速下稳定运转不少于5 min。机组在额定转速空载,离合器断开状态下连续运行20 min;在额定转速空载,离合器闭合状态下连续运行25 min。累计运行45 min。若因出现故障而停机,应在故障排除后,重新进行空载运行试验。

6.3.4 离合功能试验

6.3.4.1 机组在额定转速空载运行时,通过手控操作杆或电控离合器使离合器处于"合"状态,机组在规定时间内开始输出动力。

6.3.4.2 在6.3.4.1状态下,通过手控操作杆或电控离合器使离合器处于"分"状态或"空挡"状态,机组在规定时间内停止输出动力。

6.3.5 输出转向功能试验

机组在额定转速空载运行时,通过手动或电动操纵,使机组处于输出动力状态。然后,面对输出端观察输出部分的旋转方向。

有换向要求的机组,在额定转速空载输出动力状态,通过手动或电动操纵,使输出转向换向;转速稳定后,通过手动或电动操纵,恢复到初始转向。

6.3.6 传动速比转换试验

机组在额定转速空载运行时,通过手动或电动操纵,使其在规定的时间内完成传动速比在各要求值之间的转换。每个速比状态运行不少于2 min。通过手动或电动操纵,恢复到初始速比状态。

6.3.7 电气控制系统功能试验

6.3.7.1 连接好机组电气控制系统电源,并闭合总电源控制开关、子系统开关和电器部件电源开关,观察各系统的初始化状态。

6.3.7.2 通过燃气机启动和停机控制元器件使燃气机启动、停止两次,两次测试间隔的时间不应少于3 min。

6.3.7.3 启动燃气机,通过手动或电控操作,使机组自怠速切换至额定转速,稳定后,再切换至怠速。测试两次,两次测试的间隔时间不应少于1 min。

6.3.7.4 机组在额定转速下空载运行,通过转速调整器件使机组转速向增大方向变化至微调上限,再向减小方向变化至微调下限。然后,调整到额定转速设定值。

6.3.7.5 调整机组至额定转速空载状态下运行,观察仪表的参数显示状况。

6.3.7.6 输入参数越限信号,电气系统应发出声光报警指示,并执行自动停机动作。该试验允许模拟信号输入。

6.3.7.7 机组在额定转速空载状态下运行,通过紧急停机器件使机组停机。

6.3.7.8 对具有电控离合功能的机组,在额定转速空载状态下,通过操纵控制器件使离合器闭合;待转速稳定后,再使离合器断开。

6.3.7.9 对具有输出换向功能的机组,在额定转速空载状态下,通过操纵控制器件使转向转换;待转速稳定后,再转换到初始转向。

6.3.7.10　对具有速比切换功能或速比连续可调的机组，在额定转速空载状态下，通过操纵控制器件使机组在规定的时间内完成传动速比在各要求值之间的转换。

6.3.7.11　对具有接受允许启动信号功能的机组，在未接到外接允许启动信号时，启动和停机控制部分应无作用(失效)。向机组控制系统发出允许启动信号后，启停控制部分应立即有作用(有效)，经启动操作，机组应能启动成功。

6.3.7.12　对具有接受允许加载信号功能的机组，在额定转速空载状态下，在未接到外接允许加载信号时，离合控制部分无作用。向机组控制系统发出允许加载信号后，离合控制部分立即起作用，并闭合成功。

6.3.7.13　对于具有接受外部停机信号功能的机组，在额定转速空载状态下，未接受到外部停机信号时，正常运行。向机组控制系统发出外部停机信号后，机组立即停机。

6.3.8　转差率

转差率 S 按公式(1)、(2)计算：

$$S=(1-i)\times 100\% \qquad \cdots\cdots(1)$$

$$i=\frac{j\times n_z}{n_q} \qquad \cdots\cdots(2)$$

式中：

S——配套设备转差率；

i——配套设备转速比；

j——配套设备减速比；

n_q——燃气机某一工况下的转速，单位为转每分钟(r/min)；

n_z——机组某一工况下的输出转速，单位为转每分钟(r/min)。

6.3.9　负荷特性试验

机组由空载低速逐步至额定转速，待燃气机出水温度、机油温度升至加载温度(60 ℃)以上时，按25%，50%，75%，90%额定功率逐步加载至100%额定功率工况下运行，按6.2.2所列内容测量并记录不同负荷工况时机组的主要性能参数。

6.3.10　交变负荷的调速性能试验

将机组负荷分别调至5.12所列的交变负荷区间，用电力测功机进行调速性能试验，试验结果应能满足5.12提出的要求，或按照技术协议进行试验。

6.3.11　机组配套零部件功能试验

6.3.11.1　温度调节阀功能试验

对装有温度调节阀的机组，使机组运转至额定转速，逐渐增加负荷至90%额定功率，并在此工况下运行30 min。逐渐卸载至空负荷，在最低空载稳定转速下运转。水温升高至75 ℃±2 ℃时温度调节阀开启，至85 ℃±2 ℃时完全打开；水温下降至73 ℃±2 ℃时温度调节阀关闭。

6.3.11.2　水加热装置试验

对装有水加热装置的机组加满冷却水，使机组冷却系统内气体排空。接通电源，观察机组监控仪水温变化，并按下列方法进行试验：水温低于10 ℃时，将水加热装置的开关置于低档，水加热装置开始加热。当高温冷却系统和机油冷却器出水温度达到20 ℃时，停止加热。

6.3.12　额定功率连续运转试验

机组在额定工况下连续运转12 h，检查并记录功率输出情况，每隔30 min记录一次相关参数。试验中不应出现漏油、漏水、漏气等现象。

6.3.13　机组热耗率测定

机组在额定工况下运行，用流量计法测量可燃气体的消耗量。

记录可燃气体的消耗量及相应的时间、输出功率、机油压力、排气温度、环境温度、空气相对湿度、大气压力，按式(3)计算出机组热耗率[kJ/(kW·h)]。

$$g=\frac{3\ 600G}{t\times P}\times H_u \qquad \cdots\cdots(3)$$

式中：

g——机组热耗率，单位为千焦每千瓦时[kJ/(kW·h)]；

G——机组在测量时间 t 秒内消耗的燃气量，单位为立方米(m^3)；

t——消耗 G 所用的时间，单位为秒(s)；

P——机组输出功率，单位为千瓦(kW)；

H_u——可燃气体低热值，单位为千焦每立方米(kJ/m^3)。

6.3.14 机油消耗测定

机油消耗测定参照 GB/T 14363 的规定执行，可结合 6.3.12 进行。

6.3.15 噪声测定

噪声测定按 GB/T 1859 的规定执行。

6.3.16 排放测定

排气污染物测定参照 GB 20891—2007 附录 B 中 B.3.8.1.2 的规定执行。

6.3.17 机械振动测定

机械振动按 GB/T 10397 规定的方法测定。

6.3.18 扭转振动测定

扭转振动按 GB/T 6072.5 规定的方法测定。

6.3.19 密封性试验

试验前，应先将机组的被检查部位擦干净，机组运行后，检查各密封部位及各管接处有无漏油，漏水，漏气现象。允许在不更换零件、不拆卸零件和不停机情况下排除渗漏。

6.3.20 安全检查

安全检查按 GB 20651.1 及其配套设备有关安全标准的规定执行。

6.3.21 防火检查

机组的防火检查按 GB 4556 及其配套设备有关防火标准的规定执行。

7 检验规则

7.1 检验类型及检验项目

7.1.1 出厂检验

每台机组均应进行出厂检验，其检验项目按表 3 规定。

7.1.2 型式检验

下列情况之一者应进行型式检验，其检验项目按表 3 的规定：

a) 新产品或经重大改进及转厂生产；

b) 正式生产的产品如结构、材料及工艺方面有较大改变，可能影响产品性能；

c) 出厂检验结果与上次型式检验结果有较大差异。

7.2 判定规则

7.2.1 每台出厂检验的机组，各项检验项目均为合格时，判定该台机组为合格。

7.2.2 型式检验的机组各项试验与检验均合格时，判定该台机组合格。如出现不合格项时，应在调整或改进后再行检验，直至合格为止，否则不能投产。

表 3 机组的检验项目

检验项目名称	检验类别	
	型式检验	出厂检验
外观	√	√
外形尺寸	√	×
标志和包装	√	√
启动性能检验	√	√
空载运行检验	√	√
离合功能检验	√	√
输出转向功能检验	√	√
传动速比转换检验	√	√
电气控制系统功能检验	√	√
转差率	√	×
负荷特性检验	√	√
交变负荷的调速性能检验	√	×
配套零部件功能检验	√	√
额定功率连续运转检验	√	×
机组热耗率	√	×
机油消耗率	√	×
噪声	√	×
排放	√	×
机械振动	√	×
扭转振动	√	×
密封性	√	√
安全	√	√
防火	√	√
注：√——需要进行的项目；×——可不进行的项目。		

8 标志、包装、运输和贮存

8.1 标志

8.1.1 产品标志

8.1.1.1 机组铭牌上应清楚标明以下内容：

——制造商名称、产品商标及执行的标准号；

——产品名称、型号；

——额定功率/额定转速；

——外形尺寸；

——重量；

——出厂编号及制造日期。

8.1.1.2 安全警示标志和紧急处理说明应明显置于机组的相应部位。

8.1.2 **包装标志**

8.1.2.1 包装箱的包装储运标志应符合 GB/T 191 的规定。

8.1.2.2 包装箱的收发货标志应符合 GB/T 6388 的规定。

8.1.2.3 包装箱外应标明：

——收货单位地址及名称；

——产品名称及型号；

——外形尺寸(长×宽×高)，单位为毫米(mm)；

——总重量；

——出厂编号和制造日期；

——制造商名称；

——注意事项及标记，如“重心”、“起吊位置”等。

8.2 **包装、运输和贮存**

8.2.1 **包装与运输**

8.2.1.1 机组包装箱的外形尺寸应符合 GB 146.1、GB 146.2 的规定。

8.2.1.2 制造商应向用户提供按规定需随机携带的全部附件、备件、工具及有关技术文件。技术文件应包括产品使用说明书、合格证、质量证明书及装箱单等。

8.2.1.3 产品使用说明书一般应包括如下内容：

——产品型式、型号、主要技术参数及主要结构特征；

——安装、调整及检查方法；

——使用操作方法和程序等；

——维护、保养方法等；

——制造商认为必要的其他内容。

8.2.1.4 机组装箱前应确保防雨、防潮，装箱应牢固、安全，避免运输过程中的损坏。

8.2.2 **贮存**

8.2.2.1 机组应贮存在通风、干燥、无腐蚀性物质的场所，存放期间要注意防水、防火、防冻、防锈蚀。

8.2.2.2 机组自交货之日起，其随机附件、备件、工具的封存防锈有效期不应少于 12 个月。

附 录 A
（资料性附录）
机组的燃气机和配套设备

A.1 燃气机的型号和基本参数

A.1.1 燃气机型号表示方法见图 A.1。

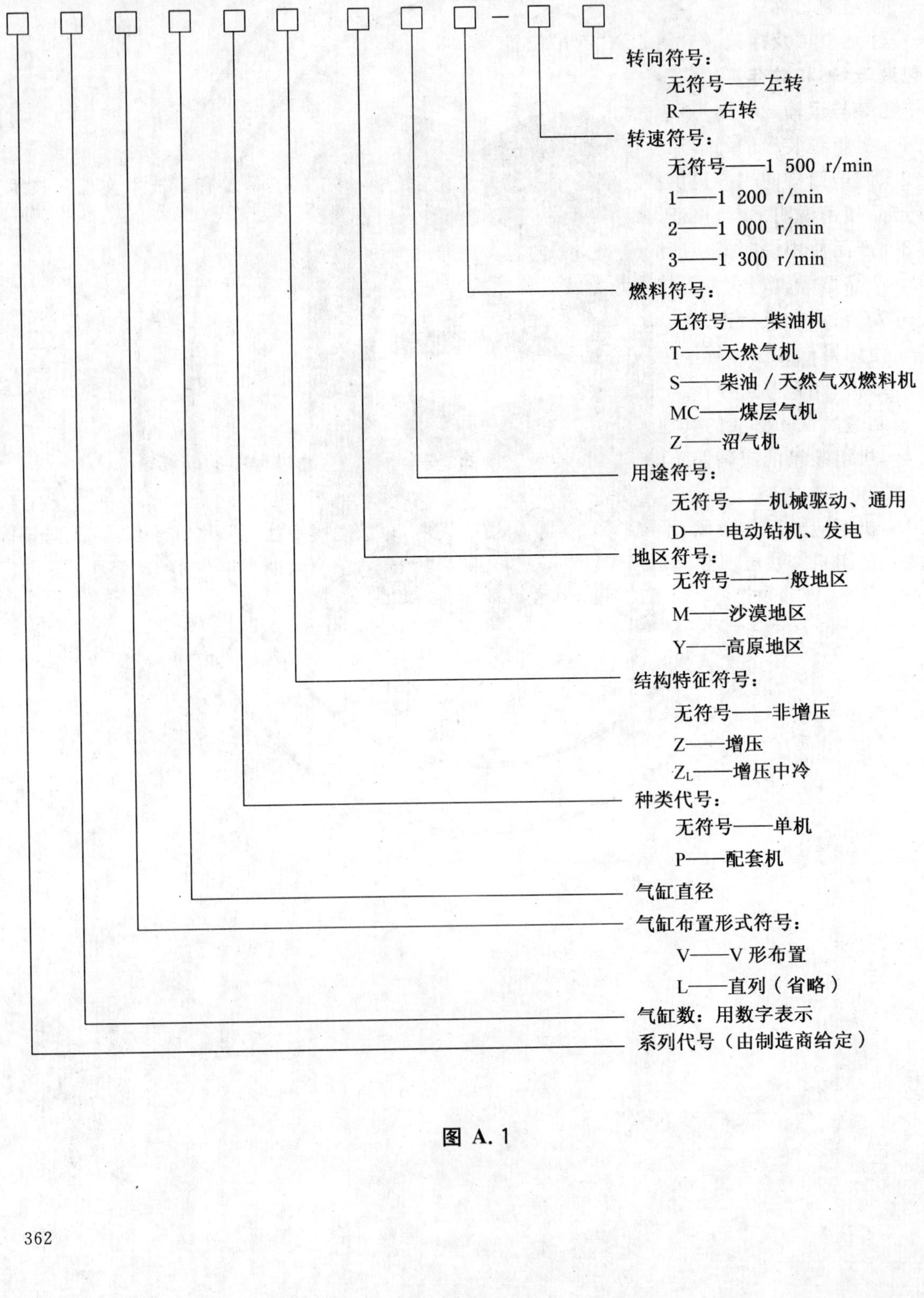

图 A.1

A.1.2 燃气机基本参数见表A.1。

表A.1 燃气机基本参数

标定转速 r/min	标定功率 kW	燃气热耗率 MJ/(kW·h)	机油消耗率 g/(kW·h)	稳态调速率 %
1 000～1 500	<50	≤13.8	≤2.0	≤8
	50～250	≤12.6		≤8
≤1 000	>250	≤11.5	≤1.6	≤5

A.2 配套设备

齿轮箱主要技术参数见表A.2。其他配套设备主要技术参数见各自的技术规格书。

表A.2 齿轮箱主要技术参数

额定输入转速 r/min	750～2 000		1 000～2 000		750～1 600	
额定输入功率 kW	25～60		75～198		126～300	
机械效率 %	95					
换向时间 s	≤10					
机油温度 ℃	≤80					
机油压力 kPa	196～392				294～588	
机油牌号	符合GB 11121的规定					
减速比	2∶1	3∶1	2∶1	3∶1	2∶1	3∶1
转差率 %	≤4					
与发动机联接方式	橡胶齿形块弹性联轴节(带联接罩壳)					

附 录 B
（资料性附录）
机组需方应提供的资料

B.1 机组安装现场情况

B.1.1 大气状况

海拔高度或平均大气压，一年最高和最低温度及湿度。

B.1.2 其他环境条件

其他环境条件包含但不限于下列内容：

a) 现场环境状况；

b) 现场安全状况及防爆防火条件；

c) 现场周围灰尘含量；

d) 现场有效空间。

B.2 使用工况

机组可能连续运转的最长时间和最大负荷时间。

B.3 气源情况

机组使用的气源情况应包含但不限于下列情况：

a) 气源的名称和供给状况（干气、伴生气、间断、连续）；

b) 气源成分变化范围；

c) 气源低热值及其变化范围；

d) 气源温度变化范围；

e) 气源压力变化范围。

B.4 对于所驱动机械的说明

对于所驱动的机械应作如下说明：

a) 被驱动机械的用途；

b) 被驱动机械的功率范围和转速范围；

c) 机组与被驱动机械之间的传动方式和变速机构；

d) 被驱动机械的调速要求；

e) 被驱动机械的成套要求（如要否公共底盘）；

f) 其他有关资料。

参 考 文 献

［1］ GB/T 725 内燃机产品名称和型号编制规则

［2］ GB 11121 汽油机油

［3］ GB/T 14363 柴油机机油消耗测定方法

［4］ GB 20891—2007 非道路移动机械用柴油机排气污染物排放限值及试验方法

ICS 75.180.10
E 92

GB

中华人民共和国国家标准

GB/T 23507.3—2009

石油钻机用电气设备规范
第3部分：电动钻机用柴油发电机组

Criterion for electrical equipment for oil drilling rig—Part 3: The diesel generating set for electric drilling rig

2009-04-02 发布　　　　2010-01-01 实施

中华人民共和国国家质量监督检验检疫总局
中国国家标准化管理委员会　发布

前 言

GB/T 23507—2009《石油钻机用电气设备规范》分为4个部分：

——第1部分　主电动机；

——第2部分　控制系统；

——第3部分　电动钻机用柴油发电机组；

——第4部分　辅助用电设备及井场电路。

本部分为GB/T 23507—2009的第3部分。

本部分由全国石油钻采设备和工具标准化技术委员会(SAC/TC 96)提出并归口。

本部分主要起草单位：济南柴油机股份有限公司。

本部分参加起草单位：济南柴油机股份有限公司电站工程部、中国北车集团永济电机厂、天水传动研究所、新疆石油管理局钻井公司等。

本部分主要起草人：李俐、李树生、王安忠、孙洁、许传国、张宏斌、王志刚、刘云香、郝利华、刘金才、吴志方、张鹤远、曲玉玲、白莹、尚诗贤、李婷婷、曾志伟。

石油钻机用电气设备规范
第3部分：电动钻机用柴油发电机组

1 范围

GB/T 23507的本部分规定了石油天然气工业陆用电动钻机用柴油发电机组(以下简称机组)的要求、试验方法、检验规则、标志、包装和贮运要求等。

本部分适用于额定容量为1 000 kVA～2 400 kVA、额定电压为600 V、(400 V)、(690 V)额定频率为50 Hz和60 Hz陆用电动钻机用柴油发电机组。

其他规格的电动钻机用发电机组亦可参照使用。

2 规范性引用文件

下列文件中的条款通过GB/T 23507的本部分的引用而成为本部分的条款。凡是注日期的引用文件，其随后所有的修改单(不包括勘误的内容)或修订版均不适用于本部分，然而，鼓励根据本部分达成协议的各方研究是否可使用这些文件的最新版本。凡是不注日期的引用文件，其最新版本适用于本部分。

GB 146.1 标准轨距 铁路机车车辆限界

GB 146.2 标准轨距 铁路建筑限界

GB/T 2820.1—1997 往复式内燃机驱动的交流发电机组 第1部分：用途、定额和性能(eqv ISO 8528-1:1993)

GB/T 2820.5 往复式内燃机驱动的交流发电机组 第5部分：发电机组(GB/T 2820.5—1997，eqv ISO 8528-5:1993)

GB/T 2820.6—1997 往复式内燃机驱动的交流发电机组 第6部分：试验方法(eqv ISO 8528-6:1993)

GB 4556 往复式内燃机 防火(GB 4556—2001,idt ISO 6826:1997)

GB/T 6072.1—2000 往复式内燃机 性能 第1部分：标准基准状况，功率、燃料消耗和机油消耗的标定及试验方法(idt ISO 3046-1:1995)

GB 12265.1 机械安全 防止上肢触及危险区的安全距离

GB 12265.2 机械安全 防止下肢触及危险区的安全距离

GB/T 13306 标牌

GB/T 20136—2006 内燃机电站通用试验方法

JB/T 7606 内燃机电站总装技术要求

JB/T 8194 内燃机电站名词术语

3 术语和定义

GB/T 2820.1、GB/T 2820.5、JB/T 8194确立的以及下列术语和定义适用于本部分。

3.1

电动钻机用柴油发电机组 the diesel generating set for electric drilling rig

满足石油天然气工业用电动钻机工况的柴油发电机组。

4 要求

4.1 总则

4.1.1 机组应符合本部分的规定，机组的各配套件本部分未能作规定者，应符合各自技术条件的规定。

4.1.2 机组的总装技术要求应符合本部分和 JB/T 7606 的规定。

4.1.3 对机组有特殊要求时，应在产品技术协议中补充规定。

4.2 参数与型式

机组参数与型式见表1。

表 1

名　称	单　位	参　数
发电机额定容量	kVA	1 000、1 200、1 500、1 750、1 900、2 150、2 400
额定转速	r/min	1 000、1 200、1 500、1 800
额定频率	Hz	50、60
额定电压	V	600、(400)、(690)
额定功率因数	$\cos\phi$	≤0.7
接线方式		三相四线制、三相三线制
起动方式		气启动/电启动
操纵方式		电控、手控
循环水冷却方式		闭式或半开式
支撑方式		单轴承或双轴承
注：发动机额定功率(kW)：680、800、1 000、1 200、1 360、1 400、1 710。		

4.3 额定功率的种类

额定功率按 GB/T 2820.1—1997 的第 13 章规定的持续功率(COP)。

4.4 环境条件

4.4.1 标准基准条件

机组在下列条件下已应能输出额定功率：

a) 绝对大气压力 100 kPa；

b) 环境温度 298 K(25 ℃)；

c) 空气相对湿度 30%。

4.4.2 额定现场条件

在现场条件未知且订购方又未另做规定的情况下，机组在下列额定现场条件下应能输出额定功率：

a) 绝对大气压力 89.9 kPa (或海拔高度不超过 1 000 m)；

b) 环境温度 313 K(40 ℃)；

c) 空气相对湿度 60%。

4.5 输出规定功率(允许修正功率)的条件

机组在下列条件下应能输出规定功率并可靠工作，特殊条件应在产品技术条件中规定：

a) 海拔高度不超过 4 000 m；

b) 环境温度

　1) 下限值分别为 5 ℃，−15 ℃，−25 ℃，−45 ℃；

　2) 上限值分别为 40 ℃，45 ℃，50 ℃；

c) 其他特殊环境条件按协议规定执行。

4.6 现场条件

机组运行的现场条件应由用户明确确定，且应对任何特殊的危险条件如爆炸大气环境和易燃气体环境加以说明。

4.7 功率修正

机组的实际工作条件或试验条件比 4.4.1 规定的条件恶劣时，其输出的规定功率应不低于如下修正后之值:其功率按 GB/T 6072.1—2000 的第 13 章规定换算出试验条件下的柴油机功率后再折算成的电功率,此电功率最大不得超出发电机的额定功率。

4.8 环境温度的修正

当试验海拔高度超过 1 000 m(但不超过 4 000 m 时),环境温度的上限值按海拔高度每增加 100 m 降低 0.5 ℃修正。

4.9 启动要求

4.9.1 常温启动

在环境温度不低于 5 ℃时,不经预热或其他措施,机组应能顺利启动。

4.9.2 低温启动

环境温度在—45 ℃～5 ℃范围内时,采取预热措施后,机组应能顺利启动,启动时间及带载工作时间按产品技术条件的规定。

4.10 电气指标

4.10.1 电压整定范围

机组的空载电压整定范围应不小于 95%～105%额定电压。

4.10.2 机组的电压和频率

机组的电压和频率指标按表 2 规定。

表 2

电压				频率			
稳态偏差 %	瞬态偏差 %	恢复时间 s	电压调制 %	频率降 %	瞬态偏差 %	恢复时间 s	稳态频率带 %
±2.5	±15	1.5	0.5	0～5 可调	±5	3	0.5
机组在空载至 25%额定负载时,其电压和频率的电压调制、频率带允许比表列数值大 0.5。 计算稳态电压偏差时,不包括从冷态到热态的电压变化。热态是指机组在额定方式下经连续工作后,各部分的温升在 1 h 内的变化不超过 1 ℃的状态;冷态是指机组各部分的温度与环境温度之差不超过 3 ℃时的状态。							

4.10.3 并联运行

机组应有并联运行功能,型号规格相同的机组在额定功率因数和 20%～95%总额定功率范围内应能稳定并联运行;且可平稳转移负载的有功功率和无功功率,其有功功率和无功功率的分配差度应不超过±5%。

4.10.4 冷热态电压变化

机组在额定工况下从冷态到热态的电压变化不超过±2%额定电压。

4.10.5 畸变率

机组在空载额定电压时的线电压波形正弦性畸变率应不超过 5%。

4.10.6 温升

机组的发电机各绕组温升应符合发电机产品技术条件规定。

4.11 安全性

4.11.1 绝缘电阻

机组各独立电气回路对地,以及回路间的绝缘电阻应不低于表 3 的规定。冷态绝缘只供参考,不作考核。

表 3

项目	条件	绝缘电阻/MΩ
冷态	环境温度 15 ℃～35 ℃;空气相对湿度 45%～75%	≥2
	环境温度 25 ℃;空气相对湿度 95%	≥0.5
热态		≥0.5

4.11.2 绝缘等级

发电机绝缘等级应不低于 F 级。

4.11.3 **耐受电压**

机组各独立电气回路对地,以及回路间应能承受表 4 所规定的频率为 50 Hz、波形尽可能为实际正弦波、历时 1 min 的绝缘介电强度试验电压而无击穿或闪络现象。

表 4

被试部位		试验电压/V
一次回路对地,一、二次回路之间		(1 000+2 倍额定电压)×80% 最低 1 200
二次回路对地	电压≥100 V	1 000
	电压<100 V	750
注:发动机的电气部分、半导体器件及电容器等不做此项试验。		

4.11.4 **相序**

三相机组的相序:对采用输出插头插座者,应按顺时针方向排列(面向插座);对采用设在控制屏上的接线端子者,从屏正面看应自左到右或自上到下排列。

4.12 **防火要求**

4.12.1 机组消声器的结构应避免聚火的可能性。

4.12.2 机组的防火应符合 GB 4556 的规定。

4.13 **指示装置**

4.13.1 机组电器监控仪表的准确等级频率表不应低于 0.5 级,其他电气监控仪表的准确度等级不应低于 2.5 级。应能监控所有相的电压和电流。对柴油机进行监控的仪表,应符合柴油机技术条件规定,监测仪表的指针应转动灵活,指示应明确。

4.13.2 指示灯和按钮的颜色应根据其用途在产品技术条件中明确。

4.14 **污染环境限值**

4.14.1 **振动**

机组应根据需要设置减振装置;常用发电机组振动加速度、速度、位移有效值范围见表 5。

表 5

内燃机的标定转速 r/min	发电机组额定容量 kVA	振动位移有效值 S_{xms}			振动速度有效值 V_{xms}			振动加速度有效值 a_{xms}		
		内燃机 Mm	发电机振动级别		内燃机 mm/s	发电机振动级别		内燃机 mm/s²	发电机振动级别	
			数值 1 mm	数值 2 mm		数值 1 mm/s	数值 2 mm/s		数值 1 mm/s²	数值 2 mm/s²
>1 000~1 200	>710~1 530	0.72	0.32	0.39	45	20	24	28	13	15
	>1 320	0.72	0.29	0.35	45	18	22	28	11	14
>1 200~2 000	>1 320	0.72	0.32	0.45	45	20	28	28	13	18
表中位移有效值 S_{xms} 和加速度有效值 a_{xms} 可用表中的速度有效值 V_{xms} 按下式求得: $S_{xms}=0.015\ 9V_{xms}$; $a_{xms}=0.628V_{xms}$。										

对按本部分结构和零部件设计的发电机组,当振动级别小于数值 1 时,不应发生损坏。

当振动级别在数值 1 和数值 2 之间时,则应按发动机制造商和零部件供应商的协议对发电机组的结构和零件强度进行评估,以确保发电机组可靠运行。

4.14.2 **噪声**

机组的噪声应不大于表 6 的规定。

表 6

机组额定容量 kVA	噪声(声压级) dB(A)
≤1 140	108
≥1 140	110

4.14.3 **污染物**

机组的排放污染物限值应符合表 7 的规定。

表 7

排放污染物/[g/(kW·h)]	NO_x	HC	CO	PM
	≤9.2	≤1.3	≤5.0	0.54
排气烟度/BSU	1.0			

4.15 **耗油要求**

4.15.1 机组在额定工况下的燃油消耗率应不大于 $228^{+5\%}$ g/(kW·h)。

4.15.2 机组在额定工况下的机油消耗率应不大于 1.2 g/(kW·h)。

4.16 **保护**

4.16.1 发动机至少有下列保护功能:

a) 超速保护;

b) 油压低保护;

c) 出水温度高保护。

4.16.2 机组至少有下列保护功能:

a) 过载保护;

b) 短路保护;

c) 发电机绕组过温保护;

d) 过电压、欠电压保护;

e) 过频率、欠频率保护;

f) 逆功率保护。

4.16.3 机组应有良好的接地端子并有明显的标志。

4.17 **可靠性和维修性**

平均故障间隔时间和平均修复时间应符合表 8 规定。

表 8

额定转速 r/min	平均故障间隔时间数 T_1 h	平均修复时间 T_2 h
1 500、1 800	≥500	≤3
1 000、1 200	≥800	≤3
注 1:平均故障间隔时间是指机组总的工作时间与机组故障停电次数之比。 注 2:按使用维护说明书规定进行正常维护或其他原因造成的停机次数不计。		

4.18 **外观质量**

4.18.1 机组的界限、安装尺寸及连接尺寸均应符合按规定程序批准的产品图样,并应符合 GB/T 146.1、GB/T 146.2 的要求。

4.18.2 试验前检查机组各连接处的安装质量,配套附件应齐全,各运动部件应灵活,无卡滞现象。

4.18.3 机组应无漏油、漏水、漏气现象。

4.18.4 机组的电气安装应符合电气原理图，各导线连接应牢固。布线整齐，导线有明显不易脱落标志，仪表、讯号指示正确。

4.18.5 机组表面漆层均匀界限分明，无明显气泡，无皱皮，无漏漆，无脱漆，无明显流痕，无杂质。

4.18.6 机组焊接应无药皮，无溅渣，无焊穿，无明显咬边，无漏焊，无明显气孔，无裂纹。

4.19 机组机械结构

4.19.1 联接装置、底盘

4.19.1.1 底盘应有足够的刚性，使用时支撑在预先制好的平台底座或地面基础上，使各支点均匀接触后用压板或螺栓固紧，不应产生松动。

4.19.1.2 动力输出的联接对中要求

在任何作业条件和环境条件下，机组应保持原有的对准要求，发动机和发电机之间中心线的对中技术要求严格按产品维护说明书的规定执行。

4.19.2 附件及防护装置

4.19.2.1 应在 GB 12265.1 和 GB 12265.2 规定的安全距离内对操作人员进行安全防护。安全距离的大小取决于机组的安装。机组的安装方应负责鉴别防护的必要性。

4.19.2.2 为避免与诸如主轴、风扇、离合器 、皮带轮、皮带及具有剪切作用的杠杆等运动件接触，必须安装防护装置，如采用网状结构时，其开口宽度、直径及边长或椭圆形孔的短轴尺寸应小于 6.5 mm，安全距离应不小于 35 mm。

4.19.2.3 对于固定式发电机组，考虑到要对操作和例行维护的人员进行防护，应遵循如下防护措施：

——人可能接近或触及的旋转、摆动的传动件，如风扇、皮带、链条等应进行恰当的排列和防护，以免在正常使用时被人员不经意地直接靠近；

——机组运行时，对其有可能飞出的构件，应有诸如防护罩等安全技术措施；

——对能造成危险的灼热部分，应有防接触的屏蔽。对发动机任何废气排放部件均应提供防护，以免人员在正常操作时意外接触。

4.19.2.4 可能引起烫伤的零部件应做出明显的标志或进行防护。

4.19.2.5 机组正常使用时，应有防流体逸出损坏电气绝缘的措施。

4.20 发电机房(根据用户的需求)

4.20.1 外观

4.20.1.1 机房应按规定程序批准图样及相关的技术协议和需求制造。

4.20.1.2 发电机房整体外观应平整、不应有明显的凹陷、残缺。各焊接平面的缝隙应均匀。

4.20.1.3 发电机房外表面的涂漆、漆膜颜色、防水及标牌符合机房技术文件规定。

4.20.2 机房电气设施

4.20.2.1 发电机房内电气设施如配电箱、主电缆、控制电缆、照明动力电线的安装和固定应严格按设计规范。

4.20.2.2 机房应安装排气消音器，配备灭火器、梯子等辅助设施。

4.20.2.3 机房应有强制通风设施，其设计应满足机组的使用要求。

4.20.3 机房布置

4.20.3.1 油、水、气管线暗置，电缆槽设置在发电机出线口上方。

4.20.3.2 应有避雷、隔音隔振、安全、环保、采暖、采光和排污等方面的要求。

4.21 成套性

4.21.1 机组的成套性按供需双方的协议。

4.21.2 每台机组应随附下列文件：

a) 产品使用、维护技术说明书(技术数据、结构和用途说明、电路图和电气接线图、安装、保养和维修说明)；

b) 随机备件清单；

c) 随机专用工具和通用工具清单(根据用户要求)；

d) 产品合格证；

e) 质量证明书。

5 试验

5.1 仪器仪表

5.1.1 机组检验在试验台上进行。鉴定试验和型式检验时，用于测量下列电气参数的仪器仪表的准确度应采用不低于0.5级的电气测量仪器仪表(兆欧表除外)。出厂试验允许采用1.0级准确度的仪器和仪表进行测量。

5.1.2 机组在安装现场条件下进行检验。用于测量电气参数的仪器仪表的准确度由产品技术条件或在合同中明确，最低不应低于GB/T 2820.6—1997中6.6.1的规定。

5.2 试验项目和试验方法

试验项目和试验方法按表9。

表9

序号	检验项目名称	出厂检验	型式检验	技术要求章条号	试验、检测方法章条号 GB/T 20136—2006
1	检查外观	√	√	4.18	方法201
2	检查成套性	√	√	4.21	方法202
3	检查标志和包装	√	√	7	方法203
4	测量绝缘电组	√	√	4.11.1	方法302
5	耐用电压试验	√	√	4.11.3	方法102
6	检查常温、低温启动性能	√	√	4.9	方法206、207
7	检查相序	√	√	4.11.4	方法208
8	检查控制屏各指示装置	√	√	4.13	方法210
9	检查机组保护功能	×	√	4.16.2	方法303～方法313
10	测量电压整定范围	√	√	4.10.1	方法409
11	测量频率降	√	√	4.10.2	方法401
12	测量稳态频率带	√	√	4.10.2	方法402
13	测量(对额定频率的)瞬态频率偏差和频率恢复时间	×	√	4.10.2	方法416
14	测量稳态电压偏差	√	√	4.10.2	方法406
15	测量瞬态电压偏差和电压恢复时间	√	√	4.10.2	方法410
16	检查冷热态电压变化	√	√	4.10.4	方法418
17	测量线电压波形正弦性畸变率	√	√	4.10.5	方法423
18	测量温升	√	√	4.10.6	方法430
19	并联运行试验	√	√	4.10.3	方法412
20	测量燃油消耗率	×	√	4.15.1	方法501
21	测量机油消耗率	×	√	4.15.2	方法502

表 9（续）

序号	检验项目名称	出厂检验	型式检验	技术要求章条号	试验、检测方法章条号 GB/T 20136—2006
22	测量振动值	×	√	4.14.1	方法 601
23	测量噪声级	×	√	4.14.2	方法 602
24	测量排放污染物	×	√	4.14.3	方法 605
25	测量烟度	×	√	4.14.3	方法 606
注：“√”表示需要进行的项目；“×”表示可不进行的项目。					

6 检验规则

机组检验分出厂检验和型式检验，试验时所用的仪器仪表应有定期检查的合格证。

6.1 出厂检验

每台机组均应进行出厂检验，其检验项目按表 9 的规定。

6.2 型式检验

6.2.1 型式检验项目按表 9 规定。

6.2.2 有下列情况之一者应进行型式检验：

a) 产品的设计或工艺上的变更足以影响产品性能时；

b) 出厂检验结果与上次型式检验结果有较大差异时。

6.3 判定规则

6.3.1 每台出厂检验的机组，各项检验项目均为合格时，该台机组判定合格。

6.3.2 型式检验的机组各项试验与检验合格时，判定该台机组合格；如出现不合格项目时，应进行调整或改进，再次进行试验，直至合格为止，否则不能投产。

6.4 检验条件

6.4.1 除另有规定外，各项检验均在生产厂所具有的条件（环境温度、相对湿度，大气压力）下进行。

6.4.2 检验时使用的测量仪表应有定期校验的合格证。

6.4.3 除另有规定外，各电气指标均在机组控制屏输出端考核。

7 标志、包装和贮运

7.1 标志

7.1.1 机组应有金属制成的铭牌，并固定在明显的位置，其尺寸和要求按 GB/T 13306 的规定。

7.1.2 机组铭牌应包括如下内容：

a) 机组名称、型号、编号；

b) 执行标准编号；

c) 制造商名称；

d) 机组制造日期；

e) 接线方式；

f) 相数；

g) 额定转速，r/min；

h) 额定功率（COP），kW；

i) 额定频率，Hz；

j) 额定电压，V；

k) 额定电流，A；

l)　额定功率因数，$\cos\phi$；

m)　质量，kg；

n)　外形尺寸 $L \times W \times H$，mm；

o)　产品注册商标。

7.2　包装

7.2.1　机组及其备、附件在包装前，凡未经涂漆或电镀等保护的裸露金属应采取临时性防锈保护措施。

7.2.2　机组的包装应能防雨、牢固可靠，有明显、正确、不易脱落的识别标志。

7.2.3　机组按产品的技术文件规定的贮存期和方法贮存应无损。

7.3　贮运

7.3.1　机组应贮存在有顶盖的仓库内，不得有腐蚀性有害气体存在。

7.3.2　机组应按 GB 146.1、GB 146.2 的规定进行水路、铁路和汽车运输。

ICS 67.250
X 08

中华人民共和国国家标准

GB/T 23508—2009

食品包装容器及材料 术语

Food packaging containers and articles—Terms

2009-03-30 发布

2009-10-01 实施

中华人民共和国国家质量监督检验检疫总局
中国国家标准化管理委员会
发布

前 言

本标准由中国标准化研究院提出并归口。

本标准起草单位：中国标准化研究院、中国出口商品包装研究所、中国包装和食品机械总公司、国家环保产品质量监督检验中心。

本标准主要起草人：王菁、刘文、王远德、郭丽敏、马爱进、王国扣。

食品包装容器及材料　术语

1　范围

本标准规定了与食品直接接触的以及预期与食品直接接触的食品包装容器及材料基础术语、食品包装容器术语、食品包装材料术语、食品包装辅助材料和辅助物术语、质量安全和检验术语及其定义。

本标准适用于食品包装容器及材料的科研、生产、管理等其他有关领域。

2　基础术语

2.1

食品包装容器　food packaging container

包装、盛放食品或食品添加剂用的制品，如塑料袋、玻璃瓶、金属罐、纸盒、瓷器等。

2.2

食品包装材料　food packaging article

直接用于食品包装或制造食品包装容器的制品，如塑料膜、纸板、玻璃、金属等。

2.3

食品包装辅助材料　auxiliary food packaging article

在食品包装上起辅助作用的材料总称。主要包括直接接触食品或者食品添加剂的涂料、粘合剂和油墨。

2.4

食品包装辅助物　food packaging auxiliary

在食品包装上起辅助作用的制品总称。主要包括直接接触食品的封闭器(如密封垫、瓶盖或瓶塞)、缓冲垫、隔离或填充物等。

3　食品包装容器术语

3.1

塑料包装容器　plastic container

以树脂为主要原料制造成型的包装容器。

3.2

塑料箱　plastic bin

以树脂为主要原料制造成型的箱状包装容器。

3.3

塑料周转箱　plastic circulating bin

重复使用的塑料箱。

3.4

钙塑瓦楞箱　plastic calp bin

以聚乙烯、聚丙烯等树脂为基料，添加碳酸钙、硫酸钙或亚硫酸钙等无机钙盐制成瓦楞板，再按瓦楞纸箱的制作方法制造成型的可折叠式塑料箱。

3.5

塑料保温箱　plastic heat insulated bin

具有保温作用的塑料箱。

3.6

塑料瓶　plastic bottle

以树脂为主要原料制造成型的瓶状包装容器。

3.7

塑料袋　plastic bag

以塑料薄膜为主要原料经裁切、热合而制造成型的袋状包装容器。

3.8

非复合薄膜袋　single-ply film bag

由单一材质塑料薄膜制造成型的塑料袋。

3.9

复合薄膜袋　laminated film bag

由多种材质塑料薄膜制造成型的塑料袋。

3.10

塑料编织袋　plastic woven bag

由塑料编织布制造成型的袋状包装容器,多用于包装粉状或颗粒状固体物料等。

3.11

复合塑料编织袋　laminated plastic woven bag

由复合塑料编织布制造成型的袋状包装容器。

3.12

塑料杯　plastic cup

以树脂为主要原料制造成型的杯状包装容器。

3.13

塑料盘　plastic plate

以树脂为主要原料制造成型的盘状包装容器。

3.14

塑料盒　plastic box

以树脂为主要原料制造成型的盒状包装容器。

3.15

塑料桶　plastic drum

以树脂为主要原料制造成型的桶状包装容器。

3.16

塑料罐　plastic can

以树脂为主要原料制造成型的罐状包装容器。

3.17

塑料盆　plastic basin

以树脂为主要原料制造成型的盆状包装容器。

3.18

塑料筐　plastic basket

以树脂为主要原料制造成型的筐状包装容器。

3.19

纸包装容器　paper container

以纸或纸板为主要材料而加工成型的食品包装容器。

3.20

纸袋　paper bag

以纸或纸的复合材料加工成型的袋状包装容器。

3.21

纸盒　carton

以纸板为主要材料加工成型的盒状包装容器。

3.22

折叠纸盒　folding carton

以较薄纸板为主要材料经过裁切和压痕后粘接加工成型的可折叠包装纸盒。

3.23

固定纸盒　fixed carton

用贴面材料将基材纸板粘贴裱糊而加工成型的立体包装纸盒,又称“粘贴纸盒”。

3.24

淋膜纸盒　coated paper carton

以淋膜纸板为主要材料加工成型的食品包装纸盒。

3.25

纸杯　paper cup

以纸板为基材加工成型的杯状包装容器。

3.26

纸罐　paper can

以纸板为主要材料加工成型的筒状并配由纸制或其他材料制成的底和盖的包装容器。

3.27

纸餐具　paper-made dishware

以纸板、淋膜纸板、纸浆为主要材料制作的,仅供一次性餐饮使用的盒、碗、杯等餐具,其中包括一次性方便面纸碗/桶。

3.28

玻璃包装容器　glass container

以硅酸盐为主要原料经成型加工制成的包装容器。

3.29

玻璃瓶　glass bottle

以硅酸盐为主要原料制造成型的瓶状包装容器。

3.30

玻璃罐　glass jar

以硅酸盐为主要原料制造成型的罐状包装容器。

3.31

复合罐　composite canister

由纸/铝/塑等复合材料作为内层,牛皮纸作为外层材料,乳胶作为粘合剂加工成型的罐状包装容器。

3.32

复合盒　composite box

由纸/铝/塑等复合材料作为内层,牛皮纸作为外层材料,乳胶作为粘合剂加工成型的盒状包装容器。

3.33

复合袋　composite bag

由纸/铝/塑等复合材料作为内层，牛皮纸作为外层材料，乳胶作为粘合剂加工成型的袋状包装容器。

3.34

陶瓷包装容器　ceramic packaging vessel

以粘土、陶土、高岭土为主要原料经烧制成型的包装容器。

3.35

陶器　pottery vessel

以陶土为主要原料制造成型的质地疏松或许施釉的包装容器。

3.36

瓷器　porcelain

以高岭土为主要原料制造成型的质地致密并且施釉的包装容器。

3.37

金属包装容器　metal container

以铁、铝等金属薄板加工成型的包装容器。

3.38

金属罐　metal can

用金属薄板为主要材料加工成型的罐状包装容器。

3.39

两片罐　two-piece can

以金属薄板为材料经冲压、拉伸加工成型的罐型包装制品，其罐身与罐底为一体，没有罐身接缝，只有一道罐身与罐盖卷封线的包装容器。

3.40

三片罐　three-piece can

以金属薄板为材料经压接、粘接和电阻焊接加工成型的罐型包装容器，由罐身、罐底和罐盖三部分组成，罐身有接缝，罐身与罐底和罐盖卷封的包装容器。

3.41

金属桶　metal bucket

以金属板为材料加工成型的桶状包装容器。

3.42

金属盒　metal carton

以金属板为材料加工成型的盒型包装容器。

3.43

铝箔容器　aluminium foil container

以铝箔为主体材料加工成型的包装容器。

3.44

木质包装容器　wooden container

以预先经过加工的木材或木质混合材料为原料制造成型的刚性包装容器。

3.45

木箱　wooden case

以预先经过加工的木材或木质混合材料为原料制造成型的用于运输包装的箱状包装容器。

3.46

木盒 wooden box

以预先经过加工的木板为主要材料加工成型的用于销售包装的盒状包装容器。

3.47

木桶 wooden barrel

以预先经过加工的木板为主要材料拼接而成的圆筒状或腰鼓状的包装容器。

3.48

竹材包装容器 bamboo container

以预先经过加工的竹材为原料编制成型的包装容器,主要有竹筒、竹篮、竹筐、竹箱等。

3.49

草类编织容器 grass woven container

以预先经过加工的水草、稻草等为原料编制成型的包装容器。

3.50

搪瓷容器 enamel container

在金属坯体表面涂覆搪瓷釉经烧结而制成的包装容器。

3.51

纤维容器 fibre-made container

以棉、麻等天然纤维和以人造纤维、合成纤维的织品为主要材料加工成型的包装容器。

3.52

布袋 fabric bag

以棉纤维织品为原料制造成型的袋状包装容器,可在袋内衬纸袋或塑料袋。

3.53

麻袋 jute bag

以麻纤维织品为主要材料加工成型的袋状包装容器。

3.54

人造纤维袋 artificial fibre bag

以人造纤维织品为主要材料加工成型的袋状包装容器。

3.55

合成纤维袋 synthetic fibre bag

以合成纤维织品为主要材料加工成型的袋状包装容器。

4 食品包装材料术语

4.1

塑料包装材料 plastic packing article

以树脂为主要原料经加工制造成型的包装材料。

4.2

塑料膜 plastic film

以树脂为主要原料制造成型的厚度为 0.2 mm 以下的平面状包装材料。

4.3

非复合塑料膜 single-ply film

由单一树脂原料制造成型的包装塑料膜。

4.4

复合塑料膜　laminated film

由多种树脂材料复合而制造成型的包装塑料膜。

4.5

食品保鲜膜　cling film for food wrapping

以树脂为主要原料制造成型的用于食品包装且具有保鲜、保洁性能的塑料薄膜。

4.6

塑料肠衣膜　sausage casing

以树脂为主要原料制造成型的用于灌装肠类的薄膜制品。

4.7

塑料片　plastic sheet

以树脂为主要原料制造成型的厚度一般指 0.2 mm～0.7 mm 平面状包装材料。

4.8

纸包装材料　paper wrapping article

以植物纤维为主要原料制造成型的包装材料。

4.9

玻璃纸　cellophane

以植物纤维为主要原料经烧碱、二硫化碳处理而制造成型的包装透明薄膜。

4.10

半透明纸　translucent paper

以植物纤维为主要原料经高度打浆处理而制造成型的具有一定耐水性的天然半透明的包装纸。

4.11

食品羊皮纸　parchment for food

以植物纤维为主要原料，经浓硫酸处理后制造成型的半透明食品包装纸。

4.12

茶叶袋滤纸　filter paper for teabag

以植物纤维为主要原料制造成型的用于生产袋泡茶袋的包装纸。

4.13

鸡皮纸　cartridge paper

以植物纤维为主要原料抄造成型的重施胶且具有一定湿抗张强度的包装纸。

4.14

铝箔　aluminum foil

以铝薄板经多次冷轧、退火加工成型的厚度一般为 0.05 mm ～0.07 mm 的包装材料。

5　食品包装辅助材料和辅助物术语

5.1

涂料　coating

能涂敷于食品包装内壁并形成内壁涂层的液体或固体高分子材料。

5.2

粘合剂　adhesive

能使食品包装或材料中的两物体表面以一定强度结合在一起的物质，又称胶粘剂，俗称胶。

5.3

油墨　printing ink

在食品包装印刷过程中被转移到承印物上的成像物质,由颜料、连结料、填充物和助剂等组成。

5.4

密封物　closure material

为确保食品在运输、储运和销售过程中保留在包装容器内并免受污染而附加在包装容器上的盖、塞等封口材料的总称。

5.5

盖　cap

覆盖在食品包装容器开口处的成型封闭物。

5.6

塞子　plug

塞进食品包装容器开口处里面的一种封闭物,利用摩擦作用或环纹固定。

5.7

软木塞　cork plug

由软木经加工制成的塞子。

5.8

密封垫　closure liner

垫在盖里面起密封作用的材料。

6　质量安全和检验术语

6.1

迁移　migration

食品包装容器及材料中的化学物质或成分向食品的转移。

6.2

迁移量　migration quantity

食品包装容器或材料中的化学物质或成分向食品转移的数值。

6.3

总迁移限量　overall migration limit

对可能从食品包装容器及材料迁移到食品的所有物质进行限制的最大数值。

6.4

特定迁移限量　specific migration limit

对可能从食品包装容器及材料迁移到食品的单一物质进行限制的最大数值。

6.5

残留　residual

在食品包装容器及材料中存在的、未起到预期作用的剩余添加剂、溶剂或未聚合的单体。

6.6

最大残留限量　maximum residue limit

食品包装容器及材料中允许残留有害物质的最大数值。

6.7

蒸发残渣　evaporation residue

食品包装容器及材料接触水、乙酸、乙醇、正己烷等食品模拟物后,可能析出的物质。

6.8

高锰酸钾消耗量　consumption of potassium permanganate

食品包装容器及材料中迁移到浸泡液中并能被高锰酸钾的氧化的全部物质的总量。

6.9

重金属迁移量　heavy metal migration limit

食品包装容器及材料在一定使用条件下可能会迁移到食物中的重金属的量，一般指铅、铬、镉等物质。

6.10

荧光性物质　fluorescent substances

一种可吸收紫外线而发射荧光的物质。

6.11

脱色　decolorization

食品包装容器及材料遇到酒、油、酸性物质等情况下的产品脱色情况。

6.12

急性毒性试验　acute toxicity test

观察受试动物一次或 24 h 内多次染毒的表现，主要测定半数致死量(浓度)，为亚慢性和慢性毒性试验的观察指标及剂量选择提供依据的试验。

6.13

亚慢性毒性试验　subacute toxicity test

观察用不同剂量水平的受试物较长期喂养动物的毒性作用性质和靶器官，并确定最大无作用剂量，为慢性毒性和致癌试验的剂量选择和评价受试物能否应用于食品提供依据的试验。

6.14

慢性毒性试验　chronic toxicity test

观察受试动物长期接触受试物后出现毒性作用，尤其是进行性或不可逆的毒性作用以及致癌作用并确定最大无作用剂量，对最终评价受试物能否应用于食品提供依据的试验。

6.15

可追溯性　traceability

跟踪并且描述某种食品包装容器或材料在加工、流通和消费等全过程状态的能力。

参 考 文 献

[1] GB/T 4122.1—2008 包装术语 第1部分:基础
[2] GB/T 4122.2—1996 包装术语 机械
[3] GB/T 4122.3—1997 包装术语 防护
[4] GB/T 4122.4—2002 包装术语 木容器
[5] GB/T 4122.5—2002 包装术语 检验与试验
[6] GB/T 5000—1985 日用陶瓷名词术语
[7] GB/T 13040—1991 包装术语 金属容器
[8] GB/T 17858.1—2008 包装术语 术语和类型 第1部分:纸袋

中 文 索 引

英 文 索 引

A

B

C

D

E

F

W

ICS 67.250
X 08

GB

中华人民共和国国家标准

GB/T 23509—2009

食品包装容器及材料　分类

Food packaging containers and articles—Classification

2009-03-30 发布　　　　2009-10-01 实施

中华人民共和国国家质量监督检验检疫总局
中国国家标准化管理委员会　发布

前言

本标准由中国标准化研究院提出并归口。

本标准起草单位:中国标准化研究院、中国包装和食品机械总公司、中国出口商品包装研究所、国家环保产品质量监督检验中心。

本标准主要起草人:刘文、王菁、马爱进、王国扣、王远德、郭丽敏。

食品包装容器及材料　分类

1　范围

本标准规定了食品包装容器及材料的类别和名称。

本标准适用于与食品直接接触的以及预期与食品直接接触的食品包装容器及材料的分类。

2　塑料包装容器及材料

2.1　塑料包装容器

2.1.1　塑料包装容器按形态可分为塑料箱、塑料袋、塑料瓶、塑料杯、塑料盘、塑料盒、塑料罐、塑料桶、塑料盆、塑料碗、塑料筐、复合易拉罐等。具有质量轻、耐腐蚀、耐酸碱、耐冲击等特点。

2.1.2　塑料箱按功能可分为塑料周转箱、钙塑瓦楞箱及其他塑料箱(如塑料保温箱)等。

2.1.3　塑料袋按工艺可分为非复合塑料袋、复合塑料袋等。

2.2　塑料包装材料

2.2.1　塑料包装材料按形态可分为塑料膜、塑料片。具有质量轻、耐腐蚀、耐酸碱、耐油、耐冲击等特点。

2.2.2　塑料膜按结构可分非复合塑料膜和复合塑料膜。

2.2.3　塑料片按结构可分单层塑料片和复合塑料片。

3　纸包装容器及材料

3.1　纸包装容器

3.1.1　纸包装容器按形态和功能可分为纸袋、纸箱、纸盒、纸碗、纸杯、纸罐、纸餐具、纸浆模塑制品等。具有质量轻、印刷性好、无毒、卫生等特点。

3.1.2　纸袋按形状分为扁平式纸袋、方底式纸袋、便携式纸袋、阀门式纸袋、M形折式纸袋等；按纸袋层数分为单层纸袋、双层纸袋和多层纸袋。

3.1.3　纸箱按材料分为瓦楞纸箱、硬纸板箱。按照箱型可分为摇盖纸箱、套合型纸箱、折叠型纸箱、滑盖型纸箱、固定型纸箱等。

3.1.4　纸盒按形状分为方形纸盒、三角形纸盒、菱形纸盒、圆形纸盒、屋脊纸盒、异形纸盒、梯形纸盒等。

3.1.5　纸杯按工艺可分为淋膜纸杯和涂蜡纸杯；按形状可分为圆锥形纸杯、圆桶形纸杯等。

3.1.6　纸罐按形状可分为圆形纸罐、椭圆形纸罐、矩形纸罐和多边形纸罐；按工艺分为螺旋式纸罐、平卷式纸罐。

3.2　纸包装材料

3.2.1　纸包装材料按材料分为纸张、纸板。具有质量轻、印刷性好、无毒、卫生等特点。

3.2.2　纸张按材料和功能分为玻璃纸、羊皮纸、牛皮纸、鸡皮纸、茶叶袋滤纸、糖果包装纸、冰棍包装纸、半透明纸等。

3.2.3　茶叶袋滤纸按封口方式可分为热封型茶叶袋滤纸和非热封型茶叶袋滤纸。

3.2.4　纸板按形态可分为白纸板、箱纸板、瓦楞纸板等。

3.2.5　瓦楞纸板按瓦楞形状分为U型、V型和UV型三种；按瓦楞纸板的材料层数分为双层、三层、五层、七层瓦楞纸板等。具有一定的强度、耐压性和良好的防震缓冲性能。

4 玻璃包装容器

4.1 玻璃包装容器按容器形状分为玻璃瓶、玻璃罐、玻璃碗、玻璃盘、玻璃缸等。具有耐酸、耐碱以及良好的化学稳定性、高阻隔性、硬度较高、易碎等特点。

4.2 玻璃瓶按瓶口内径大小分为小口瓶、广口瓶。

4.3 玻璃罐按罐口形状分为压盖封口罐和螺旋封口罐。

5 陶瓷包装容器

陶瓷包装容器按容器形状可分为陶瓷瓶、陶瓷罐、陶瓷缸、陶瓷坛、陶瓷盘、陶瓷碗等;按材料可分为陶器、瓷器、土器等。具有耐火、耐热、耐药性、高刚性、高抗压强度、耐酸性能优良等特点。

6 金属包装容器及材料

6.1 金属包装容器

6.1.1 金属包装容器按材料可分为铝制、钢制等金属容器;按形状可分为金属罐、金属桶、金属盒、金属碗、金属盆等。具有优良的阻隔性能、机械性能、耐高温、耐压、不易破损等。

6.1.2 金属罐按形状可分为圆形罐、矩形罐、异形罐;按结构可分为三片罐、两片罐;按工艺可分为接缝罐、冲压罐;按开启方式可分为罐盖切开罐、罐盖易开罐、罐盖卷开罐;按材质可分为马口铁罐、铝罐等。

6.1.3 金属桶按材料可分为钢桶、铝桶、马口铁桶、白铁皮桶等;按形状可分为圆形桶、异形桶;按桶口内径可分为小口桶、中口桶、大口桶;按桶口的闭开形式可分为闭口钢桶、开口钢桶。

6.1.4 金属盒按形状可分为方形盒、圆形盒、扁形盒、椭圆形盒和异形盒等;按工艺可分为焊接盒、拉伸盒;按盒盖形式可分为压扣盖盒、折边盖盒、铰链盖盒等。

6.2 金属包装材料

铝箔根据压延后的热处理程度可分为软质铝箔和硬质铝箔。

7 复合包装容器及材料

7.1 复合包装容器

7.1.1 复合包装容器按材料可分为纸/塑复合材料容器、铝/塑复合材料容器、纸/铝/塑复合材料容器。具有良好的阻隔性能。

7.1.2 纸/塑复合容器按形状可分为纸/塑复合袋、纸/塑复合杯、纸/塑复合纸碗、纸/塑复合碟和纸/塑餐盒等。

7.1.3 铝/塑复合容器按形状可分为铝/塑复合袋、铝/塑复合桶、铝/塑复合盒等。

7.1.4 纸/铝/塑复合容器按形状可分为纸/铝/塑复合袋、纸/铝/塑复合筒、纸/铝/塑复合包。

7.2 复合包装材料

7.2.1 复合包装材料按材质可分为纸/塑复合材料、铝/塑复合材料、纸/铝/塑复合材料、纸/纸复合材料、塑/塑复合材料等。具有较高的力学强度、阻隔性、密封性、避光性、卫生性等。

7.2.2 纸/塑复合材料按材料可分为纸/PE(聚乙烯)、纸/PET(聚对苯二甲酸乙二醇酯)、纸/PS(聚苯乙烯类)、纸/PP(聚丙烯)等。

7.2.3 铝/塑复合材料按材料可分为铝箔/PE(聚乙烯)、铝箔/PET(聚对苯二甲酸乙二醇酯)、铝箔/PP(聚丙烯)等。

7.2.4 纸/铝/塑复合材料按材料可分为纸/铝箔/PE(聚乙烯)、纸/PE(聚乙烯)/铝箔/PE(聚乙烯)等。

8 其他包装容器

8.1 木质包装容器按形状可分为木箱、木桶、木盒等。

8.2 竹材包装容器按形状可分为竹篮、竹筐、竹箱、竹筒等。

8.3 搪瓷包装容器按形状可分为搪瓷罐、搪瓷缸、搪瓷盘、搪瓷碗、搪瓷碟、搪瓷釜、搪瓷盆、搪瓷杯、搪瓷锅等。

8.4 纤维包装容器按材料可分为布袋、麻袋等。

9 辅助材料和辅助物

9.1 涂料按材料可分为环氧树脂涂料、有机硅涂料等。

9.2 粘合剂按材料可分为水溶型粘合剂、热熔型粘合剂、溶剂型粘合剂、乳液型粘合剂等。

9.3 油墨按材料可分为水性型、醇溶型、有机溶剂型、干性油型、树脂油型、石蜡型等油墨。

9.4 辅助物按功能可分为封闭器(如密封垫、瓶盖或瓶塞)、缓冲垫、隔离或填充物等。

参 考 文 献

[1] GB/T 4122.1—2008 包装术语 第1部分:基础
[2] GB/T 15091—1994 食品工业基本术语

ICS 71.080.60
G 16

中华人民共和国国家标准

GB/T 23510—2009

车用燃料甲醇

Fuel methanol for motor vehicles

2009-04-08 发布

2009-11-01 实施

中华人民共和国国家质量监督检验检疫总局
中国国家标准化管理委员会
发布

前言

本标准与美国材料与试验协会标准 ASTM D 1152:2006《甲醇》(英文版)的一致性程度为非等效。

本标准的附录 A 为资料性附录。

本标准由中国石油和化学工业协会提出。

本标准由全国化学标准化技术委员会有机分技术委员会(SAC/TC 63/SC 2)归口。

本标准起草单位:长安大学、中国石油化工股份有限公司北京化工研究院、新奥集团股份有限公司、西南化工研究设计院、山西华顿实业有限公司、陕西长征新能源有限公司、兖矿集团有限公司、江苏南大高科技产业责任有限公司、平煤蓝天化工股份有限公司和陕西神木化学工业有限公司。

本标准参加起草单位:全国醇醚燃料及醇醚清洁汽车专业委员会、山西省醇醚燃料汽车办公室、陕西省环境保护局、陕西延长中立新能源有限公司。

本标准主要起草人:刘生全、张玉宝、孟令龙、郭燕玲、刘学渊、吴跃曲、张幼敏、郭宝贵、王菊林、耿景堂、胡公林、降连葆、严秉勤、贺永德。

车用燃料甲醇

1 范围

本标准规定了车用燃料甲醇的要求、试验方法、检验规则及标志、包装、运输、贮存和安全等。

本标准适用车用燃料甲醇的生产、检验和销售。该产品用作车用甲醇燃料的原料。

分子式：CH_4O

结构式：CH_3—OH

相对分子质量：32.042（按2007年国际相对原子质量）

2 规范性引用文件

下列文件中的条款通过本标准的引用而成为本标准的条款。凡是注日期的引用文件，其随后所有的修改单（不包括勘误的内容）或修订版均不适用于本标准，然而，鼓励根据本标准达成协议的各方研究是否可使用这些文件的最新版本。凡是不注日期的引用，其最新版本适用于本标准。

GB 190　危险货物包装标志

GB/T 601—2002　化学试剂　标准滴定溶液的制备

GB/T 602—2002　化学试剂　杂质测定用标准溶液的制备（ISO 6353-1:1982,NEQ）

GB/T 603—2002　化学试剂　试验方法中所用制剂及制品的制备（ISO 6353-1:1982,NEQ）

GB/T 8170　数值修约规则与极限数值的表示和判定

GB/T 3723　工业用化学产品采样安全通则（GB/T 3723—1999,idt ISO 3165:1976）

GB/T 4472—1984　化工产品密度、相对密度测定通则

GB/T 6283—2008　化工产品中水分含量的测定　卡尔·费休法（通用方法）（ISO 760:1978,NEQ）

GB/T 6324.2—2004　有机化工产品试验方法　第2部分：挥发性有机液体水浴上蒸发后干残渣的测定（ISO 759:1981,MOD）

GB/T 6678—2003　化工产品采样总则

GB/T 6680—2003　液体化工产品采样通则

GB/T 6682—2008　分析实验室用水规格和试验方法（ISO 3696:1987,MOD）

GB/T 7534—2004　工业用挥发性有机液体　沸程的测定（ISO 4626:1980,MOD）

GB/T 9722—2006　化学试剂　气相色谱法通则

GB/T 17476—1998　使用过的润滑油中添加剂元素、磨损金属和污染物以及基础油中某些元素测定法（电感耦合等离子体发射光谱法）

GB 18350—2001　变性燃料乙醇

3 要求

车用燃料甲醇应符合表1所示的技术要求。

表 1 技术要求

项　目		指　标
外观		无色透明液体，无可见杂质
密度(ρ_{20})/(g/cm^3)		0.791～0.793
沸程(0 ℃，101.3 kPa，在 64.0 ℃～65.5 ℃范围内，包括 64.6 ℃±0.1 ℃)/℃	≤	1.0
水，w/%	≤	0.15
酸(以 HCOOH 计)，w/%	≤	0.003
或碱(以 NH_3 计)，w/%	≤	0.000 8
无机氯含量/(mg/L)	≤	1
钠含量/(mg/kg)	≤	2
蒸发残渣，w/%	≤	0.003
注：当需要测定甲醇的质量分数时，其试验方法参见附录 A。		

4 试验方法

4.1 警示

试验方法规定的一些试验过程可能导致危险情况，操作者应采取适当的安全和防护措施。

4.2 一般规定

除非另有说明，在分析中仅使用确认为分析纯的试剂和 GB/T 6682—2008 规定的三级水。

分析中所用标准滴定溶液、制剂及制品，在没有注明其他要求时，均按 GB/T 601—2002 和 GB/T 603—2002的规定制备。

4.3 外观的测定

在具塞比色管中加入实验样品，在日光或日光灯下目测。

4.4 密度的测定

按 GB/T 4472—1984 中密度计法的规定进行。

在 15 ℃～35 ℃的范围内，试样密度的温度校正系数为 0.000 93 g/(cm^3·℃)。

取两次平行测定结果的算术平均值为报告结果。两次平行测定结果之差值不大于 0.000 5 g/cm^3。

4.5 沸程的测定

按 GB/T 7534—2004 的规定进行测定。蒸馏烧瓶：100 mL，温度计的示值范围 50 ℃～70 ℃，分度值为 0.1 ℃。

注：对于气压计读数除进行温度校正外，必要时，还需进行纬度校正。

4.6 水分的测定

按 GB/T 6283—2008 的规定进行。

取两次平行测定结果的算术平均值为报告结果。两次平行测定结果之差不大于 0.01%。

4.7 酸度或碱度的测定

4.7.1 方法概要

样品用不含二氧化碳的水稀释，以溴百里香酚蓝为指示剂，试样呈酸性则用氢氧化钠标准滴定溶液滴定游离酸，试样呈碱性则用硫酸标准滴定溶液滴定游离碱。

4.7.2 试剂

4.7.2.1 氢氧化钠标准滴定溶液：$c(NaOH)=0.01$ mol/L。

4.7.2.2 硫酸标准滴定溶液：$c(1/2H_2SO_4)=0.01$ mol/L。

4.7.2.3 溴百里香酚蓝指示液:1 g/L。

4.7.2.4 无二氧化碳的水。

4.7.3 仪器

滴定管:10 mL,分刻度为 0.05 mL。

4.7.4 分析步骤

4.7.4.1 实验室样品用等体积的无二氧化碳的水稀释,加(4～5)滴溴百里香酚蓝指示液鉴别,若呈黄色,为酸性反应,测定酸度;若呈蓝色,为碱性反应,则测定碱度。

4.7.4.2 取 50 mL 无二氧化碳的水于 250 mL 锥形瓶中,加(4～5)滴溴百里香酚蓝指示液。测定游离酸时,用氢氧化钠标准滴定溶液滴定至溶液呈浅蓝色,加入 50 mL 试样,再用氢氧化钠标准滴定溶液滴定至溶液由黄色变为浅蓝色,保持 30 s 不褪色即为终点。测定游离碱时,用硫酸标准滴定溶液滴定,溶液由蓝色变为黄色,保持 30 s 不褪色即为终点。

4.7.5 结果计算

酸度以甲酸(HCOOH)的质量分数 w_1 计,数值以%表示;碱度以氨(NH_3)的质量分数 w_2 计,数值以%表示;分别按式(1)和式(2)计算:

$$w_1 = \frac{(V_1/1\,000)c_1M_1}{V\rho_t} \times 100 \qquad \cdots\cdots(1)$$

$$w_2 = \frac{(V_2/1\,000)c_2M_2}{V\rho_t} \times 100 \qquad \cdots\cdots(2)$$

式中:

V_1——试料消耗氢氧化钠标准滴定溶液(4.7.2.1)的体积的数值,单位为毫升(mL);

c_1——氢氧化钠标准滴定溶液浓度的准确数值,单位为摩尔每升(mol/L);

M_1——甲酸的摩尔质量的数值,单位为克每摩尔(g/mol)(M_1=46.02);

ρ_1——测定温度 t 时的试样的密度,单位为克每立方厘米(g/cm³);

V_2——硫酸标准滴定溶液(4.7.2.2)的体积的数值,单位为毫升(mL);

c_2——硫酸标准滴定溶液浓度的准确数值,单位为摩尔每升(mol/L);

M_2——氨的摩尔质量的数值,单位为克每摩尔(g/mol)(M_2=17.03);

V——试样的体积的数值,单位为毫升(mL)(V=50)。

取两次平行测定结果的算术平均值为测定结果。两次平行测定结果的相对偏差不大于 30%。

4.8 无机氯含量的测定

4.8.1 沉淀滴定法

4.8.1.1 方法提要

在中性至弱碱性范围内(pH 值为 6.5～10.5),以铬酸钾为指示剂,用硝酸银滴定氯化物时,由于氯化银的溶解度小于铬酸银的溶解度,氯离子首先被沉淀出来,铬酸盐与过量的硝酸银反应以铬酸银的形式被沉淀,产生砖红色指示滴定终点,该沉淀滴定的反应如下:

$$Ag^+ + Cl^- \longrightarrow AgCl\downarrow$$

$$2Ag^+ + CrO_4^{2-} \longrightarrow Ag_2CrO_4\downarrow \text{(砖红色)}$$

4.8.1.2 试剂

4.8.1.2.1 硫酸溶液:1+99。

4.8.1.2.2 氢氧化钠溶液:2 g/L。

4.8.1.2.3 铬酸钾(K_2CrO_4)溶液:50 g/L:称取 5 g 铬酸钾(K_2CrO_4)溶于少量水中,滴加硝酸银溶液至有红色沉淀生成。摇匀,静置 12 h,过滤并用水稀释至 100 mL 。

4.8.1.2.4 硝酸银标准滴定溶液:$c(AgNO_3)$=0.01 mol/L。

4.8.1.2.5 酚酞指示液:称取 0.5 g 酚酞溶于 50 mL 乙醇(95%),加 50 mL 水,再滴加氢氧化钠溶液使呈微粉红色。

4.8.1.3 分析步骤

4.8.1.3.1 样品处理

取 300 mL 样品于瓷蒸发皿中，用氢氧化钠溶液调节 pH 值为 8～9，置于水浴上蒸干，放入马弗炉中，在 600 ℃下灼烧 1 h，冷却，用 70 mL 水浸泡 20 min 左右，再用 30 mL 水分 3 次冲洗蒸发皿，定量转移至 250 mL 锥形瓶中。

4.8.1.3.2 测定

在样品溶液中加一滴酚酞指示剂，用硫酸溶液或氢氧化钠溶液调节样品溶液至粉红色刚刚褪去。加入 2 mL 铬酸钾溶液，用硝酸银标准滴定溶液滴定至砖红色刚刚出现即为终点。

4.8.1.3.3 空白试验

在测定的同时，按与测定相同的步骤，用 100 mL 水代替试料，使用相同数量的试剂溶液做空白试验。

4.8.1.4 结果计算

氯化物含量 w_3，数值以 mg/L 表示，按式(3)计算：

$$w_3 = \frac{(V_2 - V_1) \times c \times M \times 1\,000}{V} \quad \cdots\cdots(3)$$

式中：

V_1——空白消耗硝酸银标准滴定溶液(4.8.1.2.4)的体积的数值，单位为毫升(mL)；

V_2——试样消耗硝酸银标准滴定溶液的体积的数值，单位为毫升(mL)；

c——硝酸银标准滴定溶液浓度的准确数值，单位为摩尔每升(mol/L)；

V——试样的体积的数值，单位为毫升(mL)；

M——氯的摩尔质量的数值，单位为克每摩尔(g/mol)(M=35.45)。

取两次平行测定结果的算术平均值为测定结果。两次平行测定结果的绝对差值不大于 0.1 mg/L。

4.8.2 电位滴定法(仲裁法)

4.8.2.1 方法提要

以玻璃电极为参比电极，银电极为指示电极，用硝酸银标准滴定溶液滴定试样中的氯离子，按照电位的突跃点(二级微商法)判定其滴定终点。根据硝酸银标准滴定溶液的消耗量，计算出试样中氯离子的含量。

4.8.2.2 分析步骤

仪器和设备、试剂和溶液、操作步骤及结果计算按照 GB 18350—2001 附录 C 第一法进行。

取两次平行测定结果的算术平均值为报告结果。两次平行测定结果之差不大于 0.1 mg/L。

4.9 钠含量的测定

按照 GB/T 17476—1998 的规定进行测定。其中试样的制备为：分别称取两份试样，各加入适量的内标元素，充分摇匀。推荐使用的波长为 589.59 nm。

取两次平行测定结果的算术平均值为报告结果。两次平行测定结果之差不大于 0.1 mg/kg。

4.10 蒸发残渣含量的测定

按 GB/T 6324.2—2004 的规定进行。

取两次平行测定结果的算术平均值为测定结果。两次平行测定结果的绝对差值不大于 0.000 5%。

5 检验规则

5.1 检验分为出厂检验和型式检验。

5.1.1 出厂检验项目为表 1 中的外观、密度、沸程、水分、酸度或碱度，应逐批进行检验。

5.1.2 型式检验项目为表1中的所有项目，在正常生产的情况下，每三个月应至少进行一次型式检验。有下列情况之一时，也应进行型式检验：

a) 更新关键生产工艺；

b) 主要原料有变化；

c) 停产又恢复生产；

d) 出厂检验结果与上次型式检验结果有较大差异；

e) 合同规定。

5.2 车用燃料甲醇由生产厂的质量检验部门进行检验。生产厂应保证每批出厂产品都符合本标准的要求，并附有一定格式的质量证明书，内容包括：生产厂名称和厂址、产品名称、生产日期或批号、净含量和本标准编号等。

5.3 在原材料、工艺不变的条件下，产品连续生产的实际批为一个组批，但若干个生产批构成一个检验批的时间通常不超过一天。

5.4 采样按GB/T 3723、GB/T 6678—2003和GB/T 6680—2003的规定进行。所采样品总量不得少于1 L。将样品充分混匀后，分装于两个清洁、干燥、带磨口塞的玻璃瓶中，贴上标签，注明生产厂名称、产品名称、批号、采样日期和采样者姓名，一瓶供分析检验用，另一瓶保存备查。

5.5 检验结果的判定按GB/T 1250中规定的修约值比较法进行。检验结果中如有一项指标不符合本标准的要求时，桶装产品应重新自两倍量的包装单元中采样进行检验，罐装产品应重新多点采样进行检验。重新检验的结果即使只有一项指标不符合本标准要求，整批产品为不合格。

6 标志、包装、运输、贮存

6.1 标志

车用燃料甲醇产品包装容器上应涂有牢固的标志，其内容包括：生产厂名称、产品名称、本标准编号、商标、批号、净重及GB 190中规定的“易燃液体”和“有毒品”标志。

6.2 包装

应使用专用的清洁干燥的容器包装，包装容器应严加密封。

6.3 运输

6.3.1 运输过程中不得与易燃、易爆、有腐蚀性的物品混装混运。

6.3.2 运输过程中应防止外界水分的吸入。

6.3.3 装卸时应轻装轻卸，防止剧烈震荡、撞击；远离热源和火种。运输、装卸工作中应按照危险货物运输规定进行。

6.4 贮存

6.4.1 产品应贮存在干燥、通风、低温、不受日光直接照射并隔绝热源和火种的地方。库区应符合国家有关防火设计规范要求。露天贮罐应有喷淋水或其他冷却设施。

6.4.2 产品不得与易燃、易爆、有腐蚀性的物品混合存放。

7 安全

7.1 危险警告

车用燃料甲醇是易燃液体，闪点为8 ℃，自燃温度为436 ℃。空气中爆炸极限6%～36.5%（体积分数）。遇热、明火易引起激烈燃烧或爆炸。车用燃料甲醇有毒，甲醇蒸汽对神经系统有刺激作用，吸入人体内，可引起失明和中毒。

7.2 安全措施

车用燃料甲醇溢出时应立刻用水冲洗。着火时，用砂子、干粉或抗溶性泡沫灭火器、石棉布等进行扑救。应避免车用燃料甲醇与皮肤接触，如果溅到皮肤上或眼睛里时，应迅速用大量清水冲洗，急速医治。

附 录 A
（资料性附录）
车用燃料甲醇中甲醇含量的测定方法

A.1 范围

本试验方法规定了车用燃料甲醇中甲醇含量及杂质含量测定的气相色谱法。本方法适用于测定车用燃料甲醇中杂质的质量分数为0.000 5%～3%的样品。气相色谱法不能保证测定出车用燃料甲醇中的所有杂质组分，特别是不挥发性组分和火焰离子化检测器检测信号弱的或无检测信号的组分。

A.2 方法概要

用气相色谱法，在选定的工作条件下，样品经汽化通过毛细管色谱柱，使其中各组分得到分离，用氢火焰离子化检测器检测。测定定量校正因子，根据内标法或外标法计算出杂质组分的质量分数。用100减去杂质和水的质量分数即为甲醇的质量分数。

A.3 试剂

A.3.1 异丙醇：色谱纯，内标物。

A.3.2 乙酸乙酯：色谱纯，内标物。

A.3.3 甲醇：质量分数不小于99.98%，乙醇的质量分数不超过0.001%，如果乙醇含量大于此量，应扣除本底。

A.3.4 氢气：体积分数不低于99.9%，经硅胶与分子筛干燥、净化。

A.3.5 氮气：体积分数不低于99.95%，经硅胶与分子筛干燥、净化。

A.3.6 空气：经硅胶与分子筛干燥、净化。

A.4 仪器

A.4.1 气相色谱仪：配有火焰离子化检测器，整机灵敏度和稳定性符合GB/T 9722—2006中的有关规定。

A.4.2 记录仪：色谱数据处理机或色谱工作站。

A.4.3 进样器：微量进样器，0.5 μL或1 μL。

A.4.4 色谱柱及典型色谱操作条件

推荐的毛细管色谱柱和典型色谱操作条件见表A.1。典型的毛细管柱色谱图和燃料用甲醇样品色谱见图A.1。其他能达到同等分离程度的色谱柱和色谱操作条件也可使用。

表 A.1 推荐的毛细管色谱柱和典型色谱操作条件

色谱柱	固定相为PEG-20M的熔融石英毛细管柱
柱长/柱内径/液膜厚度	30 m×0.32 mm×0.5 μm
柱温	40 ℃(4 min)，10 ℃/min，100 ℃(6 min)
汽化室温度/℃	150
检测器温度/℃	200
载气(N_2)流速/(mL/min)	0.7
空气流量/(mL/min)	300

表 A.1（续）

色谱柱	固定相为 PEG-20M 的熔融石英毛细管柱
氢气流量/(mL/min)	30
分流比	20∶1
进样量/μL	0.8

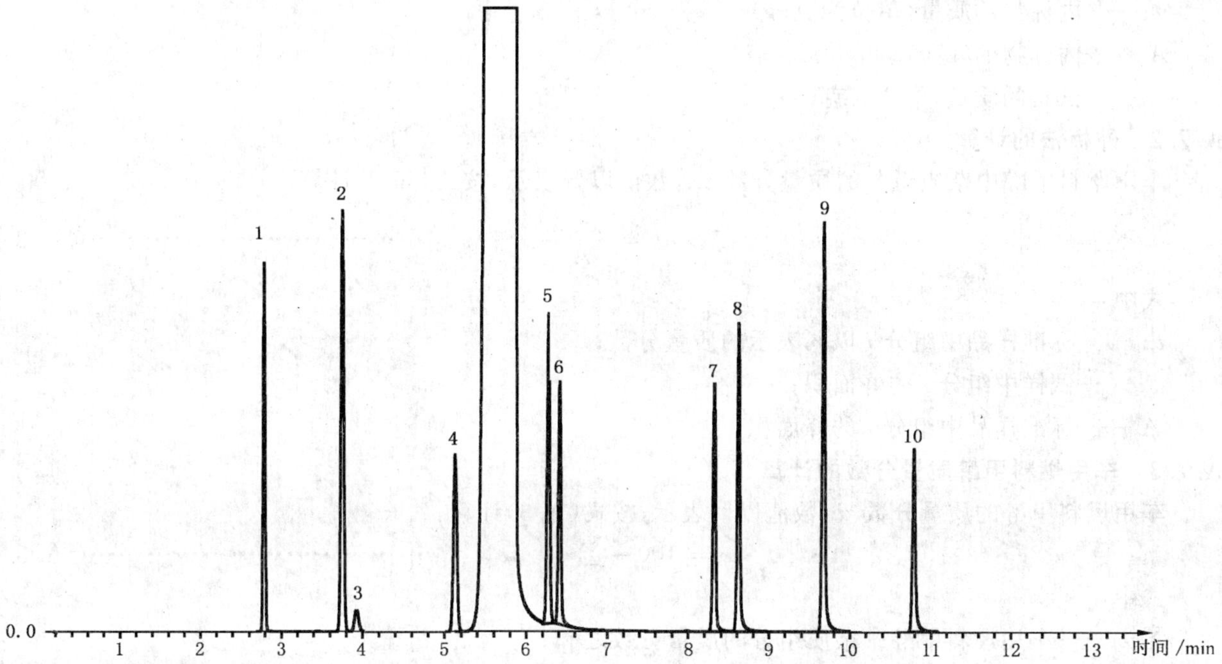

1——二甲氧基甲烷；
2——丙酮；
3——未知物；
4——乙酸乙酯(内标)；
5——异丙醇；
6——乙醇；
7——仲丁醇；
8——正丙醇；
9——异丁醇；
10——正丁醇。

图 A.1　配制的典型色谱图

A.5　分析步骤

启动气相色谱仪，按表 A.1 所列色谱操作条件调试仪器，稳定后准备进样分析。

用进样器进样分析，用色谱数据处理机或积分仪处理计算结果。

A.6　定量方法

内标法。在样品的杂质组分种类单一并已知的情况下，可采用外标法。

A.7　结果计算

A.7.1　内标法的计算

车用燃料甲醇杂质组分的质量分数 w_i，数值以%表示，按式(A.1)计算：

$$w_i = \frac{A_i \times f_i \times m_s}{A_s \times m} \times 100 \quad \cdots\cdots(A.1)$$

式中：

A_i——被测杂质组分的峰面积；

f_i——被测杂质组分的相对校正因子；

m_s——内标物的质量，单位为克(g)；

A_s——内标物的峰面积；

m——试料的质量，单位为克(g)。

A.7.2 外标法的计算

车用燃料甲醇中杂质组分的质量分数 w_i，数值以%表示，按式(A.2)计算：

$$w_i = \frac{w_{is} A_i}{A_s} \quad \cdots\cdots(A.2)$$

式中：

w_{is}——标准样品中组分 i 以%表示的质量分数；

A_i——试样中组分 i 的峰面积；

A_s——标准样品中组分 i 的峰面积。

A.7.3 车用燃料甲醇质量分数的计算

车用燃料甲醇的质量分数 w，数值以%表示，按式(A.3)计算：

$$w = 100 - \sum w_i - w_{水} \quad \cdots\cdots(A.3)$$

式中：

$\sum w_i$——车用燃料甲醇中杂质组分的质量分数之和；

$w_{水}$——按照4.6测得的车用燃料甲醇中水的质量分数。

A.7.4 允许差

取两次平行测定算术平均值为报告结果。两次平行测定结果的绝对差值，杂质含量为不大于这两个算术平均值的20%；主含量为不大于0.2%。

ICS 75.180.10
E 94

GB

中华人民共和国国家标准

GB/T 23511—2009/ISO 19900:2002

石油天然气工业 海洋结构的一般要求

Petroleum and natural gas industries—General requirements for offshore structures

(ISO 19900:2002,IDT)

2009-04-08 发布 2009-11-01 实施

中华人民共和国国家质量监督检验检疫总局
中国国家标准化管理委员会 发布

前　言

本标准等同采用国际标准化组织ISO 19900:2002《石油天然气工业　海洋结构的一般要求》(Petroleum and natural gas industries—General requirements for offshore structures)第一版。

本标准等同翻译ISO 19900:2002。

为便于使用,本标准做了下列编辑性修改:

a)“本国际标准”一词改为“本标准”;

b)删除国际标准的前言。

本标准由中国石油天然气集团公司提出。

本标准由全国石油天然气标准化技术委员会归口。

本标准起草单位:中海石油研究中心开发设计部。

本标准起草人:崔玉军、侯静、刘海山、陆华刚。

引　言

海洋结构国际标准ISO 19900～ISO 19906涵盖了全球石油天然气工业的所有结构的设计准则和评估方法的一般要求。它的应用是为了使有人和无人海上结构达到可靠的水平，不论该结构是使用天然材料还是合成材料。

结构完整性是个全面概念，认识到这一点非常重要。它包括描述作用的模型、结构分析、设计准则、安全因素、加工技巧、质量控制程序和国家的法规条列等，所有这些是彼此相关的。在整体概念或结构系统中，单独改变设计中的一个条件将影响原有的可靠度平衡。因此，任何修改应考虑对所有海上结构系统整体可靠性的影响。

海洋结构国际标准是为了在不妨碍创新的前提下，为选择结构型式、材料和技术提供一个广阔的空间。因此在使用这些国际标准时，必须与可靠的工程判断相结合。

ISO 19900用于海上结构且与ISO 2394的原则一致(见参考文献[1])。在适宜的情况下，包括针对特定的海上结构的补充条款。

在使用中涉及原标准的所在国政府或其他当局的法令、法规和规定时，一律按中华人民共和国政府或政府主管部门颁布的相应法令、法规和规定执行。

原标准中的数据或定量计算方法，凡切合我国实际的均可使用；否则应根据我国的具体情况，使用我国的数据和定量计算方法。

计量单位以我国法定计量单位为主，即我国法定计量单位值在前，英制单位的相应值标在其后的括号内。为不改变原标准公式、曲线的形状特征、常数和系数，原使用英制单位的，仍沿用英制单位。

石油天然气工业
海洋结构的一般要求

1 范围

本标准为承受确定的或可预测作用影响的结构设计和评估制定了基本原则。这些基本原则适用于所有类型的海洋结构，包括基础支撑结构和浮式结构，以及所有类型的材料包括钢材、混凝土和铝材。

本标准制定了结构预期设计寿命期内的使用和退役等设计原则，它适用于结构建造各阶段（如制造、运输和安装）。本原则不仅适用于评估和改造已有结构，还适用于质量控制等方面的活动。

本标准适用于整体结构设计，包括下部结构、上部结构、船体、基础和系泊系统。

2 术语和定义

下列术语和定义适用于本标准。

2.1

作用　action

作用于结构的外部荷载（直接作用）、强迫变形或加速度（间接作用）。

例如：由于制造误差、沉降、温度变化或湿度变化引起强迫变形。

注：地震一般产生强迫加速度。

2.2

作用效应　action effect

结构构件上的作用效应。

例如：内力、弯矩、应力或应变。

2.3

气隙　air gap

极端环境条件下最高水位表面与设计为不承受波浪作用的暴露部分最低处之间的间隙。

2.4

附属结构　appurtenance

用于辅助安装、提供通道、防护或用于输送流体的结构。

2.5

基本变量　basic variable

代表物理量的一组规定变量之一，表示各种作用、环境影响、几何量或材料特性（包括土壤特性）的特征。

2.6

悬链式系泊　catenary mooring

由系泊缆分布重量提供恢复力的系泊系统。

2.7

特征值　characteristic value

在一定基准期内具有指定概率、不受非预期值影响的基本变量赋值。

注：特征值是主代表数值，在某些设计条件下一个变量会有两个特征值，上限值和下限值。

2.8

顺应式结构 compliant structure

具有充分柔度的结构，其横向动力作用主要由惯性反力平衡。

2.9

隔水套管 conductor

从海床或海床以下向上延伸，含有延伸至油藏储层的内管的圆管。

2.10

退役 decommissioning

在平台生产结束后，停止生产并将具有危害性材料移走的过程。

2.11

设计标准 design criteria

描述实现各极限状态条件的定量方程。

2.12

设计寿命 design service life

在预计的维护条件下，按其预期目的使用的结构设定周期，在该期间不需要重大的维修。

2.13

设计条件 design situation

在一定的时间间隔内，一组代表实际状态的物理条件。设计应保证极限状态不被超越。

2.14

设计值 design value

用于设计验证过程的代表值。

2.15

暴露等级 exposure level

根据结构失效后的人命安全、环境影响和经济损失后果，定义结构要求的分级系统。

注：ISO 19902[2] 中描述了确定暴露等级的方法。暴露等级为 1 级的平台最重要，暴露等级为 3 级的平台次要。常规的有人居住平台且在设计条件出现前不能可靠地撤离的平台为 1 级平台。

2.16

适度性 fit-for-purpose

总体上满足某一国际标准的要求，但在局部范围不满足该标准的特殊条款，而该范围发生的失效不会引起不可接受的人命安全或环境风险。

2.17

固定结构 fixed structure

底部作为基础并通过它将所有的作用传递到海床的结构。

2.18

浮式结构 floating structure

所有重量由浮力支撑的结构。

2.19

自升式 jack-up

可移位且在操作状态下基础支撑的海上移动装置。

注：自升式装置是通过将桩腿降落到海床，然后将船体提升到指定高程而形成操作状态。

2.20

海上移动装置 mobile offshore unit-MOU

需要经常移位来完成特定功能的结构。

2.21

极限状态　limit state

超出该状态后，结构不能满足相关设计标准。

2.22

名义值　nominal value

通过非统计的方法确定的基本变量的给定值，一般通过经验或物理条件确定。

2.23

平台　platform

结构、上部组块和基础（需要的话）的组合。

2.24

基准期　reference period

作为确定基本变量值所依据的时间段。

2.25

可靠性　reliability

结构或结构构件满足指定要求的能力。

2.26

代表值　representative value

用于验证极限状态的指定基本变量值。

2.27

抗力　resistance

构件或构件截面承受作用效果而不失效的能力。

2.28

重现期　return period

在特定的时间段内，超过某一事件的概率的倒数。

注：重现期是指一个事件发生超出指定量值的平均时间（通常为年）。

2.29

立管　riser

在海底与平台终端点之间，用于输送流体的圆管。

注：对于固定平台，终端点一般指上部组块。对于浮式结构，立管有可能终止在平台的其他部位。

2.30

冲刷　scour

流或波浪引起的海床土壤的迁移。

注：这种侵蚀可能由于自然过程形成，或由于结构单元靠近海床干扰了自然流动引起的。

2.31

飞溅区　splash zone

波浪和潮汐变化引起经常潮湿的结构区域。

2.32

结构系统　structural system

结构的承载构件及其传力路径。

2.33

结构构件　structural component

可自然识别的结构的一部分。

例如：柱、梁、加强板、管节点或桩基。

2.34

结构模型 **structural module**

用于设计或评估的理想化的结构系统。

2.35

结构 **structure**

各相连构件为抵抗作用并提供充分刚度的有机组合。

2.36

结构方位 **structure orientation**

平面内相对于某固定方向(如真北)的结构定位。

2.37

张力缆系泊 **taut-line mooring**

由系泊缆的弹性变形提供恢复力的系泊系统。

2.38

上部组块 **topsides**

放置于支撑结构(固定的或浮式的)上的用来提供部分或所有平台功能的结构和设备。

注1:对于船型的浮式结构,甲板不属于上部组块。

注2:对于自升式平台,船体不属于上部组块。

注3:分开制造的甲板或模块的支撑框架是上部组块的组成部分。

3 符号和缩略语

3.1 符号

A 偶然作用

a_d 几何参数设计值

a_k 几何参数特征值

C 约束(见5.1.4和8.1)

E 环境作用

F_d 作用设计值

F_r 作用代表值

f_d 材料特性设计值,如强度

f_k 材料特性特征值,如强度

G 永久作用

G_k 永久作用特征值

Q 可变作用

Q_k 可变作用特征值

R_d 抗力构件设计值

R_k 抗力构件特征值,它基于材料性能特征值

γ_d 模型的不确定性系数或没有在其他 γ 值中考虑的因素

γ_f 反映作用的不确定性或随机性的作用分项系数(见8.2.2)

γ_m 反映材料特性的不确定性或可变性的材料分项系数(见8.3.2)

γ_n 结构重要性和失效后果的系数,包括失效类型的重要性。γ_n 值可能还要取决于需要考虑的设计条件。

γ_R 反映抗力构件不确定性和可变性(包括材料特性)的分项抗力系数(见8.5)

Δ_a 反映几何参数不确定性的附加分项几何量值(见8.4.2)

Ψ_0　考虑降低同时单独作用概率的折减系数(见 8.2.3)

Ψ_1,Ψ_2　可变作用的特征值与代表值相关系数(见 8.2.1)

3.2 缩略语

ALS　偶然极限状态

FLS　疲劳极限状态

SLS　在位极限状态

ULS　临界极限状态

4 一般要求和条件

4.1 基本要求

结构及其构件应根据其预期的用途来设计、建造和维护。特别是它应具有合适的可靠度,并满足下列性能要求:

a) 能抵抗在建造和预期使用中可能出现的作用(ULS 要求);

b) 在所有预期的作用下能正常发挥功能(SLS 要求);

c) 在重复作用下不会失效(FLS);

d) 在灾害发生时(偶然或非正常事件),不会发生与原灾害不相称的次生破坏(ALS);

e) 合理的可靠度取决于:

——失效的原因和模式;

——对人命、环境和财产等风险方面可能的失效后果;

——需要降低失效风险的投资和措施;

——国家、地区或当地标准的不同要求。

本标准为在结构预期的寿命期内满足上述要求提供标准。

按照本标准设计和建造的结构可认为满足上述要求。

4.2 耐久性、维护和检测

在环境条件下,结构的耐久性应保证在使用期内它的基本状态保持在一个可接受的水平。

维护应包括定期检测、特殊状态(如:地震或其他严重的环境条件发生后)检测、保护系统升级及结构构件的修复。

可通过下列方法实现结构的耐久性:

a) 维护程序,或;

b) 在结构寿命期内,对于不可能或不需要维护的部位,其设计应允许该部分结构性能退化。

对于情况 a),应通过设计和建造使结构在两次检测期间不会出现明显的退化。设计中应考虑结构相关部位监测的可实施性,而不需要采取不合理的复杂拆卸。应通过适当的保护系统来降低或防止退化。

可通过计算、试验研究、其他结构的经验或上述方法的组合来评估退化速率。

注:并不是仅仅通过简单的设计计算就能实现结构的完整性、预期寿命内的可使用性和耐久性,还取决于建造阶段的质量控制、现场监督和结构使用及维护的方式等。

4.3 灾害

4.3.1 概述

应考虑可能引起超越 SLS 或 ULS 的单一的或与正常条件组合的灾害条件。

结构或构件的可能灾害包括:

a) 资料不充分、遗漏和误解等引起的错误;

b) 非正常作用的影响;

c) 可导致火灾、爆炸或倾覆等的操作失误。

消除这些灾害的方法一般包括：

——对开发和作业各阶段的周密计划；

——对危险源采取消除、规避并采取应对措施等，避免灾害对结构的影响；

——将灾害后果降低到最小；

——将设计中应考虑灾害因素。

在考虑特定的灾害时，应定义设计状态(见 5.2.2)。这种设计状态一般由与预期的正常操作条件下发生的一种灾害控制。

4.3.2 偶然事件

应考虑偶然事件的可能性，并在适当的时候建立合理的准则。可能的偶然事件包括：船舶撞击、落物、爆炸、火灾和意外充水。结构设计要求的制定，应考虑作业条件、结构类型、功能及位置。

4.4 设计基础

结构预期使用和环境条件的影响应作为结构正常使用的设计条件。由结构制造及相应的环境条件产生的影响，也应包括在相应的设计条件中(见 5.2.2)。

为确立结构设计基础，应考虑所有相关的影响和条件。制定海洋结构设计基础时需要考虑的主要影响和条件见 4.5～4.12。

4.5 使用要求

应确定结构的使用要求和预期的使用寿命。结构可能用于钻井、生产、储存、人员居住或其他功能，或是上述功能的组合。

4.6 操作要求

4.6.1 人员配置

应确定结构寿命期各阶段的人员配置水平。

4.6.2 隔水套管和立管

在结构设计中，应确定并考虑所有隔水套管和立管的数量、位置、尺寸、间距和操作条件等。在设计和布置中，应对隔水套管和立管提供保护以避免意外损坏。

设计中应采取措施缓解因意外事故对隔水套管和立管产生的影响。

4.6.3 设备和材料布置

应确定设备、材料布置和相应的重量、重心以及环境条件下的作用，并考虑对将来操作的影响。

4.6.4 人员和材料运输

应确定人员和材料的运输计划，如：

a) 直升机的类型、尺寸和重量；

b) 供应船和其他服务船的类型、尺寸和排水量；

c) 甲板吊机和其他材料搬运系统的数量、类型、尺寸和位置；

d) 人员的紧急逃生计划。

4.6.5 运动和振动

结构和结构部件的设计应保证加速度、速度和位移在限定的范围内不会削弱结构安全性和使用性。

4.7 特殊要求

应确定未包括在 4.6.1 至 4.6.5 中的所有影响结构安全的特殊操作、建造和维护要求，以及预期的同时发生的环境条件。

应确定针对某些特定作业的极限环境条件。

注：该要求通常适用于浮式装置(如：给定吃水时的极限环境条件)或海上移动装置(MOUs)(如：处于最大悬臂位置的自升式装置的极限环境条件)。

4.8 位置和方位

应确定场址位置和结构方位。对于设计成可重新就位的结构，应提供极限环境条件、水深和土壤条件的限制范围。

为确定合理的环境条件和土壤条件，应尽早确定结构所处的经纬度。

4.9 结构型式

4.9.1 概述

结构系统的选择应确保在特定条件下，主结构在正常使用期间能保持充分的结构完整性。材料、细部构造、质量控制和建造方法的选择均会影响结构的完整性。

4.9.2 甲板高程

上部结构一般应在设计波峰以上有足够的间隙。任何没有足够间隙(气隙)的上部结构或管道系统，在设计中应考虑波、流的作用。次要结构或部件可不考虑该要求。

在可能的情况下，甲板高程和气隙的确定应考虑下列参数值和不确定性：

a) 水深；

b) 潮汐和增水；

c) 极端波浪的波峰高程；

d) 波浪和结构的相互作用；

e) 结构的运动和吃水；

f) 初始和长期的沉降和倾斜；

g) 沉陷。

4.9.3 飞溅区

飞溅区范围的确定应考虑平台的高程、浮式船舶的运动、潮汐变化、波峰和波谷等因素。

对于可调节吃水的浮式结构，应确定飞溅区与极端吃水的相对关系。

注：飞溅区是指间或暴露于空气中和浸没于海水中的结构部分，飞溅区对检测和维护的考虑非常重要，对防腐和疲劳设计也有影响。

4.9.4 系留系统

浮式结构应配备系留系统，系留系统可以是被动的，也可以是主动的，或是两者的结合。

系留系统的设计应确保维持适当的相对位置，且当方位对于安全性和操作非常重要时，应可控制方向。

被动系留系统包括悬链式系泊、张力缆系泊、弹性浮筒、铰接腿、张力腿系统等。主动系留系统包括依靠推进器的动力定位或依靠系泊缆张力变化的悬链线系统。

如果可解脱方式为可控的且不会产生如下后果，浮式结构的系泊系统应设计为可解脱式，以减缓恶劣风暴的影响：

a) 削弱浮式装置甲板上的人员或邻近下部结构的安全性，或

b) 对环境产生不利风险。

4.9.5 结构分舱

浮式结构或对于浮力非常重要的结构一般应分舱以限制意外充水产生的后果(见 5.1.6)。

确定舱室的数量应考虑用于防止充水的特殊条件和保护措施。如果只是在临时阶段需要浮力，或充水对于完整可靠性影响很小，可考虑减少舱室。

4.10 环境条件

4.10.1 气象和海洋资料

4.10.1.1 概述

适宜时，设计中应考虑 4.10.1.2 至 4.10.1.9 所列的现象。

这些现象应以物理特征描述，尽可能采用统计值。如果可以获得需要的数据，应确定不同参数的联合概率值。通过这些资料，可确定与下列因素相关的环境设计条件：

a) 所设计的结构类型；

b) 各开发阶段(如:建造、运输、安装、钻井、生产等);

c) 极限状态。

通常,应建立如下两组条件:

——结构寿命期内预计会经常出现的一般气象和海洋条件。这些条件用于规划现场作业(如安装)并确立与特定作业或适用性检验相关的环境引起的作用。

——在给定重现期或出现概率下极端气象和海洋条件的重现。

应通过现场实测或合理的数模(如后预测模型)确定极端、一般及其他水文气象参数。

注1:环境作用一般由设计环境条件引起。在就位期间,极端环境条件一般具有一定的重现期(见8.2.1),或与极端环境条件相关的作用可指定一个重现期,如果存在足够的数据来确定重现期,可以使用极端水文气象条件的现场联合概率,并且据此提供分项系数。

注2:通常应研究在可能的环境参数组合作用下结构的响应,并且应考虑波浪周期与运动或振动的固有周期之间的相近性。例如:对于两组不同的海况条件,每组具有相同的重现期,波高较小但周期较长或较短的波浪对某些杆件可能引起更严重的作用。

注3:相对于固定或底部支撑结构,它们的结构动力响应更显著,所以顺应式或浮式结构通常对更多的环境参数敏感。

注4:根据波长调整结构的主尺度等,特殊问题应予以考虑,例如:

a) 重力式结构或半潜式装置的主腿间距,或

b) 船型驳的船体长度。

4.10.1.2 风

结构的整体和局部设计应考虑作用于结构上的风荷载,应确定具体场址的风速、风向和持续时间等资料。

风一般采用平均海平面以上一定高度且在一定时间间隔内的平均速度值表示。在特定情况下(如:设计运动周期大的柔性结构如火炬塔和顺应式结构)频率很重要,应予以考虑。

应考虑随高度的变化以及空间相关性。

注:通常整体设计中采用与波浪最大作用时的持续风速与波浪的联合作用,与设计风暴对应的最大阵风风速用于上部结构和孤立构件的设计。

4.10.1.3 波浪

结构的整体和局部设计应考虑波浪作用,具体场址资料的确定应考虑下述参数:

a) 以波高、波周期、持续时间、方向和谱表示的海况特征;

b) 特征参数的长期统计值。

4.10.1.4 水深和水位变化

应确定水深、高低潮位和风暴增水、减水。

在确定水深时,应考虑泥面沉陷的可能性。

4.10.1.5 流

必要时应考虑潮流、风驱流、大洋流、回流和涡旋流等现象。

应通过速度(大小和方向)沿水深的变化和持久性表示流。

应考虑由内波引起的流体运动。

注:大洋流是由大范围的整体效应产生的。回流随地貌与主要的海洋流循环模式有关,如:墨西哥湾回流。涡旋流是由回流和其他主要的循环流分离的中等循环流。涡旋流可持续数月甚至更长。内波是出现在具有不同密度的液体层面的传播波。

4.10.1.6 海生物

应使用厚度、粗糙度、密度和随深度的变化来描述和定义海生物。

平台的设计可依据在平台服役期内对海生物的定期清除或采用防海生物系统。设计中所采用的方法应予以记录,在结构寿命期内应制定清除计划。违反该计划所产生的后果应予以确定并形成报告。

注：对于大多数海域，海生物生长在浸没于水中的平台构件上。海生物增加构件表面的粗糙度、直径和质量，因此，它们又影响波浪、地震及结构运动引起的作用。

4.10.1.7 冰和雪

对于存在冰和雪的地方，应考虑冰和雪的聚积。应确定雪在水平和垂直表面上的堆积(厚度和密度)。应考虑同时作用的最大风、浪和流。另外，同时应考虑由于浪花、雨和雾可能引起的冰的聚结，必要时应考虑海冰和冰脊的作用。

4.10.1.8 温度

如果温度和结构设计有关，应确定平台场址的最高、平均和最低气温和水温。

注：气温和水温会影响材料性能。

4.10.1.9 其他水文气象资料

如果需要，应确定其他环境资料如降雨量、雾日、寒潮以及海水的密度和含氧量的变化。

4.10.2 地质调查

4.10.2.1 概述

可通过下述方法评估可能出现的海床运动的特征、量级和重现期：

a) 场址调查和分析，或

b) 模型试验。

海床的特征及其对结构完整性和基础的影响应予以记录，内容应包括寒冷地区的永冻土、可能的沉降等。

注：对于大多数海洋区域，地质的演变可能引起结构设计寿命期内海底表面的沉降。由于这些变化的不确定性，可用参数法来确定设计标准。

4.10.2.2 地震

对于地震活动地区，结构设计应考虑地震活动的作用。

可通过在震级和出现概率两个方面的地震活动历史记录确定地震危害。对于地震资料缺乏的地区，可通过详细的特定场址调查来确定地震活动，后者包括：

a) 地震构造和场址特性。如果可能的话，包括可能的断层位置和断层错动历史；

b) 地震爆发的评估，包括事件发生的长期概率；

c) 地面运动特性，包括衰减；

d) 设计地面运动的确定。

4.10.2.3 断层

只要有可能，应避免将设施设置在靠近断层的地方。如果不能避免将设施设置在可能的活动断层附近，应根据地质研究评估预期运动的量级和重现期，并论证地震活动导致的可接受的后果和/或低风险。

注：在某些海洋区域，垂直或水平的运动可能导致断层延伸到海底面。断层的运动可能由地震活动、从深的油藏中移走液体或由于大范围的沉降或侵蚀导致的长期蠕变而引起的。

4.10.2.4 浅层气

现场调查应包括对浅层气的调查。

注：在靠近海底的土壤中，不论存在生物的还是矿物的气体，都会对基础或钻井操作带来严重的影响，可通过浅层地震测量法确定是否存在浅层气。

4.10.3 工程地质资料

4.10.3.1 土壤特性

应进行场址调查以确定土壤的分层、相应的物理和工程特性和对结构可能的危害。

场址调查应提供足够的与受结构基础相互影响的深度和范围内的土壤特性资料。

场址调查应包括一个或多个钻孔，以提供确定平台场址工程特性的土样和现场试验数据。钻孔的数量和深度取决于场址附近土壤的变化、平台形式和预期的作用等。

通常地球物理调查是场址调查的一部分，并且一般应在钻孔之前进行。为了获得需要的基础设计参数，现场调查的数据应结合该区域的浅层地质调查进行评估。

实际上，土样和试验程序应在对地貌结果审查后确定。

注：根据场址的早期调查和经验，可减少或免除对新建结构研究和调查的数量和范围。

4.10.3.2 海床的不稳定性

对于可能的海床不稳定区域的调查范围，应特别关注以下事项：

a) 确定场址周围的亚稳定地质特性；

b) 确定模拟和评估海床运动需要的工程地质特性。

注：海床的运动可由海浪压力、地震、海床土壤的重量和上述各项的联合作用引起。欠固结软弱土层的沉积可能在非常小的坡度下不稳定，地震可导致原本在海床土壤自重和波浪荷载作用下稳定的海底斜坡失稳。

4.10.3.3 冲刷

设计中应考虑冲刷的可能性。冲刷程度可根据下列因素确定：

a) 基于与场址海床特性相似的已有记录；

b) 模型试验；

c) 根据原型或模型试验标定的计算。

注：冲刷是由于流和波浪对海底土壤的运移。这种侵蚀可能由地质演变或结构构件干扰了海床附近的自然流场引起的。

4.11 建造

应考虑建造过程的所有活动和作业，包括结构的制造、装船、运输、安装和固定等相关过程。设计条件的确定应考虑结构的类型和位置、环境条件、建造设备以及建造作业的自然条件和周期等。

4.12 退役和拆除

在设计阶段就应该考虑结构在寿命末期的退役和拆除。

5 极限状态设计原则

5.1 极限状态

5.1.1 概述

结构的整体或局部功能应该与特定的极限状态相符，超过这些条件，结构将不满足设计要求。

5.1.2 极限状态分类

极限状态可分为下列四种类型，每种类型可再细分：

a) 临界极限状态(ULS)：一般与最大作用的抗力有关；

b) 在位极限状态(SLS)：与控制正常功能使用的标准有关；

c) 疲劳极限状态(FLS)：与重复作用的累积效果有关；

d) 偶然极限状态(ALS)：与偶然或非正常事件的状态有关。

5.1.3 临界极限状态(ULS)

海上结构的临界极限状态(ULS)包括：

a) 作为刚性体的结构整体或部分丧失静力平衡(例如翻转或倾覆)；

b) 由于结构的关键构件超过极限强度(在某些情况下是由重复作用引起的)或构件的极限变形而引起的失效；

c) 结构转变为机动体系(倒塌或过大变形)；

d) 结构的失稳(屈曲等)；

e) 丧失系留能力(自由漂移)，或

f) 沉没。

5.1.4 使用极限状态(SLS)

海上结构的使用极限状态(SLS)包括：

a) 影响结构或非结构构件有效使用的变形或位移；

b) 导致身体不适或对附属结构或设备有影响的过大振动(尤其是出现共振)；

c) 降低结构的耐久性或影响结构或附属结构构件使用的局部损坏(包括裂纹)；

d) 降低结构耐久性和影响结构或附属结构构件特性和几何参数的腐蚀；

e) 超过设备限定条件的运动。

通过设计控制SLS，通常需要使用一个或多个约束(C)来描述可接受的变形、加速度和裂纹宽度等(见8.1)。

5.1.5 疲劳极限状态(FLS)

海上结构的疲劳极限状态(FLS)一般指因波浪重复作用引起的累积损伤。

5.1.6 偶然极限状态(ALS)

偶然极限状态(ALS)校核以保证局部破坏或充水不会导致结构丧失整体性或功能。

该限定条件的目的是保证结构能忍受特定的偶然和非正常事件。当结构出现损坏时，在指定的环境条件下，结构的整体性能够维持足够长的时间，以保证撤离。这种要求有时也称为渐进倒塌极限状态(PLS)。

5.2 设计

5.2.1 一般设计要求

设计中应考虑所有的有关极限状态。应针对每个有关的极限状态分别建立计算模型。这个模型应包括所有适当的参数且并考虑：

a) 作用的不确定性；

b) 结构的整体响应；

c) 单个结构构件的特性；

d) 环境的影响。

设计过程不应精细到这样的程度，即采用与加工工艺不相符的标准和对重要设计参数不匹配的认识。

5.2.2 设计工况

对于任何结构，通常考虑几个不同的设计条件是必要的。对于每个设计条件，可能有不同的结构系统、不同的设计值、不同的环境条件等。

设计条件可分为以下类型：

a) 持续状态，具有与结构寿命相同量级的持续时间；

b) 瞬时状态，具有持续时间短变化快的状态，如建造、装船、运输和安装阶段等；

c) 偶然状态(事故期间和之后)，一般为持续时间短和出现概率低。

6 基本参数

6.1 概述

代表每一种极限状态的计算模型应包括一组指定的基本变量。一般情况下，这些基本变量对应于适当的物理量。

通常，这些基本参数代表的特征为：

a) 作用；

b) 材料和土壤的特性；

c) 几何参数。

6.2 作用

6.2.1 作用分类

6.2.1.1 概述

作用可根据时间变化、作用位置和结构响应来分类，根据分类选取不同的分项作用系数，因此对每一种分类描述是必要的。

6.2.1.2 永久作用(*G*)

这些作用一般贯穿给定的设计条件，并且变化量与时间的关系为：

a) 相对于均值可忽略不计的；

b) 达到极限值。

永久作用一般包括：

——结构自重；

——上部永久固定设备和功能设备的重量；

——土压力的作用；

——建造过程产生的变形；

——混凝土收缩或焊接变形引起的作用；

——外部静水压力的作用；

——支撑和/或沉陷的作用；

——预应力。

6.2.1.3 可变作用(*Q*)

这些作用贯穿给定的设计工况，但不包括环境作用。

可变作用一般包括：

——由于使用和占用产生的作用，包括吊机荷载、钻井大钩荷载、可变压载、直升机荷载等产生的作用；

——临时结构和设备的自重；

——安装阶段产生的作用；

——所有的移动作用如可移动的钻井井架；

——功能性温度变化，它们能产生作用或影响材料特性。

6.2.1.4 环境作用(*E*)

这些作用是可重复的，或持续的，或既重复又持续。

环境作用一般包括：

——风作用；

——波浪作用；

——流作用；

——海生物、雪、聚积冰作用以及它们对可变作用和其他环境作用的间接影响；

——冰作用(直接的)；

——环境温度变化引起的作用或对材料性能产生的影响；

——地震作用。

6.2.1.5 重复作用

这些作用随时间变化幅度大且重复发生，会导致疲劳。

6.2.1.6 偶然作用(*A*)

这些作用可能产生较轻微的后果(频繁)，或可导致较严重的结构损坏(罕见)。

事故作用一般由下列事件引起：

——碰撞；

——落物；

——火灾；
——爆炸；
——非预期的土壤沉陷；
——非预期的侵蚀或冲刷；
——非预期的充水。

6.2.2 根据空间变化对作用分类

作用也可根据在空间的变化分为两类：

a) 分布在整个结构空间的固定作用，其作用位置、大小和方向是不变的；

b) 作用在结构不同部位的自由作用。

不属于上述两类之一的作用可认为是固定作用和自由作用的组合形式。

自由作用的处理应考虑作用的不同分布，可通过固定每一个自由作用的位置来确定设计条件(见5.2.2)。

6.2.3 根据结构的响应对作用分类

可根据结构对作用的响应进一步对作用分类：

a) 静力作用是产生静力响应而不会造成明显的结构或构件的加速度；

b) 动力作用是指能造成结构或构件明显的加速度，即动力响应。

注：作用是否作为动力考虑取决于结构和作用源的性质。即与结构自身性质有关的动力作用通常可作为等效静力作用来处理，即将主要的静力作用数值增大，或是对不同的结构类型附加一组表征惯性的作用。

6.3 材料和土壤性能

材料的特性值及其对应的变量应根据指定的试验或现场观测与其他资料的结合来确定。应通过转换系数或通过考虑尺寸效应和时间和温度的函数，使与指定试样有关的特性转变成结构实际材料的相关特性。结构材料或土壤特性的不确定性应通过标准试验结果和转换系数或函数来获得。

对于土壤的其他考虑，参见4.10.2和4.10.3。

6.4 几何参数

应对定义结构、构件和截面的形状、尺寸和整体布置等的几何参数进行描述(见8.4)。如果任何几何参数偏离设定值，且对结构的特性和抗力有重大影响，应通过设定误差范围考虑变化的量级和可变性。

注：在许多情况下，几何参数的随机变化与作用和材料特性的可变性相比是很小的。在这种情况下，可假定几何参数是非随机的，设计中采用定值。

7 分析、计算和试验

7.1 概述

设计过程一般由下列组成：

a) 整体性能分析即对结构进行整体作用效应分析(力、弯矩、加速度和位移)；

b) 结构分析即对截面进行作用效应分析(力和弯矩)；

c) 截面和节点等的分析，即给出一般性能的抗力；

d) 局部特性和细部的分析，如在连接处的截面不连续处。

对于ALS分析，设计过程包括：

e) 选择相关的作用(见6.2.1.6)和可接受的损坏程度(见4.1)；另外，在事件发生后，在可接受的延缓时间内，结构应能抵抗环境作用，以便人员的撤离和对环境的保护。

对于疲劳分析，设计过程也包括：

f) 局部特性和细部的分析，如在连接处和截面的不连续处。

对于浮式结构设计过程还包括：

g) 海上稳定性分析。

结构分析可通过计算、模型试验或原型试验进行，也可采用上述方法的组合。

在结构使用期内的所有阶段，对结构整体稳定性和完整性有重大影响的结构特性应进行维护和检查。

如采用近似的条件设计相似的结构，只要能证明满足本标准的基本要求，可采用简化方法。

7.2 计算

计算中采用的计算模型和基本假设应根据所选择的极限状态表示作用和结构响应。

为了分析，一般可根据一维构件（梁、柱和缆）、两维构件（板和壳）以及三维构件（实体）的模型描述结构。

对于 SLS、ULS 和 FLS，通常线弹性分析方法是合理的。然而，有时需要采用非线性方法，如系泊系统和桩土相互作用。

如适用，ALS 分析可采用表示作用和抗力的非常规的经过实践证明的理论（塑性变形、残余强度分析等），对考虑的确定事件，结果对小的变化不敏感。

对于自由作用，为了定义不同的作用分布，应定义和使用每个作用的简化空间模型。对于一个给定的结构，应选择最不利的作用分布。

如果适用，分析中应考虑环境条件对材料性能的影响。

例如：在分析中可直接表示的环境条件，包括潮湿对混凝土收缩和蠕变的影响，以及火灾时高温对结构构件应变分布和强度的影响。

7.3 模型试验

结构或部分结构的设计，可根据相应的模型试验环境结合模型分析的结果来预测实际结构的性能。例如基础与结构相互作用的分离试验、船舶运动的水池试验、浮式结构的风洞试验等。

将模型试验的结果修正到全比尺时应确保正确性。基于试验的设计应采用合理的分项安全系数来考虑试验原型固有的不确定性。

7.4 原型试验

对特殊设计条件，根据所进行的原型试验的结果对结构或部分结构进行设计，如浮体稳性的倾斜试验。基于试验的设计应采用合适的分项安全系数以考虑试验固有的不确定性。

7.5 参考现有结构

也可参照相关的特殊设计条件下的现有结构的结果对结构或部分结构进行设计。

8 分项系数设计形式

8.1 原则

分项系数形式利用分项系数分解不同原因引起的不确定性和变化的影响。

本节描述了该方法的基本原理。然而实际应用时，有时进行较小的修改是必要的和必需的（见 8.2.2 和 8.3.2）。

在验证过程中，指定的基本变量值称为设计值。

作用的设计值 F_d（见 8.2.2）应按式(1)表示：

$$F_d = \gamma_f F_r \qquad \cdots\cdots(1)$$

材料的强度应采用下式确定的设计值 f_d（见 8.3）表示：

$$f_d = f_k/\gamma_m \qquad \cdots\cdots(2)$$

公式(2)的替代形式，构件的设计抗力可直接按式(3)表示为：

$$R_d = R_k/\gamma_R \qquad \cdots\cdots(3)$$

其他有关特性可采用相似的方法或通过引入一个附加的安全裕度表示。

几何参数应由下式确定的设计值 a_d（见 8.4.2）表示：

$$a_d = a_k \pm \Delta a \qquad (4)$$

作用、抗力和几何参数的表达式和特征值的解释参见 8.2.1、8.3.1 和 8.4.1。

极限状态内的条件可用以下一般形式表示：

$$\theta(F_d, f_d, R_d, a_d, C, \gamma_n, \gamma_d) > 0 \qquad (5)$$

参数 C 代表约束(见 5.1.4)，而 γ_d 和 γ_n 是 3.1 节定义的系数。根据对模拟实际结构和构件的设计模型精确程度的置信度，系数 γ_d 应取不同的值。

注：在设计和建造中识别了多种变化因素，如不完善的数学模型、建造标准、试验和现场的材料特性的差异以及施工工艺等。这些不确定性的普遍特征是，虽然它们可定性识别，但不能定量。

8.2 作用及组合

8.2.1 代表值

对于不同的设计条件，可赋予每个作用不同的值，这些值称为代表值。

主代表值称为特征值，它是指在某些参考期间内不超越非期望值的与指定概率相关的值。在某些设计条件，一个作用会有两个特征值，上限和下限值。如降低作用效应对结构更加危险，下限值是更不利的条件。

应根据条件的特征选择其他的代表值。例如：对暴露时段和地质现象时段，代表值可采用系数 $\Psi_i < 1$ 表示为特征值的特殊部分。

如可能，应根据观察、实验室试验或现场数据确定作用和随机变量。

其他资料，如基于使用类型的经验或物理约束进行的判断，也应予以考虑。从该组资料中获得的值称为“名义值”。

通常永久作用 G 具有惟一的代表值。当作用包括结构自重时，应通过几何参数的设定值(一般从图纸中获得)和材料的平均密度确定 G_k 值。

如果永久作用中的不确定性至关重要，应使用特征值。如果需要，应确定特征值的上限和下限。

可变作用 Q 应由以下代表值确定：

a) 特征值 Q_k；

b) 频域值 $\Psi_1 Q_k$；

c) 持续值(准永久值)$\Psi_2 Q_k$；

d) 期望的重复作用历程(用于疲劳分析)。

对于特殊目的，可指定其他代表值。

如果不能从统计数据中获得可变和偶然作用的特征值，或合理值不能确定，可根据可得到的资料估计相应的值。此时特征值为名义值。

环境作用的特征值一般由环境条件的年超越概率确定。或者，如果水文气象条件的联合概率数据可靠，环境作用本身可定义为具有指定的重现期，则允许据此选择分项系数(见 4.10.1.1，注 1)。

对于疲劳分析的重复作用，不同于确定单一的代表值。为了确定每个级别重复作用的次数，建立幅值与时间的变化关系是必要的。

8.2.2 设计值

应通过设计值将作用用于计算，该设计值通过代表值乘以分项系数 γ_f(见 8.1)来确定。

根据不同的代表值选取不同的设计值，例如：

——γ_f 乘以特征值；

——γ_f 乘以频域值；

——γ_f 乘以持续值(准永久值)。

分项系数 γ_f 应考虑：

a) 作用的代表值非预期偏差的概率；

b) 在计算中作用的不确定性。

分项系数 γ_f 应根据极限状态确定。尤其是对于 ULS 和 SLS 该系数是不同的。同样，对于同一个作用类型，不同作用源的分项系数可能不同(见 6.2)。

8.2.3 作用组合

作用组合是在验算极限状态时将一组不同作用的设计值按照同时作用组合在一起。

相互排斥的作用不能组合。

对所考虑的极限状态，应组合作用以产生对结构最不利的影响。

对于不同独立作用的不利值同时出现概率的降低，可变作用值可通过系数 Ψ_0 折减。从原则上讲，这种方法导致的设计作用效应的超越概率，应与本标准中其他方法达到的可靠度水平一致。

对于 ULS，应采用以下两种组合方式：

a) 基本组合(即永久作用、可变作用和正常环境作用的组合)；

b) 极端组合(即永久作用、可变作用和极端环境作用的组合，例如，指定重现期的气候条件)。

偶然作用只能在 ALS 中组合。偶然组合一般包括永久作用、可变作用和一种偶然作用。偶然组合也应涵盖偶然状态产生的影响，如火灾导致抗力降低。

如果需要，FLS 应考虑结构使用期内所有重复作用的累积效应。

特殊情况下，也可考虑其他类型的组合。对于每一类这种组合，应确定每组的组合系数。

8.3 材料和土壤特性

8.3.1 特征值

通常，材料特性特征值可以表示为具有概率的值，该概率不能通过假定的无限次系列试验获得，而是对应于材料特性分布的分位数来表示。经标准和规范认可的材料值可作为假定的特征值。

如材料特性随时间变化或环境条件的作用效应导致材料改变，设计中采用的特征值应考虑这种改变。

对于疲劳评估，一般需要使用体现不同大小的重复作用下的材料或构件耐久能力的疲劳曲线，而不是使用简单的材料特性特征值。

对于土壤特性的指南，见 4.10.3。

8.3.2 设计值

材料强度的设计值 f_d(或其他材料特性)可由式(2)中的特征值 f_k 获得。式中的 γ_m 值应考虑以下因素：

a) 材料强度非预期偏差的概率，应作为材料特性特征值的随机变量；

b) 部分结构截面抗力或承载能力的不准确评估(如果不包括 γ_d)；

c) 如果没有按照 8.4.2 考虑或包括 γ_d 时，几何参数的不确定性；

d) 结构的材料性质与通过可控试样试验的测量值之间的不确定性，如 6.3 中描述的转换系数和函数的不确定性。

γ_m 值取决于材料特性、实际极限状态和构件抗力的不确定性。

构件抗力的设计值 R_d 也可由公式(3)的特征值 R_k 获得。此时，γ_R 值要考虑上述 a)到 d)，以及以下要求：

e) 抗力在设计表达式中的不确定性，即计算模型，参见 8.5。

8.4 几何参数

8.4.1 特征值

对于几何参数，特征值 a_k 一般对应于设计中指定的名义值。

8.4.2 设计值

如果几何参数的偏差影响不大或系数 γ 中考虑了这种影响，a_k 可作为设计值。

8.5 计算模型不确定性

可通过试验或对近似计算模型与准确计算模型的比较，对计算模型的不确定性进行评估。不确定性可用一个或几个分项系数表示(通常为 γ_R)。不确定性效应也包括在模型中,如模型的选择应偏于安全。

8.6 分项系数值的确定

如上所述,分项系数格式是设计过程中的常规方法。在这种格式中,结构可靠度的合理水平通过分项系数或对某些预设的基本变量值附加安全裕度来获得的。如果可能,这些基本变量值(如特征值)应通过统计方法确定。

注 1:不同地区对可靠度水平有不同的要求,有关分项安全系数的详细要求参见具体国际标准 ISO 19902 到 ISO 19905(参见参考文献的[2]到[6])规定的结构类型。

注 2:SLS 中作用的分项系数一般设为 1.0。通过在公式(5)中使用系数 C 的不同值来获得不同的安全水平。事故作用的分项系数一般也取为 1.0。这是因为该作用的固有不确定性很大,且在确定特征值时已包含这种作用。

9 质量控制

9.1 概述

为了保证建造的结构特性与设计中假定的一致,应强调本章的要求。

结构在规划、设计、建造和使用的各个阶段都应进行控制以保证:

a) 满足设计要求;

b) 设计规划和规格书中的错误和非预期偏差的可能性被降低。

9.2 责任

对所有开发阶段中的各个活动和界面的责任应予以定义并记录。有关各方都应该知道具体的责任范围。

9.3 检验和试验

9.3.1 概述

在制造的各个阶段,应进行检验和试验以保证遵循规划和规格书,包括:制造、装船、装船固定、运输和安装、操作和拆除。

9.3.2 材料检验

用于结构各部分的所有材料,应通过检验来验证是否满足规定的要求,检验程序应通过标记和保存记录,保证材料的可追溯性。

9.3.3 制造检验

制造检验应包括所有的特定设计要求,包括在不同的制造阶段施加到构件上的工艺参数、尺寸控制、矫正、误差、方位、表面处理、组装重量等。

对于混合材料如混凝土,检验应包括提交到现场的材料质量、计量、试样的选取和试验、绑扎和搬运、加筋的布置、钢筋的预应力等。

9.3.4 安装检验

运输到位后,应进行适当的检验以保证结构在安装作业前没有损坏。安装后,应对结构重新进行检验以保证结构满足设计要求。如气隙、桩的贯入深度、压载、锚的张力和阴极保护等。

9.4 作业期间的检验、维护和维修

应对结构进行维护使其在预期的使用中具有合理的安全性。

应定期进行检验,检查可能的破坏和退化。维护应考虑结构的重要性和使用要求、对构件耐久性的认识、环境条件和对外部作用的保护等。

只要有可能,对结构稳定性和结构抗力有重要影响的构件应便于检验。

9.5 记录和存档

在结构的制造、组装、装船和安装阶段,应根据项目的进程对平台检验和维护有关的数据进行记录,

并以合适的方式汇编作为永久记录保留。

10 已建结构评估

10.1 概述

在下列情况下，已建结构需进行评估：

——超过它的预期设计寿命

——严重的退化或损伤

——使用方式与原设计假定不符

——背离了原来的设计基础

——原来的设计标准失效

评估应包括对不再符合原设计标准的各设计方面的适合度进行判断。

包括判断设计基础的偏离是否合理，或对结构进行改造或对操作进行改变以满足本标准的要求。

如果作业经验表明设计各方面的可接受性是不确定的，应通过特别的评估判定其目的符合性，并采用适宜的方法来维护到可接受的性能标准。

10.2 条件评估

10.2.1 概述

当不能假定原来设计中使用的平台条件和作用(见6.2)仍然有效，平台需要评估。

原始参数(如重量、桩的贯入深度、材料特性等)经制造和安装更加准确定义后，应对其进行审查并用于条件评估中。

10.2.2 服务和操作要求

应对作用在上部设施的设备或由其导致的作用进行审查和重新评估，以确定重量和重心的重大变化，任何对结构有影响的作业变化也应予以考虑。

10.2.3 环境条件

应根据可得到的数据对原始设计环境参数进行复核，如果需要，重新评估时可增加或减少这些参数。

如果对经工程地质调查证实的潜在作用有进一步认识，应对地质导致的作用进行重新评估，并在重新评估中使用新的准则。

数据可从下列任一方法中获得：

a) 现场实测；

b) 现场附近的实测；

c) 后预报研究。

注：平台初始安装后，预测的极端环境可能不再适合。可对原始估计的极端环境进行分析以确定它是否依然有效。环境分析在很大程度上取决于时间的长度和初始设计后可获得的其他数据。

10.2.4 检测、维护和维修历史

如果评估过程中存在任何缺陷或退化趋势，应对结构作业寿命内的测试、检验、维护和维修等记录进行审查。如果检验记录不充分或不完整，应考虑附加的检验，以表示结构的状况。

10.3 作用评估

应使用当前认可的作用计算方法。如果可能，应参考作用和结构响应的实测记录。

应考虑环境参数在方向和出现概率上的联合分布，且极端作用总的出现概率不应小于要求值。

如果结构安装了标定仪器来标定测量的环境条件，这些记录可用在重新评估中。

注：评估一般基于现行的作用计算方法。如果适合，可使用真实的且能降低保守程度的更先进的作用计算方法以表示作用过程。

10.4 抗力评估

应使用当前认可的抗力计算方法。应考虑结构抗力损失和修正的效应。

如果结构原始设计依据的是旧版次的本标准或其他评估标准,应使用本标准的程序进行检验。

10.5 构件和系统失效的后果及缓解措施

在对已建结构进行评估时,可能会出现有限的个别构件失效,而整个系统抵抗失效的能力仍然是可接受的。

旧的已建结构可能会出现个别构件不能满足常规标准要求或常规的可靠度水平。在这种情况下,可认为个别构件屈曲或失效,而结构系统的其他部分具有足够的储备强度对作用进行重新分配。倒塌分析可以用于确定结构系统满足可接受水平的抗失效安全系数。这种作用的重新分布对低周和高周循环疲劳的影响也应予以考虑。如果不能通过分析证明结构是可接受的,则需要修复或加强。或者,如果不可能加强,只要能证明失效的后果是可接受的,降低整个系统的可靠度是可接受的,例如从平台上撤走人员,以防止人身伤亡,并且安装安全装置以便于最大限度的容纳碳氢化合物。

10.6 疲劳

应通过分析或检测对结构预期剩余寿命的合理疲劳寿命进行研究,并且在规划将来的检验和修复要求时考虑疲劳问题。

以前出现的疲劳破坏应反映在疲劳分析中。

注:在有些情况下,可参考服役期对结构检测的记录确定疲劳寿命。然而,如果平台的作用源或作业在最近被改变或在将来会改变,这种方法是不适合的。例如:一个浮式生产系统迁移到一个新的环境更恶劣的位置。

参考文献

[1] ISO 2394, General principles on reliability for structures(结构可靠度的基本原则)

[2] ISO 19902,Petroleum and natural gas industries—Fixed steel offshore structures(石油天然气工业——海上固定钢结构)

[3] ISO 19903,Petroleum and natural gas industries—Fixed concrete offshore structures(石油天然气工业——海上固定混凝土结构)

[4] ISO 19904,Petroleum and natural gas industries—Floating offshore structures including stationkeeping(石油天然气工业——含驻守式的海上浮式结构)

[5] ISO 19905-1,Petroleum and natural gas industries—Site-specific assessment of mobile offshore units—Part 1:Jack-ups(石油天然气工业——海上移动装置特定场址的评估——第1部分:自升式)

[6] ISO/TR 19905-2,Petroleum and natural gas industries—Site-specific assessment of mobile offshore units—Part 2:Jack-ups commentary(石油天然气工业——海上移动装置特定场址的评估——第2部分:自升式注释)

ICS 75.180.10
E 92

中华人民共和国国家标准

GB/T 23512—2009/ISO 13678:2000

石油天然气工业　套管、油管和管线管用螺纹脂的评价与试验

Petroleum and natural gas industries—Evaluation and testing of thread compounds for use with casing, tubing, and line pipe

(ISO 13678:2000, IDT)

2009-04-08 发布　　2009-11-01 实施

中华人民共和国国家质量监督检验检疫总局
中国国家标准化管理委员会　发布

前　言

本标准等同采用 ISO 13678:2000《石油天然气工业——套管、油管和管线管用螺纹脂的评价与试验》(英文版)。

为便于使用,本标准做了下列编辑性修改:

a) “本国际标准”一词改为“本标准”;

b) 用小数点“.”代替作为小数点的逗号“,”;

c) 删除国际标准的前言。

本标准的附录 B、附录 C、附录 D、附录 E、附录 F、附录 G、附录 H 和附录 K 为规范性附录,附录 A、附录 I、附录 J、附录 L 和附录 M 为资料性附录。

本标准由中国石油天然气集团公司提出。

本标准由全国石油天然气标准化技术委员会归口。

本标准起草单位:中国石油天然气集团公司管材研究所。

本标准主要起草人:邓永瑢、刘养勤、方伟、徐婷。

石油天然气工业　套管、油管和管线管用螺纹脂的评价与试验

1 范围

本标准对ISO/API圆螺纹、偏梯形螺纹的套管、油管和管线管连接部位所用螺纹脂的制造、试验和选择，规定了要求、建议和方法。在本标准内概述的试验是用于评价螺纹脂的临界使用性能和试验室情况下的物理性能和化学性能。

本标准试验方法主要被用于润滑基脂配方的螺纹脂。对于一些在螺纹连接的润滑和(或)密封中所使用的其他材料，这些试验是不适合的。

本标准不适用于旋转台肩式连接所使用的螺纹脂的评价，其评价方法在API RP 7A1中描述。

本标准不陈述有关螺纹脂使用和处理的环境问题。

2 规范性引用文件

下列文件中的条款通过本标准的引用而成为本标准的条款。凡是注日期的引用文件，其随后所有的修改单(不包括勘误的内容)或修订版均不适用于本标准，然而，鼓励根据本标准达成协议的各方研究是否可使用这些文件的最新版本。凡是不注日期的引用文件，其最新版本适用于本标准。

ISO 2137:1985　石油产品——润滑脂和石油锥入度测定法

ISO 2176:1995　石油产品——润滑脂——滴点的测定

ISO 10400:1993　石油和天然气工业——套管、油管、钻杆和管线管性能公式及计算

3 术语和定义

下列术语和定义适用于本标准。

3.1

密封　seal

阻止流体通过的障碍物。

3.2

螺纹脂　thread compound

在上扣前涂刷到管子连接螺纹上的一种物质，它在管子上扣和卸扣中起润滑作用，并且在服役时对抗高内、外压力而起到辅助密封作用。

注：一些螺纹脂可能含有利于储存作用的物质。

3.3

储存脂　storage compound

涂刷到管子连接螺纹上的一种物质，它可以在储存或运输、运输并储存期间防止螺纹的腐蚀。

注：储存脂不能单独用于上紧连接。

3.4

API改进型螺纹脂　API modified thread compound

按API BUL 5A2(已废止)“改进型螺纹脂”要求配成的螺纹脂。

3.5

参考标样　reference standard

按附录B，包括按附录B中的表B.1、表B.2和表B.3所列的限制和允许差的要求配成的螺纹脂。

注：参考标样一般不用于油田服役作业。

3.6

连接　connection

由两个外螺纹接头和一个接箍，或一个外螺纹接头和一个内螺纹接头所组合一起的管子上扣。

3.7

螺纹脂/连接系统　thread compound/connection system

系统由各种重要的螺纹管连接组件所构成，包括特定的连接几何方式，特别的连接材料和同螺纹脂结合使用的涂镀层。

4　螺纹脂性能

4.1　产品性能

本标准所述的试验是为明确螺纹脂在服役情况下的性能，而不是规定一个配方。因此，买方和生产厂应商定所提供产品的特性，例如：

稠化剂类型	流变学特性
流化类型	脂/铜反应
外观	极限压力特性
滴点	流体密封特性
密度	摩擦特性
分油量	防腐蚀性
闪点	涂刷/粘着特性
抗水性	服役应用
逸气量	储存和服役寿命

螺纹脂生产厂在变更配方并引起以上任一特性改变时，应及时发布产品公报。所有的文件应提供有代表性的一批产品的数据。

在本标准下形成的试验记录和检测记录将由生产厂保存，并且买方在产品生产之日起的三年内随时可索取到这些记录。

4.2　物理性能和化学性能

4.2.1　概述

螺纹脂基本的物理性能和化学性能在表1中规定。

这些性能变化范围很大，并且很多配方都是保密的。除了在表1中所列的物理性能和化学性能外，用户还应考虑使用性能和螺纹脂生产厂的推荐意见。

4.2.2　滴点

滴点是螺纹脂在加热情况下变软和流动倾向的一个量度。滴点试验的结果可以反映脂在曝露情况下而没有液化或分油时的最高温度，它可作为脂的一个指标，也可用于制定本特性的制造和质量控制界限。滴点试验的结果和服役作业一般没有直接的关系，除非它们的相互关系已被确定。

在螺纹脂中，滴点可作为基脂和其他添加的润滑剂的热稳定性的一个量度。不好的热稳定性在油田高温作业中对螺纹脂性能有不利的影响。

为了满足当前高温作业的需要，滴点的最低值应为138 ℃，测试方法按ISO 2176进行。

注：油田服役情况的极端温度或许要求较高的性能界限。

4.2.3　蒸发量

蒸发量是在温度升高时，螺纹脂的物理/化学稳定性的一个指标，与所用的基脂/油或其他添加剂有关。由于目前所用的螺纹脂的密度变化范围很大，质量分数不能提供一个可靠的相对比较，蒸发量将采用体积分数测量。当按附录D里的试验方法评价时，在100 ℃条件下，24 h的最大蒸发量是3.75%(体积分数)。

4.2.4 逸气量

逸气量是在温度升高时，螺纹脂的化学稳定性的一个指标。当按附录 G 里的试验方法评价时，最大逸气量为 20 mL。

表 1 螺纹脂物理性能和化学性能试验

项目		试验方法	指标要求	
检验项目	检验状态		数据	要求
滴点/℃	(M)	ISO 2176	≥138	(S)
蒸发量(损失量)体积分数/% 100 ℃，24 h	(M)	附录 D	≤3.75	(S)
逸气量/cm^3 66 ℃，120 h	(M)	附录 G	≤20	(S)
分油量体积分数/% 100 ℃，24 h(镍丝滤锥)	(M)	附录 E	≤10	(S)
锥入度/(mm×1/10 mm) 25 ℃、工作 60 次 产品可接受的范围(极差) −7 ℃工作 60 次	(M)	附录 C	≤30 报告数据	(S) (R)
质量密度/% 和产品平均测量值的差值	(M)	生产厂控制	≤±5.0	(S)
水沥滤质量分数(损失量)/% 66 ℃，2 h	(M)	附录 H	≤5.0	(S)
涂刷和粘着(损失量)质量分数/% 低温涂用 66 ℃	(M)	附录 F	−7 ℃时能涂刷 ≤25	(R) (R)
腐蚀性 规定腐蚀水平	(M)	ASTM D4048	1B 或更好	(R)
防腐蚀性腐蚀面积 38 ℃，500 h	(I)	附录 L	<1.0%	(R)
脂稳定性，12 月储存 锥入度改变值/(mm×1/10 mm) 分油量体积分数/%	(M)	生产厂控制 附录 C 附录 E	≤±30 ≤10.0	(R) (R)
脂稳定性(损失量)体积分数/% 油田服役 138 ℃，24 h	(I)	附录 M	≤25	(R)

(M)：强制性的；(I)：资料性的；(S)：规范性的；(R)：推荐性的。

注：本表中的值同附录 A，表 A.3 的值是不一致的。表 A.3 上的值是 API Bul 5A2(已废止)的原有值和要求。由于油田操作高温要求和不同生产厂螺纹脂配方之间质量密度的变化，它们已被修订并加入到说明中。

4.2.5 分油量

分油量是在温度升高时，螺纹脂物理/化学稳定性的一个指标，与所用的基脂油有关。由于目前所用的螺纹脂的密度变化范围很大，质量分数不能提供一个可靠的相对比较，分油量将采用体积分数测量。为了满足目前高温作业的需要，当按附录E里的试验方法评定时，最大分油量为10.0%(体积分数)。

4.2.6 锥入度

锥入度是测定螺纹脂稠度(例如“黏度”或“硬度”)的一个指标，它关系到螺纹脂涂刷时的难易情况。生产厂应测量和记录每一生产批螺纹脂的锥入度值，并报告此种螺纹脂的平均测量值，当按附录C的试验方法评价时，在25℃时可接受的范围(极差)应不大于30个锥入度单位。报告数据时，试验温度(−7℃)时的锥入度将作为参考值。密度将影响从这一过程获得的测量值。因此锥入度不用于密度在很宽范围内改变的物质之间的相对比较。

注：布氏黏度(ASTM D2196)基本上不受物质的密度所影响，和锥贯入方法相比，黏度和涂刷性的相关性更密切。下列的范围是用一些配方有差异的API改进型螺纹脂和一些目前用于套管、油管和管线管连接的典型的螺纹脂来确定的。采用确定的芯轴尺寸、旋转速度和试验温度，以便得到能相比较的黏度数据，如用a#7芯轴在10 r/min和25℃条件下，所测的布氏黏度范围是200 000 MPa·s～400 000 MPa·s，API改进型螺纹脂具有代表性的数值范围为200 000 MPa·s～240 000 MPa·s。

4.2.7 密度

螺纹脂的密度是由配方中使用的组分的类型和数量决定的。对于特定的螺纹脂，产品批次之间的密度变化范围是产品一致性的指示。螺纹脂生产厂应测量和记录每一生产批的螺纹脂产品密度，并报告此种螺纹脂的平均密度。特定螺纹脂的密度变化范围不应超过生产厂的平均值的5%。

4.2.8 水沥滤

水沥滤是螺纹脂在接触水并且温度升高时，物理/化学稳定性的一项指标。当按附录H的试验方法测定时，螺纹脂的质量分数(损失量)应不大于5.0%。

4.2.9 涂敷/粘着性能

螺纹脂应按脂的生产厂和螺纹加工厂的建议，以一定的方式进行涂敷。对于8牙圆螺纹和偏梯形螺纹连接，其涂敷量应能达到有效的润滑和密封性能效果；对一些有专利权的连接方式，其涂敷量也应能达到有效的润滑性能效果。在−7℃～66℃的温度范围内，螺纹脂应能被涂敷并能粘附上去，而不能结块或从连接部位流下去。

应进行确定螺纹脂涂敷/粘着特性的试验室试验，并记录结果。附录F中描述的试验室试验方法旨在提供一个用于螺纹脂相互比较的一个方法，对油田作业来讲可能不具有代表性。

4.2.10 防腐蚀和保护性能

螺纹脂经常用于螺纹连接部位，在运输和储存时期起一个防腐蚀作用，又可起润滑和密封的作用。在油田大气曝露的情况里，尤其是海洋平台，和在酸性气体环境里，需要进行腐蚀的防护和阻止。此外，螺纹脂还应提供有效的防护层阻止(和不促使)连接螺纹和密封面的腐蚀侵蚀。螺纹脂的防腐蚀性能将取决于用途的变化，例如：

——脂添加剂类型和工艺水平。

——螺纹加工时用的切削液体和保持在螺纹表面上的沉积物的类型和情况。

——螺纹脂涂敷方法和使用要求。

——螺纹保护器的类型和安装方式(如“旋入”)。

——特定用户的涂用程序和环境情况。

——同螺纹储存保护脂的相容性。

——螺纹脂组分、环境和接头材料之间的电性能差别。

应完成确定是否有潜在的腐蚀性存在于螺纹脂中的实验室试验，并记录结果。一般按照ASTM D4048或相等的方法来进行铜腐蚀试验。虽然铜在石油专用管的连接中不使用(除作为螺纹表面镀层外)，但它能迅速地同所存在的活性物质如硫、氯等发生反应，这些活性特质同样也损坏钢。按

ASTM D4048 方法测定，螺纹脂应达到 1B 或更好的等级。

应完成确定螺纹脂腐蚀防护性的实验室试验，并记录结果。

螺纹脂的配方随防腐剂的存在和处理水平而改变。因此买方/用户有责任提出必要的要求给生产厂，以使其产品能用于储存或在有腐蚀性的油田使用。列在附录 L 里的方法，一般都被润滑剂试验室和用户所接受和利用。它旨在提供一个螺纹脂相比较的方法。

4.2.11 螺纹脂的稳定性

在储存和作业中，螺纹脂的稳定性是上扣连接过程中保证有足够密封性的一个基本的因素。过分软化的不稳定性和分离会导致在长期使用和温度升高时产生泄漏通路。在储存期间如过分变硬，则会影响其涂刷性，不利于在管螺纹表面恰当的应用。

螺纹脂生产厂应保留每一生产批的产品样品，并定期评价它们的储存稳定性。在最短周期 12 个月内，螺纹脂的储存稳定性应能足以阻止其软化或硬化，当按附录 C 的试验方法评价时，在 25 ℃时，在最短周期 12 个月内，螺纹脂的锥入度改变值不应超过 30 个单位。在 12 个月内，分层或分油量不能超过总体积的 10%。应完成在附录 M 中所描述的试验，它是为了提供螺纹脂高温稳定性的相互比较的一个方法。

螺纹脂的稳定性结果应写入产品公报或性能证书。

5 螺纹脂使用性能

5.1 概述

下列测定螺纹脂使用性能的小尺寸(台架)试验可能同全尺寸连接试验没有直接相关性，或不具有油田服役的代表性。这些试验不排除其他试验方法，但应把这些方法限定在本文中所讨论的使用性能要求范围之内。

5.2 摩擦特性

螺纹脂的一个主要的用途是作为一种润滑剂，在螺纹连接的配合组件之间提供一致的和可重复的摩擦性能。对于一个给定的连接啮合量(一个规定的啮合螺纹圈数)，所需的扭矩和螺纹脂/连接系统的表观摩擦系数成正比变化。螺纹脂/连接系统的摩擦性能影响下列扭矩值：

——上扣所需的扭矩。

——造成进一步上扣所需的扭矩。

——卸扣所需的扭矩。

螺纹脂的摩擦性能，在连接中取决于几个外加因素。这些外加因素包括连接几何尺寸、表面加工精度，表面涂镀层、连接组件在上扣时的相对表面速度(每分钟上扣圈数)。螺纹脂膜厚度和表面接触压力。在确定摩擦特性的试验设计和油田使用螺纹脂时，这些因素中的每一个都应考虑到。

应完成螺纹脂摩擦特性的实验室记录，并记录结果。在附录 I 中描述的实验室试验方法，旨在提供一个同在附录 B 中所提及的参考标样螺纹脂进行比较的方法。

假如接箍两端所用的螺纹脂不同，在工厂端连接和油田现场端连接之间会出现摩擦性能间的差别，结果导致在现场端达到合适的啮合之前，在工厂端出现过啮合。对于 ISO/API 连接所需的合适的上扣扭矩应按 ISO 10405 中的步骤确定，或参照连接件生产厂的建议。

5.3 极限表面压力(抗粘扣)性能

螺纹脂的另一个主要用途是在螺纹受到局部表面接触压力时，能防止配合连接表面的粘着磨损(金属粘着)。

在生产厂制造和油田作业时，由于各种因素的影响，在螺纹连接部位会产生高的表面接触压力。制造因素包括产品几何尺寸的变化(例如螺纹长度、管子和接箍厚度)和工艺的变化，例如加工(螺纹锥度、螺距、牙型角)、表面粗糙度和镀层。油田作业因素包括吊运损坏、连接表面被污染、螺纹脂涂敷量的不足或不一致、上扣过程中的不对中以及应用不适宜的扭矩。

对于连接时形成的磨损来讲，一些材料的倾向大于另一些材料，这是一个必须考虑的重要因素。在两个平滑的金属表面之间的粘着倾向，随着两表面组织的相似、相对硬度的相似而增加，并随实际硬度的减少而增加。对于石油专用管来讲，配合对中的每一个组件的成分和硬度都是相同的。由此看来，石油专用管相对来讲易于产生螺纹粘扣。因此，接头中的一方应进行涂镀层处理（如镀锌或磷化），使用API改进型螺纹脂，以用来提供足够的抗粘扣能力。

淬硬合金应用的增加和马氏体不锈钢、镍基合金明显的易粘着趋势要求在表面加工、涂镀层、螺纹脂的选择和应用、上扣和卸扣作业中每一个方面都尽可能地小心，以达到防止连接粘扣的目的。

应完成螺纹脂/连接系统总体的极限表面接触压力（抗磨损）的实验室试验，并记录结果。附录J里描述的实验室试验方法旨在提供一个把螺纹脂同附录B中提及的参考标样相互比较的方法。

对于特定的作业应用，总体的螺纹脂连接系统应进行抗粘扣性能的评价。这样的试验要求反复进行全尺寸连接的上扣和卸扣，试验最好采用垂直方式，采用最小量和最大量的螺纹脂，进行模拟配对上扣。应按附录J里提及的工业试验方法完成这样的试验。

表面加工不合适的连接件是不能防止磨损的，与上扣、卸扣程序无关。相反，表面加工合适的连接件，也会因上扣或卸扣工艺的不合适而造成磨损。应控制每个作业过程使之都能达到可重现的极压特性。

对于每一种连接类型和连接材料，为了预防上扣和卸扣作业中的粘扣，应把合适的加工表面，连接件的涂镀层，螺纹脂的选择和应用结合起来考虑。

5.4 流体密封性能

当螺纹脂用于螺纹密封连接时，它的一个主要用途是提供螺纹间隙的流体密封，如ISO/API 8牙圆螺纹的螺旋齿根到齿顶的间隙及ISO/API偏梯形螺纹中的牙侧面间隙。密封是由螺纹脂中的颗粒聚集在一起填满这些螺纹间隙完成的，以阻止管内液体从连接部位通过。

为了确保螺旋通路的几何完整性，连接密封同样需要保持住沿螺纹表面的接触压力。已规定了用于连接流体压力完整性的接触压力的要求，并在ISO 10400标准中给出。

应完成螺纹脂的螺纹密封特性的实验室试验，并记录结果。在附录K里所描述的实验室试验方法是为了提供一个把螺纹脂同在附录B中所提及的参考标样相互比较的方法。

对于特定的作业应用，总体的螺纹脂/连接系统的流体密封完整性应用全尺寸连接来评价。虽然对于ISO/API连接的螺纹间隙，螺纹脂提供流体密封这一点很重要，但是螺纹脂不能限制有专利权的连接方式（金属-金属密封）的密封完整性这一点也同样重要。聚集成块的固体颗粒，可能会使所设计的机械密封（金属-金属密封）不能形成有效的连接，从而形成了泄漏通路。在螺纹脂/连接系统上进行密封试验，螺纹脂只是试验中的一个部分，应按附录K.3中所描述的方法进行这些试验。

6 质量保证和控制

本标准是基于这样一个假定，即用于ISO/API套管、油管和管线管连接的螺纹脂的作用是由其使用性能所决定的，这些性能包括但不局限于第4章和第5章叙述的摩擦、极限表面接触压力、螺纹密封、粘着和防腐蚀性能。

这些使用性能的机理是复杂的，并且有时是互相关联的，因此难于进行定量确定。在产品组分、制造或应用中的微小差别都可能导致使用性能的很大变化。

基于这些原因，生产厂应建立一套完整的质量保证体系，以确保在原材料，制造工艺和应用环境的变化范围内，所提供的产品的性能得到保证。质量保证活动应在适当的管理系统中进行。生产厂应根据买主的要求，提供一套完整的符合要求的资料（或证书），表明此螺纹脂已按本标准进行评价并满足或超过所规定的要求。

7 标记要求

7.1 标记

在按本标准制造和试验的螺纹脂的每个容器上，都应标明生产厂识别标记、跟踪标记和下列语句：

“本螺纹脂符合 GB/T 23512—2009”

7.2 标签

7.2.1 除非一种螺纹脂是既用于旋转台肩连接又用于套管、油管和管线管连接外，容器上应明显地标明下列警示语句：

“不应用于旋转台肩连接”

7.2.2 除非一种储存脂既用于螺纹脂用途又可用于储存脂用途外，容器上应明显地标明下列语句：

“储存脂——不应用于上扣”

7.2.3 每个容器上应用明显的警示标明有关储存、准备或应用的要求，以达到在产品公报上所描述的特性，两个例子是：

“使用前应充分搅匀”

“螺纹脂——短期储存”

7.2.4 也可应用户的要求，在容器上明显地标明其他警示语句，如：

“螺纹脂含铅”或“螺纹脂不含铅”

附 录 A
（资料性附录）
API 改进型螺纹脂

A.1 概述

本附录 A.2～A.6 仅是一个资料，并且它是以 API Bul 5A2（现已过期）为基础的，并省略了硅螺纹脂的所有参考数据。

A.2 螺纹脂

此螺纹脂被命名为“改进型螺纹脂”，它是金属和石墨粉末均匀分散在基脂里的混合物。固体和基脂的组分列在表 A.1 中。

表 A.1 固体和基脂的组分

组分	质量分数/%
总固体组分	64.0±2.5
基脂	36.0±2.5
合计	100.0

A.3 固体组分组成

固体组分是无定形石墨、铅粉、锌末、铜鳞片按列在表 A.2 的比例混合后得到的混合物，并且在 A.6.1～A.6.4 有规定。

表 A.2 固体组分

组分	质量分数/%	
	在总固体中	在螺纹脂中
无定形石墨	28.0	18.0±1.0
铅粉	47.5	30.5±0.6
锌末	19.3	12.2±0.3
铜鳞片	5.2	3.3±0.3
总计	100.0	64.0

A.4 基脂

用于改进型螺纹脂的基脂，当其同金属和石墨粉末混合后，应满足在表 A.3 中所列的控制和性能试验要求。

A.5 控制和性能试验

螺纹脂应按表 A.3 的要求进行锥入度、滴点、蒸发量、分油量、逸气量、水沥滤和涂刷性的控制和性能试验，并能满足在表 A.3 里的要求（试样要能代表整个包装容器）。

A.6 组分材料要求

A.6.1 石墨

石墨应为天然无定形类，不含煤粉、灯黑、碳黑、油、脂、砂粒或其他有害的物质。它应满足下列要求。

组成(ASTM C561)

组分(灰分)质量分数/% 28～37

粒度(ASTM E11)

通过 50 号筛的质量分数/% 100.0

留在 100 号筛的质量分数/% ≤1.0

留在 200 号筛的质量分数/% ≥10.0

通过 325 号筛的质量分数/% 30～80

表 A.3 改进型螺纹脂控制和性能试验

试　验	要　求
工作锥入度/(mm×1/10) 25 ℃(NLGI[a],等级 1#) 在−18 ℃冷却后 (参考附录 C 中的步骤)	 310～340 ≥200
滴点/℃ (ASTM D566)	≥88
蒸发量(质量分数)/% 100 ℃,24 h (参考附录 D)	≤2.0
分油量(镍丝滤锥)(质量分数)/% 66 ℃,24 h (参考附录 E)	≤5.0
逸气量/cm^3 66 ℃,120 h (参考附录 G)	≤20
水沥滤质量分数/% (66 ℃,2 h 后) (参考附录 H)	≤5.0
涂刷性 (参见附录 F)	在−18 ℃能涂刷
[a] 美国润滑脂协会 4635 Wyandotte Street,Kansas City,MO 64112-1596	
注:在本表中所列的资料仅适用于 API 改进型螺纹脂配方。	

A.6.2 铅粉

铅粉应满足下列要求:

组成(ASTM D1301)

纯金属的质量分数/% ≥95.0

氧化铅的质量分数/% ≤5.0

粒度(ASTM E 11)

通过 50 号筛的质量分数/% 100.0

留在 100 号筛的质量分数/% ≤2.0

通过325号筛的质量分数/%	30～92

A.6.3 锌末

锌末应是均质的。锌末的构成应能使成品螺纹脂满足表A.3中的逸气量的试验要求，它应满足下列要求。

组成(ASTM D521)	
总锌量(按锌计算)质量分数/%	≥98.0
金属锌质量分数/%	≥95.0
铁、铅、镉质量分数/%	≤1.0
钙质量分数(按氧化钙计算)/%	≤0.5
水分和其他挥发物质量分数/%	≤0.1
氧化锌(ZnO)	余量
粒度(ASTM E 11)	
通过100号筛的质量分数/%	100.0
通过325号筛的质量分数/%	≥90.0

A.6.4 铜鳞片

铜鳞片应满足下列要求：

组成(ASTM D 283)	
铜质量分数/%	≥97.0
磨削和磨料残存物质量分数/%	≤0.25
粒度(ASTM E 11)	
通过200号筛的质量分数/%	100.0
通过325号筛的质量分数/%	≥99.0
厚度>5 μm的质量分数/%	≤5.0

附　录　B
（规范性附录）
参考标样配方

下列螺纹脂的参考标样配方是以API改进型螺纹脂为基础，但其各组分的允许差范围要求更严一些。为了提供一个参考标样所要求的重现性要求，在表B.1、表B.2和表B.3中所列的允许差和范围要求比附录A的要求更严。

表B.1　参考标样组分和允许差

组　　分	质量分数/%
基脂	36.00±1.05
石墨	18.00±0.30
铅粉	30.50±0.50
锌末	12.20±0.20
铜鳞片	3.30±0.05

基脂应满足表B.2的要求。

表B.2　基脂要求

性能	要求
稠度	NLGI　0级
工作锥入度/(mm×1/10) (ISO 2137,60次)	365～385
稠化剂(质量分数)/% (12-羟基硬脂酸铝)	2.0～4.5
黏度(石油油)/(mm²/s)	115～170　@40 ℃ 9.5～14.0　@100 ℃

注：API Bul 5A2没有对API改进型螺纹脂配方中的基脂提出“极压”使用性能的要求。然而，由于人们认识到在高压下，防止相对的接触表面产生粘接和磨损的益处，所以商业化的配方中含有极压添加剂。然而由于生产厂所使用的添加剂质量和性能相差很大，因此参考标样配方中的规定不应含有这样或那样的添加剂，因为它们能引入可变的因素，对严谨的试验数据的直接比较有不利的影响。来自于API/Joint工业研究项目(API 1997 [8])的全尺寸试验数据表明，在参考标样所规定的基脂的配方中有一些极压添加剂是必要的。当所用的参考标样中没有极压添加剂时，3.5in N-80油管的平均卸扣扭矩，为其上扣扭矩的150%以上，而且试验样品连接件的磨损率也高。这个问题通过在基脂中添加2%的二烃基二硫代氨基甲酸锑（通过R.T. Canderbilt公司，Norwalk，Connection，以商品名Vanlubu73可以得到）而解决。之所以选择这种极压添加剂是因为它广泛地应用于润滑工业，并很易买到。含有极压添加剂的基脂展现出250 kg四球熔接点（ASTM D2596）和大约9.08 kg的梯姆肯OK（Timken OK）加载。假如二烃基二硫化氨基甲酸锑不易买到，可选用其他的极压添加剂，所加入的量所能达到的效果应和上述ASTM试验方法所得到的相近。

固体组分含量应能满足表B.3的要求。

表 B.3　参考标样组分(质量分数)限制

%

试验参数	无定形石墨	铜鳞片	铜粉	锌末
灰分	30～36	—	—	—
水分	≤1.0	≤0.1	≤0.1	≤0.1
金属组分	—	≥97.0	≥95.0	≥95.0
金属/其他氧化物	—	≤3.0	≤5.0	≤5.0
粒度分布				
通过 50 号筛	100.0	100.0	100.0	100.0
留在 100 号筛	≤0.3	≤0.0	≤1.0	≤0.0
留在 200 号筛	10.0～18.0	0.0	5.0～25.0	≤2.0
留在 325 号筛	20.0～31.0	1.0	14.0～55.0	≤5.0
留在 325 号筛	50.0～70.0	99.0	40.0～80.0	93.0
注：本参考标样不用于一般的用途。				

附 录 C
（规范性附录）
锥入度试验

C.1 概述

本节描述了测量螺纹脂稠度(黏度或硬度)的过程。

C.2 设备

C.2.1 锥入度计；
C.2.2 锥体(全尺寸)；
C.2.3 脂工作器；
C.2.4 油灰刀；
C.2.5 冰箱 应具备－7 ℃±1.1 ℃的保温能力。

C.3 步骤

准备2份样品用于测定工作锥入度。在工作后，按ISO 2137方法在25 ℃测定第一个样品锥入度。

第二个样品在25 ℃工作后，把多余的脂以堆土丘的方式堆在锥入度计的脂杯的上部，并随同锥入度计锥体一起放在冰箱内，试验条件为－7 ℃(API Bul 5A2：－18 ℃)，3 h后，取出脂杯，并沿杯顶齐平刮去多余螺纹脂。再把脂杯连同其内的样品放进冰箱冻1 h，尽快测定锥入度。

附 录 D
（规范性附录）
蒸发量试验

D.1 概述

本节描述在100 ℃静态条件下，测定螺纹脂中易挥发组分的损失量的过程。

D.2 设备

D.2.1 3# 库尔斯(Coors)瓷蒸发盘，浅形盘或类似器皿。

D.2.2 重力对流烘箱 应具备100 ℃±1.1 ℃的保温能力。

D.2.3 精密天平。

D.2.4 干燥器。

D.3 步骤

分取大约30 cm^3 的样品，放入已称过重量的瓷盘(D.2.1)中，再次称重后放入烘箱(D.2.2)内，在100 ℃±1.1 ℃的温度下保温24 h。然后把样品放在干燥器(D.2.4)里，冷却，称重(D.2.3)，以体积分数计算蒸发损失量1)（API BUL 5A2为质量分数）。

1) 体积分数的计算：首先确定（如事先未知）试验用螺纹脂的密度(kg/m^3)，试验所需的总的质量既不是通过直接测量，也不是用样品和设备的总量减去设备的皮重得到的。以立方米表示的样品的体积等于样品的质量（以千克为单位）除以密度再乘以1 000。由于分离或蒸发而失去的油或挥发物，假如它们是烃基化合物，可以假定具有相近的密度900 kg/m^3。分离或蒸发物质的体积等于所测量的质量（以千克为单位）除以900 kg/m^3（或实际的密度，如已知是不同的）再乘以1 000 kg/m^3。体积分数（损失量）等于分离或蒸发物质的体积除以原始样品的体积再乘以100 kg/m^3。

附 录 E
（规范性附录）
分油量试验

E.1 概述

本节描述了静态下，在 100 ℃的条件下测量螺纹脂分油倾向的过程。

E.2 设备

E.2.1 镍丝滤锥[2]或类似器皿，滤锥的直径是 38 mm，边为 60°角，此锥约有 200 个直径为 0.8 mm 的孔洞。

注：另一种可使用的是联邦试验标准 791B-321.2 中的 60 号镍丝网锥。

E.2.2 50 mL 烧杯，切割到 41 mm 的高度。

E.2.3 重力对流烘箱应具备 100 ℃±1.1 ℃的保温能力。

E.2.4 精密天平。

E.2.5 干燥器。

E.3 步骤

分取大约 11 cm^3 试样，装入已称过重量的镍丝滤锥中。装取试样时应仔细小心，以避免空气混入脂的内部。脂的表面应修成平滑的凸形，以利于油的流出。然后将滤锥悬空在一个称过重量的烧杯中，然后再次称重，滤锥的顶尖部距烧杯底部的距离约为 9.5 mm。把滤锥及烧杯一起放入 100 ℃的烘箱内，保温 24 h。然后从烧杯中取出滤锥，烧杯在干燥器中冷却后并称重。烧杯的增重用体积分数计算并作为分油量[3]（API BUL 5A2 为质量分数）。

---

2) Fisher 科学公司 Cat. No 9-760 或类似器皿。Fisher 科学公司的滤锥只是一种商业上可得到的合适的产品。此消息只是给本标准的用户一个便利，而不是意味着仅认可这一产品。

3) 体积分数的计算：首先确定（如事先未知）试验用螺纹脂的密度（kg/m^3），试验所需的总的质量既不是通过直接测量，也不是用样品和设备的总量减去设备的皮重得到的。以立方米表示的样品的体积等于样品的质量（以千克为单位）除以密度再乘以 1 000。由于分离或蒸发而失去的油或挥发物，假如它们是烃基化合物，可以假定具有相近的密度 900 kg/m^3。分离或蒸发物质的体积等于所测量的质量（以千克为单位）除以 900 kg/m^3（或实际的密度，如已知是不同的）再乘以 1 000 kg/m^3。体积分数（损失量）等于分离或蒸发物质的体积除以原始样品的体积再乘以 100 kg/m^3。

附 录 F
（规范性附录）
涂敷/粘附试验

F.1 概述

本节描述了评价螺纹脂的涂敷/粘附性能的方法。

F.2 设备

F.2.1 样品盒 大约能装 450 cm^3 的螺纹脂。
F.2.2 油漆刷 带有 3 cm 长的硬毛，3 cm～5 cm 宽。
F.2.3 公螺纹端样品 一段从规格为 2-7/8in ISO/API 油管螺纹上切下的端头。
F.2.4 冰箱 能有－7 ℃±1.1 ℃的保温能力。
F.2.5 重力对流烘箱 应能有 66 ℃±1.1 ℃的保温能力。

F.3 步骤

F.3.1 冷涂敷和粘附

把 450 cm^3 的螺纹脂放入到样品盒内(F.2.1)。在冰箱内冷却螺纹脂，油漆刷(F.2.2)和公螺纹端样品(F.2.3)，至少要冷却到－7 ℃，直至温度稳定(最少 2 h)。

在温度稳定后，把螺纹脂涂刷到公螺纹端样品的螺纹上。判断能否涂敷和粘附的条件是：不能结块或形成大约 2 mm 厚的一个平滑一致的明显的规则层。

F.3.2 高温粘附

把 450 cm^3 的螺纹脂放入到样品盒内(F.2.1)。称重(精确到 0.1 g)并记录重量，包括螺纹脂样品、样品盒及涂敷用油漆刷的总重量。称重(精确到 0.1 g)并记录 ISO/API 油管公螺纹端样品的重量(F.2.3)。

把螺纹脂涂刷到公螺纹端样品的螺纹上，刷成大约 2 mm 厚的一个平滑一致的层。重新称重并记录，要小心进行，以免弄乱或弄丢涂刷到油管样品上的螺纹脂。可通过验证涂刷到公螺纹端样品上的量和从样品盒中取走的量是否一致来确定。

将涂好螺纹脂的公螺纹端样品悬浮或水平地安置在收集盘上，在 66 ℃的温度下烘烤 12 h～17 h。在干燥器中冷却后并称重。称重(精确到 0.1 g)并记录仍然粘附在公螺纹端样品上的螺纹脂重量。

按质量分数计算油管公螺纹端样品上失去的螺纹脂量。螺纹脂的失去量应不大于 25%。

记录和报告试验结果及观察到的现象。

附 录 G
（规范性附录）
逸气量试验

G.1 概述

本节描述了在规定温度下的螺纹脂逸气量的测定过程。

G.2 设备

G.2.1 设备如图 G.1、图 G.2 所示，也可采用其他等同设备。

G.3 步骤

a) 仔细地把要试验的螺纹脂充满到距弹形瓶 1 上沿 15.0 mm 的位置，避免空气包含在脂的内部，震动螺纹脂是有益处的，把顶面修平。
b) 密封弹形瓶，关闭针阀 2，并把弹形瓶组合体放入调好预先温度的油浴中。
c) 将弹形瓶组合体用通管 3 同气瓶 4 和气压计 5 连起来。
d) 打开针阀 2。
e) 15 min 后，通过气压计观察压力增加。压力增加一般是由系统的和螺纹脂中的空气的正常膨胀造成的。
f) 打开阀 10，用量瓶来测量溢出的水量。记录。关闭阀 10。
g) 在 5 d 以后，重复第 f)步。
h) 按下面的方法计算逸气量：确定因空气和螺纹脂在试验温度下正常膨胀所造成的排水量（以 mL 表示），并从总排水量减去。剩下的是由于气体逸出造成的。

G.4 样品试验数据

a)	油浴温度	66 ℃
b)	室温温度	25 ℃
c)	温差温度	41 ℃
d)	空气的膨胀系数（每摄氏度、每单位体积的体积变化量）	0.003 67
e)	容器直径（$D=2r$）	50.0 mm
f)	气体高度（h）	15.0 mm

G.5 计算

a) 在 25 ℃，弹形瓶中脂上部的气体的体积

$V=\pi r^2 h=3.141\,6\times(2.50\ \text{cm})^2\times(1.50\ \text{cm})$

$=29.45\ \text{cm}^3$（最初的气体体积）

b) 在 66 ℃时，弹形瓶中气体体积的膨胀

$V_2=29.45\times0.003\,67\times41$

$=4.43\ \text{cm}^3$（空气弹形瓶体积的膨胀量是排出的气体体积）

$4.43/29.45\times100=15.04\%$（体积变化量）

c) 瓶内排出的空气因冷却到室温 25 ℃引起的收缩

$4.43\times15.04\%=0.67\ \text{cm}^3$。

d) 瓶内排出气体体积的修正值

4.43－0.67＝3.76 cm^3

e) 逸气量＝总排出量－瓶内排出气体的修正值

单位为毫米

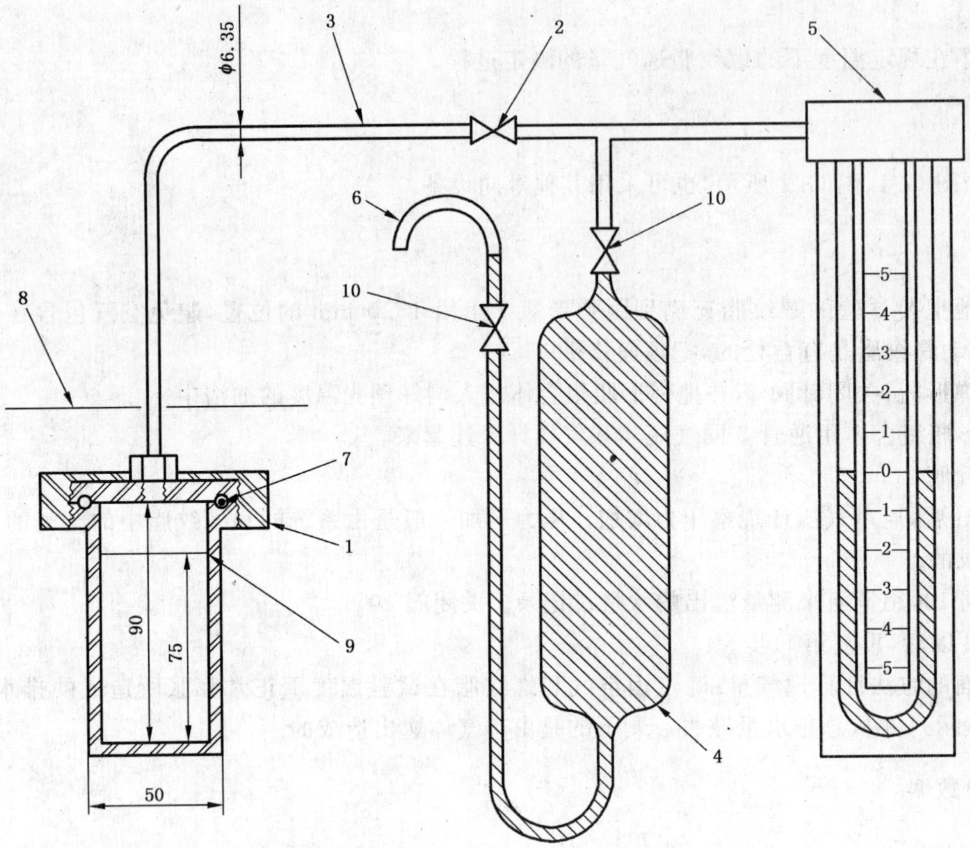

1——弹形瓶；

2——阀；

3——不锈钢管；

4——250 mL 气瓶，充满水；

5——250 mm 汞气压计；

6——排水管；

7——硅橡胶“O”环；

8——油面；

9——脂填充线；

10——阀。

图 G.1 逸气量试验设备

单位为毫米

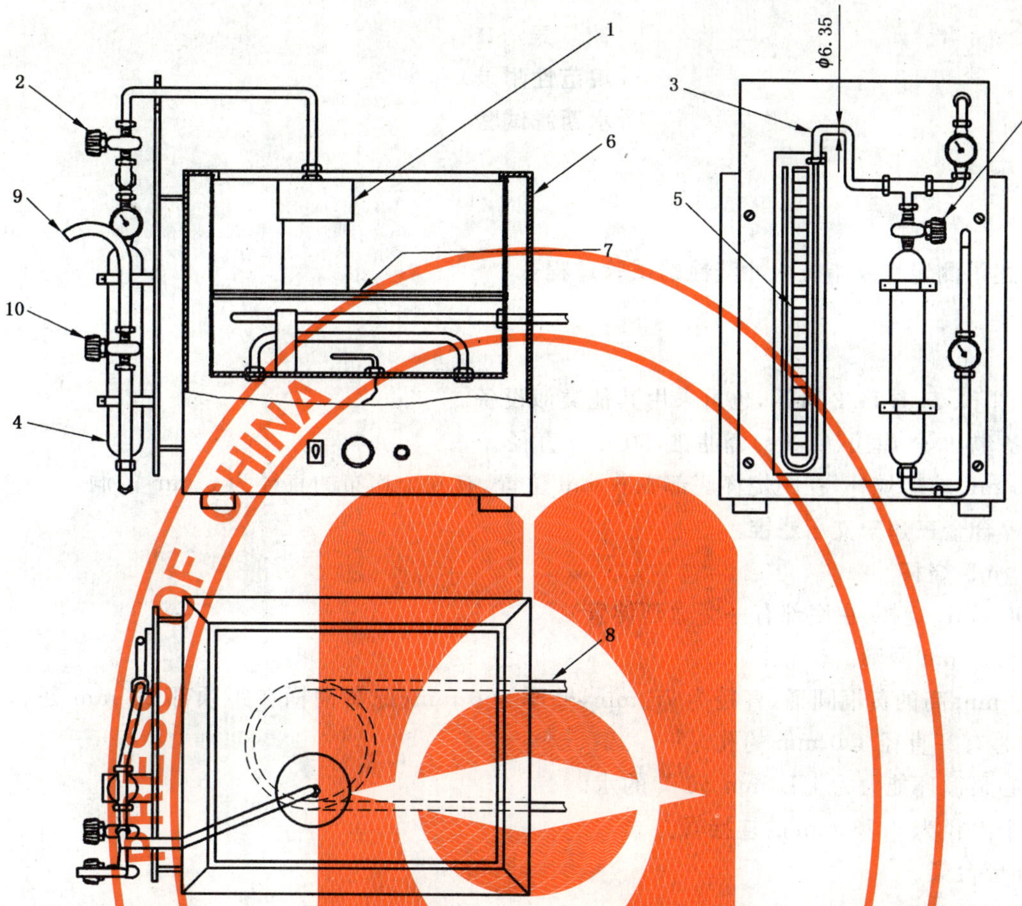

1——弹形瓶；

2——阀；

3——不锈钢管；

4——250 mL 气瓶，充满水；

5——250 mm 汞气压计；

6——恒温水浴；

7——搁板；

8——66 ℃水浴(参看图 H.2 中的 6)；

9——脂填充线；

10——阀。

图 G.2 逸气量试验设备

附　录　H
（规范性附录）
水沥滤试验

H.1　概述

本节描述了测定螺纹脂抗水冲洗性的试验过程。

H.2　设备

设备如图 H.1，图 H.2 所示，也可采用其他类似设备。

H.2.1　设备包括 3# 库氏(Coors)瓷滤锥，50 mm 直径。

H.2.2　100 mL 玻璃烧杯，在距烧杯底部 1.6 mm 位置，有 6 个均布的直径为 6 mm 的洞。

H.2.3　铬镍合金三角架支承滤锥。

H.2.4　100 mL 烧杯。

H.2.5　1 000 mL 烧杯（在底部有一旁通延伸管）。

H.2.6　铜 1.6 mm 网筛。

H.2.7　150 mm 高的黄铜圆桶，直径为 75 mm，壁厚为 6 mm（此黄铜桶在距顶部 20 mm 处有一溢流孔），底部中心有一直径 3.0 mm 的孔。

H.2.8　离心泵循环能力为 1 L/min 66 ℃的水。

H.2.9　两个内径为 6.35 mm 的连接管。

H.2.10　环形台架。

H.2.11　加热器。

H.3　步骤

在已称过重量的瓷滤锥中盛装大约 17 g 螺纹脂，用一个刮刀抹平且中凹 1 mm 并再次称重。锥体支承在 100 mL 烧杯上，锥体和 100 mL 烧杯又通过铬镍三角架支承在 1 000 mL 烧杯上。整体玻璃组件安放在电炉上，电炉用于给来自泵里的水加温。黄铜桶用环形台上的夹子来支承。铜丝网等距离地放在黄铜桶和滤锥上边沿的中间，后两者距离是 13.0 mm。至少 500 mL 的蒸馏水预先在 1 000 mL 烧杯里加热到 66 ℃。1 000 mL 烧杯内的水通过泵进入到黄铜筒内，通过夹子来调节水量使其达到溢流面。冲洗过脂的水经过小烧杯的洞进入大烧杯，曾观察到冲掉的脂粘在大烧杯边上。

水循环 2 h，此时水温应保持在 60 ℃～66 ℃之间。在试验完成后，拆下设备，滤锥和内部的脂在 66 ℃温度下干燥 24 h，取出后在干燥器中冷却后并称重。失重量按原样品量的质量分数计算。

单位为毫米

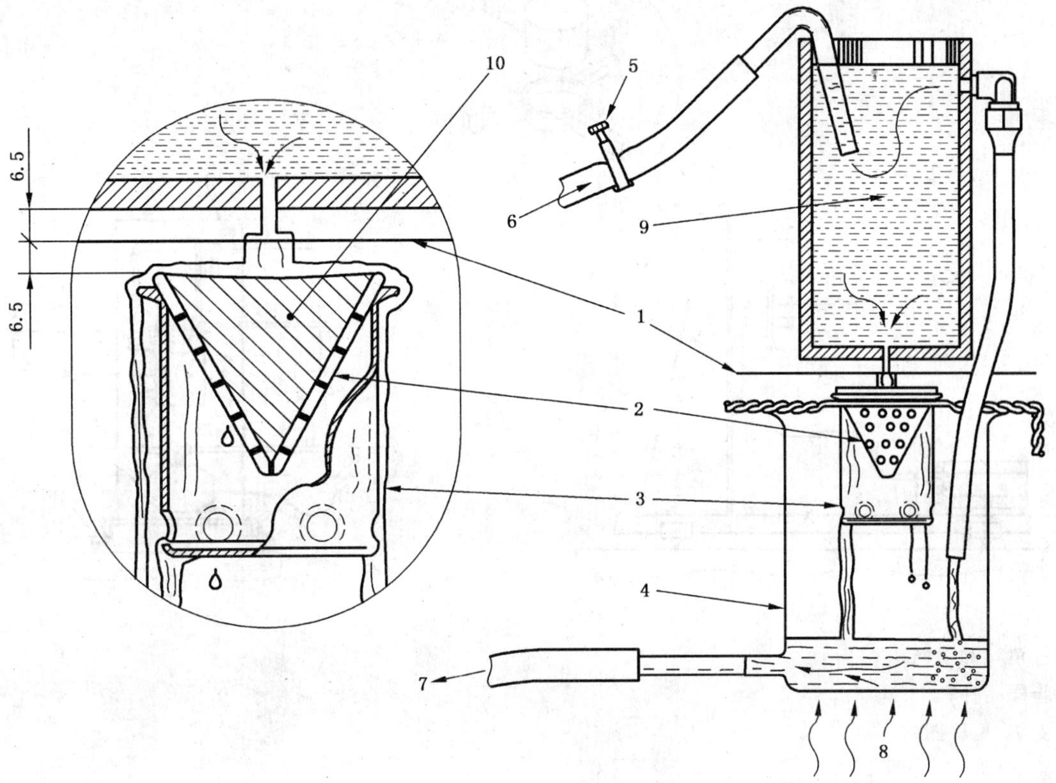

1——铜网,1.6 mm 网孔;
2——锥形漏斗;
3——100 mL 烧杯,改型;
4——1 000 mL,改型;
5——流量调节阀;
6——从泵流入;
7——流入泵中;
8——加热;
9——在稳压加热下供水;
10——螺纹脂样品。

图 H.1 水沥滤试验设备

单位为毫米

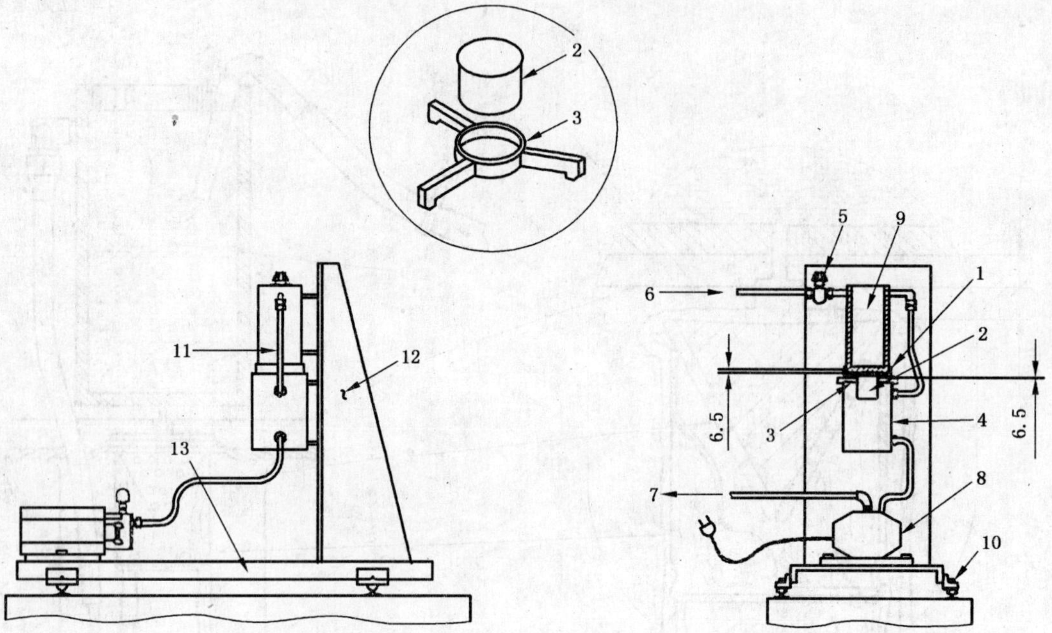

1——三角架和铜网；

2——脂样品杯；

3——支架(见详图)；

4——接水桶；

5——调节阀；

6——从恒温水槽流入(参看图 G.2)；

7——流到恒温水槽；

8——泵；

9——在稳压加热下供水；

10——调水平螺丝；

11——溢水管；

12——支撑架；

13——支板。

图 H.2　水沥滤试验设备

附 录 I
（资料性附录）
摩擦性能试验

I.1 概述

螺纹脂生产厂应对确定螺纹脂的摩擦特性负责。

I.2 工业试验方法

API已完成管螺纹脂的研究(API PRAC 项目 88,89,91-51:1992)。4.0 章“小尺寸摩擦试验进展”提供螺纹脂摩擦性能的试验方法的发展历史。6.0 章描述了用于 ISO/API 类型连接的全尺寸连接试验过程,其中包括了螺纹脂摩擦性能的评价。ISO 13679 描述了一些螺纹连接的试验步骤。

I.3 全尺寸试验

至少要求进行两个多次连接试验;一个是油管试验,最好采用规格为 88.9 mm$\left(\text{ISO/API } 3\frac{1}{2}\text{in}\right)$的油管,另一个是套管,最好采用规格为 244.5 mm$\left(\text{ISO/API } 9\frac{5}{8}\text{in}\right)$的。由于螺纹脂/连接系统的摩擦系数可随螺纹形状、密封类型和材料等级的变化而改变,因此在试验时应小心地进行,以确保连接试样变量的一致性。

注:本节所涉及到的全尺寸 API 参考试验过程规定对于 8 牙圆螺纹试验样品的上扣,应以低“参考扭矩”旋进一定的圈数。来自 API/Joint Industry 联合研究项目(API 1997[8])的全尺寸试验数据显示,假如螺纹脂具有实质上的不同的摩擦特性和/或组分(如固体组分类型或粒度,固体体积分数),在利用标准参考扭矩时,就会造成试验样品的初始啮合部位和紧密距的差别(一个整圈或更大些)。初始紧密距的差别将造成最终啮合部位里的相似的差别。在 API 允许差的允许范围内,螺纹脂的比较试验都应选定相同的最终啮合位置,既不是摩擦性能,也不是流体密封性能,这一点是最基本的。理由是连接部件啮合的圈数决定滑脱强度和连接的密封性能。在上面所提到的研究项目,初始参考紧密距是利用参考标样确定的。所有后来的螺纹脂试验,所有的连接试验样品都是先上紧到参考紧密距,记录下扭矩,然后再上紧到规定的圈数以达到最终啮合位置。

对于更多信息,包括 API 改进型螺纹脂和参考标样的性能比较,建议阅读所提到的项目的摘要。

I.4 小尺寸试验

API RP 7A1 描述了一个小尺寸试验的程序。此程序利用带有圆柱螺纹的台肩固定夹具。它不截留螺纹脂,因此所形成的膜厚度是非常薄的。表面接触压力相对来讲较高,在 200 MPa～425 MPa 之间,相比之下用于 ISO/API 套管,油管和管线管连接的表面接触压力只有 35 MPa～140 MPa。

用 API RP 7Al 方法所确定的典型的油管和套管螺纹脂的摩擦系数,大约在 0.067～0.08 范围之间。在用 API 8 牙圆螺纹进行全尺寸试验时,相同螺纹脂的摩擦系数显示为 0.02～0.04 那样低。这个差别是由于全尺寸连接圈数之间的表面接触压力减少,就象“漂浮”在一层螺纹脂的厚膜上,以及上述连接变量间的重大不同而造成的。在 API 油管和套管连接中,低的系数是由于连接之间的表面接触压力减少而造成,如同在上扣时,它们一起“漂浮”在一层螺纹脂的厚膜上。这时显示出的是表观摩擦系数。应选择一个试验方法用来考虑这样的变量,包括螺纹脂涂用的体积。

附 录 J
（资料性附录）
极限表面接触压力(粘着)试验

J.1 概述

螺纹脂生产厂应对确定螺纹脂的极限表面接触压力(粘着)特性负责。由于工业试验方法未能达成一致意见,因此鼓励生产厂和用户进一步发展粘着试验方法直到能达成一致意见。

J.2 工业试验方法

现行的唯一可靠的试验方法是全尺寸试验(重复上、卸扣),如 ISO 13679 参考〔9〕第 5 章“粘着试验”提供了螺纹脂极限表面接触压力(粘着)性能的试验方法的进展历史。第 6 章描述了全尺寸试验的步骤,包括用于 ISO/API 类型连接的螺纹脂抗粘扣特性的评价。

附　录　K
（规范性附录）
流体密封试验

K.1　概述

螺纹脂生产厂应对确定螺纹脂的密封特性负责。由于工业试验方法未能达成一致意见，因此鼓励生产厂和用户进一步发展密封试验方法直到能达成一致意见。最小的试验参数在K.3中给出。

K.2　工业试验方法

从所得到的信息得知，现行唯一可靠的方法是在特定螺纹脂/连接系统上进行全尺寸试验，如在ISO 13679中所描述的那样。

参考〔9〕第6章描述了用于评价螺纹脂流体密封特性的全尺寸试验。许多尝试被用来设计实验室试验评价ISO/API类型连接的油管和套管用螺纹脂的密封能力。在1957～1993年间至少进行了11种尝试，以开发一种螺纹脂密封能力的小尺寸试验。这11种方法，没有一种被工业界所接受，或被任一螺纹脂生产厂及用户所采用。从这些过去的努力可知，设计一种小尺寸的用于测定螺纹脂密封能力的试验，还需更多的额外努力。

API目前最近的尝试是利用一个螺旋槽试验装置，它十分接近API偏梯形螺纹的间隙和泄漏通道的长度。发现了一些不一致的观象，对试验方法本身来讲，这是由于螺纹脂颗粒尺寸不一致造成的。本方法的进一步评价表明了区别螺纹脂之间的相对能力。本方法没有说明颗粒剪切性质对密封的影响。

注：本节所涉及到的全尺寸API参考试验过程规定对于8牙圆螺纹试验样品的上扣，应以低“参考扭矩”旋进一定的圈数。来自API/Joint Industry联合研究项目（API 1997〔8〕）的全尺寸试验数据显示，假如螺纹脂具有实质上的不同的摩擦特性和/或组分（如固体组分类型或粒度，固体体积分数），在利用标准参考扭矩时，就会造成试验样品的初始啮合部位和紧密距的差别（一个整圈或更大些）。初始紧密距的差别将造成最终啮合部位里的相似的差别。在API允许差的允许范围内，螺纹脂的比较试验都应选定相同的最终啮合位置，既不是摩擦性能，也不是流体密封性能，这一点是最基本的。理由是连接部件啮合的圈数决定滑脱强度和连接的密封性能。在上面所提到的研究项目，初始参考紧密距是利用参考标样确定的。所有后来的螺纹脂试验，所有的连接试验样品都是先上紧到参考紧密距，记录下扭矩，然后再上紧到规定的圈数以达到最终啮合位置。

对于更多信息，包括API改进型螺纹脂和参考标样的性能比较，建议阅读所提到的项目的摘要。

K.3　试验步骤

无论选择那一种试验方法，均应能满足本标准要求。最少要包括下列这些步骤：

a）试验压力将用干氮气供给。

b）泄漏检测应按ISO 13679中显示的“气泡”方法进行，泄漏速率将通过观察单位时间内逸出的气泡，或类似的方法来确定，以 cm^3/min 表示。

c）试验压力应按图K.1执行，起始压力为7.0 MPa，压力每次增加7.0 MPa，并保持15 min。最大试验为70 MPa，或按用户和生产厂的要求而定。最大试验压力应至少保持8 h（最初15 min要持续观察）。

d）试验记录表在图K.2中，并且试验压力的连续带状图表在整个完整的试验期间都应记录。

e）在螺纹脂进行评价试验之前，应先完成参考标样（附录B）的压力试验。

f）记录试验结果包括两个图表和带状图应作为试验报告的一部分。

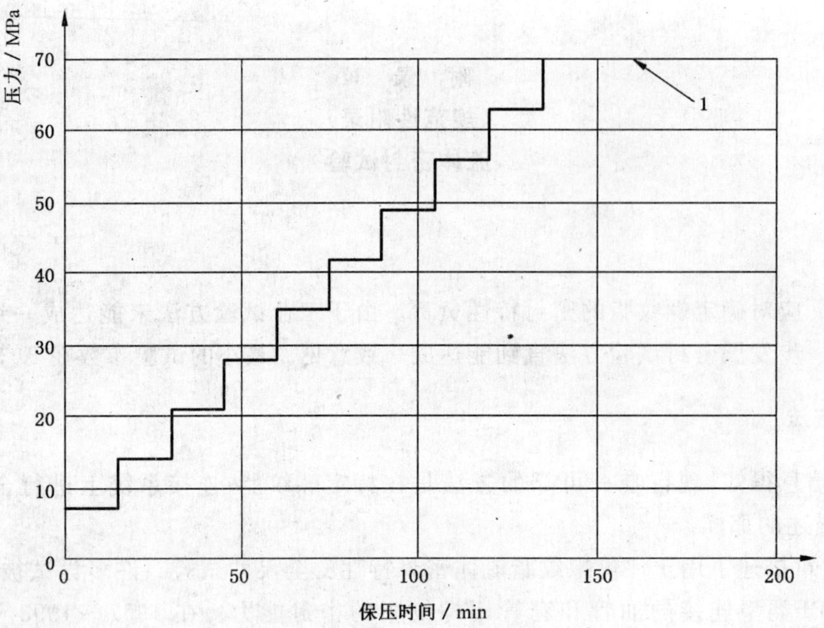

1——在最大压力下保压 8 h。

图 K.1 小尺寸密封性能试验步骤

小尺寸密封性能试验表

时间/ min	压力/ MPa	逸出气体/ mL	备注

图 K.2 小尺寸密封性能试验表

附　录　L
（资料性附录）
防腐蚀试验

L.1　推荐的性能标准

螺纹脂应提供防腐蚀性，选用 ISO 11960 L80 钢级材料（或相似的），在 38 ℃进行至少 500 h 的防腐性试验，按 ASTM B-117 盐雾（喷雾）试验（5% NaCl 溶液，pH 值中性），检测时选用每 80 cm^2 收集率为 1.0 mL/h～2.0 mL/h。螺纹脂涂刷的厚度应为相同的 0.4 mm，在样品涂刷过程中，要避免任何的划痕和表面条痕。腐蚀水平的测量不应超过表面积的 1%，由于腐蚀"边缘效应"和腐蚀"渗色"造成的排除在外。

注：评价一种包含组分颗粒尺寸大于 0.4 mm 的螺纹脂，可能会要求一个较厚的涂层和更长时间的曝露。

L.2　备选试验方法

此外螺纹脂也可采用其他的，包括下列的标准进行评价（圆括号内的试验时间是已知的）：

a)　ASTM D 1743　(48 h)；

b)　DIN 51802　(164 h)；

c)　SPE 11396　(40 d)；

d)　NACE 134　(40 d)；

e)　NF X 41-002；

f)　ISO 11007。

附 录 M
(资料性附录)
螺纹脂高温稳定性试验

M.1 概述

本附录描述了一个用于评价螺纹脂高温稳定性的方法。

M.2 设备

M.2.1 样品杯按 ISO 2137 所要求的器皿或类似器皿(内径 7.6 cm,高 6.4 cm)。

M.2.2 重力对流烘箱:应能有 138 ℃±1.1 ℃的保温能力。

M.3 步骤如下

a) 把具有代表性的螺纹脂样品装进已称过重量的容器中,距上沿大约有 2 cm。要小心进行,以免空气裹入。

b) 再次称取容器和螺纹脂样品的总重量,并计算样品的体积。这是在确定了螺纹脂的密度(g/cm^3)的确定基础上进行的。

c) 在重力对流烘箱(M.2.2)中,在 138 ℃的条件下,最少烘烤 24 h。

d) 在烘烤后放入干燥器内冷却到室温,并轻轻到出分离出的油。

e) 重新称取容器和螺纹脂样品的重量,并记录总损失量%(体积分数)[4]。

由于基脂/油分离或组分挥发造成的总损失量不能超过体积分数的 25%。

---

4) 体积分数的计算:首先确定(如事先未知)试验用螺纹脂的密度(kg/m^3),试验所需的总的质量既不是通过直接测量,也不是用样品和设备的总量减去设备的皮重得到的。以立方米表示的样品的体积等于样品的质量(以千克为单位)除以密度再乘以 1 000。由于分离或蒸发而失去的油或挥发物,假如它们是烃基化合物,可以假定具有相近的密度 900 kg/m^3。分离或蒸发物质的体积等于所测量的质量(以千克为单位)除以 900 kg/m^3(或实际的密度,如已知是不同的)再乘以 1 000 kg/m^3。体积分数(损失量)等于分离或蒸发物质的体积除以原始样品的体积再乘以 100 kg/m^3。

参 考 文 献

[1] ISO 10405:1993 石油和天然气工业——套管和油管的使用及维护

[2] ISO 11007:1997 石油和天然气工业——润滑脂防锈特性的确定

[3] ISO 11960[5] 石油和天然气工业——油井套管、油管用钢管

[4] ISO 13679[6] 石油和天然气工业——用于套管、油管连接的试验步骤

[5] API BUL 5A2:1988[7] 用于套管、油管和管线管的螺纹脂公报

[6] API RP 5A3:1996 用于套管、油管和管线管的螺纹脂的推荐作法

[7] API RP 7A1:1992 用于旋转台肩连接的螺纹脂试验的推荐作法

[8] API 1997,API 螺纹脂研究,环境可接受的螺纹脂的全尺寸性能试验(总结报告)

[9] API PRAC 项目 88、89、91-5:1992 管用螺纹脂的研究

[10] ASTM B 117 盐雾试验设备操作的标准作法

[11] ASTM C 561:1991 测定在石墨样品中灰分的标准试验方法

[12] ASTM D 283:1984 氧化亚铜和铜颜料的化学分析的标准试验方法

[13] ASTM 521:1990 锌末(金属锌粉末)的化学分析的标准试验方法

[14] ASTM D 566 润滑脂滴点的标准试验方法

[15] ASTM D 1301:1991 白铅颜料的化学分析的标准试验方法

[16] ASTM D 1743:1994e1 确定润滑脂防腐蚀特性的标准试验方法

[17] ASTM D 2196:1999 通过旋转(布氏类型)黏度计测定非牛顿材料的流变学特性的标准试验方法

[18] ASTM D 2596:1997 测量润滑脂(四球方法)极限表面接触压力特性的标准试验方法

[19] ASTM D 2782:1994 (1996 年重新批准)测量润滑脂(梯姆肯方法)极限表面接触压力特性的标准试验方法

[20] ASTM D 4048:1991 确定来自润滑脂的铜腐蚀的标准试验方法

[21] ASTM E 11:1995 用于试验用途的铜丝布和筛网的标准规范

[22] DIN 15802 通过 SKF emcor 方法确定润滑脂防腐蚀特性的试验方法

[23] NACE 134:1990 储存脂防腐蚀特性的评价,Choi,H. J 和 Jones,S. B

[24] NF X 41-002 Essai au Brouillard Salin(抗物理、化学和生物剂的保护,盐雾试验)

[25] SPE 11396:1983 评价油田用螺纹保护器的试验程序,Dale,B. A,Moyer,M. C 和 Sampson,T. W.

[26] GB/T 269—1991 润滑脂和石油锥入度测定法(ISO 2137:1985,IEQ)

[27] GB/T 20657—2006 石油和天然气工业 套管、油管、钻杆和管线管性能公式及计算(ISO 10400:1993,MOD)

5) 已发布(ISO 11960:1996 修订)。

6) 已发布。

7) 已过期(被[6]所替代)。

ICS 77.120.99
H 66

GB

中华人民共和国国家标准

GB/T 23513.1—2009

锗精矿化学分析方法
第1部分：锗量的测定 碘酸钾滴定法

Chemical analysis methods for germanium concentrate—
Part 1: Determination of germanium content—Potassium iodate titration

2009-04-08 发布　　2010-02-01 实施

中华人民共和国国家质量监督检验检疫总局
中国国家标准化管理委员会　发布

前　言

GB/T 23513《锗精矿化学分析方法》分为五部分：

——第1部分：锗量的测定　碘酸钾滴定法；

——第2部分：砷量的测定　硫酸亚铁铵滴定法；

——第3部分：硫量的测定　硫酸钡重量法；

——第4部分：氟量的测定　离子选择电极法；

——第5部分：二氧化硅量的测定　重量法。

本部分为第1部分。

本部分由中国有色金属工业协会提出。

本部分由全国有色金属标准化技术委员会归口。

本部分负责起草单位：云南临沧鑫圆锗业股份有限公司。

本部分参加起草单位：中金岭南韶关冶炼厂、湖南怀化市洪江恒昌锗业有限公司、南京锗厂有限责任公司、北京国晶辉红外光学科技有限公司。

本部分主要起草人：包文东、李贺成、普世坤、郑洪、高孟朝、王坚、孙燕。

锗精矿化学分析方法 第1部分:锗量的测定 碘酸钾滴定法

1 范围

GB/T 23513的本部分规定了锗精矿中锗含量的测定方法。

本部分适用于锗精矿中锗含量的测定。测定范围:1.0%~70%。

2 方法原理

试料以氢氧化钠熔融,用磷酸及高锰酸钾抑制砷、锑、锡等的蒸馏逸出,在3 mol/L磷酸及4.5 mol/L盐酸中,以次亚磷酸钠还原四价锗为二价,以淀粉为指示剂,在20 ℃以下,用碘酸钾标准溶液滴定。

3 试剂

除另有说明,在分析中仅使用确认为分析纯的试剂和蒸馏水或相当纯度的水。

3.1 碘化钾(KI)。

3.2 无水碳酸钠(Na_2CO_3)。

3.3 氢氧化钠(NaOH)。

3.4 次亚磷酸钠($NaH_2PO_2 \cdot H_2O$)。

3.5 高锰酸钾($KMnO_4$)。

3.6 氟化铵(NH_4F)。

3.7 盐酸(ρ1.19 g/mL)。

3.8 磷酸(ρ1.69 g/mL)。

3.9 硫酸(ρ1.83 g/mL)。

3.10 盐酸(1+1)。

3.11 盐酸(1+2)。

3.12 硫酸(2+1)。

3.13 磷酸(3+1)。

3.14 碳酸氢钠饱和溶液。

3.15 淀粉溶液(1 g/L)。

3.16 碘酸钾标准溶液Ⅰ

称取1.000 0 g预先在130 ℃下烘干至恒重的基准KIO_3于500 mL烧杯中,加入20 g碘化钾(3.1),0.5 g无水碳酸钠(3.2),200 mL水,搅拌至完全溶解后,移入1 000 mL容量瓶中,用水定容,混匀,放置24 h,浓度$c(1/6KIO_3)$为0.028 04 mol/L。

3.17 碘酸钾标准溶液Ⅱ

称取3.566 7 g预先在130 ℃下烘干至恒重的基准KIO_3于400 mL烧杯中,加入40 g碘化钾(3.1)、无水碳酸钠1.0 g(3.2),200 mL水,搅拌至完全溶解后,移入1 000 mL容量瓶中,用水定容,混匀,放置24 h,浓度$c(1/6KIO_3)$为0.100 0 mol/L。

4 分析步骤

4.1 试料

4.1.1 样品经105 ℃烘干至恒重,测定水分,并过0.125 mm(120目)分样筛。

4.1.2 按表1称取试料,精确至0.000 1 g。

4.2 测量次数

独立地进行2次测定,取其平均值。

4.3 空白试验

随同试料做空白试验。

表1 试料量

锗含量/%	称样量/g
>50	0.20～0.25
>10～50	0.25～0.3
>5～10	0.3～0.4
1～5	>0.5

5 测定

5.1 总锗的测定

5.1.1 方法Ⅰ(仲裁法)

5.1.1.1 先加入3 g～4 g氢氧化钠(3.3)于镍坩埚中,放入马弗炉中650 ℃熔好后冷却,然后按表1称取试料(4.1)于坩埚内,加入3 g～4 g氢氧化钠(3.3)和无水碳酸钠(3.2)的混合熔剂(1+1)覆盖试料,置于马弗炉中经800 ℃熔融20 min后,取出冷却至20 ℃左右。

5.1.1.2 将坩埚放于250mL烧杯中,加入少量热水浸取,用水洗净坩埚,取出。滴加硫酸(3.12),小心中和至酸性(以酚酞指示)。

5.1.1.3 移至300 mL锥形瓶中,低温加热或补加水使体积为60 mL左右,加入10 mL磷酸(3.8),0.1 g高锰酸钾(3.5)摇匀,冷却。加入50 mL盐酸(3.7)摇匀。

5.1.1.4 取500 mL锥形瓶,加入40 mL磷酸(3.13),10 mL盐酸(3.11),7 g～10 g次亚磷酸钠(3.4)。

5.1.1.5 接好冷凝装置(冷凝液出口)插入500 mL锥形瓶(5.1.1.4)中,加热蒸馏,以3 mL/min的速度蒸至黄色褪去(残留20 mL左右停止蒸馏),取下,用10 mL盐酸(3.11)洗涤两次蒸馏管。

5.1.1.6 取出500 mL锥形瓶,摇匀后,盖上盖氏漏斗,往漏斗中加入碳酸氢钠饱和溶液(3.14),加热至沸,保持15 min取下,冷却至20 ℃左右。揭去盖氏漏斗,立即加入5 mL淀粉溶液(3.15),用碘酸钾标准溶液(3.16或3.17)滴定至蓝色15 s不褪为终点。

5.1.2 方法Ⅱ

按表1称取试料(4.1)于300 mL锥形瓶中,加10 mL水,摇匀,加10 mL磷酸(3.8),2 g高锰酸钾(3.5),0.2 g氟化铵(3.6),低温加热分解,保持紫色,如紫色褪去,补加少许高锰酸钾(3.5),直至完全分解出现细微磷酸分解的白烟为止,取下冷却。加入120 mL盐酸(3.10)于锥形瓶内,以下操作同5.1.1.4～5.1.1.6。

5.1.3 方法Ⅲ

适用于粗二氧化锗等杂质含量较低的试料中锗的测定。

按表1称取试料(4.1)于300 mL锥形瓶中,加10 mL水,摇匀,再加1 g氢氧化钠(3.3)加热溶解完全后,取下,加入80 mL水,35 mL磷酸(3.8),7 g次亚磷酸钠(3.4)摇匀溶解后,盖上盖氏漏斗,以下同5.1.1.6。

5.2 盐酸可溶锗测定

按表1称取试料(4.1)于300 mL锥形瓶中,加入0.1 g高锰酸钾(3.5),盐酸(1+1)80 mL,以下操作同5.1.1.5～5.1.1.6。

6 分析结果的计算

6.1 锗的质量分数

按式(1)计算锗的质量分数：

$$w(Ge)=\frac{36.295c(V-V_0)}{10m}\times 100 \quad\cdots\cdots(1)$$

式中：

$w(Ge)$——锗的质量分数，%；

c——(1/6KIO_3)标准溶液的浓度，单位为摩尔每升(mol/L)；

V——碘酸钾标准溶液之用量，单位为毫升(mL)；

V_0——空白试验时碘酸钾标准溶液之用量，单位为毫升(mL)；

m——分析试料的质量，单位为克(g)。

计算结果取小数点后3位，按数字修约到小数点后2位，结果以干基报出。

6.2 盐酸不溶锗

盐酸不溶锗(%)为总锗量(w(Ge))减去盐酸可溶锗(%)。

7 精密度

7.1 重复性限

在重复性条件下获得的两次独立测试结果的测定值，在以下给出的平均值范围内，这两个测试结果的绝对差值不超过重复性限(r)，超过重复性限(r)的情况应不超过5%，重复性限(r)按表2数据采用线性内标法求得。

表2 重复性限

锗的质量分数/%	1.51	9.87	50.56
重复性限(r)/%	0.124	0.143	0.28

7.2 允许差

实验室之间分析结果的差值应不大于表3所列的允许差。

表3 允许差

锗的质量分数/%	允许差/%
>50	0.35
>25~50	0.30
>10~25	0.25
>5~10	0.20
1~5	0.15

8 质量保证和控制

应用国家级标准样品或行业级标准样品(当前两者没有时，也可用控制样替代)，每周或每两周校核一次本分析方法标准的有效性。当过程失控时，应找出原因，纠正错误后，重新进行校核。

ICS 77.120.99
H 66

中华人民共和国国家标准

GB/T 23513.2—2009

锗精矿化学分析方法
第2部分：砷量的测定
硫酸亚铁铵滴定法

Chemical analysis methods for germanium concentrate—
Part 2：Determination of arsenic content—Ferrous ammonium sulfate titration

2009-04-08 发布　　　　2010-02-01 实施

中华人民共和国国家质量监督检验检疫总局
中国国家标准化管理委员会　发布

前　言

GB/T 23513《锗精矿化学分析方法》分为五部分：

——第1部分：锗量的测定　碘酸钾滴定法；

——第2部分：砷量的测定　硫酸亚铁铵滴定法；

——第3部分：硫量的测定　硫酸钡重量法；

——第4部分：氟量的测定　离子选择电极法；

——第5部分：二氧化硅量的测定　重量法。

本部分为第2部分。

本部分由中国有色金属工业协会提出。

本部分由全国有色金属标准化技术委员会归口。

本部分负责起草单位：云南临沧鑫圆锗业股份有限公司。

本部分参加起草单位：湖南怀化市洪江恒昌锗业有限公司、中金岭南韶关冶炼厂、南京锗厂有限责任公司、北京国晶辉红外光学科技有限公司。

本部分主要起草人：包文东、李贺成、普世坤、郑洪、高孟朝、王坚。

锗精矿化学分析方法
第2部分：砷量的测定
硫酸亚铁铵滴定法

1 范围

GB/T 23513的本部分规定了锗精矿中砷含量的测定方法。

本部分适用于锗精矿中砷含量的测定。测定范围：0.2%～20%。

2 方法原理

试料以硝酸、氟化铵、溴水分解，再用硫酸分解并驱赶硝酸后，在盐酸介质中以硫酸铜为催化剂，用次亚磷酸钠把砷还原为单质砷，过滤分离。以重铬酸钾标准溶液溶解并氧化为五价砷；用硫酸亚铁铵标准溶液滴定过量的重铬酸钾溶液，间接测定砷。

3 试剂

除另有说明，在分析中仅使用确认为分析纯的试剂和蒸馏水或相当纯度的水。

3.1 次亚磷酸钠($NaH_2PO_2 \cdot H_2O$)。

3.2 硫酸(ρ1.83 g/mL)。

3.3 硝酸(ρ1.42 g/mL)。

3.4 盐酸(ρ1.19 g/mL)。

3.5 磷酸(ρ1.68 g/mL)。

3.6 硫酸(1+1)。

3.7 盐酸(1+1)。

3.8 溴水(3%)。

3.9 氯化铵溶液(50 g/mL)。

3.10 硫酸铜溶液(5%)。

3.11 盐酸(1+3+0.5%$NaPO_2 \cdot H_2O$)。

3.12 氟化铵溶液(10%)。

3.13 硫-磷混酸：于1 000 mL烧杯中，先加入700 mL水，然后徐徐加入150 mL硫酸(3.2)和150 mL磷酸(3.5)，混匀。

3.14 二苯胺磺酸钠指示剂(10 g/L)。

3.15 重铬酸钾标准溶液：称取预先在150 ℃烘干至恒重的基准重铬酸钾1.636 1 g于500 mL烧杯中，加100 mL水，搅拌完全溶解后移入1 000 mL容量瓶中，以水定容，混匀。$c(1/6K_2Cr_2O_3)$为0.033 37 mol/L。

3.16 硫酸亚铁铵标准溶液。

3.16.1 配制

称取预先在干燥器内干燥了的6.229 4 g硫酸亚铁铵于1 000 mL烧杯中，加500 mL水，徐徐加入100 mL硫酸(3.2)，搅拌完全溶解冷却后，移入1 000 mL容量瓶中，以水定容，混匀。

3.16.2 标定

用移液管向300 mL锥形瓶中加入25 mL硫酸亚铁铵标准溶液(3.16.1)(V_3)，再加入20 mL硫-磷混酸(3.13),25 mL 水,4 滴二苯胺磺酸钠(3.14),用重铬酸钾标准溶液滴定至紫色不褪为终点(V_4),$k=V_4/V_3$,每次使用前均需标定。

4 分析步骤

4.1 试料

样品经磨细过 0.125 mm(120 目)分样筛后,称取 0.50 g～1.00 g 试样,精确至 0.000 1 g。

4.2 测定次数

独立的进行 2 次测定,取其平均值。

4.3 空白试验

随同试料做空白试验。

4.4 称取试料(4.1)于 300 mL 锥形瓶中,加入 15 mL～20 mL 硝酸(3.3),5 mL 溴水(3.8),2 mL 氟化铵溶液(3.12),加热溶解,蒸发至 3 mL 左右时,取下稍冷,加 15 mL～20 mL 硫酸(3.6),加热冒白烟至 5 mL 左右,取下冷却。用约 10 mL 水清洗瓶壁,再加热冒白烟至 3 mL,再稍冷后加 40 mL 水,加热溶解,趁热过滤于 200 mL 锥形瓶中,并用 40 mL 盐酸(3.4)洗涤。

4.5 称取 1.000 g 特级锗精矿试料于 300 mL 锥形瓶中,加 80 mL 盐酸(1+1)(3.7)。

4.6 往 4.4 或 4.5 所得溶液中加入 2 mL 硫酸铜溶液(3.10),5 g 次亚磷酸钠(3.1),混匀后缓慢加热至微沸,保持 40 min 后取下冷却。

4.7 用慢速定量滤纸过滤,并先用 20 mL 盐酸(3.11),20 mL 氯化铵溶液(3.9)洗涤。每种洗液分两次,即每次 10 mL,先洗涤原锥形瓶,然后用滴管沿滤纸上缘流下,保证把 Fe、Cu 和次亚磷酸钠充分洗去。

4.8 将滤纸移入原锥形瓶中,加入适当过量的重铬酸钾标准溶液(3.15)(V_1)和 20 mL 硫-磷混酸(3.13)。用玻璃棒搅烂滤纸,并观察砷颜色完全消失,溶液呈淡黄色,加 25 mL 水,4 滴二苯胺磺酸钠指示剂(3.14),用硫酸亚铁铵标准溶液(3.16)滴定至绿色为终点(V_2)。

5 分析结果的计算

按式(1)计算砷的质量分数:

$$w(\mathrm{As}) = \frac{14.984c(V_1 - kV_2) - m_0}{10m} \times 100 \qquad \cdots\cdots(1)$$

式中:

$w(\mathrm{As})$——砷的质量分数,%;

c——重铬酸钾($1/6K_2Cr_2O_3$)标准溶液的浓度,单位为摩尔每升(mol/L);

V_1——重铬酸钾标准溶液的体积,单位为毫升(mL);

V_2——硫酸亚铁铵标准溶液的体积,单位为毫升(mL);

k——重铬酸钾标准溶液与硫酸亚铁铵标准溶液的体积比;

m_0——空白砷量,单位为毫克(mg);

m——试料量,单位为克(g)。

6 精密度

6.1 重复性限

在重复性条件下获得的两次独立测试结果的测定值,在以下给出的平均值范围内,这两个测试结果的绝对差值不超过重复性限(r),超过重复性限(r)的情况应不超过 5%,重复性限(r)按表 1 数据采用线性内标法求得。

表 1　重复性限

砷的质量分数/%	0.23	4.50	14.56
重复性限(r)/%	0.082	0.183	0.414

6.2　允许差

实验室之间分析结果的差值应不大于表 2 所列的允许差。

表 2　允许差

砷量/%	允许差/%
>0.2~1.0	0.10
>1.0~5.0	0.20
>5.0~10.0	0.30
>10.0~20.0	0.50

7　质量保证和控制

应用国家级标准样品或行业级标准样品(当前两者没有时,也可用控制样替代),每周或每两周校核一次本分析方法标准的有效性。当过程失控时,应找出原因,纠正错误后,重新进行校核。

ICS 77.120.99
H 66

中华人民共和国国家标准

GB/T 23513.3—2009

锗精矿化学分析方法 第3部分:硫量的测定 硫酸钡重量法

Chemical analysis methods for germanium concentrate—
Part 3:Determination of sulfur content—Barium sulfate gravimetry

2009-04-08 发布　　　　2010-02-01 实施

中华人民共和国国家质量监督检验检疫总局
中国国家标准化管理委员会　发布

前　言

GB/T 23513《锗精矿化学分析方法》分为五部分：

——第1部分：锗量的测定　碘酸钾滴定法；

——第2部分：砷量的测定　硫酸亚铁铵滴定法；

——第3部分：硫量的测定　硫酸钡重量法；

——第4部分：氟量的测定　离子选择电极法；

——第5部分：二氧化硅量的测定　重量法。

本部分为第3部分。

本部分由中国有色金属工业协会提出。

本部分由全国有色金属标准化技术委员会归口。

本部分负责起草单位：云南临沧鑫圆锗业股份有限公司。

本部分参加起草单位：中金岭南韶关冶炼厂、湖南怀化市洪江恒昌锗业有限公司、南京锗厂有限责任公司、北京国晶辉红外光学科技有限公司。

本部分主要起草人：包文东、李贺成、普世坤、郑洪、高孟朝。

锗精矿化学分析方法
第3部分：硫量的测定 硫酸钡重量法

1 范围

GB/T 23513 的本部分规定了锗精矿中硫含量的测定方法。

本部分适用于锗精矿中硫含量的测定。测定范围：0.5%～10%。

2 方法原理

试料以氯酸钾，硝酸分解，用氨水和碳酸铵将铁、铝等杂质沉淀分离，在盐酸溶液中与氯化钡形成硫酸钡沉淀，过滤，灰化后，称其质量，为总硫量；于另一等同试料中，经盐酸处理，挥发除去可溶性硫生成的硫化氢，试料中硫酸根用氯化钠浸出，以氨水，碳酸铵，分离铁，铅、单体硫，硫离子等杂质后再用氯化钡沉淀硫酸根。从总硫中减去硫酸根中硫量，为测定硫含量。

3 试剂

除另有说明，在分析中仅使用确认为分析纯的试剂和蒸馏水或相当纯度的水。

3.1 氯酸钾（$KClO_3$）。

3.2 碳酸铵（$(NH_4)_2CO_3$）。

3.3 硝酸（ρ1.42 g/mL）。

3.4 盐酸（ρ1.19 g/mL）。

3.5 氨水（ρ1.09 g/mL）。

3.6 盐酸（1+1）。

3.7 盐酸（5+95）。

3.8 氯化钡（100 g/L）。

3.9 甲基橙指示剂（0.2%）。

3.10 氯化钠（200 g/L）。

3.11 三氯化铁溶液（1%）：称取 10 g 三氯化铁，加盐酸（3.4）溶解后，移入 1 000 mL 容量瓶中，用水稀释至刻度，摇匀。

4 分析步骤

4.1 试料

样品经磨细过 0.125 mm（120 目）分样筛后，称取 1.0 g 试料，精确至 0.000 1 g。

4.2 测定次数

独立地进行 2 次测定，取其平均值。

4.3 空白试验

随同试料做空白试验。

4.4 总硫测定

4.4.1 将试料（4.1）置于 300 mL 烧杯中，加入 5 g 氯酸钾（3.1）及少量水，摇荡使呈泥状，加入 20 mL 硝酸（3.3）覆盖表皿，在室温放置分解 2 h，加热蒸至近干，移入低温处蒸干，加入 20 mL 盐酸（3.4），然后加热溶解并蒸至近干，重复加 10 mL 盐酸（3.4）蒸至近干，移于低温处蒸干，再加 10 mL 盐酸（3.4）低温加热溶解可溶性盐类，取下［如试料中含铁小于 10 mg，应加入 2 mL 三氯化铁溶液（3.11）］。

4.4.2 试液（4.4.1）加水至体积约 100 mL，加热至近沸，取下，在搅拌下用氨水（3.5）生成氢氧化铁沉淀,过量 5 mL,加 1 g 碳酸铵(3.2),加热煮沸,待沉淀凝聚,用快速滤纸过滤,用热水洗涤 7 次～8 次,洗涤液用 400 mL 烧杯盛接。

4.4.3 滤液(4.4.2)加入 4 滴甲基橙指示剂(3.9),用盐酸(3.7)中和并过量 8 mL,摇动 10 min(至无小气泡发生),稀释体积至 250 mL,在搅拌下慢慢加入 10 mL 氯化钡溶液(3.8),加热 5 min,在近沸保温 1 h,用慢速滤纸过滤,用热水洗涤 7 次～8 次。

4.4.4 沉淀连同滤纸移入 30 mL 瓷坩埚中,于电炉上灰化滤纸,置于马弗炉中 750 ℃～800 ℃焙烧 30 min,取出,置于干燥器中冷却,称其质量。重复此操作至恒量。

4.5 硫酸根测定

称取试料(4.1),于 300 mL 烧杯中,加入少量水分散试料,加入 40 mL 盐酸(3.4)加热蒸至近干,加 10 mL 盐酸(3.4)重复蒸至近干,加 10 mL 盐酸(3.6),加热,搅拌起杯底附着物,然后加入 30 mL 氯化钠(3.10)溶液,加热至沸,保持 15 min,取下,以下操作同 4.4.2～4.4.4。

5 分析结果的计算

按式(1)计算硫的质量分数:

$$w(\mathrm{S})=\frac{(m_1-m_2)\times 0.137\,4}{m}\times 100 \qquad \cdots\cdots(1)$$

式中:

$w(\mathrm{S})$——硫的质量分数,%;

m_1——测定总硫称取的硫酸钡质量,单位为克(g);

m_2——测定硫酸根称取的硫酸钡质量,单位为克(g);

m——测定总硫及硫酸根所称取的相等的试料量,单位为克(g);

0.137 4——硫酸钡对硫的换算系数。

6 精密度

6.1 重复性限

在重复性条件下获得的两次独立测试结果的测定值,在以下给出的平均值范围内,这两个测试结果的绝对差值不超过重复性限(r),超过重复性限(r)的情况应不超过 5%,重复性限(r)按表 1 数据采用线性内标法求得。

表 1 重复性限

硫的质量分数/%	0.61	2.13	9.92
重复性限(r)/%	0.108	0.147	0.231

6.2 允许差

实验室之间分析结果的差值应不大于表 2 所列的允许差。

表 2 允许差

硫含量/%	允许差/%
>0.50～1.00	0.15
>1.00～2.00	0.20
>2.00～10.00	0.30

7 质量保证和控制

应用国家级标准样品或行业级标准样品(当前两者没有时,也可用控制样替代),每周或每两周校核一次本分析方法标准的有效性。当过程失控时,应找出原因,纠正错误后,重新进行校核。

ICS 77.120.99
H 66

中华人民共和国国家标准

GB/T 23513.4—2009

锗精矿化学分析方法 第4部分:氟量的测定 离子选择电极法

Chemical analysis methods for germanium concentrate—
Part 4: Determination of fluoride content—ISE

2009-04-08 发布 2010-02-01 实施

中华人民共和国国家质量监督检验检疫总局
中国国家标准化管理委员会 发布

前　言

GB/T 23513《锗精矿化学分析方法》分为五部分：

——第1部分：锗量的测定　碘酸钾滴定法；

——第2部分：砷量的测定　硫酸亚铁铵滴定法；

——第3部分：硫量的测定　硫酸钡重量法；

——第4部分：氟量的测定　离子选择电极法；

——第5部分：二氧化硅量的测定　重量法。

本部分为第4部分。

本部分由中国有色金属工业协会提出。

本部分由全国有色金属标准化技术委员会归口。

本部分负责起草单位：云南临沧鑫圆锗业股份有限公司。

本部分参加起草单位：中金岭南韶关冶炼厂、湖南怀化市洪江恒昌锗业有限公司、南京锗厂有限责任公司、北京国晶辉红外光学科技有限公司。

本部分主要起草人：包文东、李贺成、普世坤、郑洪、高孟明、孙燕。

锗精矿化学分析方法
第4部分:氟量的测定
离子选择电极法

1 范围

GB/T 23513的本部分规定了锗精矿中氟含量的测定方法。

本部分适用于锗精矿中氟含量的测定。测定范围:0.01%～1.0%。

2 方法原理

试料用氢氧化钠熔融,水提取分离大部分金属离子,在pH值为6.5左右的柠檬酸钠缓冲介质中,以氟离子选择电极为指示电极,饱和甘汞电极为参比电极,在离子计上测量溶液的电位差测定氟。

3 试剂

除另有说明,在分析中仅使用确认为分析纯的试剂和蒸馏水或相当纯度的水。

3.1 过氧化钠(Na_2O_2)。

3.2 氢氧化钠(NaOH)。

3.3 硝酸(ρ1.42 g/mL)。

3.4 无水乙醇(CH_3CH_2OH)。

3.5 硝酸(1+1)。

3.6 柠檬酸钠缓冲溶液[$c(Na_3C_6H_5O_7 \cdot 2H_2O)=1$ mol/L]:294 g柠檬酸钠溶解在900 mL水中,加10 mL硝酸(3.3),加水至1 000 mL,pH约为6.5。

3.7 氟标准贮存溶液:称取2.210 0 g预先在105 ℃干燥2 h时的优级纯氟化钠,置于塑料杯中,加水溶解,移入1 000 mL容量瓶中,立即以水定容,混匀。迅速转移入干的塑料瓶中保存,此溶液含氟1 mg/mL。

3.8 氟标准溶液A:移取20.00 mL氟标准贮存溶液于200 mL容量瓶中,以水定容,混匀。转入干的塑料瓶中,此溶液含氟100 μg/mL。

3.9 氟标准溶液B:移取10.00 mL氟标准溶液于100 mL容量瓶中,以水定容,混匀。转入干的塑料瓶内,此溶液含氟10.00 μg/mL。

4 仪器

4.1 镍坩埚,带盖,30 mL。

4.2 离子计或pH值计,毫伏读数可至1/10 mV。

4.3 氟离子选择电极。

4.4 饱和甘汞电极。

4.5 聚乙烯烧杯:200 mL、50 mL。

4.6 塑料容量瓶:200 mL、100 mL、50 mL。

4.7 磁力搅拌器:附包有聚乙烯的搅拌棒。

4.8 塑料漏斗。

5 分析步骤

5.1 试料

样品经磨细过 0.125 mm(120 目)分样筛后,称取 0.20 g~1.00 g 试料,精确至 0.000 1 g。

5.2 测定次数

同一试料,在同一实验室,应由同一操作者在不同的时间内进行 3 次~4 次测定。

5.3 空白试验

随同试料做空白试验,所用试剂须取自同一试剂瓶。

5.4 校正试验

随同试料分析同类型(分析步骤相一致)的标准试料。

5.5 测定

5.5.1 将试料(5.1)置于预先加入 2 g 过氧化钠(3.1)的镍坩埚中,混匀。加 3 g 氢氧化钠(3.2),盖上坩埚盖,放入已升温至 650 ℃的高温炉中熔融 10 min,取出冷却。放入 200 mL 烧杯中,用 50 mL 热水浸取,作用完后,洗出坩埚与坩埚盖,加几滴乙醇(3.4),加热煮沸 3 min~5 min,取下冷却,移入 100 mL 容量瓶中,以水定容。

5.5.2 分取 10.00 mL 经过过滤或澄清的溶液于 50 mL 的容量瓶中,加 5.00 mL 柠檬酸钠缓冲溶液,混匀,加 2 滴 5 g/L 的酚红指示剂,用硝酸(3.5)中和至溶液由红变黄,补加 10.00 mL 柠檬酸钠缓冲溶液(3.6),以水定容。将溶液倒入 50 mL 烧杯中,插入指示电极与参比电极,接好离子计,开动搅拌器,4 min 后读取电位值。从工作曲线上查得试料溶液中氟的质量浓度。

注 1:氟离子选择电极使用前使之处于最低的氟离子浓度的溶液中,直至电位稳定。

注 2:在每一次测量之后,要用水仔细洗涤电极,并用薄纸吸干。

注 3:测完读数时,必须消除所有异常变化,并尽量精确的读取电位值。

5.6 工作曲线的绘制

取 0 mL、0.10 mL、0.50 mL、1.00 mL、5.00 mL、10.00 mL 氟标准溶液 A(3.8)和 5.00 mL、7.00 mL、10.00 mL 氟标准溶液 B(3.9),分别置于一组 50 mL 塑料容量瓶中,加入与分取试料溶液相同体积的空白溶液,以下同 5.5.2。在半对数坐标纸上,以氟的质量浓度为横坐标,电位值(mV)为纵坐标,绘制工作曲线。

6 分析结果的计算

6.1 计算

按式(1)计算氟的质量分数:

$$w(\mathrm{F})=\frac{(\rho-\rho_0)\times 5}{100\times m}\times 100 \qquad \cdots\cdots (1)$$

式中:

$w(\mathrm{F})$——氟的质量分数,%;

ρ——从工作曲线上查得的试料溶液的氟浓度,单位为微克每毫升(μg/mL);

ρ_0——从工作曲线上查得的随同试料空白溶液的氟浓度,单位为微克每毫升(μg/mL);

m——试料量,单位为克(g)。

6.2 分析值的验收

6.2.1 当平行分析同类型标准试料所得的分析值与标准之差不大于表 2 所列的允许差时,则试料分析值有效,否则无效,应重新分析。分析值是否有效首先取决于平行分析的标准试料的分析值是否与标准值一致。

6.2.2 当所得试料的两个有效分析值之差,不大于表 2 所列允许差时,则可以平均,计算为最终分析结果。如二者之差大于允许差时，则应追加分析和数据处理。

6.3 最终分析结果的计算

试料有效分析值的算术平均值为最终分析结果。平均值计算至小数点第四位，并按数字修约规则的规定修约至小数第三位或第二位。

7 精密度

7.1 重复性限

在重复性条件下获得的两次独立测试结果的测定值，在以下给出的平均值范围内，这两个测试结果的绝对差值不超过重复性限(r)，超过重复性限(r)的情况应不超过5%，重复性限(r)按表1数据采用线性内标法求得。

表1 重复性限

氟的质量分数 w/%	0.11	0.64	1.10
重复性限(r)/%	0.010	0.038	0.056

7.2 允许差

实验室之间分析结果的差值应不大于表2所列的允许差。

表2 允许差

氟的质量分数/%	标样允许差/%	试料允许差/%
0.010～0.050	±0.006	0.009
>0.050～0.100	±0.009	0.012
>0.100～0.500	±0.025	0.035
>0.500～1.000	±0.045	0.065

8 质量保证和控制

应用国家级标准样品或行业级标准样品(当前两者没有时，也可用控制样替代)，每周或每两周校核一次本分析方法标准的有效性。当过程失控时，应找出原因，纠正错误后，重新进行校核。

ICS 77.120.99
H 66

中华人民共和国国家标准

GB/T 23513.5—2009

锗精矿化学分析方法
第5部分：二氧化硅量的测定 重量法

Chemical analysis methods for germanium concentrate—
Part 5: Determination of silica content—Gravimetry

2009-04-08 发布 2010-02-01 实施

中华人民共和国国家质量监督检验检疫总局
中国国家标准化管理委员会 发布

前　言

GB/T 23513《锗精矿化学分析方法》分为五部分：

——第1部分：锗量的测定　碘酸钾滴定法；

——第2部分：砷量的测定　硫酸亚铁铵滴定法；

——第3部分：硫量的测定　硫酸钡重量法；

——第4部分：氟量的测定　离子选择电极法；

——第5部分：二氧化硅量的测定　重量法。

本部分为第5部分。

本部分由中国有色金属工业协会提出。

本部分由全国有色金属标准化技术委员会归口。

本部分负责起草单位：云南临沧鑫圆锗业股份有限公司。

本部分参加起草单位：中金岭南韶关冶炼厂、湖南怀化市洪江恒昌锗业有限公司、南京锗厂有限责任公司、北京国晶辉红外光学科技有限公司。

本部分主要起草人：包文东、李贺成、普世坤、郑洪、张丽萍。

锗精矿化学分析方法
第5部分:二氧化硅量的测定　重量法

1　范围

GB/T 23513的本部分规定了锗精矿中二氧化硅含量的测定方法。

本部分适用于锗精矿中二氧化硅含量的测定。测定范围:0.5%～60%。

2　方法原理

试料以氢氧化钠,过氧化钠熔融,用水浸取,加盐酸脱水成硅酸析出,挥发除去锗,加动物胶凝聚沉淀过滤分离硅酸,灰化,灼烧,称其质量。

3　试剂

除另有说明,在分析中仅使用确认为分析纯的试剂和蒸馏水或相当纯度的水。

3.1　氢氧化钠(NaOH)。

3.2　过氧化钠(Na_2O_2)。

3.3　盐酸(ρ 1.19 g·mL^{-1})。

3.4　盐酸(1+3)。

3.5　盐酸(5+95)。

3.6　动物胶溶液(1%),用时现配。

4　分析步骤

4.1　试料量

按表1称取试料,精确至0.000 1 g。

表1　试料量

二氧化硅的质量分数/%	试料量/g	加入氢氧化钠量(3.1)/g
≤1.00	2.0	6
>1.00～8.00	1.0	4
>8.00	0.50	4

4.2　测定次数

独立地进行2次测定,取其平均值。

4.3　空白试验

随同试料做空白试验。

4.4　测定

4.4.1　预先按表1加入氢氧化钠(3.1)于马弗炉中650 ℃熔好冷却,加入1 g过氧化钠(3.2)覆盖试料,将试料(4.1)置于镍坩埚中,将镍坩埚置于马弗炉内经700 ℃熔融20 min,取出冷却。

4.4.2　将坩埚放入300 mL烧杯中,加入少量热水浸取,用水洗净坩埚,取出。

4.4.3　小心加入60 mL盐酸(3.4),加热蒸至10 mL左右,用玻璃棒搅成粒状,低温蒸干,再分别加入20 mL、10 mL、10 mL盐酸(3.4)重复蒸干三次,取下。

4.4.4 加入20 mL盐酸(3.4),搅拌,用20 mL水吹洗杯壁,加热至60 ℃～70 ℃,加入5 mL动物胶溶液(3.6),搅拌5 min,加入60 mL～70 mL沸水,近沸保温5 min。

4.4.5 趁热用慢速定量滤纸过滤,用热盐酸(3.5)洗烧杯及沉淀,用滤纸擦洗烧杯,用热盐酸(3.5)洗涤3次～4次,再用热水洗涤沉淀5次～6次。

4.4.6 将沉淀连同滤纸移入30 mL瓷坩埚中,置于马弗炉中低温灰化后,然后升温至950 ℃,灼烧1 h。取出稍冷,移入干燥器中,冷至室温,扫出,称其质量。

注:灼烧后二氧化硅应呈现白色粉状。若颜色不正常,可移至恒重铂坩埚中,加氢氟酸,硫酸挥发处理后,再灼烧,质量减少量为二氧化硅量。

5 分析结果的计算

按式(1)计算二氧化硅的质量分数:

$$w(SiO_2)=\frac{(m_1-m_2)}{m_0}\times 100 \qquad \cdots\cdots(1)$$

式中:

$w(SiO_2)$——二氧化硅的质量分数,%;

m_1——试料中二氧化硅的质量,单位为克(g);

m_2——空白试料中二氧化硅的质量,单位为克(g);

m_0——试料量,单位为克(g)。

6 精密度

6.1 重复性限

在重复性条件下获得的两次独立测试结果的测定值,在以下给出的平均值范围内,这两个测试结果的绝对差值不超过重复性限(r),超过重复性限(r)的情况应不超过5%,重复性限(r)按表2数据采用线性内标法求得。

表2 重复性限

二氧化硅的质量分数 w/%	0.51	14.52	46.72
重复性限(r)/%	0.096	0.299	0.4

6.2 允许差

实验室之间分析结果的差值应不大于表3所列的允许差。

表3 允许差

二氧化硅的质量分数/%	允许差/%
≤1.00	0.10
>1.00～5.00	0.20
>5.00～8.00	0.30
>8.00～10.00	0.40
>10.00～50	0.50

7 质量保证和控制

应用国家级标准样品或行业级标准样品(当前两者没有时,也可用控制样替代),每周或每两周校核一次本分析方法标准的有效性。当过程失控时,应找出原因,纠正错误后,重新进行校核。

ICS 77.040.30
H 15

中华人民共和国国家标准

GB/T 23514—2009

核级银-铟-镉合金化学分析方法

Chemical analysis methods for nuclear-grade Ag-In-Cd alloys

2009-04-08 发布 2010-02-01 实施

中华人民共和国国家质量监督检验检疫总局
中国国家标准化管理委员会 发布

前言

本标准由中国有色金属工业协会提出。

本标准由全国有色金属标准化技术委员会归口。

本标准负责起草单位:西部金属材料股份有限公司。

本标准参加起草单位:西北有色金属研究院、中国有色金属工业西北质量监督检验中心。

本标准主要起草人:江燕妮、叶红川、李波、孙宝莲、杨军红、张斌、翟通德、赵飞、魏东。

核级银-铟-镉合金化学分析方法

1 范围

本标准规定了核级银-铟-镉($Ag_{80}InCd$)合金中银、铟及镉含量的测定方法。

本标准适用于核级银-铟-镉($Ag_{80}InCd$)合金中银、铟及镉含量的测定。

2 方法原理

试料用硝酸溶解。先采用电位滴定法测定银含量,以银电极为指示电极,双盐桥式电极为参比电极,用氯化钠标准溶液滴定至电位终点;调整溶液 pH 值为 2.5,将溶液煮沸至上层溶液清亮,以 PAN 为指示剂,趁热用 EDTA 标准溶液滴定铟;调整溶液 pH 值为 6.0,继续用 EDTA 标准溶液滴定镉。

3 试剂

除非另有说明,在分析中使用的试剂均为分析纯,使用的水均为二次去离子水或相当纯度的水。

3.1 电解银(纯度≥99.99%)。

3.2 金属铟(纯度≥99.99%)。

3.3 金属镉(纯度≥99.99%)。

3.4 氨水(ρ 约 0.90 g/mL)。

3.5 冰乙酸(ρ 约 1.049 g/mL)。

3.6 硝酸(1+1)。

3.7 氢氧化钠溶液(200 g/L)。

3.8 乙酸-乙酸钠溶液:称取乙酸钠 20 g 溶于水中,加入 46.2 mL 冰乙酸(3.5),以水稀释至 500 mL,混匀。

3.9 PAN 指示剂:称取 0.1 g PAN 指示剂溶于 100 mL 甲醇,混匀。

3.10 氯化钠标准滴定溶液[c(NaCl)=0.050 mol/L]:称取 2.92 g 氯化钠(预先在 560 ℃烧 4 h 后,置于干燥器中冷却至室温)置于 500 mL 烧杯中,加 300 mL 水溶解,移入 1 000 mL 容量瓶中,用水稀释至刻度,混匀。

3.11 乙二胺四乙酸二钠(EDTA)标准滴定溶液[c(EDTA)=0.010 mol/L]:称取 3.72 g EDTA 置于 500 mL 烧杯中,加 300 mL 水溶解,移入 1 000 mL 容量瓶中,用水稀释至刻度,混匀。

3.12 银铟镉($AgInCd_{80\text{-}15\text{-}5}$)标准合成溶液

准确称取事先用有机试剂清洗并于干燥器中干燥的电解银(3.1)8.000 0 g,金属铟(3.2)1.500 0 g 和金属镉(3.3)0.500 0 g,一起放入 150 mL 烧杯中,加入 50 mL 硝酸(3.6),低温加热使样品溶解完全,除尽氮的氧化物,移入 100 mL 容量瓶中,用水稀释至刻度,混匀。

3.13 氯化钠及 EDTA 标准滴定溶液浓度的标定

移取 10.00 mL 银铟镉标准合成溶液(3.12)置于 100 mL 容量瓶中,用水稀释至刻度,混匀。

移取三份上述溶液各 10.00 mL 分别置于三个 100 mL 烧杯中,用水稀释至约 30 mL。以下按 6.2.3~6.2.5 进行。各元素平行标定所消耗标准滴定溶液体积的极差值应不超过 0.02 mL,取其平均值。分别测得氯化钠标准溶液(3.10)滴定银的浓度 c_1,EDTA 标准溶液(3.11)滴定铟和镉的浓度 c_2、c_3,分别按式(1)、式(2)和式(3)计算。

$$c_1=\frac{0.080\,000\times 1\,000}{V_1\times 107.87} \qquad \cdots\cdots(1)$$

$$c_2=\frac{0.015\ 000\times 1\ 000}{V_2\times 114.82} \quad \cdots\cdots(2)$$

$$c_3=\frac{0.005\ 000\times 1\ 000}{V_3\times 112.40} \quad \cdots\cdots(3)$$

式中：

c_1——氯化钠标准滴定溶液(3.10)滴定银的实际浓度，单位为摩尔每升(mol/L)；

c_2——EDTA 标准滴定溶液(3.11)滴定铟的实际浓度，单位为摩尔每升(mol/L)；

c_3——EDTA 标准滴定溶液(3.11)滴定镉的实际浓度，单位为摩尔每升(mol/L)；

V_1——平行滴定银所消耗的氯化钠标准滴定溶液(3.10)的体积平均值，单位为毫升(mL)；

V_2——平行滴定铟所消耗 EDTA 标准滴定溶液(3.11)的体积平均值，单位为毫升(mL)；

V_3——平行滴定镉所消耗 EDTA 标准滴定溶液(3.11)的体积平均值，单位为毫升(mL)；

1 000——体积单位换算因子；

0.080 000——标定时移取的银铟镉标准合成溶液中银的质量，单位为克(g)；

0.015 000——标定时移取的银铟镉标准合成溶液中铟的质量，单位为克(g)；

0.005 000——标定时移取的银铟镉标准合成溶液中镉的质量，单位为克(g)；

107.87——银的摩尔质量，单位为克每摩尔(g/mol)；

114.82——铟的摩尔质量，单位为克每摩尔(g/mol)；

112.40——镉的摩尔质量，单位为克每摩尔(g/mol)。

4 仪器

所用仪器满足下列要求即可使用。

4.1 自动电位滴定仪(分辨率：0.1 mV)。

4.2 pH 计(分辨率：0.01 pH，温度：1.0 ℃)。

4.3 恒温磁力搅拌器。

4.4 电子天平精确度：0.000 1 g。

4.5 指示电极：银电极。

4.6 参比电极：双盐桥式参比电极。

4.7 pH 复合电极。

4.8 温度传感器(温度：±1.0 ℃)。

5 试样

厚度不大于 1 mm 的碎屑。

6 分析步骤

6.1 试料

称取 1.000 0 g 试样，精确至 0.000 1 g。

6.2 测定

6.2.1 将试料(6.1)置于 150 mL 烧杯中，加入 5.0 mL 硝酸(3.6)，盖上表面皿，室温下溶解至反应近乎停止，低温加热至试料溶解完全，煮沸去除氮的氧化物，取下。冷却至室温，吹洗表面皿及烧杯壁，将溶液转移至 100 mL 容量瓶中，用水稀释至刻度，混匀。

6.2.2 移取 10.00 mL 试液(6.2.1)于 100 mL 烧杯中，用水稀释至约 30 mL。

6.2.3 银的滴定：用硝酸(3.6)或氢氧化钠(3.7)调整溶液 pH 值为 1.0±0.2。放一粒搅拌子于溶液中，并插入银电极(4.5)与参比电极(4.6)，用氯化钠标准滴定溶液(3.10)滴定试液中的银，以二次微分法判断滴定终点，记录消耗氯化钠标准滴定溶液(3.10)的体积 V_4。

6.2.4 铟的滴定：提起电极，将电极上残留液用水冲洗至烧杯中，加入乙酸-乙酸钠溶液(3.8)，调整溶液 pH 值至 2.5±0.2，将溶液加热至沸，待上层溶液澄清时停止加热，加 5 滴～6 滴 PAN 指示剂(3.9)，趁热用 EDTA 标准滴定溶液(3.13)滴定，溶液变为橙黄色近终点时，逐滴补加乙酸-乙酸钠溶液(3.8)准确调整 pH 值为 3.0，继续滴定至溶液突变为亮黄色。记录消耗 EDTA 标准滴定溶液(3.13)的体积 V_5。

6.2.5 镉的滴定：加入氨水(3.4)调整溶液的 pH 值至 6.0±0.2，溶液由亮黄色变为紫红色。用EDTA 标准滴定溶液(3.13)滴定，溶液变为橙黄色近终点时，逐滴补加氨水，准确调整 pH 值为 8.0，继续滴定溶液再次突变为亮黄色，此时，溶液的温度应不低于 55 ℃。记录消耗 EDTA 标准滴定溶液(3.13)的体积 V_6。

7 分析结果的计算

银、铟、镉含量分别以银、铟、镉质量分数 $w(\mathrm{Ag})$、$w(\mathrm{In})$、$w(\mathrm{Cd})$ 计，数值以%表示，分别按公式(4)，(5)，(6)计算：

$$w(\mathrm{Ag})=\frac{c_1\times V_4\times V_0\times 107.87}{m_0\times V\times 1\,000}\times 100 \quad\cdots\cdots(4)$$

$$w(\mathrm{In})=\frac{c_2\times V_5\times V_0\times 114.82}{m_0\times V\times 1\,000}\times 100 \quad\cdots\cdots(5)$$

$$w(\mathrm{Cd})=\frac{c_3\times V_6\times V_0\times 112.40}{m_0\times V\times 1\,000}\times 100 \quad\cdots\cdots(6)$$

式中：

V_0——溶解试样溶液总体积，单位为毫升(mL)；

V——分取试样溶液体积，单位为毫升(mL)；

V_4——滴定试液中银消耗氯化钠标准滴定溶液(3.10)的体积，单位为毫升(mL)；

V_5——滴定试液中铟消耗 EDTA 标准滴定溶液(3.11)的体积，单位为毫升(mL)；

V_6——滴定试液中镉消耗 EDTA 标准滴定溶液(3.11)的体积，单位为毫升(mL)；

m_0——试样的质量，单位为克(g)。

所得结果保留至小数点后第二位。

8 精密度

8.1 重复性限

在重复性条件下获得的两次独立测试结果的测定值，在以下给出的平均值范围内，这两个测试结果的绝对差值不超过重复性限(r)，超过重复性限(r)的情况应不超过 5%。

表 1

元素	质量分数/%	重复性限 r/%
Ag	80	0.08
In	15	0.06
Cd	5	0.05

8.2 允许差

实验室之间分析结果的差值应不大于表2所列允许差。

表2

元素	质量分数/%	允许差/%
Ag	80	0.30
In	15	0.20
Cd	5	0.10

9 质量保证与控制

应用国家级标准样品或行业级标准样品(当前两者没有时,也可用控制标样替代),每周或每两周校核一次本分析方法标准的有效性。当过程失控时,应找出原因,纠正错误后,重新进行校核。

ICS 77.120.99
H 68

中华人民共和国国家标准

GB/T 23515—2009

保险管用银铜合金丝

Copper—silver alloy wires for fuse—tube

2009-04-08 发布　　　　2010-02-01 实施

中华人民共和国国家质量监督检验检疫总局
中国国家标准化管理委员会　发布

前 言

本标准由中国有色金属工业协会提出。

本标准由全国有色金属标准化技术委员会归口。

本标准负责起草单位:西部金属材料股份有限公司。

本标准参加起草单位:西北有色金属研究院。

本标准主要起草人:田俊安、唐进、周亚波、毛利权、糜丹青、孙海霞、李永娣。

保险管用银铜合金丝

1 范围

本标准规定了保险管用银铜合金丝的要求、试验方法、检验规则和标志、包装、运输和贮存、订货单(或合同)内容等。

本标准适用于保险管用银铜合金丝材。

2 规范性引用文件

下列文件中的条款通过本标准的引用而成为本标准的条款。凡是注日期的引用文件，其随后所有的修改单(不包括勘误的内容)或修订版均不适用于本标准，然而，鼓励根据本标准达成协议的各方研究是否可使用这些文件的最新版本。凡是不注日期的引用文件，其最新版本适用于本标准。

GB/T 228 金属材料 室温拉伸试验方法

GB/T 1424 贵金属及其合金材料电阻系数测试方法

GB/T 15072.2 贵金属合金化学分析方法 银合金中银量的测定 氯化钠电位滴定法

GB/T 15077 贵金属及其合金材料几何尺寸测量方法

3 要求

3.1 产品分类

3.1.1 丝材产品的牌号、规格、状态及直径允许偏差

丝材产品的牌号、规格(直径)、状态及直径允许偏差见表 1。

表 1

单位为毫米

牌 号	规格(直径)							供货状态	直径允许偏差
Ag45Cu	0.08	—	0.10	0.14	0.20	0.25	0.32	Y	±0.002
Ag50Cu	—	—	0.10	—	—	0.25	—		
Ag72Cu	—	0.09	—	0.14	—	0.25	0.32		

3.1.2 标记示例

产品按名称、牌号、状态、规格的顺序进行标记，示例如下：

银铜合金丝 Ag72Cu Y ϕ0.09 mm

3.2 化学成分

丝材产品的化学成分及允许偏差应符合表 2 的规定。

表 2

合金牌号	化学成分(质量分数)/%	
	Ag	Cu
Ag72Cu	72±0.5	余量
Ag50Cu	50±0.5	余量
Ag45Cu	45±0.5	余量

3.3 丝材产品的表面质量要求

目视丝材表面应光滑，不应有印痕、麻点、污点及变色现象。在 100 倍显微镜下观测，不应有凹孔、条形凹槽和枝状突起。

3.4 力学性能

3.4.1 丝材产品抗拉强度应为500 N/mm^2～800 N/mm^2；

3.4.2 丝材产品断后伸长率应为1.0%～3.5%。

3.5 米电阻

丝材产品米电阻应分别符合表3的规定。

表3

牌号	直径/mm	米电阻/(Ω/m)
Ag72Cu	0.09	2.888～3.066
	0.14	1.200～1.270
	0.25	0.385～0.410
	0.32	0.235～0.247
Ag50Cu	0.10	2.728～2.926
	0.25	0.440～0.460
Ag45Cu	0.08	4.414～4.687
	0.10	2.745～2.915
	0.14	1.472～1.564
	0.20	0.706～0.750
	0.25	0.440～0.460
	0.32	0.272～0.292

4 试验方法

4.1 直径测量方法

产品的直径按照GB/T 15077的规定进行。测量应使千分尺垂直线材方向的同一截面，选择旋转角度大约等于120度的三处测量，取其平均值。

4.2 化学成分分析方法

丝材产品的化学成分的分析方法按GB/T 15072.2的规定进行。

4.3 表面质量检测方法

用目视及100倍显微镜进行观测。

4.4 抗拉强度和断后伸长率测量方法

按GB/T 228的规定进行测量。

4.5 米电阻测量方法

按GB/T 1424的规定进行测量。

5 检验规则

5.1 检查和验收

5.1.1 每批产品应由供方质量检验部门进行验收，保证产品合格，并填写产品质量证明书。

5.1.2 需方可对收到的产品进行质量检验，如结果与本标准规定不符，可在收到产品之日起3个月内向供方提出，由供需双方协商解决。如需仲裁，由供需双方在需方收到的产品中共同取样，并在双方认可的检测机构进行。

5.2 组批

每批丝材产品应由同一牌号、同一状态和规格的丝材组成。

5.3 检验项目

保险管用银铜合金丝的检验项目及检验规定见表4。

表 4

检验项目	取样位置	取样数量	要求章条号	检验方法的章条号
直径规格	按 GB/T 15077	逐轴测量	3.1.1	4.1
化学成分	任意部位	每批一个	3.2	4.2
表面质量	任意部位	逐轴检查	3.3	4.3
抗拉强度	任意部位	总轴数的 5%,不小于 3 轴	3.4.1	4.4
断后伸长率	任意部位	总轴数的 5%,不小于 3 轴	3.4.2	4.4
米电阻	任意部位	总轴数的 5%,不小于 3 轴	3.5	4.5

5.4 检验结果的判定

5.4.1 化学成分不合格,则判该批丝材产品为不合格。

5.4.2 直径或表面质量不合格,则判该轴丝材产品为不合格。

5.4.3 抗拉强度、断后伸长率、米电阻试验中若有 1 项结果不合格,则从该批丝材产品中再取双倍试样对不合格项目进行重复试验。若重复试验结果仍有 1 个试样不合格,则判该批丝材产品为不合格。

6 标志、包装、运输和贮存

6.1 标志

每轴丝材都应有标签,至少应包含以下项目:生产商的名称或商标、材料名称、规格、状态、生产日期、生产批号、本轴包装的毛重及净重。

6.2 包装、贮存和运输

6.2.1 用塑料线轴包装,线轴的内孔径不小于 16 mm,长度不大于 160 mm,其外径不大于 160 mm,每轴线为一种规格,中间无接头,线头要在轴旁的孔上缠紧,每轴线用塑料薄膜裹紧后装入木箱。

6.2.2 丝材产品在贮存和运输过程中应防止磕碰、雨淋;产品应贮存在(10～40)℃,湿度不大于 75%,无腐蚀性气氛,避免阳光直射。

6.3 质量证明书

每批丝材产品应附有质量证明书,注明:

a) 供方名称、地址、电话;

b) 合同号或订单号;

c) 产品名称、牌号、规格和状态;

d) 产品批号;

e) 净重和件数;

f) 各项分析检验结果和质量检验部门印记;

g) 执行标准;

h) 出厂日期。

7 订货单(或合同)内容

本标准所列产品的订货单(或合同)应包括下列内容:

a) 产品名称;

b) 合金牌号;

c) 规格、数量;

d) 供货状态;

e) 执行标准;

f) 其他。

ICS 77.120.99
H 68

中华人民共和国国家标准

GB/T 23516—2009

贵金属及其合金异型丝材

Special wires of precious metals and their alloys

2009-04-08 发布

2010-02-01 实施

中华人民共和国国家质量监督检验检疫总局
中国国家标准化管理委员会
发布

前　言

本标准由中国有色金属工业协会提出。

本标准由全国有色金属标准化技术委员会归口。

本标准负责起草单位:贵研铂业股份有限公司、中国有色金属工业标准计量质量研究所。

本标准参加起草单位:有研亿金新材料股份有限公司。

本标准主要起草人:王健、周世平、张晓辉、贺东江、卢绍平、王光庆、杨富陶、朱武勋、何毅、王永明。

贵金属及其合金异型丝材

1 范围

本标准规定了贵金属及其合金异型丝材要求、检验方法、检验规则和标志、包装、运输、贮存及订货单(或合同)内容等。

本标准适用于微型继电器和微型电机等其他电器用贵金属及其合金异型丝材。

2 规范性引用文件

下列文件中的条款通过本标准的引用而成为本标准的条款。凡是注日期的引用文件,其随后所有的修改单(不包括勘误的内容)或修订版均不适用于本标准,然而,鼓励根据本标准达成协议的各方研究是否可使用这些文件的最新版本。凡是不注日期的引用文件,其最新版本适用于本标准。

GB/T 15072(所有部分) 贵金属合金化学分析方法

GB/T 15077 贵金属及其合金材料几何尺寸测量方法

GJB 950 贵金属及其合金微量元素分析方法

3 术语和定义

下列术语和定义适用于本标准。

3.1

异型丝材 special wires

非圆形横截面的贵金属及其合金丝材。

3.2

工作面 work-plane

上端圆弧面或平面为贵金属及其合金异型丝材工作面。

4 要求

4.1 产品分类及标记

4.1.1 产品分类

产品横截面形状为梯形、矩形、正方形、三角形、扇形和圆弧形或其多个组合,图1列出了5种典型的横截面形状。

4.1.2 标记方法和标记示例

SW □□□ □□□ R□□□ XX

- XX——牌号
- R□□□——横截面中圆弧工作面曲率半径 R(单位:mm)
- 第二组□□□——横截面中底边宽度 B(单位:mm)
- 第一组□□□——横截面中高度 h(单位:mm)
- SW——异型丝材英文缩写(special wires)

注:上述尺寸表示中,每一尺寸的后两位为小数位。

示例 1：

SW052095R070 Ag99Cu 表示横截面尺寸中 h 为 0.52 mm、B 为 0.95 mm、R 为 0.70 mm，牌号为 Ag99Cu 的贵金属合金异型丝材(如图 01 型)。

示例 2：

SW022070R300 Ag99Cu 表示横截面尺寸中 h 为 0.22 mm、B 为 0.70 mm、R 为 3.00 mm，牌号为 Ag99Cu 的贵金属合金异型丝材(如图 02 型)。

单位为毫米

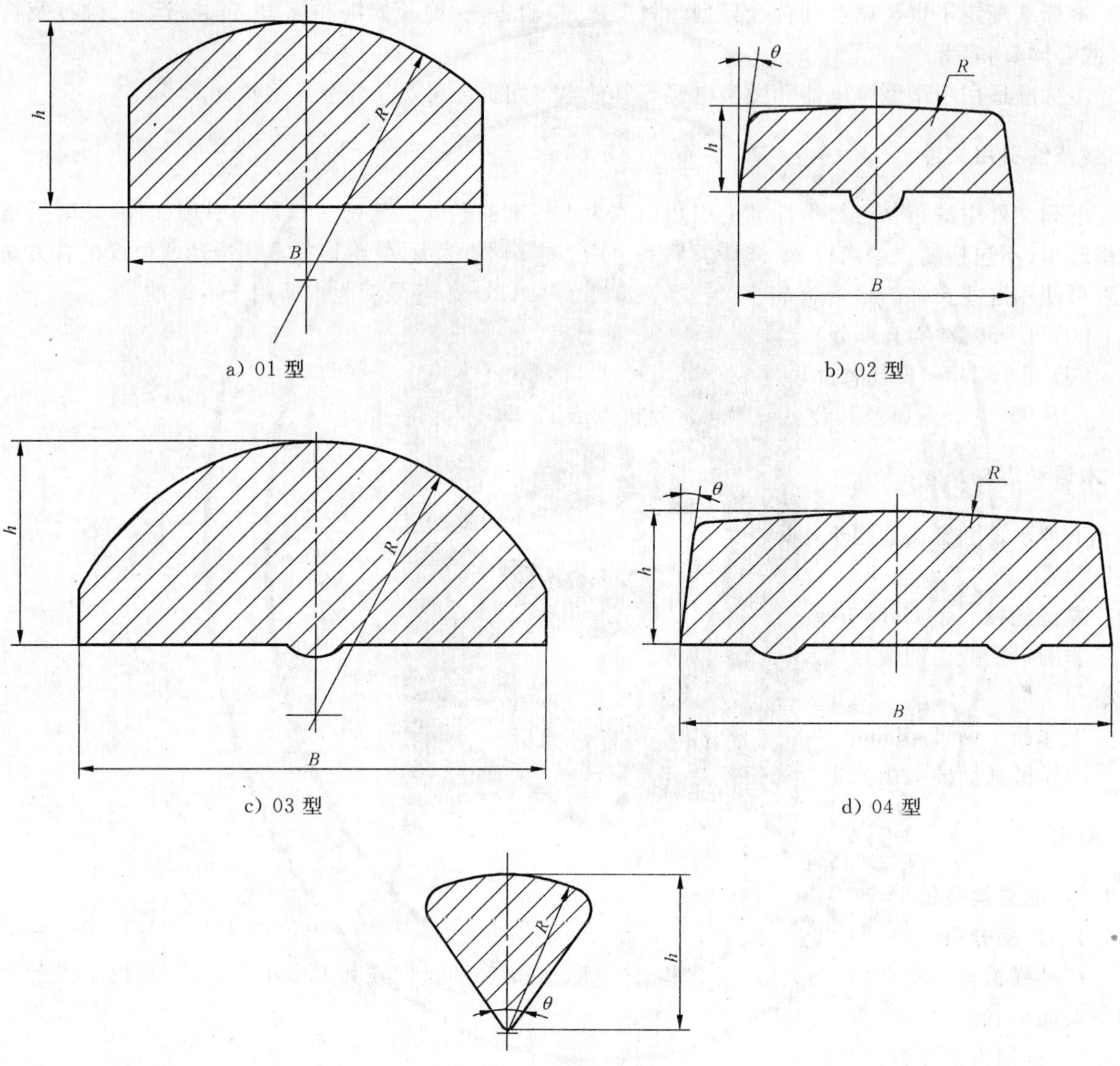

图 1　异型丝横截面形状

4.2　化学成分

产品的化学成分应符合表 1 的规定。

表 1　化学成分

%

合金牌号	主成分质量分数								杂质质量分数，不大于					
	Au	Ag	Pd	Cu	Ni	Ce	Sn	La	Au	Fe	Pb	Sb	Bi	总量
Au92Ag	余量	8±0.5	—	—	—	—	—	—	—	0.1	0.005	0.005	0.005	0.3
Au60AgCu	余量	35±0.5	—	5±0.5	—	—	—	—	—	0.2	0.005	0.005	0.005	0.3

表 1(续)

%

合金牌号	主成分质量分数								杂质质量分数,不大于					
	Au	Ag	Pd	Cu	Ni	Ce	Sn	La	Au	Fe	Pb	Sb	Bi	总量
Au95Ni	余量	—	—	—	5±0.5	—	—	—	—	0.2	0.005	0.005	0.005	0.3
Ag90Ni	—	余量	—	—	10±1.0	—	—	—	—	—	—	—	—	0.3
Ag80Ni	—	余量	—	—	20±1.0	—	—	—	—	—	—	—	—	0.3
Ag99Cu	—	余量	—	1±0.3	—	—	—	—	—	0.1	0.005	0.005	0.005	0.2
Ag98Cu	—	余量	—	2±0.5	—	—	—	—	—	0.1	0.005	0.005	0.005	0.2
Ag90Cu	—	余量	—	10±0.5	—	—	—	—	—	0.15	0.005	0.005	0.005	0.3
Ag94.5CuNi	—	余量	—	4.5±0.5	1±0.3	—	—	—	—	—	—	—	—	0.3
Ag98SnCeLa	—	余量	—	—	—	$0.5^{+0.3}_{-0.2}$	$1.0^{+0.3}_{-0.2}$	$0.5^{+0.3}_{-0.2}$	—	0.1	0.005	0.005	0.005	0.3
Pd99.9	—	—	≥99.9	—	—	—	—	—	0.01	0.01	—	—	—	0.1
Pd80Ag	—	余量	20±0.5	—	—	—	—	—	0.03	0.06	0.005	0.005	0.005	0.3
Pd30Ag	—	余量	30±0.5	—	—	—	—	—	0.03	0.06	0.005	0.005	0.005	0.3
Pd40Ag	—	余量	40±0.7	—	—	—	—	—	0.03	0.06	0.005	0.004	0.005	0.3
Pd50Ag	—	余量	50±0.8	—	—	—	—	—	0.03	0.06	0.005	0.005	0.005	0.3

4.3 供货状态

产品以加工态供货。

4.4 几何尺寸

异型丝材的几何尺寸及其允许偏差应符合表 2 的规定。需方提出横截面形状,供方加工模具。表中圆弧曲率半径 R、张角 $\theta°$ 均由加工模具保证,模具一旦被确认,成品检验时 R 和 $\theta°$ 可不检验。经双方协商,可提供其他规格及允许偏差的异型丝材。

表 2 丝材的几何尺寸

分类	项目					
	底边宽 B/mm	偏差/mm	高度 h/mm	偏差/mm	圆弧工作面曲率半径 R/mm	张角 θ/(°)
01 型	0.90~1.10	±0.05	0.50~0.54	±0.03	0.70±0.07	—
02 型	0.68~0.72	±0.02	0.21~0.24	+0.02	3.00±0.10	7±0.8
03 型	1.24~1.28	±0.05	0.52~0.54	±0.03	0.70±0.07	—
04 型	0.90~1.20	±0.05	0.31~0.37	+0.02	4.00±0.10	7±0.8
05 型	0.29~0.31	±0.02	—	—	0.60±0.06	71±1.0

4.5 表面状况

异型丝材表面粗糙度(Rz)应不大于 1.6 μm。

4.6 外观质量

异型丝材应光亮、无油污、无夹杂和裂纹,但允许非工作面有不超过厚度允许偏差的划伤。

4.7 内部质量

4.7.1 产品的内部质量由承制方的生产工艺保证,内部不应有分层、疏松、夹杂和气孔等缺陷。

4.7.2 含铜合金的产品,氧化亚铜含量由供需双方协商,但不作为出厂依据。订购方对氧化亚铜含量有要求时,需在订货合同中注明。

5 试验方法

5.1 化学成分中的成分分析按 GB/T 15072 的规定进行；杂质元素含量的分析按 GJB 950 的规定进行。

5.2 几何尺寸 B、h 的测量按 GB/T 15077 的规定进行，其他几何尺寸若要检验，异型丝材镶样放大进行截面对比。

5.3 表面状况采用干涉显微镜镜检查。

5.4 外观质量用目视检查。

5.5 含铜的合金产品氧化亚铜的检验由供需双方协商。

6 检验规则

6.1 检验和验收

6.1.1 产品应由供方检验部门进行检验，保证产品质量符合本标准（或订货合同）的规定，并填写质量证明书。

6.1.2 需方应对收到的产品按本标准的规定进行复验。如复验结果与本标准（或订货合同）的规定不符时，应在收到产品之日起三个月内向供方提出，由供需双方协商解决。如需仲裁，仲裁取样应由供需双方共同进行。

6.2 组批

产品应成批提交验收。每批应由同一合金牌号、批号、状态和规格的产品组成。

6.3 检验项目及取样

检验项目、取样位置及数量应符合表 3 的规定。

表 3 检验项目、取样位置及数量

检验项目	取样位置	取样数量	要求的章条号	检验的章条号
化学成分	距铸锭缩孔 1/3 处	每批一个	4.2	5.1
几何尺寸	头和尾	逐卷检验	4.4	5.2
表面状况	头和尾	逐卷检验	4.5	5.3
外观质量	头和尾	逐卷检验	4.6	5.4
氧化亚铜	头或尾	每批一个	4.7.2	5.5

6.4 检验结果的判定

6.4.1 化学成分不合格时，判该批产品不合格。

6.4.2 尺寸偏差、表面粗糙度和外观质量不合格时，允许从该卷产品中再取双倍数量试样进行重复试验。若重复试验结果仍有试样不合格，则判该卷产品不合格。

7 标志、包装、运输、贮存

7.1 标志

在已检验合格的每卷（包）产品上应附有如下标记：

a） 产品名称；

b） 合金牌号；

c） 供货状态；

d） 批号；

e） 规格；

f） 重量；

g） 包装日期。

7.2 包装、运输和贮存

7.2.1 产品应整齐地绕在塑料线轴上，层内排列整齐，不得有交叠现象，层与层之间用中性无屑纸隔开。头部和尾部固定在塑料线轴侧面。在收卷完成后，外部要用无屑纸保护。为便于存放，绕在塑料线轴上的异型丝材要采用真空包装，内附干燥剂。外包装要用具有合适强度的纸箱，以适于存放和长途运输。如果叠放，叠放层数不超过5层。

7.2.2 产品运输过程中应防止碰撞、挤压，避免破坏真空包装。

7.2.3 产品应贮存在干燥、无腐蚀性气氛的环境中。

7.3 质量证明书

每批产品应附有质量证明书，注明：

a） 供方名称、地址、电话、传真；
b） 产品名称；
c） 合金牌号；
d） 供货状态；
e） 批号；
f） 规格；
g） 净重；
h） 分析结果和技术监督部门印记；
i） 本标准编号；
j） 出厂日期。

8 订货单（或合同）内容

订购本标准所列产品的订货单（或合同）内应包括下列内容：

a） 产品名称；
b） 合金牌号；
c） 供货状态；
d） 规格；
e） 数量；
f） 本标准编号；
g） 其他。

ICS 77.120.99
H 68

中华人民共和国国家标准

GB/T 23517—2009

钌炭

Ruthenium on activated carbon catalyst

2009-04-08 发布　　2010-02-01 实施

中华人民共和国国家质量监督检验检疫总局
中国国家标准化管理委员会　发布

前　言

本标准的附录 A 为规范性附录。

本标准由中国有色金属工业协会提出。

本标准由全国有色金属标准化技术委员会归口。

本标准负责起草单位:贵研铂业股份有限公司。

本标准参加起草单位:中国有色金属工业标准计量质量研究所。

本标准主要起草人:沈善问、马媛、邱红莲、潘再富、李昆、左川、向磊。

钌　　　炭

1　范围

本标准规定了钌炭的要求、试验方法、检验规则和标志、包装、运输、贮存及订货单(或合同)内容等。

本标准适用于精细化工、制药、环境治理和其他加氢还原过程用的钌炭。

2　规范性引用文件

下列文件中的条款通过本标准的引用而成为本标准的条款。凡是注日期的引用文件,其随后所有的修改单(不包括勘误的内容)或修订版均不适用于本标准,然而,鼓励根据本标准达成协议的各方研究是否可使用这些文件的最新版本。凡是不注日期的引用文件,其最新版本适用于本标准。

GB/T 10722　炭黑　总表面积和外表面积的测定　氮吸附法

YS/T 562　贵金属合金化学分析方法　铂钌合金中钌量的测定　硫脲分光光度法

3　术语和定义

下列术语和定义适用于本标准。

3.1

钌炭　Rutheium on activated carbon catalyst

钌均匀地分布在活性炭表面上的混合物。

3.2

灰分　ash content

钌炭经于105 ℃±5 ℃下烘干至恒重,再经600 ℃±10 ℃下灼烧后剩余的残渣扣除所含钌氧化物(以 RuO_2 计)的剩余物,再除以灰化前钌炭试料的质量分数 $w(a)$,数值以%计,见式(1):

$$w(a)=\frac{m_1-m_2}{m}\times 100 \qquad \cdots\cdots(1)$$

式中:

m_1——钌炭灰化后,残渣的质量,单位为克(g);

m_2——钌氧化物(以 RuO_2 计)的质量,单位为克(g)。根据钌炭中钌含量分析结果及测定钌炭灰分时所取钌炭试料量计算;

m——灰化前,经105 ℃±5 ℃下烘干至恒重的钌炭试料质量,单位为克(g)。

4　要求

4.1　分类

按钌炭中钌质量分数进行分类。

标记:Ru-质量分数/C-编号

示例:

Ru-0.03/C-hj2

Ru质量分数为3%,编号为hj2的钌炭。

4.2　化学成分

钌炭的化学成分应符合表1的规定。

表 1

单位为%

牌号	钌质量分数，不小于	杂质元素质量分数，不大于		
	Ru	Fe	Pb	Cu
Ru-0.03/C	2.85	0.05	0.05	0.05
Ru-0.05/C	4.75	0.05	0.05	0.05
Ru-0.10/C	9.70	0.05	0.05	0.05
注：经双方协商，可供应其他牌号的产品。				

4.3 比表面积

钌炭的比表面积应在 200 m^2/g～2 000 m^2/g 之间。

4.4 灰分

钌炭的灰分应不大于 5%。

4.5 含水量

提供钌炭含水量的实测含量。

5 试验方法

5.1 钌含量测定

钌炭：称取 5.000 g～10.000 g 经 105 ℃±5 ℃烘干至恒重的钌炭(精确到 0.001 g)，放入到瓷坩埚中于 600 ℃±20 ℃将钌炭灰化至恒重。称取灰化物(含 Ru 50 mg～100 mg)置于氧化铝坩埚中，加入称取的灰化物量 5 倍～10 倍的过氧化钠(Na_2O_2)，将坩埚放入已升温至 700 ℃±10 ℃的马弗炉中熔融 8 min～15 min，取出冷却。将坩埚放入 400 mL 烧杯中，用 2 g/L 的亚硫酸钠热溶液浸提。浸提液转入蒸馏瓶中，加入 4 滴～5 滴 100 g/L 的 NaCl 溶液，20 mL 高锰酸钾饱和溶液，2 g～3 g 铋酸钠。安装好蒸馏-吸收装置后，加入 130 mL 硫酸溶液(1+1)进行蒸馏，吸收液为盐酸-水-乙醇溶液(29.4+68.6+2)，二级吸收。蒸馏至第二级吸收液沸腾 5 min～10 min。吸收液稀释至一定体积后移取部分溶液按 YS/T 562 的规定测定钌含量。

5.2 杂质元素

杂质元素含量按附录 A 的规定进行。

5.3 灰分

将瓷坩埚置于马弗炉中于 600 ℃±10 ℃下灼烧至恒重，称取 1 g 干燥活性炭置于其中，于 600 ℃±10 ℃下灼烧至恒重。按下式计算灰分 $w(\mathrm{a})$ 含量，数值以%计，见式(2)：

$$w(\mathrm{a}) = \frac{m_1 - m_2}{m} \times 100 \qquad \cdots\cdots(2)$$

式中：

m_1——钌炭灰化后，残渣的质量，单位为克(g)；

m_2——钌氧化物(以 RuO_2 计)的质量，单位为克(g)。根据钌炭中钌含量分析结果及测定钌炭灰分时所取钌炭试料量计算；

m——灰化前，经 105 ℃±5 ℃下烘干至恒重的钌炭试料质量，单位为克(g)。

5.4 比表面积

钌炭比表面积的测定按 GB/T 10722 的规定进行测定。

5.5 含水量

称 5 g 钌炭(精确到 0.001 g)，放入干燥洁净的器皿中，于 70 ℃±5 ℃将钌炭烘至恒重。根据钌炭在烘前、烘后质量差计算含水量。

6 检验规则

6.1 检查和验收

6.1.1 钌炭应由供方技术监督部门进行检验，保证产品质量符合本标准(或合同)的规定，并填写质量证明书。

6.1.2 需方应对收到的钌炭按本标准的规定进行复验。复验结果与本标准(或合同)的规定不符时，应在收到产品之日起七天内向供方提出，由供需双方协商解决。如需仲裁，仲裁取样应由供需双方共同进行。

6.2 组批

产品应成批提交验收，每批应由一次投料生产的产品组成。

6.3 检验项目

钌炭出厂前应进行钌金属含量、杂质元素含量、灰分、水分的检验。比表面积在需方有要求并在订货合同中注明时提供。

6.4 取样

将同一批产品混合均匀，从不同部位取产品总量的1%～5%，但最少不少于50 g，再用四分法缩分至检验所需数量。

6.5 检验结果的判定

钌金属含量及杂质元素含量中有一项检验结果不合格时，则判该批产品不合格。

7 标志、包装、运输、贮存

7.1 标志

在检验合格的产品上应有如下标志：

a) 供方名称；

b) 产品牌号；

c) 生产批次；

d) 数量；

e) 生产日期。

7.2 包装、运输、贮存

7.2.1 包装

钌炭用聚乙烯、聚丙稀塑料袋或瓶包装，严密封口，整齐放入木箱或纸箱内，用纸屑、泡沫等填料添固，不得有松动现象。

7.2.2 运输、贮存

7.2.2.1 运输

供需双方协商确定采用航空、铁路、公路或船舶等方式运输。

在外包装件上明显位置标明：

a) 到站名称；

b) 收货方名称、地址、邮政编码、收货人、电话(传真)号码；

c) 货物代号或名称；

d) 货物净重、皮(重)、件数；

e) 发货方名称、地址、邮政编码、发货人、电话(传真)号码；

f) 用文字或图形标明搬运要求。

7.2.2.2 贮存

产品贮存条件应符合：

a) 安全；
b) 无腐蚀性；
c) 无污染；
d) 产品应密闭；
e) 温度在0 ℃～40 ℃；
f) 避免日光直接照射；
g) 贮存时间不超过半年。

7.3 质量证明书

每批产品应附有质量证明书，注明：
a) 供方名称、地址、电话、传真；
b) 产品牌号；
c) 批次；
d) 数量；
e) 各项检验结果和技术监督部门印记；
f) 本标准编号；
g) 出厂日期。

8 订货单(或合同)内容

本标准所列材料的订货单(或合同)内应包括下列内容：
a) 钌炭名称；
b) 牌号；
c) 数量；
d) 本标准编号；
e) 其他。

附　录　A
（规范性附录）
钌炭化学分析方法
火焰原子吸收光谱法测定铅、铜、铁量

A.1　范围

本标准规定了钌炭中铅、铜、铁含量的测定方法。

本标准适用于钌炭（钌的含量为3%～10%）中铅、铜、铁含量的测定。

测定范围：Pb、Cu、Fe均为0.01%～0.10%。

A.2　方法原理

试料经硝酸与盐酸混合酸分解后，制成盐酸（1+9）待测溶液，用空气-乙炔火焰原子吸收光谱法测定。

A.3　试剂

所用试剂均为优级纯；蒸馏二次的纯水。

A.3.1　盐酸（ρ1.19 g/mL）。

A.3.2　盐酸（1+9）。

A.3.3　硝酸（ρ1.42 g/mL）。

A.3.4　混合酸：三单位体积的盐酸（A.3.1）与一单位体积的硝酸混合，用时现配。

A.3.5　铅标准贮存溶液：称取0.10 g金属铅（铅的质量分数不小于99.99%），精确到0.000 1 g，置于100 mL烧杯中，加10 mL水、10 mL硝酸，低温加热溶解。加热至沸驱除氮的氧化物，冷却至室温，转入100 mL容量瓶中，用水稀释至刻度。混匀。此溶液1 mL含1.00 mg铅。

A.3.6　铜标准贮存溶液：称取0.10 g金属铜（铜的质量分数不小于99.99%），精确到0.000 1 g，置于100 mL烧杯中，加10 mL水、10 mL硝酸，低温加热溶解。加热至沸驱除氮的氧化物，冷却至室温，转入100 mL容量瓶中，用水稀释至刻度。混匀。此溶液1 mL含1.00 mg铜。

A.3.7　铁标准贮存溶液：称取0.143 0 g三氧化二铁（Fe_2O_3的质量分数不小于99.99%），精确到0.000 1 g，置于100 mL烧杯中，加10 mL水、10 mL盐酸（A.3.1），低温加热溶解。冷却至室温，转入100 mL容量瓶中，用水稀释至刻度。混匀。此溶液1 mL含1.00 mg铁。

A.3.8　铅、铜、铁混合标准溶液：分别移取铅标准贮存溶液、铜标准贮存溶液、铁标准贮存溶液5 mL于50 mL容量瓶中，加4 mL盐酸（A.3.1），冷却后用水稀释至刻度。混匀。此溶液1 mL含100 μg铅、100 μg铜、100 μg铁。

A.4　仪器

A.4.1　原子吸收光谱仪，附铅、铜、铁空心阴极灯。

A.4.2　在仪器最佳工作条件下，凡能达到下列指标者均可使用：

——灵敏度：在与测量试液的基体相一致的溶液中，铅、铜、铁的特征浓度应分别不大于0.125 μg/mL，0.021 μg/mL，0.036 μg/mL。

——精密度：测量最高浓度标准溶液的吸光度10次，其标准偏差应不超过平均吸光度的1.0%，测量最低浓度标准溶液（不是“零”浓度标准溶液）的吸光度10次，其标准偏差应不超过最高浓度标准溶液平均吸光度的 0.5%。

——工作曲线线性：将标准曲线按浓度等分成五段，最高段的吸光度差值与最低段的吸光度差之比，不应小于 0.7(0.7 为最低限，视分析对象实际试验而定)。

A.5 试样

样品放入烘箱中于 100 ℃±5 ℃下烘 5 h，置于干燥器中冷却。混匀。转入磨口瓶中，瓶口用胶带密封。置于干燥器中保存。

A.6 分析步骤

A.6.1 试料

称取 0.25 g 试样，精确至 0.000 1 g。

独立地进行两次测定，取其平均值。

A.6.2 空白试验

随同试料作空白试验。

A.6.3 测定

A.6.3.1 试料置于 150 mL 烧杯中，加 20 mL 混合酸，低温加热，并将溶液蒸至小体积，用盐酸(A.3.2)转入 25 mL 容量瓶中，用水稀释至刻度。混匀。使用中速定量滤纸将试液干过滤，用干容量瓶收集滤液。

A.6.3.2 使用空气-乙炔火焰，分别于原子吸收光谱仪波长 Pb283.3 nm、Cu324.7 nm、Fe248.3 nm 处，以水调零，进行测定。

A.6.4 工作曲线的绘制

A.6.4.1 移取 0.5 mL，1.0 mL，2.0 mL，5.0 mL，8.0 mL，10.0 mL 铅、铜、铁混合标准溶液，于一组 100 mL 容量瓶中，加入 10 mL 盐酸(A.3.1)，用水稀释至刻度。混匀。

A.6.4.2 与试料测定相同条件下，测量标准溶液吸光度。以被测元素(铅、铜、铁)质量浓度为横坐标，吸光度(减去零浓度溶液的吸光度)为纵坐标，绘制工作曲线。

A.7 分析结果的计算

按式(A.1)计算 Pb、Cu、Fe 的质量分数 $w(\mathrm{x})$，数值以%表示：

$$w(\mathrm{x})=\frac{(\rho_{\mathrm{x}}-\rho_0)\times V}{m}\times 10^{-4} \qquad \cdots\cdots(\mathrm{A.1})$$

式中：

ρ_{x}——试料试液中被测元素的质量浓度，单位为微克每毫升(μg/mL)；

ρ_0——空白试液中被测元素的质量浓度，单位为微克每毫升(μg/mL)；

V——试液总体积，单位为毫升(mL)；

m——试料的质量，单位为克(g)。

A.8 精密度

A.8.1 重复性

在重复性条件下获得的两次独立测试结果的测定值，在以下给出的平均值范围内，这两个测试结果的绝对差值不超过重复性限(r)，超过重复性限(r)的情况应不超过 5%。重复性限(r)按表 A.1 数据采用线性内插法求得：

表 A.1

铅的质量分数/%	0.01	0.05
铅的重复性限(r)	0.002	0.002
铜的质量分数/%	0.01	0.05
铜的重复性限(r)	0.002	0.002
铁的质量分数/%	0.01	0.10
铁的重复性限(r)	0.003	0.004

A.8.2 相对允许差

实验室之间分析结果的差值应不大于表 A.2 所列相对允许差。

表 A.2

测定元素	含量/%	相对允许差/%
Pb	0.01～0.04	10
Cu		
Fe		
Pb	>0.04～0.10	6
Cu		
Fe		

ICS 77.120.99
H 68

中华人民共和国国家标准

GB/T 23518—2009

钯炭

Palladium on activated carbon catalyst

2009-04-08 发布　　　　2010-02-01 实施

中华人民共和国国家质量监督检验检疫总局
中国国家标准化管理委员会　发布

前言

本标准的附录A为规范性附录。

本标准由中国有色金属工业协会提出。

本标准由全国有色金属标准化技术委员会归口。

本标准负责起草单位:贵研铂业股份有限公司。

本标准参加起草单位:中国有色金属工业标准计量质量研究所。

本标准主要起草人:沈善问、马媛、邱红莲、潘再富、左川、李昆、向磊。

钯　　炭

1 范围

本标准规定了钯炭的要求、试验方法、检验规则和标志、包装、运输、贮存及订货单(或合同)内容等。

本标准适用于精细化工、制药、歧化松香和其他加氢还原过程用的钯炭。

2 规范性引用文件

下列文件中的条款通过本标准的引用而成为本标准的条款。凡是注日期的引用文件,其随后所有的修改单(不包括勘误的内容)或修订版均不适用于本标准,然而,鼓励根据本标准达成协议的各方研究是否可使用这些文件的最新版本。凡是不注日期的引用文件,其最新版本适用于本标准。

GB/T 10722　炭黑　总表面积和外表面积的测定　氮吸附法

GB/T 15072.4　贵金属合金化学分析方法　钯、银合金中钯量的测定　二甲基乙二醛肟重量法

3 术语和定义

下列术语和定义适用于本标准。

3.1

钯炭　palladium on activated carbon catalyst

钯均匀地分布在活性炭表面上的混合物。

3.2

灰分　ash content

钯炭经 105 ℃±5 ℃烘干至恒重后,于 600 ℃±10 ℃下灼烧后剩余的残渣扣除所含钯氧化物(以 PdO 计)的剩余物,再除以灰化前钯炭试料的质量分数 $w(\mathrm{a})$,数值以%计,见式(1):

$$w(\mathrm{a}) = \frac{m_1 - m_2}{m} \times 100 \qquad \cdots\cdots(1)$$

式中:

m_1——钯炭灰化后,残渣的质量,单位为克(g);

m_2——钯氧化物(以 PdO 计)的质量,单位为克(g)。根据钯炭中钯含量分析结果及测定灰分时所取钯炭试料量计算;

m——灰化前,称取的经 105 ℃±5 ℃烘干至恒重的钯炭试料质量,单位为克(g)。

4 要求

4.1 分类

按钯炭中钯质量分数进行分类。

标记:Pd-质量分数/C-编号

示例:

Pd-0.03/C-hj7

Pd 质量分数为 3%,编号 hj7 的钯炭。

4.2 化学成分

钯炭的化学成分应符合表 1 的规定。

表 1

单位为%

牌号	Pd 质量分数,不小于	杂质元素质量分数,不大于		
	Pd	Fe	Pb	Cu
Pd-0.03/C	2.85	0.05	0.05	0.05
Pd-0.05/C	4.75	0.05	0.05	0.05
Pd-0.10/C	9.70	0.05	0.05	0.05
注:经双方协商,可供应其他牌号的产品。				

4.3 比表面积

钯炭的比表面积应在 200 m^2/g~2 000 m^2/g 之间。

4.4 灰分

钯炭的灰分应不大于 5%。

4.5 含水量

提供钯炭中水分的实测含量。

5 试验方法

5.1 钯含量测定

钯炭:称取 5.000 g 经 105 ℃±5 ℃烘干至恒重的钯炭(精确到 0.001 g),放入到瓷坩埚中于 600 ℃±20 ℃将钯炭灰化至恒重。剩余物在氢气流中加热还原后用 3 单位体积的盐酸与 1 单位体积的硝酸溶解,在水浴上蒸发浓缩至干,加入盐酸赶硝酸 3 次,然后用稀盐酸溶解,过滤除去不溶物,稀释到一定体积,按 GB/T 15072.4 的方法测定钯含量。

5.2 杂质元素

杂质元素含量测定按附录 A 的规定进行。

5.3 灰分

将瓷坩埚置于马弗炉中于 600 ℃±10 ℃下灼烧至恒重,称取 1g 干燥过的钯炭置于恒重的坩埚中,于 600 ℃±10 ℃下灼烧至恒重。按式(2)计算灰分 $w(a)$ 含量,数值以%计:

$$w(a)=\frac{m_1-m_2}{m}\times 100 \qquad \cdots\cdots(2)$$

式中:

m_1——钯炭灰化后,残渣的质量,单位为克(g);

m_2——钯氧化物(以 PdO 计)的质量,单位为克(g)。根据钯炭中钯含量分析结果及测定灰分时所取钯炭试料量计算;

m——灰化前,称取的经 105 ℃±5 ℃烘干至恒重的钯炭质量,单位为克(g)。

5.4 比表面积

钯炭比表面积的测定按 GB/T 10722 的规定进行。

5.5 含水量

称 5 g 钯炭(精确到 0.001 g),放入干燥洁净的器皿中,于 70 ℃±5 ℃将钯炭烘至恒重。根据钯炭在烘前、烘后质量差计算含水量。

6 检验规则

6.1 检查和验收

6.1.1 钯炭应由供方技术监督部门进行检验,保证产品质量符合本标准(或合同)的规定,并填写质量证明书。

6.1.2 需方应对收到的钯炭按本标准的规定进行复验。复验结果与本标准(或合同)的规定不符时,应在收到产品之日起七天内向供方提出,由供需双方协商解决。如需仲裁,仲裁取样应由供需双方共同进行。

6.2 组批

产品应成批提交验收,每批应由一次投料生产的产品组成。

6.3 检验项目

钯炭出厂前应进行钯金属含量、杂质元素含量、灰分、含水量的检验,比表面积在需方有要求并在订货合同中注明时提供。

6.4 取样

将同一批产品混合均匀,从不同部位取产品总量的1%~5%,但最少不少于50 g,再用四分法缩分至检验所需数量。

6.5 检验结果的判定

钯金属含量及杂质元素含量中有一项检验结果不合格时,则判该批产品不合格。

7 标志、包装、运输、贮存

7.1 标志

在检验合格的产品上应有如下标志:

a) 供方名称;

b) 产品牌号;

c) 生产批次;

d) 数量;

e) 生产日期。

7.2 包装、运输、贮存

7.2.1 包装

钯炭用聚乙烯、聚丙稀塑料袋或瓶包装,严密封口,整齐放入木箱或纸箱内,用纸屑、泡沫等填料添固,不得有松动现象。

7.2.2 运输、贮存

7.2.2.1 运输

供需双方协商确定采用航空、铁路、公路或船舶等方式运输。

7.2.2.2 贮存

产品贮存条件应符合:

a) 安全;

b) 无腐蚀性;

c) 无污染;

d) 产品应密闭;

e) 温度在0 ℃~40 ℃;

f) 避免日光直接照射;

g) 贮存时间不能超过半年。

7.3 质量证明书

每批产品应附有质量证明书,注明:

a) 供方名称、地址、电话、传真;

b) 产品牌号;

c) 批次;

d） 数量；

e） 各项检验结果和技术监督部门印记；

f） 本标准编号；

g） 出厂日期。

8 订货单(或合同)内容

本标准所列材料的订货单(或合同)内应包括下列内容：

a） 钯炭名称；

b） 牌号；

c） 数量；

d） 本标准编号；

e） 其他。

附 录 A
(规范性附录)
钯炭化学分析方法
火焰原子吸收光谱法测定铅、铜、铁量

A.1 范围

本标准规定了钯炭中铅、铜、铁含量的测定方法。

本标准适用于钯炭(钯的含量为3%～10%)中铅、铜、铁含量的测定。

测定范围:Pb、Cu、Fe均为0.01%～0.10%。

A.2 方法原理

试料经硝酸与盐酸混合酸分解后,制成盐酸(1+9)待测溶液,用空气-乙炔火焰原子吸收光谱法测定。

A.3 试剂

所用试剂均为优级纯;蒸馏二次的纯水。

A.3.1 盐酸(ρ1.19 g/mL)。

A.3.2 盐酸(1+9)。

A.3.3 硝酸(ρ1.42 g/mL)。

A.3.4 混合酸:三单位体积的盐酸(A.3.1)与一单位体积的硝酸混合,用时现配。

A.3.5 铅标准贮存溶液:称取0.10 g金属铅(铅的质量分数不小于99.99%),精确到0.000 1 g,置于100 mL烧杯中,加10 mL水、10 mL硝酸,低温加热溶解。加热至沸驱除氮的氧化物,冷却至室温,转入100 mL容量瓶中,用水稀释至刻度。混匀。此溶液1 mL含1.00 mg铅。

A.3.6 铜标准贮存溶液:称取0.10 g金属铜(铜的质量分数不小于99.99%),精确到0.000 1 g,置于100 mL烧杯中,加10 mL水、10 mL硝酸,低温加热溶解。加热至沸驱除氮的氧化物,冷却至室温,转入100 mL容量瓶中,用水稀释至刻度。混匀。此溶液1 mL含1.00 mg铜。

A.3.7 铁标准贮存溶液:称取0.143 0 g三氧化二铁(Fe_2O_3的质量分数不小于99.99%),精确到0.000 1 g,置于100 mL烧杯中,加10 mL水、10 mL盐酸(A.3.1),低温加热溶解。冷却至室温,转入100 mL容量瓶中,用水稀释至刻度。混匀。此溶液1 mL含1.00 mg铁。

A.3.8 铅、铜、铁混合标准溶液:分别移取铅标准贮存溶液、铜标准贮存溶液、铁标准贮存溶液5 mL于50 mL容量瓶中,加4 mL盐酸(A.3.1),冷却后用水稀释至刻度。混匀。此溶液1 mL含100 μg铅、100 μg铜、100 μg铁。

A.4 仪器

A.4.1 原子吸收光谱仪,附铅、铜、铁空心阴极灯。

A.4.2 在仪器最佳工作条件下,凡能达到下列指标者均可使用:

——灵敏度:在与测量试液的基体相一致的溶液中,铅、铜、铁的特征浓度应分别不大于0.125 μg/mL,0.021 μg/mL,0.036 μg/mL。

——精密度:测量最高浓度标准溶液的吸光度10次,其标准偏差应不超过平均吸光度的1.0%,测量最低浓度标准溶液(不是"零"浓度标准溶液)的吸光度10次,其标准偏差应不超过最高浓度

标准溶液平均吸光度的 0.5%。

——工作曲线线性：将标准曲线按浓度等分成五段，最高段的吸光度差值与最低段的吸光度差之比，不应小于 0.7(0.7 为最低限，视分析对象实际试验而定)。

A.5 试样

样品置于烘箱中于 100 ℃±5 ℃下烘 5 h，置于干燥器中冷却。混匀。转入磨口瓶中，瓶口用胶带密封。在干燥器中保存。

A.6 分析步骤

A.6.1 试料

称取 0.25 g 试样，精确至 0.000 1 g。

独立地进行两次测定，取其平均值。

A.6.2 空白试验

随同试料作空白试验。

A.6.3 测定

A.6.3.1 将试料置于 150 mL 烧杯中，加 20 mL 混合酸，低温加热，并将溶液蒸至小体积，用盐酸(A.3.2)转入 25 mL 容量瓶中，用水稀释至刻度。混匀。使用中速定量滤纸将试液干过滤，用干容量瓶收集滤液。

A.6.3.2 使用空气-乙炔火焰，分别于原子吸收光谱仪波长 Pb283.3 nm、Cu324.7 nm、Fe248.3 nm 处，以水调零，进行测定。

A.6.4 工作曲线的绘制

A.6.4.1 移取 0.5 mL，1.0 mL，2.0 mL，5.0 mL，8.0 mL，10.0 mL 铅、铜、铁混合标准溶液，于一组 100 mL 容量瓶中，加入 10 mL 盐酸(A.3.1)，用水稀释至刻度。混匀。

A.6.4.2 与试料测定相同条件下，测量标准溶液吸光度。以被测元素(铅、铜、铁)质量浓度为横坐标，吸光度(减去零浓度溶液的吸光度)为纵坐标，绘制工作曲线。

A.7 分析结果的计算

按式(A.1)计算 Pb、Cu、Fe 的质量分数 $w(x)$，数值以%表示：

$$w(x)=\frac{(\rho_x-\rho_0)\times V}{m}\times 10^{-4} \qquad \cdots\cdots(A.1)$$

式中：

ρ_x——试料试液中被测元素的质量浓度，单位为微克每毫升(μg/mL)；

ρ_0——空白试液中被测元素的质量浓度，单位为微克每毫升(μg/mL)；

V——试液总体积，单位为毫升(mL)；

m——试料的质量，单位为克(g)。

A.8 精密度

A.8.1 重复性

在重复性条件下获得的两次独立测试结果的测定值，在以下给出的平均值范围内，这两个测试结果的绝对差值不超过重复性限(r)，超过重复性限(r)的情况应不超过 5%。重复性限(r)按表 A.1 数据采用线性内插法求得：

表 A.1

铅的质量分数/%	0.01	0.05
铅的重复性限(r)	0.003	0.003
铜的质量分数/%	0.01	0.05
铜的重复性限(r)	0.002	0.003
铁的质量分数/%	0.01	0.06
铁的重复性限(r)	0.002	0.003

A.8.2 相对允许差

实验室之间分析结果的差值应不大于表 A.2 所列相对允许差。

表 A.2

测定元素	含量/%	相对允许差/%
Pb	0.01~0.04	10
Cu		
Fe		
Pb	>0.04~0.10	6
Cu		
Fe		

ICS 77.120.99
H 68

中华人民共和国国家标准

GB/T 23519—2009

三苯基膦氯化铑

Chlorotri（triphenylphosphine）Rhodium

2009-04-08 发布 2010-02-01 实施

中华人民共和国国家质量监督检验检疫总局
中国国家标准化管理委员会 发布

前　言

本标准由中国有色金属工业协会提出。

本标准由全国有色金属标准化技术委员会归口。

本标准负责起草单位：贵研铂业股份有限公司。

本标准主要起草人：侯文明、刘桂华、左川、李琨、方卫。

三苯基膦氯化铑

1 范围

本标准规定了1氯三(三苯基膦铑)合铑(一般称作三苯基膦氯化铑)的要求、试验方法、检验规则和标志、包装、运输、贮存及订货单(或合同)内容等。

本标准适用于石油化工和精细化工领域加氢催化、醛脱羰基反应催化、丙烯的局部取代反应催化等用的三苯基膦氯化铑。

2 规范性引用文件

下列文件中的条款通过本标准的引用而成为本标准的条款。凡是注日期的引用文件,其随后所有的修改单(不包括勘误的内容)或修订版均不适用于本标准,然而,鼓励根据本标准达成协议的各方研究是否可使用这些文件的最新版本。凡是不注日期的引用文件,其最新版本适用于本标准。

YS/T 363 纯铑中杂质元素的发射光谱分析

YS/T 561 贵金属合金化学分析方法 铂铑合金中铑量的测定 硝酸六氨合钴重量法

3 要求

3.1 化学成分

3.1.1 三苯基膦氯化铑中铑的质量分数应为11.00%~11.11%。

3.1.2 三苯基膦氯化铑中杂质元素的质量分数应符合表1的规定。

表1 三苯基膦氯化铑杂质元素含量 %

杂质元素名称	Pb	Fe	Cu	Pd	Pt	Al	Ni	杂质元素总量
杂质元素含量,不大于	0.003	0.002	0.002	0.002	0.002	0.005	0.005	0.05

3.2 溶解试验

三苯基膦氯化铑的三氯甲烷溶解试验应合格。

3.3 外观

三苯基膦氯化铑应为红褐色晶体。

4 试验方法

4.1 铑质量分数的测定:取三苯基膦氯化铑样品0.25 g,精确至0.001 g,置于石英舟中,将石英舟放入石英管中,再将石英管放入管式电炉中,由室温缓慢加热至700 ℃±10 ℃灼烧30 min,通氢还原30 min后,转入聚四氟乙烯溶样罐中,加20 mL盐酸,3 mL过氧化氢,密封,在烘箱中于150 ℃±5 ℃下溶解完全。按YS/T 561的规定测定铑质量分数。

4.2 杂质元素质量分数的测定:称取1 g试样置于石英舟,将石英舟放入石英管中,再将石英管放入管式电炉中,缓慢升温至700 ℃,于700 ℃±10 ℃保温3 h后通入氢气,于700 ℃±10 ℃保温3 h,随炉冷却,取出按YS/T 363的规定测定杂质元素质量分数。

4.3 溶解试验:称取0.5 g试样,精确至0.001 g,用10 mL三氯甲烷溶解,溶液应澄清,无目视可见不溶物。

4.4 外观采用目视进行检查。

5 检验规则

5.1 检查和验收

5.1.1 产品应由供方技术监督部门进行检验，保证产品质量符合本标准(或订货合同)的规定，并填写质量证明书。

5.1.2 需方应对收到的产品按本标准的规定进行复验。如复验结果与本标准(或订货合同)的规定不符时，应在收到产品之日起七日内向供方提出，由供需双方协商解决。如需仲裁，仲裁取样应由供需双方在需方共同进行。

5.2 组批

产品应成批提交验收，每批应由一次投料生产出的产品组成。

5.3 检验项目

每批产品出厂前应进行化学成分、溶解试验及外观的检验。

5.4 取样

5.4.1 产品化学成分、溶解试验的取样：同一批产品混合均匀，从不同部位取产品总量的 1%～5%，但最少不少于 10 g，再用四分法缩分至检验所需数量。

5.4.2 产品外观质量逐件检验。

5.5 检验结果的判定

5.5.1 化学成分、溶解试验如有一项不合格，判该批产品不合格。

5.5.2 外观质量不合格判该件产品不合格。

6 包装、标志、运输、贮存

6.1 标志

在检验合格的产品上应注明：

a) 供方名称；

b) 产品名称；

c) 批号；

d) 铑含量；

e) 生产日期。

6.2 包装、运输、贮存

6.2.1 包装

产品装入带有内、外盖的聚乙烯或聚丙烯塑料瓶中，严密封口，放入箱中进行中包装或外包装。包装单位(g/瓶)：1、5、10、25、50、100、250、500、1 000。

6.2.2 运输

产品可以由供需双方协商采用铁路、公路、水路、航空等方式运输。

6.2.3 贮存

产品应存放于清洁避光的场所。

6.3 质量证明书

每批产品应附有质量证明书，注明：

a) 供方名称、地址、电话、传真；

b) 产品名称；

c) 批号；

d) 净重；

e) 检验结果和技术监督部门印记；

f） 执行标准；

g） 出厂日期。

7 订货单（或合同）内容

本标准所列产品的订货单（或合同）内应包括下列内容：

a） 产品名称；

b） 包装规格；

c） 重量；

d） 执行标准；

e） 其他。

ICS 77.120.99
H 68

中华人民共和国国家标准

GB/T 23520—2009

阴极保护用铂/铌复合阳极板

Platinum/niobium clad anode strip for Cathodic Protection

2009-04-08 发布　　2010-02-01 实施

中华人民共和国国家质量监督检验检疫总局
中国国家标准化管理委员会　发布

前　言

本标准的附录A为规范性附录。

本标准由中国有色金属工业协会提出。

本标准由全国有色金属标准化技术委员会归口。

本标准负责起草单位：西部金属材料股份有限公司。

本标准参加起草单位：西北有色金属研究院。

本标准主要起草人：陈昊、韩吉庆、毛利权、赵涛、孙海霞、马小龙。

阴极保护用铂/铌复合阳极板

1 范围

本标准规定了船舰阴极保护用Pt/Nb复合阳极板的要求、试验方法、检验规则及标志、包装、运输、贮存、订货单(或合同)内容等。

本标准适用于船舰阴极保护用Pt/Nb复合阳极板材料。

2 规范性引用文件

下列文件中的条款通过本标准的引用而成为本标准的条款。凡是注日期的引用文件,其随后所有的修改单(不包括勘误的内容)或修订版均不适用于本标准,然而,鼓励根据本标准达成协议的各方研究是否可使用这些文件的最新版本。凡是不注日期的引用文件,其最新版本适用于本标准。

GB/T 1419—2004　海绵铂

GB/T 6462　金属和氧化物覆盖层　厚度测量　显微镜法

GB/T 15076(所有部分)　钽铌化学分析方法

GB/T 15077　贵金属及其合金材料几何尺寸测量方法

YS/T 656　铌及铌合金加工产品牌号和化学成分

3 要求

3.1 产品分类

3.1.1 产品牌号及类型

产品牌号为Pt/Nb,产品分类按复合方式为面复合。形状如图1所示。

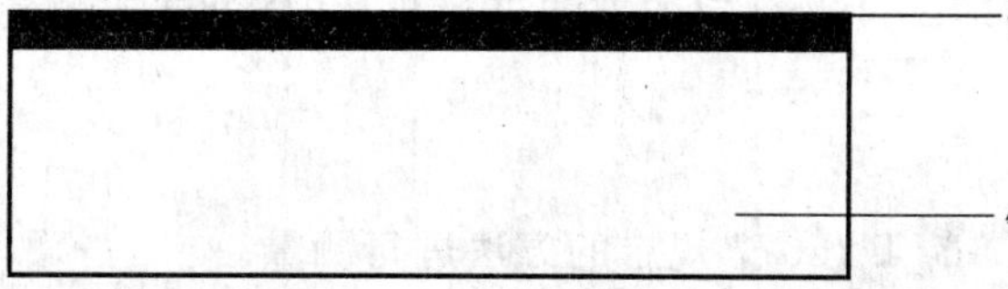

图1　Pt/Nb复合阳极板截面形状示意图

3.1.2 供货状态

产品的供货状态为硬态(Y)。

3.1.3 标记示例

产品按产品名称、牌号、状态、规格(总厚度×宽度×长度)的顺序进行标记,示例如下:

铂/铌阳极板　Pt/Nb　Y　3×20×100

3.2 化学成分

复合阳极板化学成分以原料成分报出,铂原料化学成分应满足GB/T 1419—2004中HPt99.95的规定,铌原料化学成分应满足YS/T 656中Nb1或Nb2的规定。

3.3 产品外形尺寸及允许偏差

产品的尺寸及允许偏差应符合表1的规定。

表 1

单位为毫米

尺寸方向	尺寸范围	尺寸允许偏差			铂层厚度
		高精度	较高精度	普通精度	
总厚度	2～4	—	−0.1	−0.2	⩾0.015
	>4	—	−0.2	−0.3	
宽度	10～20	±0.2	±0.3	±0.5	
	>20～50	±0.3	±0.5	±0.8	
	>50	±0.5	±0.8	±1	
长度	50～200	±0.8	±1	±1.5	
	>200～500	±1	±1.5	±2	
	>500	±1.5	±2	±3	

3.4 结合牢固度

铂复层与铌基体应结合紧密，无分层或脱落现象。

3.5 外观质量

3.5.1 铂复层应连续，单件产品上漏点不应多于 2 处，漏点最大线性尺寸不超过 2 mm。

3.5.2 复合阳极板产品表面铂层应光滑，不应有严重的气泡、压陷及凹坑，不应有机械夹杂物等缺陷。允许有轻微的、局部的暗点和在允许范围内的漏点。

4 试验方法

4.1 化学成分

铂原料化学成分分析方法按 GB/T 1419—2004 中附录 A、附录 B 的规定进行，铌原料化学成分分析方法按 GB/T 15076(所有部分)的规定进行。

4.2 铂层厚度

复合阳极板铂层厚度按照 GB/T 6462 规定的方法进行测量，每个试样测量五个点取其平均值做为测量的最终厚度。

4.3 尺寸

复合阳极板的几何尺寸按照 GB/T 15077 规定的方法进行测量。

4.4 结合牢固度

铂复层与铌基体的结合牢固度试验按附录 A 的规定进行。

4.5 外观质量

用目视或 10 倍放大镜进行产品外观检查，用直尺进行漏点最大线性尺寸的测量。

5 检验规则

5.1 检查和验收

5.1.1 产品应由供方质量检验部门进行检验，保证产品质量符合本标准(或订货合同)的规定，并填写质量证明书。

5.1.2 需方对收到的产品进行质量验收，若检验结果与本标准规定不符，须在收到产品之日起三个月内向供方提出，由双方协商解决。若需仲裁，可委托双方认可的检测机构进行，并在订购方共同取样。

5.2 组批

每批产品应由同一规格、同一状态、同一炉号的板材组成。

5.3 检验项目、取样位置及数量

检验项目、取样位置及数量应符合表2中的规定。

表2

检验项目	取样位置	取样数量	要求章条号	检验章条号
化学成分	海绵铂任意、铌锭距头部1/3处	每批1个	3.2	4.1
铂层厚度	任意部位	每批1个	3.3	4.2
尺寸	按GB/T 15077	逐个	3.3	4.3
结合牢固度	按附录A	每批2个	3.4	4.4
外观质量	任意部位	逐个	3.5	4.5

5.4 检验结果的判定

5.4.1 化学成分、铂层厚度不合格,则判定该批产品不合格。

5.4.2 尺寸或外观质量检验不合格时,则判定被检验的单个产品不合格。

5.4.3 经过结合牢固度试验的试样在10倍放大镜下进行观察,若有1个试样出现铂层脱落或分层现象,则判定该批产品不合格。

6 标志、包装、贮存和运输

6.1 标志

每批阳极板外包装应附标签,注明:供方名称、产品名称、牌号、批号、状态、规格、数量及生产日期。

6.2 包装、贮存和运输

每块阳极板的铂面先用软纸包裹,再用塑料泡膜包紧,装入木箱。产品在贮存和运输过程中应防止磕碰、擦伤。

6.3 质量证明书

每批产品应附有质量证明书,注明:

a) 供方名称、地址、电话;
b) 合同号或订单号;
c) 产品名称、牌号、规格和状态;
d) 产品批号;
e) 净重和件数;
f) 各项分析检验结果和质量检验部门印记;
g) 本标准编号;
h) 出厂日期。

7 订货单(或合同)内容

本标准所列产品的订货单(或合同)应包括下列内容:

a) 产品名称;
b) 合金牌号;
c) 规格、数量;
d) 交货状态;
e) 本标准编号;
f) 其他。

附 录 A
（规范性附录）
阴极保护用 Pt/Nb 复合阳极板结合牢固度试验方法

A.1 范围

本附录适用于检测阴极保护用 Pt/Nb 复合阳极板铂复层与铌基体的结合牢固度。

A.2 结合牢固度试验

A.2.1 试样制备

按本标准规定的试样个数，在边料的剪切边处切取规格为 $b\times 2b\times 4b$ 的长方体试样（b 为板材厚度）。

A.2.2 试验设备

20T 手动油压机。

A.2.3 试验方法

牢固度试验方法如图 A.1 所示。将试样竖直放入夹具中，外露高度为 $2b$，沿图示箭头方向在油压机上对试样施加压力 F，使变形后试样的外露部分高度尺寸至 b。

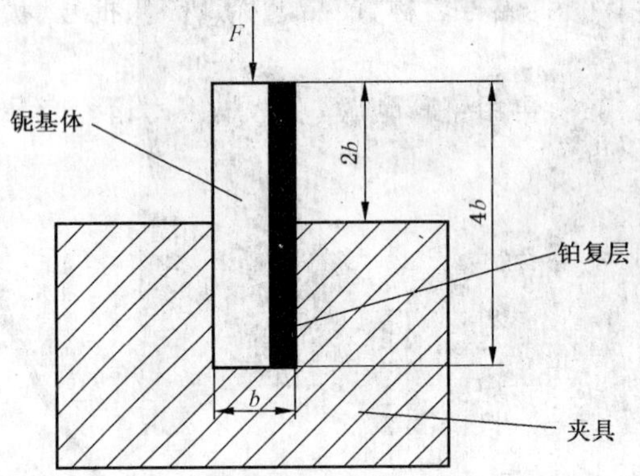

图 A.1 牢固度试验方法示意图

A.2.4 原理

复合材料经过图 A.1 所示的压力变形后，能促使其分层。

ICS 77.120.99
H 68

中华人民共和国国家标准

GB/T 23521—2009

钽电容器用银铜合金棒、管、带材

Silver and copper alloy bar, tube and strip for tantalum capacitors use

2009-04-08 发布　　2010-02-01 实施

中华人民共和国国家质量监督检验检疫总局
中国国家标准化管理委员会　发布

前 言

本标准由中国有色金属工业协会提出。

本标准由全国有色金属标准化技术委员会归口。

本标准起草单位:中国振华(集团)新云电子元器件有限责任公司。

本标准主要起草人:王安玖、梁正书、向磊、蒋春强、朱强、马强、肖毅。

钽电容器用银铜合金棒、管、带材

1 范围

本标准规定了用于制造钽电容器外壳用银铜合金的要求、试验方法、验收准则及标志、包装、运输和贮存、订货单(或合同)内容。

本标准适用于制造钽电容器外壳的银铜合金,包括合金棒、管和带材。

2 规范性引用文件

下列文件中的条款通过本标准的引用而成为本标准的条款。凡是注日期的引用文件,其随后所有的修改单(不包括勘误的内容)或修订版均不适用于本标准,然而,鼓励根据本标准达成协议的各方研究是否可使用这些文件的最新版本。凡是不注日期的引用文件,其最新版本适用于本标准。

GB/T 228 金属材料 室温拉伸试验方法

GB/T 4340.1 金属维氏硬度试验 第1部分:试验方法

GB/T 11067(所有部分) 银化学分析方法

GB/T 15077 贵金属及其合金材料几何尺寸测量方法

3 要求

3.1 产品分类

3.1.1 合金材料的牌号、状态和规格

3.1.1.1 合金棒材的牌号、状态和规格

合金棒材的牌号、状态和规格应符合表1的规定。

表1

单位为毫米

合金牌号	供货状态	直径	长
Ag95Cu	硬态	4.5～20	1 500

3.1.1.2 合金管材的牌号、状态和规格

合金管材的牌号、状态和规格应符合表2的规定。

表2

单位为毫米

合金牌号	供货状态	长	内径	银管壁厚
Ag95Cu	硬态	1 200	4.5～7.0	0.25
			>7.0～9.0	0.30
			>9.0	0.35

3.1.1.3 合金带材的牌号、状态和规格

合金带材的牌号、状态和规格应符合表3的规定。

表3

单位为毫米

合金牌号	供货状态	宽度	厚度
Ag95Cu	软态	≥150	0.20～0.30
			>0.30～0.46
			>0.46

3.1.2 标记示例

3.1.2.1 合金棒材的标记按产品形状、合金牌号、状态、规格(直径)的顺序进行标记,示例如下:

R-Ag95Cu Y ϕ4.5

3.1.2.2 合金管材的标记按产品形状、合金牌号、状态、规格(内径×壁厚)的顺序进行标记,示例如下:

T-Ag95Cu Y ϕ4.5×0.25

3.1.2.3 合金带材的标记按产品形状、合金牌号、状态、规格(厚度)的顺序进行标记,示例如下:

St-Ag95Cu M 0.3

3.2 化学成分

合金棒、管和带材的化学成分应符合表4规定。

表4

银质量分数%,不小于	铜质量分数 %	杂质质量分数/% 不大于				
		铁	铅	锑	铋	杂质总和
99.45	0.5±0.05	0.002	0.002	0.002 5	0.002	0.05
注:需方如对合金材料的化学成分有特殊要求时,可由供需双方商定。						

3.3 尺寸和允许偏差

3.3.1 银铜合金棒的尺寸及其允许偏差应符合表5规定。

表5 单位为毫米

直径	直径允许偏差	长	长度允许偏差	不圆度
4.5～9.5	－0.06～0	1 500	±10	0.04
10～20	－0.08～0	1 500	±10	0.05
注:长度要求可根据需方要求进行协商。				

3.3.2 银铜合金管的尺寸及其允许偏差应符合表6规定。

表6 单位为毫米

内径	内径允许偏差	长	长度允许偏差	银管壁厚	允许偏差
4.5～7.0	0～＋0.1	1 200	±10	0.25	±0.05
＞7.0～9.0				0.30	±0.06
＞9.0				0.35	±0.07
注:长度要求可根据需方要求进行协商。					

3.3.3 银铜合金带的尺寸及其允许偏差应符合表7规定。

表7 单位为毫米

厚 度	厚度偏差	宽 度
0.20～0.30	－0.03～0	≥150
＞0.30～0.46	－0.04～0	
＞0.46	－0.05～0	
注:可根据需方要求定制。		

3.4 外观

3.4.1 银铜合金棒、管及带的内外表面应光亮,不应有断裂、波纹、起皮、夹杂、砂眼、气泡、黑点、锈斑、明显的氧化层、金属或非金属压入、水迹、油迹以及凹坑、划痕、辊印等缺陷。

3.4.2 银铜合金带的表面应平整，允许有不明显的波浪，但当卷在直径为 50 mm～60 mm 的卷筒上时，其波浪应消除；不应有折迭的缺陷，两边应整齐，无裂边、卷边和锯齿状。

3.4.3 产品边缘部分应剪切整齐，无裂口，允许有轻微的剪切毛刺。

3.4.4 银铜合金棒、带的表面粗糙度 Ra 值不大于 1.6 μm。

3.4.5 银铜合金管的外壁表面粗糙度 Ra 值不大于 6.3 μm。

3.5 断面质量

银铜合金棒、管及带的断面结构应致密。银铜合金棒、管壁及带的任一横断面无缩孔、气孔、分层、夹杂物、疏松等缺陷。

3.6 力学性能

3.6.1 银铜合金棒为硬态供货，其维氏硬度为 HV100≥950。

3.6.2 银铜合金管为硬态供货，其维氏硬度为 HV100≥700。

3.6.3 银铜合金带为软态供货，其抗拉强度和延伸率应符合表 8 规定。

表 8

厚度/mm	抗拉强度，Rm/MPa	断后伸长率，A/%
0.20～0.30	≥147	≥161.7
＞0.30～0.46	≥156.8	≥176.4
＞0.46	≥166.6	≥225.4

4 试验方法

4.1 化学成分

化学成分按 GB/T 11067(所有部分)要求进行。

4.2 外形尺寸

外形尺寸检测按 GB/T 15077 中规定的直接测量法要求进行。

4.3 外观及断面

4.3.1 用目测法对银铜合金材的外观质量进行检查。

4.3.2 银铜合金材断面的致密度应采用 10 倍放大镜观察。

4.3.3 表面质量用 10 倍放大镜观察；用测表面粗糙度的仪器进行检查。

4.4 力学性能

4.4.1 银铜合金带的抗拉强度及延伸率按 GB/T 228 规定的方法进行。

4.4.2 银铜合金棒和管的维氏硬度按 GB/T 4340.1 的规定进行。

5 验收规则

5.1 检验与验收

银铜合金棒、管及带的质量由供方质量检验部门进行检验，并保证产品质量符合本标准的要求。需方可对收到的产品进行检验，如果检验结果与本标准规定不符时，订购方在收到产品之日起的三个月内向供方退货或协商解决。

5.2 组批

银铜合金材应成批提交检验。每批应由同一规格、同一炉次的银铜合金材组成。

5.3 检验项目

每批银铜合金材应进行化学成分、外形尺寸、外观及断面、力学性能的检测。

5.4　取样

检验项目、取样规则及数量应符合表 9 的规定。

表 9

检验项目	取样数量	要求章节号	检验章节号
化学成分	在原铸锭上取样，任取一锭。	3.2	4.1
外形尺寸	按总根（卷）数的 10% 随机抽取样品，但不得少于三个样。	3.3	4.2
外观		3.4	4.3
断面		3.5	4.3
力学性能	每批产品任取三个试样。	3.6	4.4

5.5　检验结果判定

5.5.1　化学成分、室温力学性能不合格时，则判定该批产品为不合格。

5.5.2　外观及断面质量、外形尺寸允许有一个不合格。若如果有两个以上不合格时，则从该批中再取双倍试样进行重复试验。重复试验结果中若仍有一个试样不合格时，判该批不合格，但允许合格者重新组批交货。

6　标志、包装、运输和贮存

6.1　标志

产品除应附有检查标志外，还应在每个包装箱上附上标签或标牌，其上至少应注明：

a)　供方名称；

b)　产品名称、牌号、规格和状态；

c)　产品批号或炉号；

d)　包装数量和重量；

e)　生产日期或出厂日期。

6.2　包装、运输和贮存

6.2.1　银铜合金棒和银铜合金管采用软质纸张单根隔离，包裹每 6 根～12 根一捆，每捆用牛皮纸包裹之后，再用麻布或塑料包裹膜扎紧，每卷 7 kg～10 kg，然后装入木箱用纸屑塞紧，每箱重量不超过 30 kg。

6.2.2　银铜合金带成卷供货，每片之间用软质纸张隔开成卷，用牛皮纸包裹之后，再用麻布或塑料包裹扎紧，然后装入木箱用纸屑塞紧，每箱重量不超过 30 kg。

6.2.3　箱内应衬有防潮纸，箱外应注明“防潮”、“轻放”等字样或标示。

6.2.4　运输和贮存时，应避免强烈振动，防止擦伤、碰伤、受潮和活性化学试剂的侵蚀。

6.3　质量证明书（合格证）

每批产品应附有质量证明书（合格证）。其上至少应注明：

a)　供方名称；

b)　产品名称、牌号、规格和状态；

c)　产品批号或炉号；

d)　包装数量或重量；

e)　各项分析试验结果及检验部门印记；

f)　执行标准；

g)　生产日期。

7 订货单(或合同)内容

合同或订单中至少应注明下列内容：

a) 产品名称、牌号；

b) 规格和状态；

c) 数量或重量及包装要求；

d) 执行标准；

e) 其他。

ICS 77.120.99
H 66

中华人民共和国国家标准

GB/T 23522—2009

再生锗原料

Germanium renewable raw materials

2009-04-08 发布　　2010-02-01 实施

中华人民共和国国家质量监督检验检疫总局
中国国家标准化管理委员会　发布

前　言

本标准由中国有色金属工业协会提出。

本标准由全国有色金属标准化技术委员会归口。

本标准主要起草单位：云南临沧鑫圆锗业股份有限公司、南京锗厂有限责任公司。

本标准参加起草单位：湖南怀化市洪江恒昌锗业有限公司、深圳中金岭南韶关冶炼厂、北京国晶辉红外光学科技有限公司。

本标准主要起草人：包文东、李贺成、普世坤、郑洪、惠峰、张莉萍、王坚、孙燕。

再 生 锗 原 料

1 范围

本标准规定了再生锗原料的质量要求、试验方法、检验规则、标志、包装、运输、贮存及订货单(或合同)内容等。

本标准适用于从锗的生产、加工、使用过程中产生的可回收的再生锗原料,作为生产四氯化锗的原料。

2 规范性引用文件

下列文件中的条款通过本标准的引用而成为本标准的条款。凡是注日期的引用文件,其随后所有的修改单(不包括勘误的内容)或修订版均不适用于本标准,然而,鼓励根据本标准达成协议的各方研究是否可使用这些文件的最新版本。凡是不注日期的引用文件,其最新版本适用于本标准。

GB 20664 有色金属矿产品的天然放射性限值

GB/T 23523 再生锗原料中锗的测定方法

GB/T 23513.2 锗精矿化学分析方法 第2部分:砷量的测定 硫酸亚铁铵滴定法

GB/T 23513.5 锗精矿化学分析方法 第5部分:二氧化硅量的测定 重量法

YS/T 300 锗精矿

YS/T 422.1 碳化铬化学分析方法 铬量的测定

3 要求

3.1 再生锗原料按来源分为以下两类

3.1.1 原生固态的再生锗原料

锗以单质或合金等形式存在的固态再生锗原料,此类再生锗原料按照锗含量分为5个等级,每一等级的再生锗原料的化学成分应符合表1的规定。

表1

等级	牌号	$w(Ge)/\%$	$w(H_2O)/\%$	$w(As)/\%$	$w(SiO_2)/\%$	$w(Cr)/\%$
特级	FGe-0	95～100	<1	—	—	—
一级	FGe-1	80～95	<5	—	—	—
二级	FGe-2	50～80	<5	<5	<5	<15
三级	FGe-3	20～50	<10	<10	<20	<15
四级	FGe-4	<20	<10	<10	—	<20

3.1.2 加工的再生锗原料

锗以离子或化合态等液态形式存在的,经过沉淀、烘干等处理而得到的固态的再生锗原料,此类再生锗原料的质量要求与检验规则参照 YS/T 300 执行。

3.2 特级品为区熔、单晶尾料及红外加工的再生锗原料等,区熔、单晶尾料粒度可不作要求,颜色呈银灰色,红外、锗合金等再生锗原料要求粒度小于0.25 mm,颜色呈银灰色,偏黑色。

3.3 一级到四级的再生锗原料为从单晶、红外镜片、锗合金、电器靶材、锗衬底砷化镓太阳能电池等回收的废料,颜色呈银灰色、灰黑色、黑色等。要求同一批产品的颜色均匀一致,呈自然松散状态,且全部通过 0.25 mm 的筛孔。

3.4 再生锗原料中不得混入其他的外来夹杂物。

3.5 再生锗原料中的放射性物质应符合 GB 20664 的规定。

4 试验方法

4.1 再生锗原料中水分的测定:取好分析样后,混匀,称取 50 g 试料在 105 ℃干燥后进行测定。

4.2 再生锗原料中锗含量的测定方法,按照 GB/T 23523 进行测定。

4.3 再生锗原料中砷含量的测定方法,按照 GB/T 23513.2 进行测定。

4.4 再生锗原料中二氧化硅含量的测定方法,按照 GB/T 23513.5 进行测定。

4.5 再生锗原料中铬含量的测定方法,按照 YS/T 422.1 进行测定。

5 检验规则

5.1 检查和验收

5.1.1 产品应由供方技术监督部门进行检验,保证再生锗原料的质量符合本标准(或订货合同)的规定,并填写质量证明书。

5.1.2 需方应对收到的产品按本标准的规定进行检验,若检验结果与本标准(或订货合同)的规定不符时,应在收到产品之日起 2 个月内向供方提出,由供需双方协商解决。如需仲裁,仲裁取样、制样和测试方法按本标准 4.1~4.5 进行,仲裁分析结果为最终结果。

5.2 组批

产品应成批提交检验,每批应由同一级别的产品组成。

5.3 检验项目

供需双方应对再生锗原料的水分、化学成分、粒度、表面质量进行检验。

5.4 采样和制样

以供方的单独包装作为一采样单位,每批质量不大于 300 kg。水分高于 1%,粒度大于 0.25 mm 的再生锗原料进行烘干后破碎,充分混匀后平铺于容器内,厚度在 3 cm~5 cm,采样时采用经纬法,两采样点之间的距离为 2 cm~5 cm,采样深度为厚度的二分之一处,采样时用不锈钢勺子扒到采样点处,取出 50 g 左右的试料,把各个采样点采的样混合后缩分至 100 g 左右。将试样分成三等份分别装入三个清洁、干燥的自封塑料袋内密封。由供、需双方各执一份,另一份样品由供、需双方签字后作为仲裁样品由需方保留,若供、需双方对测试结果无争议后,需方可对保留样品进行处理。

5.5 检验结果的判定

若再生锗原料的化学成分有一项不符合 3.1.1 表中的规定时,降为下一等级。若粒度、表面质量与本标准规定不相符时,则判该批产品为不合格。

未尽事宜由供需双方协商解决。

6 标志、包装、运输、贮存

6.1 产品的包装,外包装用铁桶或塑料桶,内包装用双层塑料袋,计量偏差为批重的±0.1%。

6.2 包装上应注明供方名称、再生锗原料名称、等级、净质量、毛质量、批号、出厂日期和“防潮、防倒置”等标志。

6.3 产品不得同酸、碱、氧化剂等混装、混贮,应防潮。

6.4 每批产品应附上质量证明书,应包括:

a) 供方名称;

b) 产品名称;

c) 等级(或代号);

d) 批号、净重、件数；

e) 锗的质量分数；

f) 本标准编号；

g) 出厂日期。

7 订货单(或合同)内容

本标准所列材料的订货单(或合同)应包括下列内容：

a) 产品名称；

b) 要求；

c) 数量；

d) 本标准编号；

e) 其他。

ICS 77.120.99
H 66

GB

中华人民共和国国家标准

GB/T 23523—2009

再生锗原料中锗的测定方法

Determination of germanium content in germanium renewable raw materials

2009-04-08 发布　　　　2010-02-01 实施

中华人民共和国国家质量监督检验检疫总局
中国国家标准化管理委员会　发布

前　言

本标准由中国有色金属工业协会提出。

本标准由全国有色金属标准化技术委员会归口。

本标准主要起草单位：云南临沧鑫圆锗业股份有限公司、南京锗厂有限责任公司。

本标准参加起草单位：湖南怀化市洪江恒昌锗业有限公司、北京国晶辉红外光学科技有限公司、深圳中金岭南韶关冶炼厂。

本标准主要起草人：包文东、李贺成、普世坤、郑洪、高孟朝、孙燕、王坚。

再生锗原料中锗的测定方法

1 范围

本标准规定了再生锗原料中锗含量的测定方法。

本标准适用于再生锗原料中锗的测定。测定范围：1%～99%。

2 方法原理

试料以 $FeCl_3$ 或 H_2O_2 氧化，盐酸蒸馏分离锗，在 3 mol/L 磷酸和 4.5 mol/L 盐酸介质中，以 0.35 mol/L次亚磷酸钠把 Ge^{4+} 还原为 Ge^{2+}，以淀粉溶液为指示剂，在 20 ℃以下，用碘酸钾标准溶液滴定。

3 试剂

除另有说明，在分析中仅使用确认为分析纯的试剂和蒸馏水或相当纯度的水。

3.1 碘化钾(KI)。

3.2 无水碳酸钠(Na_2CO_3)。

3.3 氢氧化钠(NaOH)。

3.4 次亚磷酸钠($NaH_2PO_2 \cdot H_2O$)。

3.5 三氯化铁($FeCl_3 \cdot 6H_2O$)。

3.6 盐酸(ρ1.19 g/mL)。

3.7 磷酸(ρ1.69 g/mL)。

3.8 过氧化氢(30%)。

3.9 盐酸(1+1)。

3.10 碳酸氢钠饱和溶液。

3.11 淀粉溶液(5 g/L)。

3.12 碘酸钾标准溶液Ⅰ

称取 1.000 0 g 预先在 130 ℃下烘干至恒重的基准 KIO_3 于 400 mL 烧杯中。加入 20 g 碘化钾(3.1)、0.5 g 无水碳酸钠(3.2)、200 mL 水搅拌至完全溶解后，移入 1 000 mL 容量瓶中，用水定容，混匀，放置 24 h。浓度 $c(1/6\ KIO_3)$为 0.028 04 mol/L。

3.13 碘酸钾标准溶液Ⅱ

称取 3.566 7 g 预先在 130 ℃下烘干至恒重的基准 KIO_3 于 400 mL 烧杯中，加入 40 g 碘化钾(3.1)、1.0 g 无水碳酸钠(3.2)，200 mL 水，搅拌至完全溶解后，移入 1 000 mL 容量瓶中，用水定容，混匀，放置 24 h，浓度 $c(1/6\ KIO_3)$为 0.100 0 mol/L。

4 分析步骤

按图 1 所示准备好蒸馏系统，其中蒸馏瓶为 300 mL 锥形瓶Ⅰ，接收瓶为 500 mL 锥形瓶Ⅱ，内盛 50 mL水和 7 g 次亚磷酸钠(3.4)，冷凝管为 200 mL 的蛇型玻璃冷凝管。

4.1 试样

样品经制备后过 0.125 mm(120 目)筛，并于 105 ℃烘干至恒重，同时测定其水分。

4.2 测定次数

独立地进行 3 次测定，取其平均值。

4.3 空白试验

随同试料做空白试验。

4.4 方法Ⅰ

4.4.1 称取含锗量大于 20 mg，小于 150 mg 的试样(4.1)，精确到 0.000 1 g，置于锥形瓶Ⅰ中，加入 4 g 三氯化铁(3.5)，120 mL 盐酸(3.9)立即按图连接起来。

4.4.2 给冷凝管通自来水，调节电源电压缓慢升温，同时观察吸收瓶中的冒泡状况，判断系统有无漏气现象。蒸馏速度控制在每分钟 3 mL 左右，蒸出 2/3 体积时停止蒸馏。拆开连接管，用少许盐酸(3.6)冲洗连接管和冷凝管，冲水液并入接收瓶中。

4.4.3 在接收瓶Ⅱ内加 30 mL 磷酸(3.7)，15 mL 盐酸(3.9)，盖上盖氏漏斗，注入碳酸氢钠饱和溶液(3.10)，缓慢升温，微沸 15 min～20 min 后，取下放入流动的自来水水槽中冷却至 20℃左右。

4.4.4 揭开盖氏漏斗，立即加入 5 mL 淀粉溶液(3.11)，用碘酸钾标准溶液(3.12 或 3.13)滴定至蓝色 15 s 后不褪为终点。

4.5 方法Ⅱ

4.5.1 称取含锗大于 20 mg，小于 150 mg 的试样(4.1)，精确到 0.000 1 g，置于锥形瓶Ⅰ中，用 15 mL 左右的水润湿，加 1 g 氢氧化钠(3.3)，在电热板上，缓慢加入 10 mL 过氧化氢(3.8)，至试料全部溶解后，升高温度赶尽过氧化氢，取下冷却至室温。

4.5.2 加入 120 mL 盐酸(3.9)，立即连接起来，以下按 4.4.2～4.4.4 进行。

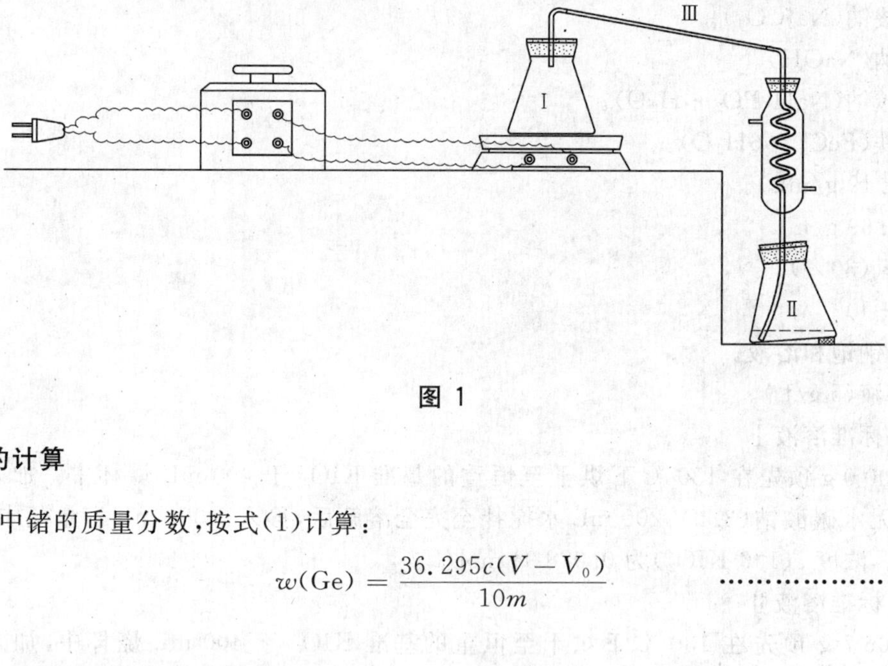

图 1

5 分析结果的计算

分析试料中锗的质量分数，按式(1)计算：

$$w(\mathrm{Ge}) = \frac{36.295c(V - V_0)}{10m} \quad \cdots\cdots(1)$$

式中：

$w(\mathrm{Ge})$——锗的质量分数，%；

c——$(1/6KIO_3)$标准溶液的浓度，单位为摩尔每升(mol/L)；

V——碘酸钾标准溶液之用量，单位为毫升(mL)；

V_0——空白试验时碘酸钾标准溶液之用量，单位为毫升(mL)；

m——分析试料的质量，单位为克(g)。

计算结果取小数点后 3 位，按数字修约到小数点后 2 位。

6 精密度

6.1 重复性

在重复性条件下获得的两次独立测试结果的测定值，在以下给出的平均值范围内，这两个测试结果的绝对差值不超过重复性限(r)，超过重复性限(r)的情况应不超过5%，重复性限(r)按表1数据采用线性内标法求得。

表1　重复性限

锗的质量分数 w/%	14.31	32.29	75.87
重复性限(r)/%	0.145	0.182	0.270

6.2　允许差

实验室之间分析结果的差值应不大于表2所列的允许差。

表2　允许差

单位为%

锗的质量分数	允　许　差
>95	0.50
>80～95	0.45
>50～80	0.40
>20～50	0.30
≤20	0.20

7　质量保证和控制

应用国家级标准样品或行业级标准样品(当前两者没有时，也可用控制样替代)，每周或每两周校核一次本分析方法标准的有效性。当过程失控时，应找出原因，纠正错误后，重新进行校核。

ICS 77.120.99
H 68

中华人民共和国国家标准

GB/T 23524—2009

石油化工废催化剂中铂含量的测定 电感耦合等离子体原子发射光谱法

Test method of spent petrochemical catalyst—Determination of platinum—Inductively coupled plasma atomic emission spectrometry

2009-04-08 发布 2010-02-01 实施

中华人民共和国国家质量监督检验检疫总局
中国国家标准化管理委员会 发布

前　言

本标准的附录 A 和附录 B 为资料性附录。

本标准由中国有色金属工业协会提出。

本标准由全国有色金属标准化技术委员会归口。

本标准负责起草单位：徐州浩通新材料科技股份有限公司。

本标准参加起草单位：北京有色金属研究总院、北京航空材料研究院、石油化工科学研究院。

本标准主要起草人：何治鸿、刘英、马爱增、于长珍、冯移丽、赵雪松、陈洁净、王锐利、刘冰心、郁丰善、奚翠玲。

本标准主要验证人：李娜、晏惠娟。

石油化工废催化剂中铂含量的测定
电感耦合等离子体原子发射光谱法

1 范围

本标准规定了石油化工铝硅载体废催化剂中铂含量的测定方法。

本标准适用于石油化工铝硅载体废催化剂中铂含量的测定。测定范围：0.100%～0.800%。

2 方法提要

用硫酸溶解试料，以氯气氧化络合铂进入溶液，在ICP-AES选定的最佳工作条件下测定铂的含量。

3 试剂和材料

除非另有说明，在分析中仅使用确认为分析纯的试剂和二次蒸馏水或相当纯度的水。

3.1 氢氧化钠。

3.2 盐酸（ρ1.19 g/mL）。

3.3 硝酸（ρ1.42 g/mL）。

3.4 硫酸（1+1）。

3.5 盐酸（1+1）。

3.6 铂标准溶液：

称取1.000 0克海绵铂（纯度99.99%以上）于250 mL烧杯中，加入20 mL盐酸（3.2）和10 mL硝酸（3.3），盖上表面皿低温加热至溶解完全并蒸至近干。以10 mL盐酸（3.2）蒸发近干，驱赶硝酸，重复此操作三次，加40 mL盐酸（3.5）低温溶解盐类，取下烧杯冷至室温，转入1 000 mL容量瓶中，以水稀释至刻度，混匀。此溶液1 mL含1.0 mg铂。

3.7 氩气（质量分数≥99.99%）。

3.8 氯气（质量分数≥99.9%）。

4 仪器

电感耦合等离子体原子发射光谱仪。仪器的测定条件参见附录A。

5 试样

5.1 试样应经800 ℃煅烧除去有机物和水分（烧失率的计算参见附录B），并研至粒度小于0.149 mm（通过100目标准筛）混匀。

5.2 试样应于105 ℃烘箱中保温干燥2 h，干燥冷却至室温后密封保存于干燥器中备用。

6 分析步骤

6.1 试料

称取2 g试样（5.2），精确至0.000 1 g。

独立地进行两次测定，取其平均值。

6.2 空白试验

随同试料做空白试验。

6.3 试料溶液的制备

6.3.1 将试料(5.2)置于250 mL烧杯中,加入40 mL硫酸(3.4),盖上表面皿,于电炉或电热板上加热使试料溶解完全。

6.3.2 取下冷至室温,加水至约100 mL,将溶液加热至近沸,保温通入氯气(3.8)0.5 h,加热浓缩至约40 mL,取下冷却后过滤转入200 mL容量瓶中。

6.3.3 若试样未能完全溶解,则过滤后不溶试料连同滤纸置镍坩埚中于电炉灰化,转入高温炉中在550 ℃条件下保温1 h,取出冷至室温,向灰化后的坩埚中加入6 g氢氧化钠(3.1)于马弗炉800 ℃马弗炉中保温碱解45 min,取出坩埚冷至室温,于烧杯中用50 mL水溶出后加入40 mL盐酸(3.5)酸化,加水至约150 mL,升温至近沸,保温通入氯气(3.8)0.5 h,加热浓缩至约80 mL,合并入原溶液。

6.3.4 以水稀释至约170 mL,冷至室温后以水稀释至刻度,混匀。

6.3.5 移取10 mL上述溶液于50 mL容量瓶中,以水稀释至刻度,混匀。

6.4 试料溶液的测定

将制备的试料溶液(6.3.5)于电感耦合等离子体原子发射光谱仪进行测定。铂的分析线为265.945 nm。

6.5 工作曲线的绘制

分别移取0.00 mL、0.20 mL、0.40 mL、0.60 mL、0.80 mL、1.00 mL铂标准溶液(3.6)于一组50 mL容量瓶中,分别加入2.0 mL硫酸(3.4),以水稀释至刻度,混匀。于电感耦合等离子体原子发射光谱仪进行测定,铂的分析线为265.945 nm。

以铂元素浓度为横坐标,测定强度值为纵坐标,绘制工作曲线。工作曲线的相关系数应不小于0.999 8。

7 分析结果的表述

按公式(1)计算铂的质量分数 $w(\mathrm{Pt})$,数值以%表示:

$$w(\mathrm{Pt})=\frac{\rho \cdot V_2 \cdot V_0 \times 10^{-6}}{m_0 \cdot V_1}\times 100 \qquad (1)$$

式中:

ρ——自工作曲线上查得铂的质量浓度,单位为微克每毫升(μg/mL);

V_0——试液总体积,单位为毫升(mL);

V_1——移取试液体积,单位为毫升(mL);

V_2——移取试液后定容体积,单位为毫升(mL);

m_0——试料的质量,单位为克(g)。

分析结果保留三位有效数字。

8 精密度

8.1 重复性限

在重复性条件下获得的两次独立测试结果的测定值,在以下给出的平均值范围内,这两个测试结果的绝对差值不超过重复性限(r),超过重复性限(r)的情况应不超过5%。重复性限(r)按表1数据采用线性内插法求得:

表 1 %

铂的质量分数	0.107	0.276	0.402
铂的重复性限(r)	0.005	0.011	0.012

8.2 允许差

实验室之间分析结果的差值应不大于表2所列允许差。

表2

%

铂的质量分数/%	允许差/%
0.100～0.200	0.008
>0.200～0.500	0.012
>0.500～0.800	0.015

9 质量保证和控制

应用国家级标准样品或行业级标准样品(当前两者没有时,也可用控制标样替代),每两周校核一次本分析方法标准的有效性。当过程失控时,应找出原因,纠正错误后,重新进行校核。

附　录　A
（资料性附录）
电感耦合等离子体原子发射光谱仪的测定条件

按仪器使用说明书优化仪器操作条件（参考下列参数设定）：

高频发生器功率：1 300 W。

氩气流量：冷却气 15.0 L/min；保护气 0.80 L/min；载气 0.20 L/min。

观测方式：轴向观测。

进样流速：1.50 mL/min。

附 录 B
（资料性附录）
废催化剂样品取制及烧失率的测定

B.1 范围

石油化工铝硅载体废催化剂。

B.2 工具

B.2.1 取样钎：40 cm。

B.2.2 白瓷盘：18 cm×24 cm，带盖。

B.2.3 操作台：铺防吸水耐酸胶皮。

B.2.4 固体密封制样机：出料粒度可达200目。

B.2.5 分样铲。

B.2.6 分样板。

B.2.7 制样毛刷。

B.2.8 瓷蒸发皿：200 mL。

B.2.9 箱式电阻炉：1 000 ℃。

B.2.10 干燥器：200 mm。

B.2.11 天平：量程3 000 g，最小读数0.01 g。

B.3 取制及测定步骤

B.3.1 份样选取

根据每批次来料的包装件数量，使用两步法确定所取的份样数，按照确定顺序用取样钎取得份样后集中于白瓷盘中（注意随时加盖防止水分变化）。每批次所取份样的总量不小于200 g。

B.3.2 烧失率测定

瓷蒸发皿置于天平上称重。将所取份样集中，用缩分法分取100 g±20 g样品转入瓷蒸发皿中，称重。将瓷蒸发皿置于高温炉中，升温至800 ℃恒温煅烧3 h（其间取出搅动一次使其煅烧充分），取出于干燥器中冷至室温，称重。

B.3.3 化学分析样制取

将煅烧后的废催化剂于固体密封制样机中研磨，使其粒度小于0.149 mm（全部通过100目网筛），于操作台上转堆混匀，缩分成不少于30 g的化学分析样，密封保存于干燥器中备用。

B.4 分析结果的计算

按公式（B.1）计算样品烧失率质量分数 $w(\mathrm{LOS})$，数值以%表示：

$$w(\mathrm{LOS}) = \frac{m_2 - m_3}{m_2 - m_1} \times 100 \qquad \cdots\cdots\cdots\cdots (\mathrm{B.1})$$

式中：

m_1——瓷蒸发皿质量，单位为克(g)；

m_2——煅烧前瓷蒸发皿和试样质量，单位为克(g)；

m_3——煅烧后瓷蒸发皿和试样质量，单位为克(g)。

分析结果的有效数字保留至小数点后第二位。

ICS 13.100
C 65

中华人民共和国国家标准

GB 23525—2009

座板式单人吊具悬吊作业安全技术规范

Safety technical criterion for personal board-type sling equipment for suspending work

2009-04-13 发布　　2009-12-01 实施

中华人民共和国国家质量监督检验检疫总局
中国国家标准化管理委员会　发布

前　言

本标准全部技术内容为强制性。

本标准附录A为资料性附录。

本标准由国家安全生产监督管理总局提出。

本标准由全国安全生产标准化技术委员会(SAC/TC 288)归口。

本标准起草单位:北京市劳动保护科学研究所、中国蓝星(集团)总公司、北京市质量技术监督局、北京市劳保所科技发展有限责任公司、江苏申锡建筑机械有限公司、上海新民劳防用品有限公司、天津南华劳保皮件有限公司、乐清市华东安全防护器材厂、昆明市高层建筑清洗公司、北京市金誉喜劳保用品有限公司、北京洁龙保洁清洗责任公司、泰州市明辉高空安全设备有限公司、深圳市清洁卫生协会。

本标准主要起草人:刘宇、赵留根、高哲宇、肖义庆、宋国建、吴杰、喻惠业。

座板式单人吊具悬吊作业安全技术规范

1 范围

本标准规定了座板式单人吊具的设计原则、技术要求、测试方法、安全规程及悬吊作业安全管理等要求。

本标准适用于使用座板式单人吊具对建筑物清洗、粉饰、养护悬吊作业。

本标准不适用于高处安装和吊运作业。

2 规范性引用文件

下列文件中的条款通过本标准的引用而成为本标准的条款。凡是注日期的引用文件,其随后所有的修改单(不包括勘误的内容)或修订版均不适用于本标准,然而,鼓励根据本标准达成协议的各方研究是否可使用这些文件的最新版本。凡是不注日期的引用文件,其最新版本适用于本标准。

GB 2811 安全帽

GB 3608—2008 高处作业分级

GB 6095 安全带

GB/T 6096—2009 安全带测试方法

GB 14866 个人用眼护具技术要求

3 术语与定义

下列术语和定义适用于本标准。

3.1

座板式单人吊具 personal board-type sling equipment

个体使用的具有防坠落功能、沿建筑物立面自上而下移动的无动力载人作业用具。

注:由挂点装置、悬吊下降系统和坠落保护系统组成。

3.2

挂点装置 anchor device

固定工作绳或柔性导轨的装置。

注:有屋面固定架、固定(屋面、地面)栓固点、锚固点、配重物、配重水袋等型式。

3.3

悬吊下降系统 suspend decline system

通过手控下降器沿工作绳将座板下移或固定在任意高度进行作业的工作系统。

注:由工作绳、下降器、连接器、座板装置组成。

3.3.1

工作绳 suspend rope

固定在挂点装置上,沿作业面敷设,下降器安装其上,工作时承担人体及携带物重量的长绳。

3.3.2

下降器 descender

安装在工作绳上、以工作载重量为动力、通过手控下降的装置。

注:有棒式、多板式、八字环式等多种型式,见附录A。

3.3.3

连接器 connector

将系统内零部件连接在一起、具有常闭活门的环类零件。亦称为“安全钩”。

3.3.4

座板装置 board device

承载作业人员的装置。

注：由吊带、衬带、拦腰带和座板组成。

3.3.5

吊带 suspend belt

将座板悬吊在下降器上的带。

3.3.6

衬带 lining belt

为防止磨损，衬在吊带与座板底面之间的带。

3.3.7

拦腰带 protect belt

为防止作业人员从座板滑脱，在两吊带之间安装的横带。

3.4

坠落保护系统 fall protection system

发生坠落时保护作业人员安全的系统。

注：由柔性导轨、自锁器、安全短绳、坠落悬挂安全带组成。

3.4.1

柔性导轨 anchor line

固定在挂点装置上，沿作业面敷设，带自锁器，发生坠落时承担人体冲击力的长绳。亦称“生命绳”。

3.4.2

自锁器 guided type fall arrester

可重复使用，具有导向和自锁功能的器具。沿柔性导轨，随作业人员位置的改变而调节移动，发生坠落时，能立即自动锁定在柔性导轨上。

3.4.3

坠落悬挂安全带 fall arrest system

当高处作业或登高人员发生坠落时，将作业人员悬挂在空中的安全带。

3.4.4

安全短绳 lanyard

连接自锁器与坠落悬挂安全带的绳，具有吸收冲击能量的作用。

3.5

工作载重量 working weight

工作绳或柔性导轨上承担的人体及携带物的质量。不包括工作绳或柔性导轨本身的质量。

3.6

总载重量 total weight

挂点装置上承担的人体、携带物、工作绳和柔性导轨的总质量。

4 设计原则

4.1 挂点装置

4.1.1 座板式单人吊具的总载重量不应大于 165 kg。

4.1.2 挂点装置静负荷承载能力不应小于总载重量的2倍。

4.1.3 屋面钢筋混凝土结构的静负荷承载能力大于总载重量的2倍时，允许将屋面钢筋混凝土结构作为挂点装置的固定栓固点。在栓固前应按建筑资料核实静负荷承载能力，无建筑资料的应由经过专业培训的，有5年以上高空作业经验的项目负责人检查通过后签字确认。

4.1.4 利用屋面钢筋混凝土结构作为挂点装置时，固定栓固点应为封闭型结构，防止工作绳、柔性导轨从栓固点脱出。

4.1.5 严禁利用屋面砖混砌筑结构、烟囱、通气孔、避雷线等结构作为挂点装置。

4.1.6 无女儿墙的屋面不准采用配重物型式作为挂点装置。

4.1.7 每个挂点装置只供一人使用。

4.1.8 工作绳与柔性导轨不准使用同一挂点装置。

4.2 悬吊下降系统

4.2.1 悬吊下降系统工作载重量不应大于100 kg。

4.2.2 当作业人员发生坠落悬挂时，悬吊下降系统的所有部件应保证与作业人员分离。

4.2.3 工作绳、柔性导轨、安全短绳应同时配套使用。

4.3 坠落保护系统

4.3.1 每个作业人员应单独配置坠落保护系统。

4.3.2 自锁器在发生坠落锁止后，应借助人工明确动作才能打开。

4.3.3 柔性导轨、安全短绳经过一次坠落冲击后应报废，严禁重复使用。

5 技术要求

5.1 一般要求

5.1.1 座板上表面应具有防滑功能，无裂痕、糟朽。并应进行防水处理。

5.1.2 金属件表面应光洁，无裂纹、麻点及能够损伤绳索的缺陷，并应进行防锈处理。

5.1.3 屋面固定架的表面应进行防腐处理。所有焊缝外观应连续、平整，无气孔、夹渣等缺陷。

5.2 结构要求

5.2.1 座板上应有挂清洗工具的装置。

5.2.2 吊带应为一根整带。

5.2.3 工作绳、柔性导轨、安全短绳不应有接头。

5.2.4 工作绳、柔性导轨和安全短绳不应使用丙纶纤维材料制作。

5.2.5 工作绳、柔性导轨和安全短绳应采用插接或压接的环眼。插接时每股绳应插接4道花，尾端整理成锥形。

5.2.6 工作绳、柔性导轨和安全短绳的环眼内应装有塑料或金属支架。

5.2.7 下降器、金属圆环、半圆环不应焊接。金属件边缘应加工成R4以上的光滑弧形。

5.2.8 工作绳、柔性导轨的制造商应在其产品上标明有效使用期及使用条件。

5.2.9 工作绳、柔性导轨的使用者应按产品上标明的有效使用期及使用条件使用，超过使用期应报废。

5.2.10 工作绳、柔性导轨出现下列情况之一时，应立即报废：

——被切割、断股、严重擦伤、绳股松散或局部破损；

——表面纤维严重磨损、局部绳径变细，或任一绳股磨损达原绳股三分之一；

——内部绳股间出现破断，有残存碎纤维或纤维颗粒；

——发霉变质，酸碱烧伤，热熔化或烧焦；

——表面过多点状疏松、腐蚀；
——插接处破损、绳股拉出；
——编织绳的外皮磨破。

5.3 尺寸要求

5.3.1 座板要求：
——长度：600 mm±20 mm；
——宽度：170 mm±10 mm；
——厚度介于 15 mm～20 mm；
——开孔间距 450 mm±20 mm；
——开孔长度 90 mm±5 mm；
——开孔宽度 25 mm±3 mm。

5.3.2 吊带要求：
——整体长度 1 600 mm±50 mm；
——宽度 50 mm±2 mm。

5.3.3 衬带要求：
——长度 600 mm±20 mm；
——宽度 80 mm±3 mm。

5.3.4 安全短绳

安全短绳长度为 $600_{-10}^{\ 0}$ mm。

5.4 整体静态力学性能

5.4.1 悬吊下降系统按 6.4.1 规定的方法测试，应满足下列要求：
——工作绳不应断裂；
——吊带不应撕裂、开线；
——金属件不应碎裂、变形；
——连接器不应自动开启；
——下降器在手控操作时应能顺利下滑；
——下降器在非手控时，应有处于悬停状态的控制方法。

5.4.2 坠落保护系统按 6.4.2 规定的方法测试，应满足下列要求：
——整体静拉力不应低于 15 kN；
——坠落悬挂安全带不应出现撕裂、开线、模拟人滑脱，不得有任何部件压迫人的喉部或外生殖器，腋下或大腿内侧不应有金属件；
——金属件不应碎裂、变形；
——连接器不应自动开启。

5.5 整体动态力学性能

坠落保护系统按 6.5 规定的方法测试，应满足下列要求：
——冲击作用力峰值不应大于 6 kN；
——坠落悬挂安全带不应出现撕裂、开线，不得有任何部件压迫人的喉部或外生殖器，人的腋下或大腿内侧不应有金属件；
——金属件不应碎裂，变形；
——连接器不应自动开启；
——坠落停止，安全短绳与安全带连接点应保持在后背或后腰，不应滑到腋下或腰两侧；

——自锁器在柔性导轨上的运动锁止距离不应大于 0.5 m。

5.6 零部件静态力学性能

5.6.1 零部件测试负荷见表 1。按 6.6.1、6.6.2、6.6.3 规定的方法测试，零部件在表内的测试负荷下保持 3 min，应不发生破坏。

表 1 零部件测试负荷表

零部件名称	测试负荷/kN
工作绳、柔性导轨、安全短绳	22
下降器、自锁器、连接器、圆环(半圆环)、吊带	15
衬带	8

5.6.2 座板按 6.6.4 规定的方法测试，应无裂纹或损坏。

5.6.3 自锁器按 6.7 规定的方法每年至少进行一次周期性锁止测试。应能正常锁止，解锁后应能在柔性导轨上顺畅滑动，正常工作。

5.6.4 坠落悬挂安全带按 6.8 规定的方法测试，应符合 GB 6095 的要求。

5.7 屋面固定架

5.7.1 承载结构应为塑性金属材料。按 6.9 规定的方法测试，依据材料的屈服点计算，其安全系数不应小于 2。

5.7.2 按 6.10 规定的方法测试，抗倾覆力矩与倾覆力矩之比不应小于 2。

5.7.3 屋面固定架整机自重(不含配重)应小于 70 kg。其中最大构件质量应小于 20 kg。

5.7.4 配重应有固定锁紧装置。

5.7.5 应有出厂合格证，并配有指导安装和使用的产品说明书。

5.7.6 主要构件锈蚀、磨损深度达到原构件厚度 10%时，应报废。

5.7.7 主要构件产生永久变形后，不得修复应报废。

5.7.8 整体失稳后，不得修复应报废。

6 测试方法

6.1 外观

目视、感官检查。

6.2 结构

目视、感官检查。

6.3 尺寸

6.3.1 测量量具

使用钢直尺或钢卷尺，精确到 1 mm。

6.3.2 测量方法

将所测部件自然平放在工作台上，用 6.3.1 要求的量具测量。

6.4 整体静态负荷测试

6.4.1 悬吊下降系统整体静态负荷与下降器功能测试

6.4.1.1 悬吊下降系统整体静态负荷与下降器功能测试示例见图 1。

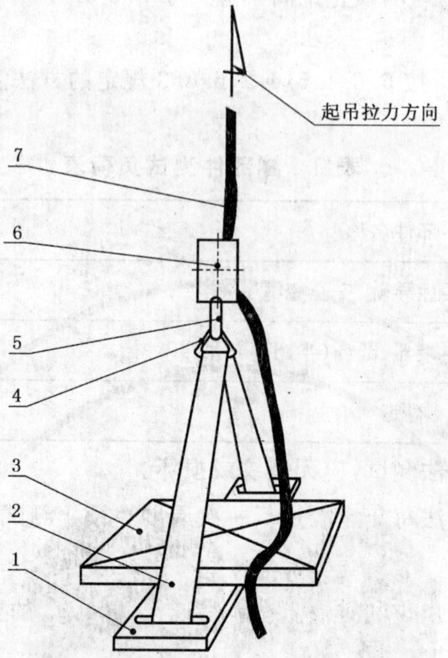

1——座板；
2——吊带；
3——砂包；
4——半圆环；
5——连接器；
6——下降器；
7——工作绳。

图 1　悬吊下降系统整体静态负荷与下降器功能测试示意图

6.4.1.2　测试装置

——测试架：顶部有安装工作绳的刚性挂点装置。

——砂包：

质量 100 kg±2 kg；

外型尺寸：长 940 mm、横截面周长 850 mm；

填充物：沙土和锯末的均匀混合物。

6.4.1.3　测试步骤

步骤 1：将工作绳安装在测试架顶部的挂点装置上；

步骤 2：将砂包放置在座板装置上；

步骤 3：将下降器和座板装置按作业状态安装在工作绳上；

步骤 4：用 100 mm/min±5 mm/min 的速度提升工作绳，使座板装置离开地面，至下降器达到测试人员胸部时停止，静置 5 min；

步骤 5：观察悬吊下降系统情况；

步骤 6：按照下降器的操作方法使下降器向下运动 200 mm，静置 5 min；

步骤 7：观察下降器的运动情况，卸载。

6.4.2　坠落保护系统整体静态负荷测试按 GB/T 6096—2009 中 4.7 规定的方法进行。

6.5　整体动态负荷测试

坠落保护系统整体动态负荷测试按 GB/T 6096—2009 中 4.8 规定的方法进行。

6.6　零部件静态负荷测试

6.6.1　工作绳、柔性导轨和安全短绳按 GB/T 6096—2009 中 4.3 规定的方法进行测试。

6.6.2　吊带、衬带按 GB/T 6096—2009 中 4.3 规定的方法进行测试。

6.6.3　金属件(包含自锁器、下降器)按 GB/T 6096—2009 中 4.9 规定的方法进行测试。

6.6.4　座板强度测试方法

6.6.4.1　测试装置:量程小于 50 kN,精度 1 级的压力试验机。测试安装方法见图 2。

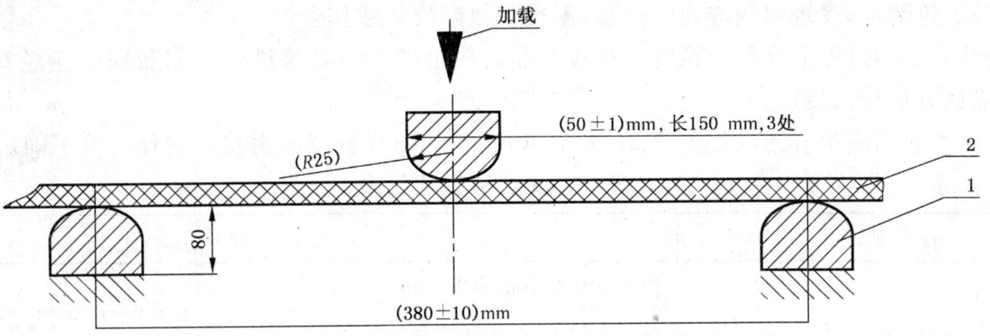

1——加载头;

2——座板。

图 2　座板强度测试安装方法示意图

6.6.4.2　测试步骤

步骤 1:将座板按图 2 所示方法安装在压力试验机上;

步骤 2:用 1 kN/min 的速度均匀加压至 4 400 N,持续 1 min;

步骤 3:观察座板情况,卸载。

6.7　自锁器周期性锁止测试

按制造商的说明将柔性导轨固定,装好自锁器,在安全短绳另一端系上 5 kg±0.1 kg 的测试块,提升测试块至自锁器能够自由滑动,释放测试块,观察自锁器情况。

6.8　坠落悬挂安全带按 GB/T 6096—2009 规定的方法进行测试。

6.9　屋面固定架应力测试

本条款以屋面固定架型式为例,进行应力测试,其他型式可参照本例进行测试。

6.9.1　测试步骤

将固定架安装于平整场地,在固定架吊点加载总载重量。加载稳定后,测量危险断面处的应力,记录应力值。重复测量三次。取三次应力值的平均值为最终测量结果。根据最终测量结果和塑性金属材料屈服点计算安全系数。

6.9.2　数据处理

固定架的安全系数应按式(1)计算:

$$S = \sigma / (\sigma_j \cdot f_1 \cdot f_2) \quad \cdots\cdots(1)$$

式中:

S——固定架的安全系数;

σ——塑性金属材料屈服点,单位为兆帕(MPa);

σ_j——固定架危险断面处的应力平均值,单位为兆帕(MPa);

f_1——应力集中系数,$f_1 \geqslant 1.10$;

f_2——动载荷系数,$f_2 \geqslant 1.25$。

6.10　屋面固定架抗倾覆性测试

本条款以屋面固定架型式为例,进行抗倾覆性测试,其他型式可参照本例进行测试。

测试步骤:将固定架安装于平整场地,在固定架吊点加载2倍的总载重量,静置10 min。固定架应保持平衡。后支点不得离地。

7 安全规程

7.1 安全检查

7.1.1 安装前应检查挂点装置、座板装置、绳、带的零部件是否齐全,连接部位是否灵活可靠,有无磨损、锈蚀、裂纹等情况,发现问题应及时处理,不准带故障安装或作业。

7.1.2 安装应由经过专业培训合格的人员按产品说明书的安装要求进行。安装完毕应经安全员检查通过签字确认方可投入使用。

7.1.3 每次作业前应检查的项目见表2。检查应有记录,每项检查应由检查责任人签字确认。

表2 安全检查项目表

检查项目	内容
建筑物支承处	能否支承吊具的全部重量
工作绳、柔性导轨、安全短绳	是否有腐蚀、磨损断股现象
屋面固定架	配重和销钉是否完整牢固
自锁器	动作是否灵活可靠
坠落悬挂安全带	是否损伤
挂点装置	是否牢固可靠,承载能力是否符合要求,绳结应为死结,绳扣不能自动脱出
建筑物的凸缘或转角处的衬垫	是否垫好;在作业过程中随时检查衬垫是否脱离绳索
劳动保护用品	是否穿戴

7.2 使用要求

7.2.1 悬吊作业时屋面应有经过专业培训的安全员监护。

7.2.2 悬吊作业区域下方应设警戒区,其宽度应符合GB 3608—2008附录A中可能坠落范围半径R的要求,在醒目处设警示标志并有专人监控。悬吊作业时警戒区内不得有人、车辆和堆积物。

7.2.3 悬吊作业前应制定发生事故时的应急和救援预案。

7.2.4 工作绳、柔性导轨应注意预防磨损,在建筑物的凸缘或转角处应垫有防止绳索损伤的衬垫,或采用马架。

7.2.5 作业人员应按先系好安全带,再将自锁器按标记箭头向上安装在柔性导轨上,扣好保险,最后上座板装置。检查无误后方可悬吊作业。

7.2.6 工具应带连接绳,避免作业时失手脱落。悬吊作业时严禁作业人员间传递工具或物品。

7.2.7 作业时应佩戴符合GB 2811要求的安全帽。

7.2.8 根据作业需要穿用符合要求的抗油拒水清洗作业服。

7.2.9 根据作业需要佩戴符合GB 14866要求的眼护具或面罩。

7.2.10 作业时穿用的清洗作业靴,靴底应有防滑功能,靴面应抗油拒水,耐酸碱腐蚀。

7.2.11 根据作业需要佩戴防护手套。

7.2.12 在垂放绳索时,作业人员应系好安全带。绳索应先在挂点装置上固定,然后顺序缓慢下放,严禁整体抛下。

7.2.13 无安全措施时,严禁在女儿墙上作任何活动。

7.2.14 停工期间应将工作绳、柔性导轨下端固定好,防止行人或大风等因素造成人员伤害及财产损失。

7.2.15 每天作业结束后应将悬吊下降系统、坠落防护系统收起,整理好。

7.2.16 工作绳、柔性导轨应放在干燥通风处，并应盘整好悬吊保存，不准堆积踩压。

7.2.17 严禁将已报废的工作绳作为柔性导轨使用。

7.2.18 严禁使用含氢氟酸的清洗剂。

8 安全管理要求

8.1 资质要求

8.1.1 采用座板式单人吊具悬吊作业的企业应取得座板式单人吊具悬吊作业安全资质。

8.1.2 作业人员应接受高处悬吊作业的岗位培训，取得座板式单人吊具悬吊作业操作证后，持证上岗作业。

8.2 作业人员要求

8.2.1 年龄 18 周岁以上，初中及以上文化程度。

8.2.2 就业前应体检合格，无不适应高处特种作业的疾病和生理缺陷。

8.2.3 酒后、过度疲劳、情绪异常者不得进行悬吊作业。

8.3 作业环境要求

8.3.1 作业环境气温不大于 35 ℃。

8.3.2 悬吊作业地点风力大于 4 级时，严禁悬吊作业。

8.3.3 大雾、大雪、凝冻、雷电、暴雨等恶劣气候，严禁悬吊作业。

附　录　A
（资料性附录）
座板式单人吊具下降器种类

A.1　座板式单人吊具下降器种类见图 A.1。

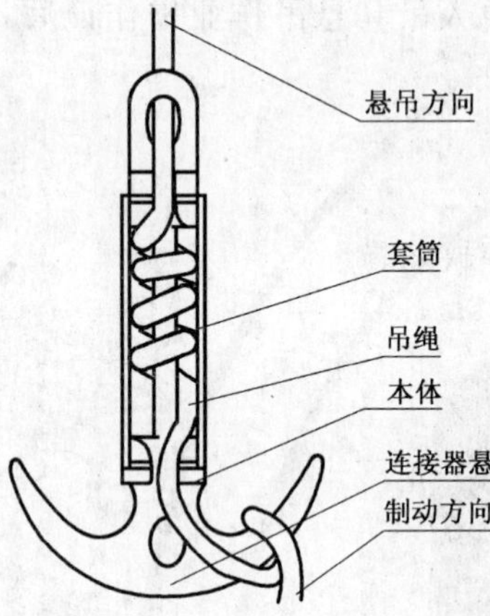

棒式下降器

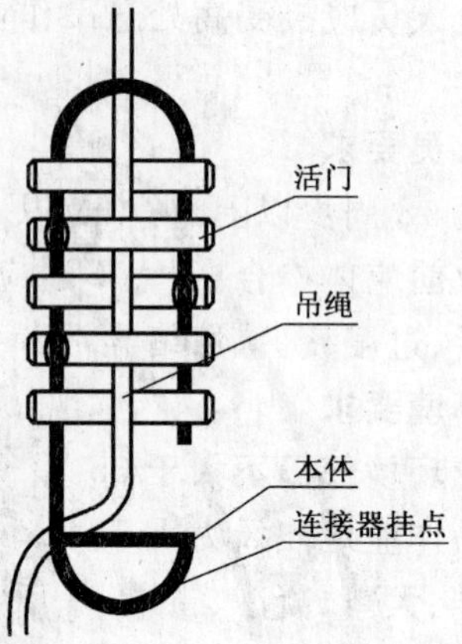

多板式下降器

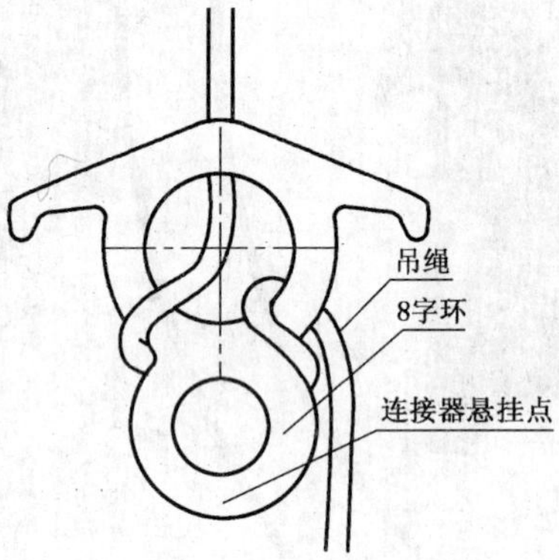

八字环式下降器

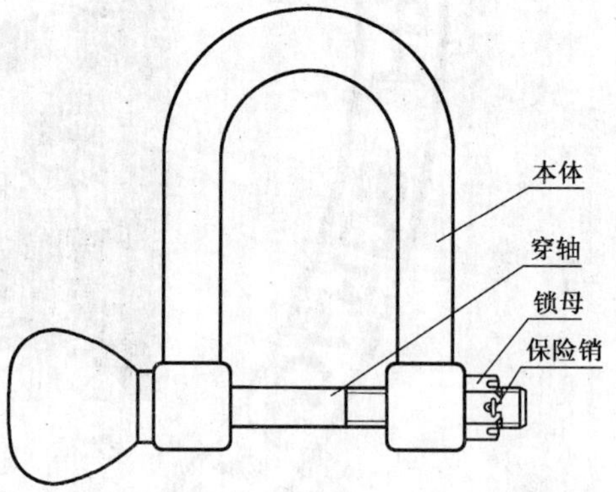

卸扣式下降器

图 A.1　下降器图例

ICS 67.040
X 80

中华人民共和国国家标准

GB/T 23526—2009

食品中必需营养素添加通则

General principles for the addition of essential nutrients to foods

[CAC/GL 09—1987(amended 1989,1991), IDT]

2009-04-27 发布 2009-08-01 实施

中华人民共和国国家质量监督检验检疫总局
中国国家标准化管理委员会 发布

前　言

本标准等同采用国际标准 CAC/GL 09—1987(1989,1991 年修订)《食品中必需营养素添加通则》(英文版)。

本标准由全国特殊膳食标准化技术委员会提出并归口。

本标准负责起草单位:中国食品发酵工业研究院、北京大学第三医院运动医学研究所。

本标准主要起草人:陈岩、艾华、涂顺明、仇凯。

食品中必需营养素添加通则

1 范围

本标准适用于添加必需营养素食品的生产和流通。

2 术语和定义

下列术语和定义适用于本标准。

2.1

营养素 nutrients

食品中具有特定生理作用,能维持机体生长、发育、活动、繁殖以及正常代谢所需的物质,缺少这些物质,将导致机体发生相应的生化或生理学的不良变化。包括蛋白质、脂肪、碳水化合物、矿物质、维生素五大类。

2.2

必需营养素 essential nutrients

人体内不能合成或合成不足,需要从食品中获得的营养素。

2.3

营养等同 nutritional equivalence

具有相同的营养价值,蛋白质应考虑其数量和质量,其他必需营养素应考虑其种类、数量和生物利用率。向替代食品中添加营养素时,为保证营养等同,添加后营养素含量应不低于所替代食品中该营养素的含量。

2.4

替代食品 substitute food

在外观、组织、风味和气味方面与普通食品相似,并可全部或部分地替代同类食品的食品。

2.5

强化 fortification or enrichment

为预防或纠正某一人群或特定人群的营养素缺乏,将一种或多种必需营养素添加到某食品中(不管该食品中是否含有这种营养素)。

2.6

复原 restoration

向食品中添加必需营养素,使该营养素在加工、贮藏、运输过程中的损失得到恢复。

2.7

特殊用途食品 special purpose foods

具有某种特定功能的食品,例如添加了一种或多种营养素的强化食品。但该类食品并不局限于特殊用途。

2.8

营养素密度 nutrient density

一定单位(kJ 或 kcal)能量的食品中所含某营养素的量。

2.9

标准化 standardization

为了补偿一些天然食品中某种营养素的不足,通过添加该营养素,使其达到一定的含量。

3 基本原则

3.1 添加必需营养素的目的

3.1.1 复原。

3.1.2 替代食品的营养等同。

3.1.3 强化。

3.1.4 确保特殊食品中适当的营养素组成。

3.2 添加的必需营养素含量不应导致该营养素摄入过量或不足，添加时要综合考虑该营养素的其他食物来源。

3.3 添加的必需营养素不应影响其他营养素的代谢。

3.4 在包装、贮存、流通和加工条件下，添加到食品中的营养素应稳定。

3.5 添加的必需营养素在生物学上应可被机体利用。

3.6 添加的必需营养素不应影响食品的色泽、滋味、风味、组织等特性，不应明显缩短食品货架期。

3.7 应采用合适的加工方式和设备添加必需营养素。

3.8 必需营养素的添加不应在食品的营养价值质量上误导或欺骗消费者。

3.9 添加营养素的成本应合理。

3.10 应建立检测、监控食品中营养素添加水平的方法和措施。

3.11 制定必需营养素食品添加的标准、法规或指导方针时，应说明该必需营养素的添加理由和添加量。

4 以营养素复原为目的的营养素添加原则

4.1 当某种食品是能量或某必需营养素的重要来源，为保护公众健康，应补充该食品在加工、贮存或运输过程中损失的营养素。

4.2 如果食品在加工、贮存或运输之前，其可食部分含有的某必需营养素的量大于或等于该营养素推荐摄入量的10%（若没有推荐摄入量，按每天平均摄入量计算），则该食品为某必需营养素的重要来源。

5 以营养等同为目的的营养素添加原则

5.1 当某种替代食品是能量或某必需营养素的重要来源，为了保护公众健康的需要，应推荐采用必需营养素营养等同原则。

5.2 当每100 kcal（418.4 kJ）能量的替代食品中某必需营养素量大于或等于推荐摄入量的5%，则认为该替代食品是某必需营养素的重要来源。

5.3 当有确切的公共健康研究资料证明某种营养素的摄入已经适量，该营养素则不必进行营养等同。

6 以营养强化为目的的营养素添加原则

6.1 食品强化是一种政府职责，应根据存在的公共营养问题、目标人群特点和当地食品消费习惯，确定添加营养素的种类、数量和载体食品。

6.2 食品强化时应满足的条件：

a) 科研资料已表明某一人群或多个人群需要增加某必需营养素的摄入。这些证据包括因摄入不足而导致该营养素缺乏的临床或亚临床现有资料，或者因饮食习惯改变而在未来可能引起该营养素缺乏的分析资料。

b) 选择目标人群的大众化食品作为载体进行营养素强化。

c) 所选载体食品的摄入量应稳定不变，并知其食用量范围。

d） 添加营养素应足量，使目标人群以常规量食用该强化食品，即可纠正或预防营养素缺乏。

e） 添加营养素的量不能因消费者个体大量食用该强化食品而导致该强化营养素摄入过量。

7 特殊用途食品的营养素添加原则

为确保合适、足量的营养素摄入，特殊用途食品或特殊膳食食品中可添加营养素。应使添加量达到适宜的营养素密度。

ICS 67.220.20
X 69

GB

中华人民共和国国家标准

GB/T 23527—2009

蛋白酶制剂

Protease preparations

2009-04-27 发布　　　　2009-11-01 实施

中华人民共和国国家质量监督检验检疫总局
中国国家标准化管理委员会　发布

前 言

本标准以 QB/T 1803—1993《工业酶制剂通用试验方法》和 QB 1805.3—1993《工业用蛋白酶制剂》为基础制定。

本标准的附录 B 为规范性附录，附录 A、附录 C 和附录 D 为资料性附录。

本标准由中国轻工业联合会提出。

本标准由全国食品工业标准化技术委员会工业发酵分技术委员会归口。

本标准起草单位：诺维信（中国）生物技术有限公司、张家港市金源生物化工有限公司、中国食品发酵工业研究院、山东隆大生物工程有限公司、肇东市日成酶制剂有限公司、邢台新欣翔宇生物工程有限公司、无锡赛德生物工程有限公司、北京东华强盛生物技术有限公司。

本标准主要起草人：张晶雪、李永其、张蔚、郭庆文、何勇、余波、吴炳炎、曹振宇、钱瑾、张跃。

蛋 白 酶 制 剂

1 范围

本标准规定了蛋白酶制剂的产品分类、要求、试验方法、检验规则和标志、包装、运输、贮存。

本标准适用于以淀粉质(或糖质)为原料,经微生物发酵、提纯制得的蛋白酶制剂的生产、检验和销售。本标准不适用于动植物组织提取的蛋白酶制剂,但本标准的技术要求可以参照使用。

用作食品添加剂和饲料添加剂的蛋白酶制剂,除本标准的要求外,还需参照其他法规要求。

2 规范性引用文件

下列文件中的条款通过本标准的引用而成为本标准的条款。凡是注日期的引用文件,其随后所有的修改单(不包括勘误的内容)或修订版均不适用于本标准,然而,鼓励根据本标准达成协议的各方研究是否可使用这些文件的最新版本。凡是不注日期的引用文件,其最新版本适用于本标准。

GB/T 191 包装储运图示标志

GB/T 601 化学试剂 标准滴定溶液的制备

GB 2760 食品添加剂使用卫生标准

GB/T 6003.1 金属丝编织网试验筛(GB/T 6003.1—1997,eqv ISO 3310-1:1990)

3 术语和定义

下列术语和定义适用于本标准。

3.1

蛋白酶 protease

能切断蛋白质分子内部的肽键,使蛋白质分子变成小分子多肽和氨基酸的酶。

3.2

蛋白酶活力 activity of protease

蛋白酶活力以蛋白酶活力单位表示,定义为 1 g 固体酶粉(或 1 mL 液体酶),在一定温度和 pH 值条件下,1 min 水解酪蛋白产生 1 μg 酪氨酸,即为 1 个酶活力单位,以 u/g(u/mL)表示。

4 产品分类

4.1 按产品的应用领域

A 类产品——食品工业和饲料工业用酶制剂。

B 类产品——其他工业用酶制剂。

4.2 按产品形态

固体剂型酶制剂和液体剂型酶制剂。

4.3 按产品的作用 pH 值范围

酸性蛋白酶制剂、中性蛋白酶制剂和碱性蛋白酶制剂三种。国内常用蛋白酶制剂的类别、代号与生产菌参见附录 A。

5 要求

5.1 外观要求

固体剂型:白色至黄褐色粉末或颗粒,无结块、无潮解现象。无异味。有特殊发酵气味。

液体剂型:浅黄色至棕褐色液体,允许有少量凝聚物。无异味。有特殊发酵气味。

5.2 理化要求

应符合表1的规定。

表1 蛋白酶制剂的理化要求

项目		固体剂型	液体剂型
酶活力[a]/[u/g(或 u/mL)]	≥	50 000	
干燥失重[b]/%	≤	8.0	—
细度[0.40 mm(39目)标准筛通过率][b]/%	≥	80	—

a 可按供需双方合同规定的酶活力规格执行。

b 不适用于颗粒产品。

5.3 卫生要求

应符合国家有关规定。

6 试验方法

6.1 外观

称取样品 10 g(或 10 mL),观察、嗅闻作出判断,做好记录。

6.2 酶活力

按附录B进行检测,也可以参考附录C或附录D进行检测。

6.3 干燥失重

6.3.1 仪器

6.3.1.1 电热干燥箱。

6.3.1.2 分析天平:精度为 0.000 1 g。

6.3.1.3 称量瓶:50 mm×30 mm。

6.3.2 分析步骤

用烘干至恒重的称量瓶称取酶样约 2 g,精确至±0.000 2 g,置于 103 ℃±2 ℃电热干燥箱中,将盖取下,侧放在称量瓶旁,烘干 2 h,取出,加盖,放入干燥器中冷却至室温,称量。

6.3.3 计算

干燥失重按式(1)计算:

$$X_1 = \frac{m_1 - m_2}{m_1 - m} \times 100 \quad \cdots\cdots(1)$$

式中:

X_1——样品的干燥失重,%;

m_1——干燥前称量瓶加样品的质量,单位为克(g);

m_2——干燥后称量瓶加样品的质量,单位为克(g);

m——称量瓶的质量,单位为克(g)。

所得结果表示至一位小数。

6.4 细度

6.4.1 仪器

6.4.1.1 分析天平:精度为 0.000 1 g。

6.4.1.2 标准筛:ϕ200×50—400/250,符合 GB/T 6003.1 的规定。

6.4.2 分析步骤

称取固体酶样 100 g,精确至 0.2 g。将标准筛装上筛底盘,然后把称好的样品全部转入标准筛上,加盖,振荡筛分 5 min(并不时敲打筛帮)。静置 2 min,取下上盖,小心将筛上物全部转入到已知质量的烧杯中,用天平称量。

6.4.3 计算

细度按式(2)计算:

$$X_2 = \frac{100 - m_3}{100} \times 100 \qquad \cdots\cdots(2)$$

式中:

X_2——样品的细度,%;

m_3——筛上物的质量,单位为克(g)。

所得结果表示至整数。

7 检验规则

7.1 批次的确定

由生产单位按照其相应的规则确定产品的批号,批内产品的品质应均一。

7.2 取样规则和样本量

7.2.1 取样应均匀分布在整个灌装过程中,或均匀分布于灌装后的成品中。

7.2.2 取样时应采用适宜的方法保证取样具有代表性,保证取样部位和取样瓶的清洁。对用于微生物检验的取样,应使用无菌操作。

7.2.3 成品抽样的样本量见表 2。取样的样本量可按照估计的批量参照表 2 执行,或由生产企业和(或)相关方确定。批取样量应不小于 300 g(或 300 mL),不足按照比例适当加取。

表 2 成品抽样的样本量

批量/桶或箱	样本量/桶或袋
<50	2
51～500	3
>500	4
注:批量是指批中所包含的单位商品数,单位为桶或箱。样本量是指样本中所包含的样本单位数,单位为桶或袋。	

7.3 检验分类

7.3.1 出厂检验

7.3.1.1 产品出厂前,应由生产厂的质量监督检验部门按本标准规定逐批进行检验,检验合格,并附上质量合格证明的,方可出厂。

7.3.1.2 检验项目:外观、酶活力、干燥失重(固体)、细度(固体)和 A 类产品的菌落总数。

7.3.2 型式检验

7.3.2.1 检验项目:本标准中全部要求项目。

7.3.2.2 一般情况下,同一类产品的型式检验每年至少进行一次,有下列情况之一者,亦应进行:

a) 原辅材料有较大变化时;

b) 更改关键工艺或设备时;

c) 新试制的产品或正常生产的产品停产 3 个月后,重新恢复生产时;

d) 出厂检验与上次型式检验结果有较大差异时;

e) 国家质量监督检验机构按有关规定需要抽检时。

7.4 判定规则

7.4.1 出厂检验和(或)型式检验合格时,由质量检验部门出具产品合格证。

7.4.2 出厂检验和(或)型式检验不合格时,在原批次基础上加倍取样分析。如仍不合格,判定该产品为不合格品,不得出厂。

8 标志、包装、运输及贮存

8.1 标志

8.1.1 产品的外包装宜使用符合 GB/T 191 要求的标志。

8.1.2 产品的包装上应贴有牢固的标签。标志内容应包括品名、产地、厂名、规格(酶活力)、生产日期、批号或代号、保质期等。

8.2 包装

产品的内包装和(或)包装容器的内涂料应采用国家批准的材料,A 类产品应符合相应的食品包装用/食品容器卫生标准的材料。

8.3 运输

产品在运输过程中应轻拿轻放,严防雨淋和曝晒。运输工具应清洁、无毒、无污染。严禁与有毒、有害、有腐蚀性的物质混装混运。

8.4 贮存

产品应贮存在阴凉干燥的环境下。严禁与有毒、有害、有腐蚀性的物质同存。

9 保质期

9.1 在冷藏(4 ℃～8 ℃)条件下,液体酶制剂保质期不少于 90 天;在 25 ℃下,固体酶制剂保质期不少于 180 天,企业应按上述要求具体标示。保质期内实测酶活力不应低于标示酶活力。

9.2 酶制剂是含有生物活性物质的产品。在保质期外,保存期内,酶活力可能降低,但仍具有使用价值。

附 录 A
（资料性附录）
国内常用蛋白酶制剂的类别、代号与生产菌

表 A.1 国内常用蛋白酶制剂的类别、代号与生产菌

类 别	代 号	生 产 菌
酸性蛋白酶制剂	537	宇佐美曲霉（*Aspergillus usamii*，No. 537）
	3350	黑曲霉（*Aspergillus niger*，No. 3350）
中性蛋白酶制剂	1.398	枯草芽胞杆菌（*Bacillus subtilis*，No. 1.398）
	3942	栖土曲霉（*Aspergillus terricola*，No. 3942）
	166	放线菌（*Actinomyces*，No. 166）
碱性蛋白酶制剂	2709	地衣芽胞杆菌（*Bacillus licheniformis*，No. 2709）
	CW301	地衣芽胞杆菌（*Bacillus licheniformis*，No. CW301）
	209	短小芽胞杆菌（*Bacillus pumilus*，No. 209）
	SMJ	嗜碱短小芽胞杆菌（*Alkaliphilic bacillus pumius*，No. SMJ）
	CW302	枯草芽胞杆菌（*Bacillus subtilis*，No. CW302）
注：允许在食品工业中使用的蛋白酶制剂的相关要求参见 GB 2760。允许在饲料工业中使用的蛋白酶制剂的相关要求参见农业部相关公告。		

附 录 B
(规范性附录)
蛋白酶活力的测定 福林法

B.1 原理

蛋白酶在一定的温度与 pH 条件下,水解酪蛋白底物,产生含有酚基的氨基酸(如:酪氨酸、色氨酸等),在碱性条件下,将福林试剂(Folin)还原,生成钼蓝与钨蓝,用分光光度计于波长 680 nm 下测定溶液的吸光度。酶活力与吸光度成比例,由此可以计算产品的酶活力。

B.2 仪器和设备

B.2.1 分析天平:精度为 0.000 1 g。

B.2.2 紫外-可见分光光度计。

B.2.3 恒温水浴:精度±0.2 ℃。

B.2.4 pH 计:精度为 0.01pH 单位。

B.3 试剂和溶液

除非另有说明,在分析中仅使用分析纯试剂和蒸馏水或去离子水或相当纯度的水。

B.3.1 福林(Folin)试剂

于 2 000 mL 磨口回流装置中加入钨酸钠($Na_2WO_4 \cdot 2H_2O$)100.0 g、钼酸钠($Na_2MoO_4 \cdot 2H_2O$)25.0 g、水 700 mL、85%磷酸 50 mL、浓盐酸 100 mL。小火沸腾回流 10 h,取下回流冷却器,在通风橱中加入硫酸锂(Li_2SO_4)50 g、水 50 mL 和数滴浓溴水(99%),再微沸 15 min,以除去多余的溴(冷后仍有绿色需再加溴水,再煮沸除去过量的溴),冷却,加水定容至 1 000 mL。混匀,过滤。制得的试剂应呈金黄色,贮存于棕色瓶内。

B.3.2 福林使用溶液

一份福林试剂与两份水混合,摇匀。也可使用市售福林溶液配制。

B.3.3 碳酸钠溶液(42.4 g/L)

称取无水碳酸钠(Na_2CO_3)42.4 g,用水溶解并定容至 1 000 mL。

B.3.4 三氯乙酸(65.4 g/L)

称取三氯乙酸 65.4 g,用水溶解并定容至 1 000 mL。

B.3.5 氢氧化钠溶液(20 g/L)

称取氢氧化钠片剂 20.0 g,加水 900 mL 并搅拌溶解。待溶液到室温后续水定容至 1 000 mL,搅拌均匀。

B.3.6 盐酸溶液:c(HCl)=1 mol/L 及 0.1 mol/L

按 GB/T 601 配制。

B.3.7 缓冲溶液

除以下蛋白酶的溶解/稀释缓冲体系外,生产者和使用者还可以探讨使用其他适用的缓冲体系。

以下各种缓冲溶液配制时需用 pH 计测定并调整 pH 值。

B.3.7.1 磷酸缓冲液(pH=7.5,适用于中性蛋白酶制剂)

分别称取磷酸氢二钠($Na_2HPO_4 \cdot 12H_2O$)6.02 g 和磷酸二氢钠($NaH_2PO_4 \cdot 2H_2O$)0.5 g,加水溶解并定容至 1 000 mL。

B.3.7.2 乳酸钠缓冲液(pH=3.0,适用于酸性蛋白酶制剂)

取乳酸(80%~90%)4.71 g和乳酸钠(70%)0.89 g,加水至900 mL,搅拌至均匀。用乳酸或乳酸钠调整pH到3.0±0.05,定容至1 000 mL。

B.3.7.3 硼酸缓冲溶液(pH=10.5,适用于碱性蛋白酶制剂)

称硼酸钠9.54 g,氢氧化钠1.60 g,加水900 mL,搅拌至均匀。用1 mol/L盐酸溶液或0.5 mol/L氢氧化钠溶液(B.3.5)调整pH=10.5±0.05,定容至1 000 mL。

B.3.8 酪蛋白溶液(10.0 g/L)

称取标准酪蛋白(NICPBP国家药品标准物质)1.000 g,精确到0.001 g,用少量氢氧化钠溶液(B.3.5)(若酸性蛋白酶制剂则用浓乳酸2滴~3滴)湿润后,加入相应的缓冲溶液约80 mL,在沸水浴中加热煮沸30 min,并不时搅拌至酪蛋白全部溶解。冷却到室温后转入100 mL容量瓶中,用适宜的pH缓冲溶液稀释至刻度。定容前检查并调整pH至相应缓冲液的规定值。此溶液在冰箱内贮存,有效期为三天。使用前重新确认并调整pH值至规定值。

不同来源或批号的酪蛋白对试验结果有影响。如使用不同的酪蛋白作为底物,使用前应与以上标准酪蛋白进行结果比对。

B.3.9 L-酪氨酸标准储备溶液(100 μg/mL)

精确称取预先于105 ℃干燥至恒重的L-酪氨酸0.100 0 g±0.000 2 g,用1 mol/L盐酸溶液(B.3.6)60 mL溶解后定容至100 mL,即为1 mg/mL酪氨酸溶液。

吸取1 mg/mL酪氨酸溶液10.00 mL,用0.1 mol/L盐酸溶液(B.3.6)定容至100 mL,即得到100 μg/mL的L-酪氨酸标准储备溶液。

B.4 分析步骤

B.4.1 标准曲线的绘制

a) L-酪氨酸标准溶液:按表B.1配制。L-酪氨酸稀释液应在稀释后立即进行测定。

表 B.1 L-酪氨酸标准溶液

管号	酪氨酸标准溶液的浓度/(μg/mL)	酪氨酸标准储备溶液(B.3.9)的体积/mL	加水的体积/mL
0	0	0	10
1	10	1	9
2	20	2	8
3	30	3	7
4	40	4	6
5	50	5	5

b) 分别取上述溶液各1.00 mL(须做平行试验),各加碳酸钠溶液(B.3.3)5.00 mL、福林试剂使用溶液(B.3.2)1.00 mL,振荡均匀,置于40 ℃±0.2 ℃水浴中显色20 min,取出,用分光光度计于波长680 nm,10 mm比色皿,以不含酪氨酸的0管为空白,分别测定其吸光度。以吸光度A为纵坐标,酪氨酸的浓度c为横坐标,绘制标准曲线。

c) 利用回归方程,计算出当吸光度为1时的酪氨酸的量(μg),即为吸光常数K值。其K值应在95~100范围内。如不符合,需重新配制试剂,进行试验。

B.4.2 样品的测定

B.4.2.1 待测酶液的制备

称取酶样品1 g~2 g,精确至0.000 2 g。然后用相应的缓冲液溶解并稀释到一定浓度,推荐浓度范围为酶活力 10 u/mL～15 u/mL。

对于粉状的样品，可以用相应的缓冲液充分溶解，然后取滤液（慢速定性滤纸）稀释至适当浓度。

B.4.2.2 测定

a) 先将酪蛋白溶液放入 40 ℃±0.2 ℃恒温水浴中，预热 5 min；

b) 按下列程序操作：

试管 A（空白）	试管 B（酶试样，需作三个平行试样）
↓	↓
加酶液 1.00 mL	加酶液 1.00 mL
↓40 ℃±0.2 ℃，2 min	↓40 ℃±0.2 ℃，2 min
加三氯乙酸 2.00 mL（摇匀）	加酪蛋白溶液 1.00 mL（摇匀）
↓40 ℃±0.2 ℃，10 min	↓40 ℃±0.2 ℃，10 min
加酪蛋白溶液 1.00 mL（摇匀）	加三氯乙酸 2.00 mL（摇匀）
↓	↓
取出静止 10 min，过滤（慢速定性滤纸）	取出静止 10 min，过滤（慢速定性滤纸）
↓	↓
取 1.00 mL 滤液	取 1.00 mL 滤液
↓	↓
加碳酸钠溶液 5.0 mL	加碳酸钠溶液 5.0 mL
↓	↓
加福林试剂使用溶液 1.00 mL	加福林试剂使用溶液 1.00 mL
↓40 ℃±0.2 ℃，显色 20 min	↓40 ℃±0.2 ℃，显色 20 min
于 680 nm 波长，用 10 mm 比色皿测定吸光度	于 680 nm 波长，用 10 mm 比色皿测定吸光度

1.398 中性蛋白酶制剂和 166 中性蛋白酸制剂（参见附录 A），除反应与显色温度为 30 ℃±0.2 ℃外，其他操作同上，标准曲线作同样处理。

B.4.3 计算

从标准曲线上读出样品最终稀释液的酶活力，单位为 u/mL。样品的酶活力按式（B.1）计算：

$$X_3 = \frac{A_1 \times V_1 \times 4 \times n_1}{m_4} \times \frac{1}{10} \qquad \text{(B.1)}$$

式中：

X_3——样品的酶活力，u/g；

A_1——由标准曲线得出的样品最终稀释液的活力，u/mL；

V_1——溶解样品所使用的容量瓶的体积，单位为毫升（mL）；

4——反应试剂的总体积，单位为毫升（mL）；

n_1——样品的稀释倍数；

m_4——样品的质量，单位为克（g）；

$\frac{1}{10}$——反应时间 10 min，以 1 min 计。

所得结果表示至整数。

B.5 精密度

在重复性条件下获得的两次独立测定结果的绝对差值不应超过平均值的 3%。

附 录 C
（资料性附录）
蛋白酶活力的测定 紫外分光光度法

C.1 原理

蛋白酶在一定的温度与 pH 条件下，水解酪素酪蛋白生成酪氨酸，然后加入三氯乙酸终止酶反应，并沉淀未水解的酪蛋白，滤液中的酪氨酸对紫外分光光度法在 275 nm 下进行测定。根据吸光度与酶活力的比例关系计算其酶活力。

不同的蛋白酶制剂其紫外法结果与福林法结果的换算系数不同。如需要，相关方可根据试验结果统计，确定两个方法的换算系数。

C.2 仪器和设备

同 B.2。

C.3 试剂和溶液

同 B.3。

C.4 分析步骤

C.4.1 求 *K* 值

按福林法的表 B.1 配制不同浓度的 L-酪氨酸标准溶液，然后，直接用紫外分光光度计测定其吸光度(*A*)，并计算 *K* 值。*K* 值应在 130～135 范围内，如不符合，需重新配制试剂，进行试验。

C.4.2 待测酶液的制备

同 B.4.2.1。样品稀释液最终的浓度应该在 10 u/mL～20 u/mL 范围之内。

C.4.3 测定

操作同 B.4.2.2 中的取液、反应、静止沉淀，直至过滤。滤液用紫外分光光度计，在 275 nm 波长下，测定其吸光度。

注：如结果不平行，可以考虑将加入三氯乙酸的试样溶液返回到水浴中保温 30 min，然后再测定吸光度。

C.5 计算

从标准曲线上读出样品最终稀释液的酶活力，单位为 u/mL。样品的酶活力按式(C.1)计算：

$$X_4 = \frac{X_5 \times V_2 \times n_2 \times 8}{2 \times m_5} \times \frac{1}{10} \qquad \cdots\cdots(C.1)$$

式中：

X_4——样品的酶活力，u/g；

X_5——由标准曲线得出的样品最终稀释液的酶活力，u/mL；

V_2——溶解样品所使用的容量瓶的体积，单位为毫升(mL)；

n_2——稀释倍数；

8——反应试剂的总体积，单位为毫升(mL)；

2——吸取酶液 2.00 mL；

m_5——样品的质量，单位为克(g)；

$\frac{1}{10}$——反应时间 10 min，以 1 min 计。

结果保留至整数位。

C.6 精密度

在重复性条件下获得的两次独立测定结果的绝对差值不应超过平均值的3%。

附 录 D
（资料性附录）
碱性蛋白酶活力的测定 全自动生化分析法

D.1 范围

本方法规定了碱性蛋白酶活力的测定方法。

本方法适用于用全自动生化分析仪测定碱性蛋白酶制剂中蛋白酶的活力。本方法不适用于洗涤剂等产品中碱性蛋白酶活力的测定。

在本试验条件下样品中所有能够分解底物的蛋白酶在本试验中均会被测定，导致结果偏大。反应体系中的外源伯胺会导致结果偏大。

D.2 原理

蛋白水解酶可以水解二甲基酪蛋白成为短肽。此过程中释放出的伯胺可以与三硝基苯磺酸(TNBS)形成有颜色的复合物。通过测定单位时间内吸光度的变化来判定酶活力的大小。

D.3 仪器和设备

D.3.1 全自动生化分析仪：要求带有进样/搅拌系统、温度控制系统（精度±0.3 ℃）和检测系统。检测系统要求在 405 nm 下连续检测吸光度的变化。

D.3.2 分析天平：精度为 0.000 1 g。

D.3.3 pH 计：精度为 0.01pH 单位。

D.4 试剂

除非另有说明，在分析中仅使用分析纯试剂和蒸馏水或去离子水或相当纯度的水。

D.4.1 底物（*N*,*N*-二甲基酪蛋白）

在烧杯中加入大约 200 mL 的水并加热至沸腾。加入 3.20 g 的 *N*,*N*-二甲基酪蛋白(DMC)，使其溶解。烧杯内的溶液边搅拌边加热，保持温度（接近沸点）溶解 20 min，然后冷却到室温。另称取十水合硼酸钠 25.92 g 和一水合磷酸二氢钠 13.30 g 到 1 000 mL 的容量瓶中，搅拌溶解，然后将配好的 DMC 溶液转移到该容量瓶中，用水定容至刻度，定容前调节溶液的 pH 到 8.00±0.05。定容后的溶液用慢速定性滤纸过滤两次，然后加入 15% Brij 35 试剂 1.2 mL。配制好的溶液可用小容积的器皿进行分装，在冷藏箱中储藏 24 h，然后转至冷冻箱储存。

本溶液在－18 ℃下的保存期为一年。解冻后的溶液能够在冷藏箱中保存一个星期。

D.4.2 三硝基苯磺酸显色溶液

取市售的 1 mol/L 的三硝基苯磺酸 0.345 mL，用水溶解并定容到 100 mL。配好的显色剂需要测定其 pH 值。正常的 pH 应为 2.5±0.3。TNBS 溶液应冰浴避光贮存。

显色剂使用前配制。

D.4.3 硼酸缓冲液

同 B.3.7.3。

D.4.4 亚硫酸钠溶液(20 g/L)

称取亚硫酸钠 20 g，用水溶解并稀释到 1 000 mL。

D.5 分析步骤

D.5.1 标准曲线的制备

称取一定量的已知活力蛋白酶标准品，精确到 0.000 5 g。用硼酸缓冲液溶解并定容在 500 mL 的容量瓶中得到标准储备液。标准品称取的量要使标准储备液中蛋白酶的活力为4.8 u/mL。

标准曲线的范围宜在0.16 u/mL～0.48 u/mL。在此范围之内方法的使用者可以选择6个不同的浓度配制标准曲线工作溶液。根据产品特性的不同,方法的使用者可以选择其他的标准曲线范围,但应满足以下的标准曲线线性相关系数的要求。标准曲线工作溶液的配制使用亚硫酸钠溶液(D.4.4)。

标准储备液和标准曲线使用前配制。

D.5.2 标准对照品的制备

如可能称取另一个批次已知活力的蛋白酶作为标准对照。

标准对照品在溶解时使用硼酸缓冲液,稀释时使用亚硫酸钠溶液。稀释液中的酶活力约为0.25 u/mL。

标准对照溶液使用前配制。

D.5.3 空白

使用亚硫酸钠溶液作空白。

D.5.4 样品溶液的制备

称取一定量的酶样品,用硼酸缓冲液溶解,用亚硫酸钠溶液稀释。稀释的倍数要使得最终稀释液的酶活力在标准曲线的范围之内。

液体样品的最小稀释倍数为10,固体样品的最小稀释倍数为25。

D.5.5 自动分析步骤和参数

D.5.5.1 自动分析步骤

——将180 μL的底物加入到比色杯中。

——底物保温480 s,温度达到50 ℃。

——将36 μL的显色剂加入到比色杯中。底物和显色剂混合物共同保温60 s。

——分别加入18 μL的空白、标准、标准对照品和样品到比色杯中。

——反应360 s后开始第一次测量,然后每隔18 s测量一次。每个样品共测量7个吸光度。

D.5.5.2 参数

D.5.5.2.1 加入底物

温度:50 ℃;

保温时间:480 s;

底物加量:180 μL。

D.5.5.2.2 加入显色剂

温度:50 ℃;

保温时间:60 s;

底物加量:36 μL。

D.5.5.2.3 酶反应周期

温度:50 ℃;

时间:360 s;

样品:18 μL。

D.5.5.2.4 测定周期

测定模式:动力学法;

波长:405 nm;

曲线类型:非线性;

时间:120 s;

读数:7次;

间隔:18 s。

D.6 计算

D.6.1 标准曲线的计算

标准曲线应为平滑下凹的曲线。其中 Y 轴单位为 OD/min，X 轴单位为标准点的酶活力 u/mL。

D.6.2 样品酶活力的计算

从标准曲线上读出样品最终稀释液的酶活力，单位为 u/mL。样品的酶活力按照式(D.1)计算：

$$X_6 = \frac{X_7 \times V_3 \times n_3}{m_6} \qquad \text{(D.1)}$$

式中：

X_6——样品的酶活力，u/g；

X_7——由标准曲线得出的样品最终稀释液的酶活力，u/mL；

V_3——溶解样品用的容量瓶体积，单位为毫升(mL)；

n_3——稀释倍数；

m_6——样品的质量，单位为克(g)。

D.6.3 结果的确认

当标准对照的试验值在可接受的范围之内，且标准曲线为平滑下凹的曲线时，样品的试验结果有效，可计算平均值。

标准曲线的相关系数 r^2 应大于 0.995。如果 r^2 小于 0.995，可删除一个标准点重新计算标准曲线。

D.6.4 结果的表示

样品的测定结果用算术平均值表示。

D.7 精密度

在重复性条件下获得的两次独立测定结果的绝对差值不应超过平均值的 5%。

ICS 67.180.10
X 30

中华人民共和国国家标准

GB/T 23528—2009

低聚果糖

Fructooligosaccharide

2009-04-27 发布　　　　2009-11-01 实施

中华人民共和国国家质量监督检验检疫总局
中国国家标准化管理委员会　发布

前　言

本标准以 QB 2581—2003《低聚果糖》为基础制定。

本标准的附录 A 为规范性附录，附录 B、附录 C 为资料性附录。

本标准由中国轻工业联合会提出。

本标准由全国食品工业标准化技术委员会工业发酵分技术委员会归口。

本标准起草单位：中国发酵工业协会、江门量子高科生物工程有限公司、云南健生生物科技有限公司、保龄宝生物股份有限公司、广西大学、广西奥立高生物科技有限公司、光明乳业股份有限公司、北京威德生物科技有限公司、中国食品发酵工业研究院。

本标准主要起草人：石维忱、杜军、郭新光、谢拥葵、牟云青、王乃强、姚评佳、李永民、龚广予、林学进。

低 聚 果 糖

1 范围

本标准规定了低聚果糖的术语和定义、产品分类、要求、试验方法、检验规则、标志、包装、运输和贮存。

本标准适用于以蔗糖为原料，或以菊芋、菊苣等植物根茎为原料制成的低聚果糖的生产、检验和销售。

2 规范性引用文件

下列文件中的条款通过本标准的引用而成为本标准的条款。凡是注日期的引用文件，其随后所有的修改单(不包括勘误的内容)或修订版均不适用于本标准，然而，鼓励根据本标准达成协议的各方研究是否可使用这些文件的最新版本。凡是不注日期的引用文件，其最新版本适用于本标准。

GB/T 191 包装储运图示标志

GB 317 白砂糖

GB/T 6682 分析实验室用水规格和试验方法(GB/T 6682—2008,ISO 3696:1987,MOD)

GB 7718 预包装食品标签通则

GB 15203 淀粉糖卫生标准

GB 16740 保健(功能)食品通用标准

GB/T 20884 麦芽糊精

GB/T 20885 葡萄糖浆

3 术语和定义

下列术语和定义适用于本标准。

3.1

低聚果糖 fructooligosaccharide;FOS

果糖基经 $\beta(2\rightarrow1)$糖苷键连接而成的，聚合度为 2～9 的功能性低聚糖，属于食品配料。

3.2

低聚果糖总含量 the total content of fructooligosaccharides

低聚果糖总含量以蔗果三糖(GF_2)、果果三糖(F_3)、蔗果四糖(GF_3)、果果四糖(F_4)、蔗果五糖(GF_4)、果果五糖(F_5)、蔗果六糖(GF_5)、果果六糖(F_6)之和占干物质的百分含量计。

4 产品分类

4.1 按结构分为蔗-果型低聚果糖和果-果型低聚果糖。分子结构分别如下：

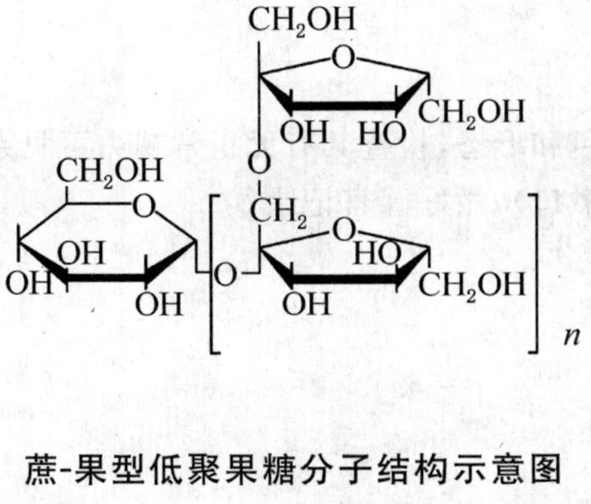

蔗-果型低聚果糖分子结构示意图

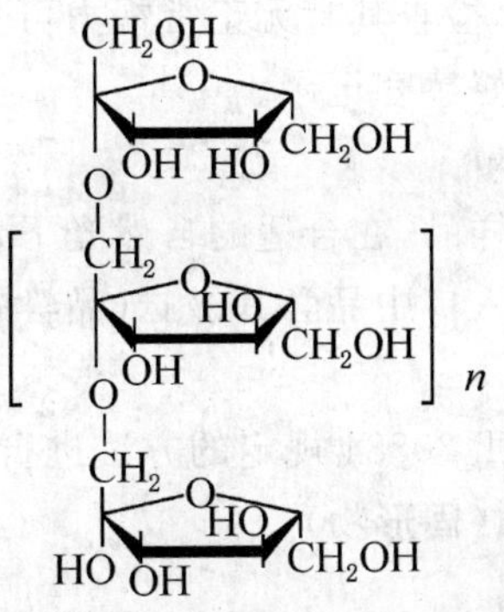

果-果型低聚果糖分子结构示意图

4.2 按形态分为液体(L)和固体(S)两类。

5 要求

5.1 感官要求

液体低聚果糖为无色或淡黄色、透明粘稠液体，具有本品特有香气，甜味柔和清爽，无异味，无正常视力可见杂质。

固体低聚果糖为白色或微黄色，具有本品特有香气，甜味柔和清爽，无异味，无肉眼可见杂质。

5.2 理化要求

应符合表1的规定。

表 1

<table>
<tr><th rowspan="2">项　　目</th><th colspan="6">液体(L)</th><th colspan="6">固体(S)</th></tr>
<tr><th>50</th><th>55</th><th>70</th><th>75</th><th>90</th><th>95</th><th>50</th><th>55</th><th>70</th><th>75</th><th>90</th><th>95</th></tr>
<tr><td>水分(质量分数)/% ≤</td><td>—</td><td colspan="5">—</td><td colspan="6">5.0</td></tr>
<tr><td>干物质(固形物，质量分数)/% ≥</td><td>70</td><td colspan="5">75</td><td colspan="6">—</td></tr>
<tr><td>pH 值</td><td colspan="12">4.5～7.0</td></tr>
<tr><td>低聚果糖总含量[a](占干物质，质量分数)/% ≥</td><td>50.0</td><td>55.0</td><td>70.0</td><td>75.0</td><td>90.0</td><td>95.0</td><td>50.0</td><td>55.0</td><td>70.0</td><td>75.0</td><td>90.0</td><td>95.0</td></tr>
<tr><td>电导灰分(质量分数)/% ≤</td><td colspan="12">0.4</td></tr>
<tr><td>色度 ≤</td><td colspan="6">0.2</td><td colspan="6">—</td></tr>
<tr><td>透光率/% ≥</td><td colspan="6">85</td><td colspan="6">—</td></tr>
</table>

5.3 卫生要求

5.3.1 作为食品配料卫生指标应符合 GB 15203 的规定。

5.3.2 作为终端产品卫生指标应符合 GB 16740 的规定。

6 试验方法

本标准中所用的水，在未注明其他要求时，应符合 GB 6682 中三级以上(含三级)水的规格。所用试剂，在未注明其他规格时，均指分析纯(AR)。

6.1 外观

6.1.1 液体

取样品约 30 mL 于无色、洁净、干燥的样品杯(或 50 mL 小烧杯)中，置于明亮处，用肉眼观察其色泽和澄清度，检查其有无正常视力可见杂质；取适量样品放入口中品尝其滋味(品尝每个样品前，应用清水漱口)，做好感官记录。

6.1.2 固体

取适量样品，在合适的自然光下，用肉眼观察样品的颜色和形态，检查其有无正常视力可见杂质；取适量样品放入口中品尝其滋味(品尝每个样品前，应用清水漱口)，做好感官记录。

6.2 水分

按 GB/T 20884 规定的方法进行。

6.3 干物质(固形物)

6.3.1 仪器

6.3.1.1 阿贝折光仪：精度为 0.000 1 单位。

6.3.1.2 恒温水浴:精度为±0.1 ℃。

6.3.1.3 玻璃棒:末端弯曲扁平。

6.3.2 仪器校正

在20 ℃时,以重蒸蒸馏水校正折光仪的折光率为1.333 0,相当于干物质(固形物)含量为零。仪器每日至少校正一次。

6.3.3 分析步骤

将折光仪放置在光线充足的位置,与恒温水浴连接,将折光仪棱镜的温度调节至20 ℃。分开两面棱镜,用玻璃棒加少量样品(1滴~2滴)于固定的棱镜面上(玻璃棒不得接触棱镜面,且涂样时间应少于2 s),立即闭合棱镜停留几分钟,使样品达到棱镜的温度。调节棱镜的螺旋直至视场分为明暗两部分,转动补偿器旋钮,消除彩虹并使明暗分界线清晰。继续调节螺旋使明暗分界线对准在十字线上,从标尺上读取折光率(读准至0.000 1)及干物质百分含量,再立即重读一次,取其平均值作为一次测量值。清洗并擦干两个棱镜,将同一样品按上述操作进行第二次测定,取两次测定的算术平均值报告其结果,即为本样品的干物质含量(若测定温度不是20 ℃,则应按附录A进行温度校正)。

6.4 pH

按GB/T 20885规定的方法进行。

6.5 低聚果糖总含量的测定(高效液相色谱法)

6.5.1 原理

同一时刻进入色谱柱的各组分,由于在流动相和固定相之间溶解、吸附、渗透或离子交换等作用的不同,随流动相在色谱柱两相之间进行反复多次的分配,由于各个组分在色谱柱中的移动速度不同,经过一定长度的色谱柱后,彼此分离开来,按顺序流出色谱柱,进入信号检测器,在记录仪上或数据处理装置上显示出各组分的谱峰数值,根据保留时间用外标法或峰面积归一化法定量,以外标法为仲裁法。

6.5.2 仪器

6.5.2.1 高效液相色谱仪(配有示差折光检测器或蒸发光散射检测器和柱恒温系统)。

6.5.2.2 流动相真空抽滤脱气装置及0.2 μm或0.45 μm微孔膜。

6.5.2.3 色谱柱:氨基柱。

6.5.2.4 分析天平:感量0.000 1 g。

6.5.2.5 微量进样器:10 μL。

6.5.3 试剂

6.5.3.1 水:二次蒸馏水或超纯水(过0.45 μm水系微孔滤膜)。

6.5.3.2 乙腈:色谱纯。

6.5.3.3 标准溶液:葡萄糖、果糖、蔗糖、蔗果三糖、蔗果四糖、蔗果五糖、蔗果六糖的标准品,分别用超纯水配成40 mg/mL的水溶液。

6.5.3.4 流动相:乙腈∶水(体积比)=75∶25(比例可根据实际情况调节)。

6.5.4 分析步骤

6.5.4.1 样品溶液的制备

称取适量液体或固体样品(使各种组分含量应在6.5.4.2.2标准溶液线性范围内),用超纯水定容至100 mL,摇匀后,用0.45 μm膜过滤(或12 000 r/min离心5 min),收集滤液,作为待测试样溶液。

6.5.4.2 测定

6.5.4.2.1 在测定的前一天安上色谱柱,柱温为室温,接通示差折光检测器(或蒸发光散射检测器)电源,预热稳定,以0.1 mL/min的流速通入流动相平衡过夜。正式进样分析前,若使用示差折光检测器,将所用流动相以0.1 mL/min的流速输入参比池20 min以上,再恢复正常流路使流动相经过样品池(蒸发光散射检测器无需此操作),调节流速至1.0 mL/min走基线,待基线走稳后即可进样,进样量为5 μL~10 μL。

6.5.4.2.2 将标准溶液在0.4 mg/mL～40 mg/mL范围内配制6个不同浓度的标准液系列，分别进样后，以标样浓度对峰面积作标准曲线。线性相关系数应为0.999 0以上，否则需调整浓度范围。

6.5.4.2.3 将标准溶液和制备好的试样分别进样。根据标样的保留时间定性样品中各种糖组分的色谱峰，根据样品的峰面积，以外标法或峰面积归一化法计算各种糖分的百分含量。

注1：以蔗糖为原料的低聚果糖有效成分仅包括蔗果三糖(GF_2)、蔗果四糖(GF_3)、蔗果五糖(GF_4)和蔗果六糖(GF_5)。

注2：以菊芋、菊苣为原料的低聚果糖，其果果三糖(F_3)、果果四糖(F_4)、果果五糖(F_5)、果果六糖(F_6)的色谱峰分别包含于蔗果三糖(GF_2)、蔗果四糖(GF_3)、蔗果五糖(GF_4)、蔗果六糖(GF_5)的色谱峰之中。

注3：由于果果三糖(F_3)、果果四糖(F_4)、果果五糖(F_5)、果果六糖(F_6)没有标样，以菊芋、菊苣为原料的低聚果糖计算含量时宜采用峰面积归一化法。

6.5.4.3 **计算**

6.5.4.3.1 **外标法**

样品中各组分的百分含量按式(1)计算：

$$X_i = \frac{A_i \times \frac{m_s}{V_s}}{A_s \times \frac{m}{V}} \times 100 \quad \cdots\cdots(1)$$

式中：

X_i——样品中组分i(葡萄糖、果糖、蔗糖、蔗果三糖、蔗果四糖、蔗果五糖、蔗果六糖)占干物质的百分含量(质量分数)，%；

A_i——样品中组分i的峰面积；

m_s——标准样品中某组分糖标准品的质量，单位为克(g)；

V_s——标准样品稀释体积，单位为毫升(mL)；

A_s——标准样品中某种组分糖标准品的峰面积；

m——液体为称取样品中干物质的质量，固体为称取样品质量减去水分含量，单位为克(g)；

V——样品的稀释体积，单位为毫升(mL)。

样品中低聚果糖的百分含量按式(2)计算：

$$FOS\% = GF_2 + GF_3 + GF_4 + GF_5 \quad \cdots\cdots(2)$$

式中：

FOS%——低聚果糖总含量(占干物质，质量分数)，%；

GF_2、GF_3、GF_4、GF_5——分别为蔗果三糖、蔗果四糖、蔗果五糖、蔗果六糖的百分含量(占干物质，质量分数)，%。

计算结果保留一位小数。

6.5.4.3.2 **峰面积归一化法**

用峰面积归一化法计算各组分糖占干物质的百分含量，因为所有组分均能出峰，各组分是同系物，其校正因子相同，按式(3)计算每个组分糖占干物质的百分含量：

$$P_i = \frac{A_i}{\sum A_i} \times 100 \quad \cdots\cdots(3)$$

式中：

P_i——样品中组分i占干物质的百分含量(质量分数)，%；

A_i——样品中组分i的峰面积；

$\sum A_i$——样品中所有成分峰面积的总和。

样品中低聚果糖的百分含量按式(4)计算：

$$FOS\% = GF_2 + GF_3 + GF_4 + GF_5 \quad \cdots\cdots(4)$$

式中：

FOS%——低聚果糖总含量(占干物质,质量分数),%;

GF_2、GF_3、GF_4、GF_5——分别为蔗果三糖(含果果三糖)、蔗果四糖(含果果四糖)、蔗果五糖(含果果五糖)、蔗果六糖(含果果六糖)的百分含量(占干物质,质量分数),%。

计算结果保留一位小数。

6.5.4.4 精密度

在重复性条件下获得的两次独立测定结果的绝对差值不应超过平均值的5%。

6.6 电导灰分

按 GB 317 规定的方法进行。

6.7 色度

6.7.1 原理

当一束平行单光通过有色溶液时,溶液颜色越深,吸光度越大。

6.7.2 仪器

分光光度计(波长 420 nm～850 nm)。

6.7.3 测定

将样品直接装入 1 cm 比色皿中,用蒸馏水作空白调零点,分别在 420 nm 波长和 720 nm 波长下测其吸光度,结果表示至三位小数。

6.7.4 计算

按式(5)计算色度:

$$X = A_{420} - A_{720} \quad \cdots\cdots(5)$$

式中:

X——样品的色度;

A_{420}——样品在 420 nm 波长下的吸光度;

A_{720}——样品在 720 nm 波长下的吸光度。

6.8 透光率

6.8.1 原理

当一束平行单色光通过溶液时,溶液的吸光度与溶液的浓度及液层厚度成正比。溶液的吸光度愈小,则透光率愈大,溶液愈清澈透明。

6.8.2 仪器

同 6.7.2。

6.8.3 分析步骤

将样品直接装入 1 cm 比色皿中,用水作空白调零点,在 720 nm 波长,测其透光率,结果表示至一位小数。

7 检验规则

7.1 产品应经生产厂的质量检测部门按本标准规定对其生产的产品进行逐批检验,合格的产品应附有生产厂质量检测部门签发的质量合格证,方可出厂。

7.2 以同一次投料生产、同一规格、同一品种的产品为一批。

7.3 取样方法

7.3.1 每批产品的检验按表 2 抽取样本。

表 2

批量范围(最小外包装单位)	抽取样本数(最小外包装单位)	每个样本抽取单位包装数[a](瓶、样袋)
100 以下	2	1
300	4	1
500 以上	6	1
[a] 单位包装数系指大包装中的小包装单位。		

7.3.2 槽车装产品每车必检。

7.3.3 桶装和槽车装产品须从液面 10 cm 以下处抽取样品，取样器应符合食品卫生标准。

7.3.4 槽车装产品根据每个样本等量抽取原则抽取，每批取样量不得少于 1 kg；桶装产品根据每个样本等量抽取原则抽取，每批取样量不得少于 1 kg；瓶装产品从每个样本中等量取样，取样总量不得少于 600 g。

7.3.5 抽取的样品混匀，分装于两个洁净、干燥的玻璃瓶中、签封。粘贴标签，在标签上注明产品名称、生产厂名及地址、批号、取样日期及地点、取样人姓名。一瓶送化验室进行检验，另一瓶封存备查，保留至保质期满。需要做微生物检验时，取样器和玻璃样品应事先灭菌(样品不得接触瓶口)。

7.4 出厂检验

出厂检验项目为感官、干物质(固形物)、糖粉的水分、pH、低聚果糖总含量、浆状色度、浆状透光率、微生物指标中的菌落总数指标。

7.5 型式检验

本标准要求中规定的全部项目。一般情况下，型式检验半年进行一次。有下列情况之一时，亦应进行型式检验：

a) 原辅材料有较大变化时；

b) 更改关键工艺或设备时；

c) 新试制的产品或正常生产的产品停产 3 个月后，重新恢复生产时；

d) 出厂检验与上次型式检验结果有较大差异时；

e) 国家质量监督检验机构按有关规定需要抽检时。

7.6 判定规则

7.6.1 检验结果如有感官或 1 项～2 项理化指标不合格，可以从该批产品中加倍抽样，对不合格项目进行复检，复检结果只要有一项不合格，则判不合格品。

7.6.2 微生物指标有一项不合格，则判该批产品为不合格。

8 标志、包装、运输和贮存

8.1 标志

8.1.1 包装标志应符合 GB 7718 或 GB 16740 的有关规定。

8.1.2 包装的标签上要注明：产品名称、生产厂名、厂址、注册商标、规格(包括固形物含量及低聚果糖总含量)、净含量、生产日期、批号、保质期、执行标准编号。

8.1.3 外包装箱上的包装储运图示按 GB/T 191 的规定执行。

8.2 包装

包装物和容器应整洁、卫生、无破损。

8.3 运输和贮存

8.3.1 运输过程中应有防止曝晒、雨淋措施。运输中装卸，应符合外包装上包装储运图示的规定。

8.3.2 成品应贮于干燥、通风、无日光直射、清洁的库房中，按照先进先出的原则出库。

附 录 A
（规范性附录）
干物质（固形物）含量与温度换算表（标准温度：20 ℃）

表 A.1

%

温度/℃	干物质（固形物）含量/%																	
	0	5	10	15	20	25	30	35	40	45	50	55	60	65	70	75	80	85
	从测定值中减去																	
15	0.29	0.31	0.32	0.33	0.34	0.35	0.36	0.37	0.87	0.38	0.38	0.38	0.38	0.38	0.38	0.38	0.37	0.37
16	0.24	0.25	0.26	0.27	0.28	0.28	0.29	0.30	0.30	0.30	0.31	0.31	0.31	0.31	0.31	0.30	0.30	0.30
17	0.18	0.19	0.20	0.20	0.21	0.21	0.22	0.22	0.23	0.23	0.23	0.23	0.23	0.23	0.23	0.23	0.23	0.22
18	0.12	0.13	0.13	0.14	0.14	0.14	0.15	0.15	0.15	0.15	0.15	0.15	0.15	0.15	0.15	0.15	0.15	0.15
19	0.06	0.06	0.07	0.07	0.07	0.07	0.07	0.08	0.08	0.08	0.08	0.08	0.08	0.08	0.08	0.08	0.08	0.07
	加在测定值上																	
21	0.60	0.07	0.07	0.07	0.07	0.07	0.08	0.08	0.08	0.08	0.08	0.08	0.08	0.08	0.08	0.08	0.08	0.07
22	0.13	0.14	0.14	0.14	0.15	0.15	0.15	0.15	0.16	0.16	0.16	0.16	0.16	0.16	0.15	0.15	0.15	0.15
23	0.20	0.21	0.21	0.22	0.22	0.23	0.23	0.23	0.23	0.24	0.24	0.24	0.24	0.23	0.23	0.23	0.23	0.22
24	0.27	0.28	0.29	0.29	0.30	0.30	0.31	0.31	0.31	0.32	0.32	0.32	0.32	0.31	0.31	0.31	0.30	0.30
25	0.34	0.35	0.36	0.37	0.38	0.38	0.39	0.39	0.40	0.40	0.40	0.40	0.40	0.39	0.39	0.39	0.38	0.37
26	0.42	0.43	0.44	0.45	0.46	0.46	0.47	0.47	0.48	0.48	0.48	0.48	0.48	0.47	0.47	0.46	0.46	0.45
27	0.50	0.51	0.52	0.53	0.54	0.55	0.55	0.56	0.56	0.56	0.56	0.56	0.56	0.55	0.55	0.54	0.53	0.52
28	0.58	0.59	0.60	0.61	0.62	0.63	0.64	0.64	0.64	0.65	0.65	0.64	0.64	0.64	0.63	0.62	0.61	0.60
29	7.66	9.67	0.68	0.69	0.70	0.71	0.72	0.73	0.73	0.73	0.73	0.73	0.72	0.72	0.71	0.70	0.69	0.68
30	0.74	0.75	0.74	0.78	0.79	0.80	0.81	0.81	0.81	0.82	0.81	0.81	0.81	0.80	0.79	0.78	0.77	0.75
31	0.83	0.84	0.85	0.87	0.88	0.89	0.89	0.90	0.90	0.90	0.90	0.90	0.89	0.88	0.87	0.86	0.84	0.83
32	0.91	0.93	0.94	0.95	0.96	0.97	0.98	0.99	0.99	0.99	0.99	0.98	0.97	0.96	0.95	0.94	0.92	0.90
33	1.00	1.02	1.03	1.04	1.05	1.06	1.07	1.08	1.08	1.08	1.07	1.07	1.06	1.05	1.03	1.02	1.00	0.98
34	1.10	1.11	1.12	1.13	1.15	1.15	1.16	1.17	1.17	1.17	1.16	1.15	1.14	1.13	1.12	1.10	1.08	1.06
35	1.19	1.20	1.22	1.23	1.24	1.25	1.25	1.26	1.26	1.25	1.25	1.24	1.23	1.21	1.20	1.18	1.16	1.13
36	1.29	1.30	1.31	1.32	1.33	1.34	1.35	1.35	1.35	1.35	1.34	1.33	1.32	1.30	1.28	1.26	1.24	1.21
37	1.38	1.40	1.41	1.42	1.43	1.44	1.44	1.44	1.44	1.44	1.43	1.42	1.40	1.38	1.36	1.34	1.32	1.29
38	1.48	1.50	1.51	1.52	1.53	1.53	1.54	1.54	1.53	1.53	1.52	1.51	1.49	1.47	1.45	1.42	1.39	1.36
39	1.59	1.60	1.61	1.62	1.62	1.63	1.63	1.63	1.63	1.62	1.61	1.60	1.58	1.56	1.53	1.50	1.47	1.44
40	1.69	1.77	1.71	1.72	1.72	1.73	1.73	1.73	1.72	1.71	1.70	1.69	1.67	1.64	1.62	1.59	1.55	1.52

附　录　B
（资料性附录）
果糖基转移酶酶活力定义及测定

B.1　定义

在酶供应者标识的最佳酶化反应的条件下，将蔗糖转化为低聚果糖，每分钟产生 1 μ mol 蔗果三糖所需酶量为一个酶活力单位(u)。

B.2　试验方法

B.2.1　方法提要

果糖基转移酶(fructosyltransferase,FTase)(或产酶菌体)作用于蔗糖，首先生成蔗果三糖(1-kestose)。蔗果三糖含量测定方法采用 HPLC 法，试验方法同 6.5。

$$2\ GF \xrightarrow{FTase} GF_2 + G$$

B.2.2　试剂

B.2.2.1　乙腈(色谱纯)。

B.2.2.2　水(双蒸馏水或超纯水)。

B.2.2.3　10% 蔗糖溶液：称取分析纯蔗糖 10 g，用 pH 为 5～7 的蒸馏水溶解并定容至 100 mL。

B.2.3　仪器

B.2.3.1　气浴恒温回旋式摇床或其他同类型反应器。

B.2.3.2　台式离心机。

B.2.3.3　高效液相色谱仪：配有示差折光检测器(RI)或蒸发光散射检测器(ELSD)；并配有记录仪或色谱数据处理机，或色谱工作站。

B.2.3.4　色谱柱：氨基柱。

B.2.3.5　微量进样器：5 μL～10 μL。

B.2.4　分析步骤

B.2.4.1　酶促反应及试液准备

以 10%蔗糖溶液为底物，加入适量酶或产酶菌体，总体积为 20 mL，置于三角瓶中，在最适反应温度，转速 200 r/min 的恒温回旋式摇床中反应 60 min，取出于 85 ℃水浴 10 min 将酶灭活，冷至室温，于 10 000 r/min 台式离心机上离心 2 min，取上层清液，作为 HPLC 法测定蔗果三糖含量的试液。

注意控制酶用量，使反应 60 min 后，体系的蔗果三糖不超过总糖含量的 10%为宜。

B.2.4.2　蔗果三糖(1-kestose)的测定

按 6.5.4.2 执行。

B.2.4.3　蔗果三糖含量计算

按式(1)计算蔗果三糖的百分含量。

B.2.5　酶活力计算

根据酶活力定义，在上述条件下，每分钟产生 1 μmol 蔗果三糖所需酶量为一个酶活力单位(u)。

按式(B.1)计算每克酶或产酶菌体的酶活力 X，单位为 u/g。

$$X = \frac{2 \times 1\ 000 \times GF_2}{0.504 \times t \times m} \qquad \cdots\cdots\cdots\cdots (B.1)$$

式中：

2——10%蔗糖溶液20 mL的总糖，单位为克(g)；

GF_2——蔗果三糖的百分含量，%；

0.504——1 μmol蔗果三糖＝0.504 mg；

t——反应时间，单位为分钟(min)；

m——反应酶质量，单位为克(g)。

附 录 C
（资料性附录）
低聚果糖在食品中的推荐使用量

表 C.1

食品分类 (food category)	每份量规格 (standard serving size)	推荐使用量 (level of use/serving)/%
嗜酸菌奶(acidophilis milk)	240 mL	0.4
肉、禽、鱼的类似物和替代品(analogs and substitutes for meat,poultry or fish)	15 g～85 g	1.2～6.7
条状休闲食品(bars)	40 g～70 g	1.4～2.5
早餐谷类食品(breakfast cereals)	40 g～55 g	1.8～2.5
饮料和果汁(beverages and juices)	240 mL	0.4
蛋糕(cakes)	55 g	1.8
奶酪(cheese)	30 g～110 g	0.9～3.3
奶油(cream)	15 g～30 g	3.3～6.7
糖果(confectionery)	40 g	2.5
饼干(cookies)	30 g	3.3
酥脆食品(crackers)	15 g～30 g	3.3～6.7
餐后甜点的浇头和馅料(dessert toppings and fillings)	30 g	3.3
硬糖(hard candy)	15 g	6.7
冰淇淋(ice cream)	68 g	1.5
婴儿食品(0月～12月)[infant foods (0～12 months)]	7 g～60 g	0.4～3.6
果酱和果冻(jams and jellies)	20 g	5.0
调味和不调味奶(milk,flavored and unflavored)	240 mL	0.4
炼乳(milk,evaporated and condensed)	30 mL	2.6～3.1
松饼和速制面饼(muffins and quick bread)	50 g～55 g	1.8～2.0
调味料、肉卤和调味品(sauces,gravies,and condiments)	30 g～125 g	0.8～3.3
快餐(snacks)	30 g	3.3
果汁冰糕和冰冻果子露(sorbet and sherbet)	85 g	1.2
汤(soup)	245 g	0.4
幼儿食品(12月～24月)[toddler foods (12～24 months)]	15 g～125 g	0.8～6.7
酸奶(yogurt)	225 mL	0.4
注：以上推荐使用量是参考美国 FDA 2007 年 6 月 1 日发布的 GRAS 公告，公告号是 GRN 000044。		